小故事 大历史

一本书读完

人类探险的历史

崔佳◎编著

中华工商联合出版社

图书在版编目(CIP)数据

一本书读完人类探险的历史 / 崔佳编著. — 北京 :
中华工商联合出版社, 2014.3
(小故事,大历史)
ISBN 978-7-5158-0834-5

Ⅰ. ①一… Ⅱ. ①崔… Ⅲ. ①探险-历史-世界-普
及读物 Ⅳ. ①N81-49

中国版本图书馆 CIP 数据核字(2014)第 010350 号

一本书读完人类探险的历史

作　　者: 崔　佳
责任编辑: 效慧辉
封面设计: 映象视觉
责任印制: 陈德松
出版发行: 中华工商联合出版社有限责任公司
印　　刷: 天津市天玺印务有限公司
版　　次: 2014 年 5 月第 1 版
印　　次: 2024 年 2 月第 2 次印刷
开　　本: 710mm×1000mm　1/16
字　　数: 500 千字
印　　张: 23.25
书　　号: ISBN 978-7-5158-0834-5
定　　价: 98.00 元

服务热线: 010—58301130
销售热线: 010—58302813
地址邮编: 北京市西城区西环广场 A 座
19—20 层,100044
http://www.chgslcbs.cn
E-mail:cicapl202@sina.com(营销中心)
E-mail:gslzbs@sina.com(总编室)

序言

斯皮尔伯格的《夺宝奇兵》系列电影，让痴迷探险的印第安纳·琼斯为世人所熟知。这位琼斯教授拿起鞭子，一段新的探险历程就将上演，观众知道，他又将解开人类历史的一个新谜团。

人类探险的原动力，来自于对未知世界的好奇。古维京人有一个信条：探险和坚韧是人类的天性。

翻开这本《一本书读完人类探险的历史》，伴随着一个个生动的探险故事，你会体验到一幕幕此前从未领略过的惊险历程。

当大陆已经被人类的足迹踏遍之后，广阔且神秘的海洋就成了人类早期的探险途径。早在6000年前，苏美尔人就在波斯湾开始了探险。随后很长一段时间，人类的探险活动，则主要是为了满足统治者的贪欲或私利，为其侵略、扩张、殖民、掠夺等罪恶目的服务。正是在这样的目的驱使下，哥伦布发现了新的大陆板块，这在很大程度上改变了人类历史发展的进程。

大航海时代是人类海洋探险的高潮时期。在这一阶段，人类不仅发现了好望角、马六甲海峡、白令海峡、巴哈马群岛等未知区域，甚至麦哲伦的探险还完全颠覆了人们认为地球是平的的认知：原来地球是圆的！

海洋已不足以满足探险者们的欲望，大陆腹地以及广袤的沙漠，又成了探险者们的新目标。正是这些勇敢者的探险，使得许多蛮荒之地有了生机。东非峡谷、亚马逊丛林以及撒哈拉沙漠、塔克拉玛干沙漠、阿拉伯沙漠等地区，不再是人类的禁区。

20世纪之前，地球还有两块大陆无人涉足：南极和北极。大自然以极其恶劣的自然环境，为两个极地蒙上了一层神秘的面纱。人类与生俱来的好奇心和征服欲，促使探险者们不断地去试图揭开这层面纱。最终美国人皮尔里和挪威人阿蒙森，沿着无数葬身冰天雪地先驱者们的足迹，先后站到了北极和南极的极点。

探险者们的目光又被耸入天空的山峰所吸引。从艾格北壁到卡格博峰，从勃朗峰到珠穆朗玛峰，面对这些高山仰止的极峰，人类发起了一轮又一轮的冲击。“你为什么要登山？因为它在那儿！”这句话绝对是最动听的探险故事。一座座雄峰也被探险者们踩到了脚下。

地球仍然还有很多秘密在等待着人类去探险。深邃的马里亚纳海沟、“天堂之眼”马鲁姆火山、核辐射死亡禁区切尔诺贝利、神秘的神龙架……甚至地球之外的外太空。

对于人类探险者来说，世界没有尽头，宇宙也不是极限。现在，就让我们跟随探险者们的脚步，一起去感受探险带来的乐趣。

目录

第一章　人类早期的航海探险

第二章　人类大航海时代的探险

第三章 人类深入大陆腹地探险

第四章　人类追寻河流踪迹的探险

第五章　人类向沙漠探险

第八章　人类探险踏上极峰之巅

第十章 人类敢上九天揽胜

第一章　人类早期的航海探险

人类社会早期，生产力水平相对低下，生活条件和生活环境也比较艰难，为了生存，人们常常不得不面对各种陌生领域的挑战，人类的视野不断突破狭小的天地，新的世界不断展现在人们面前。

人类早期的探险多是围绕航海方面进行的，有据可考，最早的航海探险活动大概在6000年前就由苏美尔人在波斯湾开始了，随后在人类历史长河中，涌现出众多的航海探险家，他们依靠无畏的勇气和坚忍的毅力，扬帆出海、开拓新领域，在探险未知领域中开始新的发现，为人类进步做出了贡献。

古埃及开启了人类最早的航海探险

从现有的人类在远古时期的航海活动的实物与文字记载来看，埃及是人类升起第一张风帆的国家，古代埃及人很早就在尼罗河、地中海沿岸和红海上进行探险航行，虽然当时的航程在今天看来也许是微不足道的，但在当时是一件了不起的壮举，他们的探索精神，给后来的探险者做出了榜样。

古埃及人的探险船

古埃及，是人类文明发源地之一，同时也是人类最早进行航海活动的地方。在英国的不列颠博物馆里，收藏着一只出土于埃及纳加达地区的古陶罐。据考古学家考证，这只陶罐的制作年代是距今 5000 年前的埃及古王国时期。这只典型古埃及风格的陶罐，造型极其古朴。它的外表，描绘有一艘正张帆航行的船只：首尾两端高高翘起，说明它是远古时期埃及船舶的形制，在靠近艏柱的地方立有一根桅杆，桅杆上挂着一张四方形的单横帆。这就是迄今为止在人类文明史上所能见到的最古老、最原始的风帆。

在埃及，人们还能读到一份人类最早的航海货运提单，这就是刻在“巴勒摩石碑”上的一段文字。这块石碑上记载，在埃及第四王朝（距今 5000 年左右）时，当时的齐阿普斯国王得到满载杉木的船 40 艘。根据古代地理状况，埃及不出产木材，用来建造船舶的木料，是从今天的黎巴嫩山区运去的雪松木。齐阿普斯王需要这些雪松木来建造一种名为“太阳船”的神船。在埃及神话传说中，国王可以通过“太阳船”来回于阴间与阳间。

太阳船

1955 年，人们在齐阿普斯金字塔里发现了一批雪松木，和已经建造好了的太阳船。这也是人类所能见到的至今保存最完整，毫无缺损的古海船。这艘被完整封存在金字塔里的海船，长达 43 米，宽达 5 米，用多达 600 多块的木板拼接而成。两头高高翘起的艏、艉柱与古陶罐上所见到的形状是一模一样的。不同的是它没有帆，而是在左右两舷各设置 5 把长桨。在艉柱两侧，另有两只长桨是用来掌握方向用的。船壳板是用绳索捆扎起来的。

大约在公元前 2500 年，埃及人便驾驶帆桨船，沿地中海的亚细亚东岸行进，从西奈半岛运回了砂岩、铜矿石，从黎巴嫩、叙利亚运回了橄榄油和贵重的雪松木。

古埃及王国的统治者们派出探险队为了寻找黄金、象牙和珍贵木材，沿尼罗河向上游航行，从努比亚运回了他们所需的东西。探险队还沿红海海岸航行抵达东非海角上的蓬特国（今索马里），从蓬特国运回了名贵的宝石、香料、象牙及木材，此后与蓬特的贸易中断了几百年。

到蓬特探险

关于古埃及人的探险活动，记载最详细的莫过于公元前 1500 年前后到蓬特的探险。

当时有一个大臣向埃及国王进言，再次从事祖先曾经进行的到蓬特国的探险，开辟香料来源。埃及国王采纳了这位大臣的建议，决定派船出航。

蓬特是一个远在埃及疆域之外的国度，极可能在红海沿岸，今日的苏丹与索马里交界附近。这个埃及人称作“上帝之邦”的国度，到处是奇珍异宝。很久以前，埃及的商人曾到过那里。毫无疑问，前往蓬特的旅途充满了凶险，要受海陆两种煎熬：需很多大船，一小队士兵和奴隶，并要穿越沙漠，跨过大海，历时接近一年，才能往返一次。

公元前 1495 年的夏天，由一个名叫奈西的官员带领的探险队离开底比斯出发了，探险队有 20 艘船，由苏丹奴隶划船。时间的确定是非常关键的：红海在夏天有一股强劲的海流向南流动，最纯的没药和乳香树脂在秋季早期收获。探险队拆开大船进行运输，把与蓬特人贸易的货物，如布料、玻璃镜和武器等装上牛车。然后，大篷车、驴子和牛车向东出发了，他们跨越沙漠贸易古道，向红海迤逦而去。

在红海岸边，埃及的探险家们将船只重新装好，便扬帆启航。这些船并不很大，大约不到当时最大船只尺寸的一半，每艘船携船员约 40 人，其中包括 30 人的划桨手。若没有风，划桨手就必须面向船尾，手握柳叶状、大宽面的桨，摇起船来，并发出乐声为号，时而吹笛，时而敲锣，有时又摇串铃。

探险队紧靠西海岸而行，沿着红海南下。船队在海上航行了十几个月，大海茫茫，还是不知道蓬特在何处。船员们的信心开始动摇，失望的情绪笼罩着他们。就在探险队绝望时，前方的海面突然出现了一个岛屿，岛上人影晃动，圆锥形的小屋错落有致地隐现于椰林中。上岛探问后，欣喜地获知来到了蓬特的辖区。

这个探险队到达蓬特后，蓬特的国王热情地款待了他们。探险队停泊在岸边数月，一边购货装满船舱，一边等待有利时机返航回国。

返航时，埃及满载的船队顺利返回底比斯，带回乌木、眼部化妆品、象牙、猩猩、猴子、狗、南方黑豹皮以及所有“上帝之邦”的芬芳的树木和大量的没药脂，探险队还带回了几个蓬特人和蓬特国王的肖像画。

虽然古埃人的探险活动在今天看来似乎有些微不足道，但他们的探索精神和探险的勇气却给后来者做出了表率。

腓尼基人的航海发现

提到西方航海，就不得不提到腓尼基人。腓尼基人发端于地中海东岸的黎巴嫩、叙利亚和以色列北部，古称迦南的地方。那里依山靠海，不适于农耕，腓尼基人是出色的商人和航海家。他们在迦南建立了推罗，驾驶着他们细长的船只，航行于整个地中海范围，向西方过了直布罗陀海峡进入大西洋，进而向北到达了法国海岸甚至不列颠海岸，向南则到达西非海岸。

腓尼基人的早期航海

腓尼基是地中海东岸的一个国家，位于大海与黎巴嫩山脉镶嵌的狭窄地带。

腓尼基人居住的腹地是长满森林的山地。倚山临海的形势，使他们在陆上活动的余地受到很大的限制，只留下海上唯一的对外联系通道。腓尼基人适应了这种独特的地理环境条件，成为最具有航海旅行天赋的中东民族。

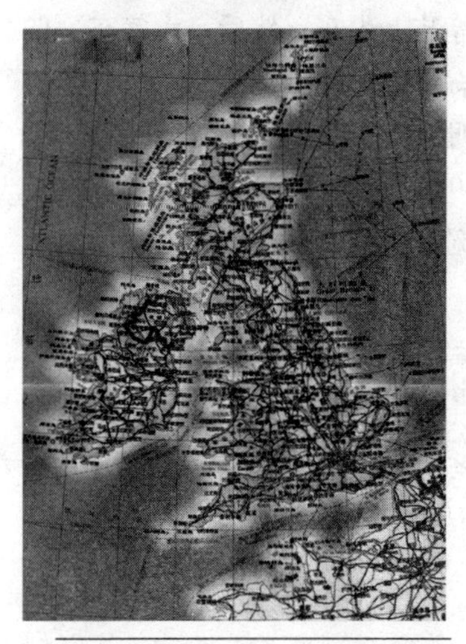

▲大不列颠群岛

腓尼基人利用黎巴嫩地区生长茂密的雪松来建造船只。他们的船只是一种原始的平底小舟，长度不超过20米。船上有短凳，供30名桨手就座划行。船中央有一空舱，用来堆放货物或供人乘坐。船有一面风帆，但只有当风从背后吹来时，才可减轻桨手的划行难度。腓尼基人就是划行这种简陋的小舟，小心翼翼地沿着海岸航行，从一个岛屿驶向另一个岛屿。腓尼基人逐渐地认识了地中海，并在地中海沿岸各地建立了海外商行。从塞浦路斯岛和罗得岛，一直分布到赫尔克列斯之柱。他们甚至早在公元前1100年，已越过赫尔克列斯之柱，在地中海以外建立了海外商行，如处在浩瀚的大西洋中的加德斯岛。从加德斯岛他们向北航行很远，直到锡利群岛，也许已到达大不列颠群岛了。腓尼基人通过航海证实大海是没有穷尽的，于是一个新观念便由此产生，并到处传播开来："已知世界是一个岛屿，它的四面八方都被海水所围绕。"这种早期的关于已知世界的地理知识一直流传下来，对古代地理学思想产生了重大的影响。

完成绕行非洲一周的航程

腓尼基人在航海中获得的地理知识，锡利群岛成为埃及人和美索不达米亚人陆地上的地理知识的极好补充。然而，应当指出的是，腓尼基人毕竟是一个商业民族，是西方最早的商业探险者。他们的航海并非受到好奇心和求知欲的驱使。作为商人，他们并不热心观察自然现象和报道航行中的见闻。相反，他们还小心谨慎地保守着航道的秘密。因此，腓尼基人对地理知识进步的贡献，有着一定的局限性。腓尼基人的航行几乎纯属商业谋利目的，主要是为了寻找那些对古代人来说相对贵重的物品，例如金银，生产青铜器所必需的锡，用来制造红颜料的贝壳、香料和琥珀等。正是为了寻找锡矿，他们冒险航行出地中海直到卡西特利德群岛，为了寻找琥珀，他们航行直到波罗的海沿岸。至于香料则是在阿罗马特（今索马里）找到的，由此可见，腓尼基人的航海范围是相当广的。尽管他们对自己的航行严守秘密，但是关于地中海和大西洋航行的许多地理知识和发现仍然迅速传播开来。

“紫红之国”

据说，有一个住在地中海东岸的牧人，他养着一条猎狗。有一天，猎狗从海边衔回一个贝壳，它使劲一咬，嘴里、鼻上立刻溅满了鲜红的水迹。开始牧人以为狗的脸部被贝壳刺破了，就用清水给它冲洗伤口。可洗后狗的脸上还是一片鲜红。贝壳里难道有红色颜料？牧人暗暗思量着。于是他拿起贝壳仔细察看，原来是从贝壳中流出的紫红色汁液把狗嘴染红了。这种贝壳在腓尼基的浅海非常多见，于是人们便用这种染料来染各种织物。而经这种染料染过的布匹，颜色美丽而且将这种布放入沸水中或冷水中洗涤，都不会褪色。这种染料得到了人们的喜爱。因为这种染料是迦南特有的，于是人们把出产这种紫红色染料的迦南称作腓尼基，意为“紫红之国”。

腓尼基人历时三年多，绕非洲大陆航行一周，是古代航海探险最伟大的创举。根据古希腊学者希罗多德的叙述，大约在公元前 600 年，腓尼基人受埃及法老尼科的派遣，从红海出发，向南沿非洲海岸航行，遇到冬季便就地停歇。这样历经三年，终于从大西洋穿经赫尔克列斯之柱（现在的直布罗陀海峡），进入地中海，并沿地中海非洲海岸返回埃及，完成绕行非洲一周的远航，航程达 20000 千米。航行者回来后讲述了沿“利比亚”（非洲的古称）航行的情况。他们说“太阳在他们的右边”，这一点似乎可以证实他们确实航行到了南半球，但这在古代难以为人们所接受。希罗多德本人对此也表示过难以置信。腓尼基人绕行非洲一周是否真有其事，至今仍众说纷纭，还有待于史学家的考证。

▲赫尔克列斯之柱

不过，可以肯定的是，腓尼基人发现了欧洲南部和比利牛斯半岛的海岸，并驶进比利牛斯半岛上最大的河流——塔霍河河口上的宽阔海湾。显然，他们熟识了从比斯开湾到布列塔尼半岛的海岸线。

毕菲的北大西洋探险

与亚历山大大帝穿越亚洲大陆到达印度洋的同时，希腊人毕菲驾驶孤舟，以同样的冒险精神，冲破迦太基人的封锁，从直布罗陀海峡进入大西洋北上航行，向未知的海域探险。他首先发现了不列颠群岛，然后又北上挪威和冰岛，到达了当时人类文明所能波及的最北部地区，从而进入北极圈。

发现不列颠群岛

古希腊人毕菲是一个古代著名的探险家，他受过教育，精通算术、天文、地理和绘图。公元前4世纪的后25年期间，毕菲绕过了赫剌克勒斯石柱，向西北欧的海岸作了首次远航，在这次航行中发现了不列颠群岛。毕菲的航行大约是在公元前325～前320年间进行的，航行的目的是为马赛的商人店铺购进锡、琥珀和特别昂贵的狩猎用具。

公元前325年3月，毕菲乘着一艘100吨左右的商船，率领20多个水手从马赛起航。毕菲的船粗笨坚固，速度不快，向西航行一段时间后既向南行驶。不久，就看到了峰峦起伏的比利牛斯山，毕菲命令紧贴海岸向前航行，同时密切留意迦太基人的战船。

往前航行了一段时间后，只见一堵石灰岩拔地而起，几乎遮住了半边天，毕菲知道船已经到达了欧洲的赫剌克勒斯石柱，为了不让迦太基人发现，毕菲命令航船躲在一处石壁下，等待天黑再通过海峡。

天黑后，毕菲指挥船员小心翼翼地航行，天亮时，船已经安全驶过了直布罗陀海峡，航行在波涛翻滚的大西洋中。

抵达布列塔尼半岛的卡巴荣角后，毕菲继续向北航行，在英吉利海峡西部辽阔的水域穿过了该海峡，到达一个大岛的西南海角，他第一次把这个岛命名为不列颠。他登上多山的康沃尔半岛，大约在那里听到过阿尔毕荣这个名称，这个名称后来在全岛传开了。阿尔毕荣按其本身确切的含义是“多山的海岛”。

沿着不列颠的西海岸继续地前进，毕菲第一次从南到北穿过爱尔兰海，并穿过北部海峡，驶出了爱尔兰海。在这次横渡航行中他一定会看到爱尔兰的东北海岸。毕菲想把全岛画入地图，但是画得面目皆非，把爱尔兰岛画到不列颠岛的北面了。进而他又探察了内赫布里底和外赫布里底群岛中的几个岛屿，同时在不列颠岛的东北角探察了奥克尼群岛的数十个岛屿。

抵达“遥远图勒”

在奥克尼群岛以外的地方，毕菲抵达一个海岛，这座海岛位于“从不列颠岛向北航行 6 天的距离”，接近于“冰海”。毕菲没有给这个海岛以特别的命名，后来这个海岛被载入地理发现的史册中，并命名“遥远图勒”（图勒指极北地区，为古代对冰岛、挪威等地的称呼，或指世界的尽头，神秘的远方），这个名称意味着那里的人们居住的最北部的界限。毕菲本人被人们称为第一个极地航海家。

毕菲转头向南航行，经过不列颠岛的沿岸，到达不列颠岛的东南海角的肯特。他正确地把这个岛画成三角形，并尽可能计算出它的各方面的比例是3∶6∶8，但是毕菲几乎把这个岛的长度夸大了两倍。毕菲第一次向人们提供了不列颠岛的自然地形、农业生产和居民生活习惯的准确消息。

从肯特出发，毕菲在最窄的水域再次穿过海峡，沿大陆海岸向东北航驶。然而，他在那里很少有收获。人们仅知道，他在大海中看到了一系列无人居住的海岛（弗里西亚群岛），并到达克勒特人居住区的尽头和西徐亚人领地的边缘。人们相传有两个西徐亚人的部落名称：一个已变得无法辨认了（古东人），另一个叫条顿人。后一名称证实毕菲已经到达日耳曼人所居住的海岸。条顿人在一座名叫阿巴尔的海岛上收获琥珀，该岛离海岸有一天航程。

毫无疑问，毕菲曾在不列颠居住过，并从当地居民那里打听到不列颠以北存在着有人居住的陆地（如果他未航行到图勒），这片陆地离不列颠有几天的路程。随着人们对北大西洋认识的深入，“遥远图勒”移到靠北和靠东更远的地方去了。20 世纪初年，人们把奥克尼群岛或设得兰群岛当作“遥远图勒”，后来又把冰岛和法罗群岛作为“遥远图勒”，最后认为格陵兰的东北海岸是“遥远图勒”。

毕菲的航海日志

和其他优秀航海家一样，毕菲在这次航行中也记有详细的航海日志。但由于年代久远，所保存下来的只有只字片语。例如他说，他所到达的最北的地方“太阳落下去不久很快又会升起”，“海面上被一种奇怪的东西所覆盖”，“既不能步行也无法通航”等等。由此可见，他确实到了亚北极地区。后来，人们对他这次航行的真伪虽然进行了长时间的争论，但从现在的观点来看，这次航行确实是一次划时代的事件，是功不可没的。

《马可·波罗游记》开辟了欧洲的新时代

马可·波罗的中国之行及其游记，在中世纪的欧洲被认为是神话，被当作“天方夜谭”。但《马可·波罗游记》却大大丰富了欧洲人的地理知识，打破了宗教的谬论和传统的“天圆地方”说；同时《马可·波罗游记》对15世纪欧洲的航海事业起到了巨大的推动作用。意大利的哥伦布、葡萄牙的达·伽马、英国的约翰逊等众多的航海家、旅行家、探险家读了《马可·波罗游记》以后，纷纷东来，寻访中国，打破了中世纪西方神权统治的禁锢，大大促进了中西交通和文化交流。因此，可以说，马可·波罗的东方探险和他的《马可·波罗游记》给欧洲开辟了一个新时代。

马可·波罗父辈的远足

科尔丘拉岛，又译考库拉岛，是克罗地亚达尔马提亚省的一个岛屿，面积270多平方公里，地处克罗地亚的最南端。这里阳光明媚、海水清澈，科尔丘拉古城在海水的映衬下更显得威严坚固。这里曾诞生过一位伟大的人物，也就是我们大家都熟悉的著名的意大利旅行家——马可·波罗。

马可·波罗的父亲尼古拉·波罗和叔父玛飞·波罗是有名的远东贸易商人，同时也是天主教徒，兄弟俩常常到国外去做生意。1255年，蒙古汗国建立以后，他们带了大批珍宝，到钦察汗国做生意。后来，那儿发生战争，他们又到了中亚细亚的一座城市——布哈拉，在那儿住了下来。他们两人开始时并非想去中国。但是一路战事不断，在1264年碰到元朝派往西方的使者，决定到中国。

忽必烈的使者经过布哈拉时，见到这两个欧洲商人，感到很新奇，对他们说：“咱们大汗没见过欧洲人。你们如果能够跟我一起去见大汗，保能得到富贵；再说，跟我们一起到中国去，再安全也没有了。”

尼古拉兄弟本来是喜欢到处游历的人，听说能见到中国的大汗，怎么不愿意？两人就跟随使者一起到了上都（今内蒙古自治区多伦县西北）。忽必烈听到来了两个欧洲客人，果然十分高兴，在他的行宫里接见了他们，问这问那，特别热情。

尼古拉兄弟没准备留在中国，忽必烈从他们那儿听到欧洲的情况，要他们回欧洲跟罗马教皇捎个信，请教皇派人来传教。两人就告别了忽必烈，离开中国。在路上走了3年多，才回到威尼斯。那时候，尼古拉的妻子已经病死，留下的孩子马可·波罗，已经是15岁的少年了。

马可·波罗的亚洲之旅

波罗兄弟回家后，小马可·波罗天天缠着他们讲东方旅行的故事。这些故事引起了小马可·波罗的浓厚兴趣，他下定决心要跟父亲和叔叔到中国去。

1271 年，马可·波罗 17 岁时，父亲和叔叔拿着教皇的复信和礼品，带领马可·波罗与十几位旅伴一起向东方进发了。

他们从威尼斯进入地中海，来到巴勒斯坦，接着从阿克城出发转道抵达亚历山大勒塔湾的阿亚什城。然后穿过小亚细亚的中部地区和亚美尼亚高原，自此他们转身向南走去，到达库尔德斯坦。然后他们沿底格里斯河河谷顺水而下，经过摩苏尔和巴格达城到达巴拉香。再往前，这些威尼斯人大约是向北行进，来到大不里士，然后从东南穿过伊朗，到达霍尔木兹。

然而，这时却发生了意外事件。当他们在一个镇上掏钱买东西时，被强盗盯上了，这伙强盗趁他们晚上睡觉时抓住了他们，并把他们分别关押起来。半夜里，马可·波罗和父亲逃了出来。当他们找来救兵时，强盗早已离开，除了叔叔之外，别的旅伴也不知去向了。

马可·波罗和父亲、叔叔来到霍尔木兹，一直等了两个月，也没遇上去中国的船只，只好改走陆路。这是一条充满艰难险阻的路，是让最有雄心的旅行家也望而却步的路。他们从霍尔木兹向东，越过荒凉恐怖的伊朗沙漠，跨过险峻寒冷的帕米尔高原，一路上跋山涉水，克服了疾病、饥渴的困扰，躲开了强盗、猛兽的侵袭，终于来到了中国新疆。

马可·波罗他们继续向东，穿过塔克拉玛干沙漠，来到古城敦煌，瞻仰了举世闻名的佛像雕刻和壁画。接着，他们经玉门关见到了万里长城。最后穿过河西走廊，终于到达了上都——元朝的北部都城。这时已是 1275 年的夏天，距他们离开祖国已经过了 4 个寒暑了！

马可·波罗的父亲和叔叔向忽必烈大汗呈上了教皇的信件和礼物，并向大汗介绍了马可·波罗。大汗非常赏识年轻聪明的马可·波罗，特意请他们进宫讲述沿途的见闻，并携他们同返大都，后来还留他们在元朝当官任职。

▲马可·波罗像

马可·波罗和他的父亲、叔父在中国居留 15 年之久。马可·波罗在大汗皇帝的朝廷里任职期间，显然数次沿不同的路线走过中国的东部地区。当时在中国旅行不会遇到任何困难，特别是作为忽必烈的信使，更无困难可言。全国设有组织严密、服务周到的交通线——马驿站和步驿站。

按马可·波罗的书里所提供的资料可以比较准确地断定，他漫游中国有两条主要路线：一条是东行路线，即沿海向南行驶，经过中国北部、中国中部和南部到达杭州和泉州；另一条是西南行路线，即向西南进发，到达西藏东部地区和与这个地区相毗邻的地方。马可·波罗每到一处，总要详细地考察当地的风俗、地理、人情。

环绕南亚的航海及返回祖国

17 年很快就过去了，马可·波罗越来越想家。1292 年春天，马可·波罗和父亲、叔叔受忽必烈大汗委托护送两位公主前往伊尔汗成婚。他们趁机向大汗提出回国的请求。大汗答应他们，在完成使命后，可以转路回国。

约在 1292 年，中国的船队拔锚起航，向西南行驶。在这次航行期间，马可·波罗听到了有关印度尼西亚的情况，即"有 7448 个海岛"的传说，然而他仅仅抵达苏门答腊岛，在此岛上停留了 5 个月之久。他们在北部海岸登陆，并且建造了一些木头营房，因为他们惧怕当地岛民，听说这些岛民像野兽一样地吃人肉。

从苏门答腊岛出发，中国船队路经尼科巴群岛和安达曼群岛向斯里兰卡岛驶去。离开斯里兰卡后，中国的航船沿西印度斯坦和伊朗南岸继续行进，穿过霍尔木兹海峡，进入波斯湾。

1295 年，经过 3 年多的航行，这些威尼斯人把公主们护送到伊朗。1295 年末，他们三人终于回到了阔别 24 载的亲人身边。他们从中国回来的消息迅速传遍了整个威尼斯，他们的见闻引起了人们的极大兴趣。

狱中口述《马可·波罗游记》

回到祖国后没有多久，威尼斯和另一个城邦热那亚发生冲突，双方的舰队在地中海里打起仗来。马可·波罗自己花钱买了一条战船，亲自驾驶，参加威尼斯的舰队。结果，威尼斯打了败仗，马可·波罗被俘，关在热那亚的监牢里。

热那亚人听说他是个著名的旅行家，纷纷到监牢里来访问，请他讲东方和中国的情况。跟马可·波罗一起关在监牢里有一个名叫鲁思梯谦的作家，把马可·波罗讲述的事都记录了下来，编成一本书，这就是著名的《马可·波罗游记》（又名《马可·波罗行纪》、《东方闻见录》）。

《马可·波罗游记》共分四卷，第一卷记载了马可·波罗诸人东游沿途见闻，直至上都止；第二卷记载了蒙古大汗忽必烈及其宫殿、都城、朝廷、政府、节庆、游猎等事，自大都南行至杭州，福州，泉州及东地沿岸及诸海诸洲等事；第三卷记载日本、越南、东印度、南印度、印度洋沿岸及诸岛屿，非洲东部；

对《马可·波罗游记》的质疑

从《马可·波罗游记》一书问世以来，700 多年来关于它是争议就没有停止过，一直不断有人怀疑马可·波罗是否到过中国，《马可·波罗游记》是否伪作？早在马可·波罗活着的时候，由于书中充满了人所未知的奇闻逸事，《游记》遭到人们的怀疑和讽刺。关心他的朋友甚至在他临终前劝他把书中背离事实的叙述删掉。之后，随着地理大发现，欧洲人对东方的知识越来越丰富，《游记》中讲的许多事物逐渐被证实，不再被视为荒诞不经的神话了。

第四卷记君临亚洲之成吉思汗后裔诸鞑靼宗王的战争和亚洲北部。每卷分章，每章叙述一地的情况或一件史事，共有229章。书中记述的国家，城市的地名达100多个，而这些地方的情况，综合起来，有山川地形、物产、气候、商贾贸易、居民、宗教信仰、风俗习惯等，乃至国家的琐闻佚事，朝章国故，也时时夹见其中。

1299年，马可·波罗被释放，返回威尼斯。传记作家们所引用的有关他此后生活情况的全部资料几乎全是一些传闻。这些传闻一部分是16世纪产生的，而14世纪关于马可·波罗本人的历史和家庭情况的文献流传至今的很少。已经得到证实的是，马可·波罗直到晚年仍旧是一个自食其力的人，远非一个富有的威尼斯公民，他于1324年逝世。

《马可·波罗游记》给欧洲人描绘了一个神秘的东方世界，这极大地刺激了欧洲一些探险家。在它的影响下，很多探险家开始了东方冒险之旅。

伊本·巴图塔的探险旅行

公元7世纪，阿拉伯帝国控制了东西方贸易的通道。阿拉伯人重视商业和航海，在中世纪他们起到了联结东西方贸易的桥梁作用。阿拉伯商人和船队西到西班牙、北非，东到东非、印度、马六甲、爪哇、苏门答腊，远到中国和日本。他们深入到撒哈拉沙漠以南的非洲地区，并越过了赤道。由于展开了广泛的商业交往，阿拉伯人在9～14世纪为中世纪的世界培养出大批闻名于世的旅行家和地理学家。最著名的地理学家是旅行商伊本·巴图塔。按出身他是柏柏尔人，生于丹吉尔城（西北非洲），他是历代各民族最伟大的探险旅行家之一。

迷上旅行

伊本·巴图塔年轻的时候受过良好的法学和文学的教育，还受过法官的专业训练，他的梦想是成为法官。但是，当他21岁的时候，一次前往麦加朝圣的行程，使他改变了初衷。

1325年，他沿着北非海岸旅行，穿过现今摩洛哥、阿尔及利亚、突尼斯、利比亚和埃及的国土，到达开罗。从开罗到麦加有三条路线，巴图塔选择了最短但是最不常用的那一条，即逆尼罗河而上，从今日苏丹的苏丹港过红海去麦加。就在他到达苏丹的时候，当地爆发了针对埃及马穆鲁克统治者的叛乱，于是巴图塔只得折回开罗。在路上，据说他碰到了一位“圣人”，预言他除非先去叙利亚，否则永远到不了麦加。这样，巴图塔就决定先去大马士革，沿途参拜耶路撒冷等圣地后再转向去麦加。

在大马士革度过斋月后，巴图塔顺利地同一支商队抵达了麦地那和麦加，完成了朝圣。名胜、风土、民情……一个地方有一个地方的样，如此丰富多彩，他不愿意回家了，从此开始了他的旅游生活。

▲去麦加朝圣的商旅队，伊本·巴图塔就是跟随这样的商队去麦加

巴图塔开始走的地方，主要是阿拉伯世界。因为在这些地区旅游，既无语言的障碍，风俗习惯也颇接近，容易获得食宿的方便。但是，随着旅游中眼界的开阔，各地奇风异俗的吸引，使他愈来愈渴望着去到更多的新的地区。

开始旅行生涯

到达麦加后，巴图塔逗留了两年之久，此次停留无疑是为了经商。他沿海岸南行到达也门，然后从那里乘船渡海抵达莫桑比克海峡。在返回时，伊本·巴图塔取道海路经过桑给巴尔岛到达霍尔木兹，他在巴林群岛和南伊朗作了停留之后返回埃及。然后他穿过叙利亚和小亚细亚到达黑海的锡诺普城，又渡海来到克里米亚的南岸地区。

1333年，离开此地后他前往金帐汗国的首都萨莱（今伏尔加河下游），此城坐落在伏尔加河下游的阿赫图巴河上游地区。在此他已经成了一个富商。他向北行进到博尔加尔城，此行大约是为了收购毛皮。

伊本·巴图塔陪同鞑靼人的使团从萨莱出发到达君士坦丁堡。返回萨莱后，他很快动身前往花拉子模。经过40天的旅程，伊本·巴图塔穿过了里海低地和乌斯秋尔特荒芜的高原地带，来到乌尔根奇城。从这座城出发又经过了18天的旅行后抵达布哈拉。访问了撒马尔罕后他向南行进，渡过阿姆河，翻过兴都库什山脉，进入印度河中游的谷地。此后他穿过旁遮普省区到达德里。

他在德里度过了多年，他既是商人又是德里苏丹的官员，德里苏丹当时统治着几乎全部北印度地区。1342年，德里苏丹派遣伊本·巴图塔前往中国，但是行至南印度的路途上遭到抢掠。在没有转为马尔代夫群岛的统治者服务以前，他在马拉巴尔海岸上忍受饥寒度日。

他好不容易搞到一些资金后才航至锡兰岛。然后从锡兰岛出发，沿着人们所熟悉的商路航道前往中国的商业都市泉州，13～14世纪泉州城设有阿拉伯人规模宏大的商栈。伊本·巴图塔在中国逗留期间曾去过北京。1349年，他返回时仍然沿着前来中国的航线：从泉州启程驶向锡兰岛，再由锡兰岛出发经过马拉巴尔、阿拉伯、叙利亚和埃及返回丹吉尔。此后，他还去过西班牙。

回国后伊本·巴图塔定居于摩洛哥的首都非斯城。他曾陪同非斯城的使团到达尼日尔河旁的廷巴克图城，这就是说，他穿过西撒哈拉沙漠沿尼日尔河的中段航行过。1354年，返回非斯城的旅途中，他穿过了阿哈加尔高原地区，就是说，他穿过了中撒哈拉沙漠。伊本·巴图塔到此结束了自己的漫游生涯。

《伊本·巴图塔游记》

《伊本·巴图塔游记》一书被译成欧洲的多种文字，在这本书里概括了地理、历史和人种学的大量资料。时至今日，这本书对研究伊本·巴图塔所游历过的国家的中世纪历史，其中包括苏联广大地区的中世纪历史，仍有参考价值。伊本·巴图塔在这本书中所说的一切都是他耳闻、目睹的事实，他在书中所列举和记述的大部分情况已被当代许多历史学家的考察所证实。至于他收集有关一些遥远国家道听途说的情况，尽管有许多虚构的成分，但也值得历史学家借鉴。

亨利首次使探险成为有利可图的事业

葡萄牙国王若奥一世的三王子亨利，他虽然一生中只有4次海上航行经历而且都是在熟悉海域的短距离航行，但他仍无愧于“航海家”的称号，是他组织和资助了最初持久而系统的探险，也是他将探险与殖民结合起来，使探险变成了一个有利可图的事业。在40年的有组织的航海活动中，葡萄牙成了欧洲的航海中心，他们建立起了世界上第一流的船队，拥有第一流的造船技术，培养了一大批世界上第一流的探险家和航海家，如果没有亨利这一切是不可能出现的。他推动了葡萄牙迈出了欧洲的大门，到未知世界进行冒险。

亨利王子

亨利生于1394年，是葡萄牙国王裘安一世的第三个儿子。他自幼从出身于英格兰王族的母亲那里接受了宗教和一般教育，从父亲那里学习武艺和承继了中世纪的骑士精神。正因如此，亨利不安于宫廷生活，而是向往获得骑士的资格。

▲亨利王子

后来在财政大臣的提议下，他力劝父王以海军突袭北非摩洛哥的休达港。在战斗准备阶段，亨利奉命负责造船和招募船员。葡萄牙人于1415年8月15日经一天激战就占领了休达。这是世界史上资本主义早期殖民侵略的第一战。亨利以在此次血腥战斗中建立的功劳而被封为骑士。

1417年，摩尔人的军队包围了休达，亨利又率领援兵来到休达，并在那里度过了3个月，这是改变世界历史的3个月。在这3个月里，亨利从战俘和商人口中了解到，有一条古老而繁忙的商路可以穿过撒哈拉大沙漠，经过20天就可以到达树林繁茂、土地肥沃的“绿色国家”，即今天的几内亚、冈比亚、塞内加尔、马里南部和尼日尔南部，从那里可以获得非洲胡椒、黄金、象牙。葡萄牙人对陆路穿过沙漠是没有经验的，亨利王子有了一个大胆的想法，要从海路到达“绿色国家”。这一主张得到了国王裘安一世的赞同。

为探险做准备

亨利对政治毫无兴趣，他到远离政治中心里斯本的葡萄牙最南部的阿加维省任总督，并在靠近圣维森特角的一个叫萨格里什的小村子定居下来，这个地方成了他以后几十年中到陌生地方进行探险的出发地。

亨利王子对航海的贡献不是亲自去探险，而是大力推动探险的进行。他在那里创办了一所航海学院，培养本国水手，提高他们的航海技艺；设立观象台，网罗各国的地学家、地图绘制家、数学家和天文学家共同研究，制订计划、方案；广泛收集地理、气象、信风、海流、造船、航海等种种文献资料，加以分析、整理，为己所用；建立了旅行图书馆，其中就有《马可·波罗游记》，还收集了很多地图，并且绘制新的地图。他资助数学家和手工艺人改进、制作新的航海仪器，如改进从中国传入的指南针、象限仪（一种测量高度，尤其是海拔高度的仪器）、横标仪（一种简易星盘，用来测量纬度）。

在航海中，船只是最为重要的，由于地中海和大西洋的航行条件不同，在地中海中航行的船是不适合在大西洋中航行的，因此，亨利的最大精力放在了造船上，为此他采取了许多优惠措施鼓励造船：建造 100 吨以上船只的人都可以从皇家森林免费得到木材，任何其他必要的材料都可以免税进口。

发现马德拉群岛和亚速尔群岛

1419 年，亨利派出了他的第一支仅有一艘横帆船的探险队开始对非洲西海岸的探险，这支探险队由葡萄牙的两个贵族率领，目的地是博哈多尔角。由于他们是缺乏经验的水手，所以被风暴推到遥远的西方，偶然间登上了一座无人居住的海岛。岛上覆盖着森林，在这些树木中最珍贵的要算龙树了。

亨利对这一发现很感兴趣，他知道，早在 14 世纪中期意大利的海员们曾在这个海域到达过一个海岛，他们把该岛命名为林亚米（森林之岛）。亨利向该岛派出了一个探险队，这个探险队仍由那两个贵族率领。他们在西南 50 公里处发现了一个大岛，它也是一个森林密布、无人居住的海岛。亨利王子把这个岛命名为马德拉岛（马德拉在葡语中的意思是“森林”）。

亨利把这个远离葡萄牙本土西南约 900 公里的马德拉岛奉送给这两个偶然发现它的幸运的贵族，并封为他们的领地。他们在这个岛上烧毁森林，开辟居住地，但火渐渐烧遍全岛，毁坏了这里原始的林木。葡萄牙的殖民地开发就这样开始了。

1431 年和 1432 年，亨利王子派遣卡布拉尔去寻找 14 世纪意大利人在西方发现的岛屿，卡布拉尔朝这个方向航行过两次。卡布拉尔在离葡萄牙约 1400 公里的西方发现了一个圣玛利亚岛，此岛是亚速尔群岛的一个岛。

越过“黑暗的绿色海洋”

1433 年，国王裘安一世逝世，亨利的弟弟继位。亨利这时把主要精力放在沿非洲海岸南下的探险上，在这条航线上首要的障碍就是位于加那利群岛正南方非洲大陆上的博哈尔角。博哈尔角以南对于当时的欧洲人来说是一个全然未知的世界，那里暗礁密布，巨浪滔天，有神秘莫测的急流，阿拉伯人把这片海域恐惧地称为“黑暗的绿色海洋”。中世纪阿拉伯地图上，在博哈尔角稍南的海岸边，画着一只从水里伸出来的魔鬼撒旦的手。

1434 年，在经过十几次的尝试后，亨利王子的远征队终于在船长吉尔·埃亚内斯率领下越过了该角。后来船长吹嘘说，在黑暗的绿色海洋上航行就像在国内的水域上航行那么容易。

1435 年，亨利又派埃亚内斯带一支探险队出航。在经过博哈尔角继续航行 320 公里后登陆，发现了人与骆驼的足迹。亨利命他再次去此地时俘虏几个土著来，以便了解当地的情况。但这一次没有抓住人，却捕杀了大批海豹，带回了海豹皮。这是葡萄牙人航海探险第一次从非洲带回了有价值的“实惠”商品。

发现布朗角和塞内冈比亚

过了整整 6 年时间，即到了 1441 年，亨利重新开始了非洲沿岸探险。这一年探险队创造了向南航行的新纪录：布朗角（今毛里塔尼亚的努瓦迪布角）。

同年，派出的另一支探险队带回来 10 个俘虏。这标志着欧洲人开始卷入奴隶贸易。亨利看到了这是有利可图，于是在 1444 年组织了以掠夺奴隶为目的的航行，一次带回来 235 名奴隶，并在拉古什郊外出售，这是罪恶的欧洲 400 年奴隶贸易的开始。此后，亨利组织的航行就是探险、殖民与奴隶贸易并重了。

捕捉奴隶加快了对西非海岸进一步发现的速度。由于害怕葡萄牙人，热带地区的居民们离开海岸逃往内地。奴隶贩卖商不得不继续向南前进，到那些还没有触动过的新的海岸去。

1445 年，被派往西非的船有 26 只，其中一部分船是由兰萨波迪率领的。参加兰萨波迪探险活动的有努尼尤·特利什坦和迪尼什·迪亚士船长，他们在向南推进过程中完成了一些重要的发现：特利什坦发现了塞内加尔河的河口，迪亚士远远绕过向西突出的海角（非洲的西部顶端），他把这个海角命名为佛得角（绿色角），因为这是撒哈拉之南第一个生长着棕榈树的据点。

▲葡萄牙的探险者登上了非洲海岸

从塞内加尔河河口起，葡萄牙人在沿海地区遇到了真正的黑人，然而，他们在稍北的地区所见到的是源自阿拉伯人和柏柏尔人的部族的人。这些身体健壮、被人称之为塞内加尔的黑人，在奴隶市场上的卖价比摩尔人要高得多。

1446 年，为了捕捉奴隶，特利什坦向南推进到北纬 12°线，发现了比扎戈斯群岛和该群岛以东科贡河河口对面的特利斯坦岛。

发现佛得角群岛

亨利晚年唯一的重大地理历史事件是偶然地发现了佛得角群岛，这个发现是由威尼斯探险商人卡达莫斯托完成的。他以一般的条件取得了亨利王子的批准。1455 年，他派出了两艘船，完成了前往冈比亚河河口区的航行，返回葡萄牙时他们带回了一大批奴隶。

1456 年，卡达莫斯托又重新装备了两只船，亨利给他派去了一艘葡萄牙船作为第三艘船。在布朗角以外的海区，风暴把他们推向西北方向的遥远的海区。风暴停息后，他们调转船头向南行驶。过了 3 天后，他们在北纬 16°处发现了一个海岛，他们给这个岛取了一个名字，博阿维斯塔岛（此岛离佛得角有 600 公里）。这是一个荒无人烟的海岛，这些航海者在博阿维斯塔岛找不到任何感兴趣的东西，于是他们调转船头向东驶，抵达非洲大陆的海岸，然后返回葡萄牙。

1461 年，一个探险队完成了对佛得角群岛的发现。发现了这个群岛几年以后，第一批葡萄牙殖民者来到这里。但是在以后的年代里，来到这里的欧洲人为数不多。

亨利的后继者

亨利去世了，葡萄牙的航海沉寂了 15 年后，大海又迎来了另一个征服者——阿方索五世的儿子。裘安王子把葡萄牙航海事业真正推向一个新的高峰是在 1481 年继承王位后，他调动整个国家的力量，先后在阿尔金岛和加纳海岸建立了牢固的城堡。他对手下恩威并用，使得葡萄牙人的旗帜又飘荡在广阔的大海上了。1487 年，他派迪亚士踏上了进入印度洋之路，这次航行发现了好望角。

第二章　人类大航海时代的探险

大航海时代，又称地理大发现时期，即新航路的开辟时期。当时的欧洲人，是人类比以往任何时候、任何地区都更具有探险欲、征服欲。为了获得更多的黄金与宝藏，他们一次又一次地把航船驶向更远的地方，一次又一次把足迹留在了陌生的大陆：哥伦布到达美洲，达·伽马绕过好望角登陆印度………伴随他们一个个探险活动，一个崭新的世界轮廓出现在人类面前，这些探险活动客观上促进了资本主义的发展，同时也促进了科学技术的发展。

郑和的前三次远航

600 多年前，先于欧洲人的地理大发现，郑和 7 次率船队浩浩荡荡驶入大海，开创了中国历史上最大规模的海上探险与交流之先河。郑和船队的航海技术在当时已相当先进，使用了罗盘、测深器、牵星板等。船队远航到过东南亚诸岛、印度洋、波斯湾、红海，其中第 5 次和第 6 次航行最远，横渡印度洋，到达赤道以南的非洲东海岸，历经当时亚非 30 余国，人类开始了大航海时代。

郑和其人

郑和，原姓马，名和，字三宝，出生在云南省昆阳州（今晋宁县宝山乡和代村），一个世代信奉伊斯兰教的回族家庭。郑和的父亲和他的爷爷曾到伊斯兰教的圣地麦加朝拜，郑和母亲姓温，非常贤良，有一个哥哥，两个姐姐，哥哥叫马文铭，郑家在当地很受人们的尊敬。

▲郑　和

1381 年朱元璋为了消灭盘踞云南的元朝残余势力，派手下大将傅友德、蓝玉等率 30 万大军进攻云南。在战乱中，年仅 11 岁的郑和被明军俘虏，被阉割，在军中做秀童。云南平定之后，1385 年，又随军调往北方，先后转战于蒙古沙漠和辽东等地。19 岁时，被挑选送到北京的燕王府服役，从此追随雄心勃勃的燕王朱棣身边，逐渐得到朱棣的信任。尤其是 1399～1402 年，朱棣为和他的侄子建文帝争夺皇位，进行了“靖难之役”，郑和立下功劳，帮助朱棣登上皇位。郑和被提升为内官监太监。1404 年，朱棣为表彰郑和的功绩，亲笔赐姓“郑”，从此更名郑和，史称“三宝太监”。

郑和下西洋所处的 15 世纪，世界大格局的基本特征依然是东方遥遥领先于西方，中国居于世界舞台的中心。明朝永乐时期，国家强盛统一，政治较为清明。政府致力于恢复和发展中国与海外诸国的友好关系，开展大规模的外交和外贸活动。当时印度洋沿岸国家大都信仰伊斯兰教，南亚许多国家则信仰佛教，由于郑和信奉伊斯兰教，懂航海，又担任内宫大太监，因此，明成祖选拔他担任正使，率船队出海。

郑和前三次远航的主要任务是在东南亚和南亚建立国际和平安宁的局面，并为下一步向南亚以西更远的地方航行而建立中途候风转航的据点。而后四次的主要任务是向南亚以西继续航行，开辟新航路，对外互通有无，并使自古很少往来的中国海外国家得以与中国开展正常往来。

第一次下西洋

1405年7月11日，明成祖派郑和及副使王景弘等出使西洋（指今文莱以西的南洋各地和印度洋沿岸一带），率水手、官兵、翻译、采办、工匠、医生等27800余人，乘长44丈，宽18丈大船（宝船）62艘，还有很多附带船只，编着严整有序的队形，踏着万顷碧波，乘风破浪，浩浩荡荡出洋了。如此巨大的船只，如此庞大的船队，航行于浩渺无垠的海洋之中，这在中国的历史上以及世界的历史上都是首屈一指的。宝船船队满载丝绸、瓷器、金银、铜铁、布匹等物自刘家港（今江苏太仓浏河镇）出发。

10天后，船队到达了此次航行第一站：越南归仁，在此作短暂停留之后，船队向爪哇国南下，沿着印度半岛海岸，穿过文莱西侧，顺风行驶20昼夜，抵达了被誉为"东洋诸国之雄"的爪哇。当时，这个国家的东王、西王正在打内战。东王战败，其属地被西王的军队占领。郑和船队的人员上岸到集市上做生意，被占领军误认为是来援助东王的，被西王误杀170多人。郑和部下的军官纷纷请战，说将士的血不能白流，急于向西王进行宣战，给以报复。

▲郑和的船队出发

"爪哇事件"发生后，西王十分惧怕，派使者谢罪，要赔偿6万两黄金以赎罪。郑和第一次下西洋就出师不利，而且又无辜损失了170多名将士，按常情必然会引发一场大规模战斗。然而，郑和得知这是一场误杀，又鉴于西王诚惶诚恐，请罪受罚，于是禀明皇朝，化干戈为玉帛，和平处理这一事件。明王朝决定放弃对西王的赔偿要求，西王知道这件事后，十分感动，两国从此和睦相处。

"爪哇事件"后，郑和指挥船队取道邦加海峡，访问了苏门答腊巨港、满剌加苏门答腊，斯里兰卡，印度柯钦，最后到达当时中东贸易中心地古里（今印度科泽科德），完成了第一次航行的使命。

随后船队返航，这次返航一点也不平静，与海盗发生了冲突。此次冲突发生在郑和船队结束远航返回中国的途中，地点在现在的马六甲海峡。按《明史录》的说法，战争爆发的原因是郑和舰队满载的宝物让陈祖义眼红了。之所以陈祖义竟然敢对郑和舰队动心思，是因为当时的陈祖义并非流窜海上的小股匪盗，他甚至早已控制了苏门答腊重要港口城市巨港为基地。

面对郑和船队的优势武力，陈祖义突然声称愿意投降归顺，但郑和得到线报说那是陈的一个圈套。于是，郑和将计就计，在将陈祖义的舰队诱入埋伏圈内后，突然施用各种火器密集发起攻击，陈祖义的舰船被焚毁10艘，被俘获7艘，而郑和船队几无损失。但陈本人侥幸率残部逃脱，数月后，郑和的海军还是设法将陈祖义等人俘获，带回南京处决。

1407年10月2日郑和回到南京。苏门答腊、古里（卡利卡特）、满剌加（今马来西亚马六甲）、小葛兰（今印度奎隆）、阿鲁（今苏门答腊岛中西部）等国国王遣使随船队来中国“朝贡方物”。

第二次下西洋

郑和回国后，立即进行第二次远航准备，几个月后，船队二次出海，目的是送外国使节回国。第二次远航，郑和并没有随队出航，而是留在航海者的守护神“天妃”的出生地福建莆田湄州整修天妃宫。接替郑和指挥舰队的是太监王景弘、侯显。由于航线中的海盗已被剿灭，已无海盗攻击之虞，故此次出航的船只仅有68艘。这次航行显得风平浪静，明朝海军并没有大规模武装行动。

第二次航行路线同第一次差不多，也历时两年，有关这一次的记载不很详细，从郑和亲笔的“东刘家港天妃宫石刻通番事迹记”中，我们可以续引一个大概：“永乐五年（1407年），统领舟师，往爪哇、古里、柯枝、暹罗等国，其国王各以方物珍禽异兽贡献，至七年回归。”其中新访问的国家暹罗，大约相当于今天之泰国。郑和船队于1409年回国。

第三次下西洋

1409年秋天，为了执行前往印度洋的第三次远航，宝船船队再度集结在长江口的刘家港。这次，郑和亲自统领48艘船和3万人。太监王景弘、侯显是他主要的副手。船队在福建沿海的太平港做了短暂的停留，接着在航行10日之后，到达越南中南部的占城。在顺风的情况下，航行8日之后，到了新加坡。再沿着马来半岛上航2日，到达马六甲。

郑和到达马六甲国后，宣读中国皇帝诏敕，赐其国王双台银印、冠带袍服。由于马六甲地处南洋与印度洋要冲，中马两国关系又如此亲密，而郑和一行须遍访诸国，势须分宗前往，就须建立一个中转之基地。为此，郑和一行在马六甲建立官仓。此地对下西洋之贸易番货、待时回航等各方面都起了重要作用。

郑和船队从马六甲开航，经勿拉湾、苏门答腊到斯里兰卡。斯里兰卡国王阿烈苦奈儿“负固不恭”，“又不辑睦邻国，屡邀劫其往来使臣，诸番皆苦之”。斯里兰卡一带是郑和航海西域远国的要道，地理位置十分重要，所以郑和第一次下西洋，即曾试图以和平方式解决斯里兰卡问题。郑和第二次出使，还是未能解决斯里兰卡问题，觉得这个问题不解决，是难以打通往远方“西南夷”的海路的。郑和回国后向明成祖汇报了这一情况，在成祖的支持下，郑和旋即受命再往斯里兰卡。在明成祖朱棣发布命郑和第三次出使西洋的命令的同时，授给郑和敕谕海外诸国的诏书，其中特别强调了“尔等祇顺天道，恪守朕言，循理安分，勿得违越；不可欺寡，不可凌弱。”

郑和直言相陈，再次要求阿烈苦奈儿改邪归正，而“王益慢不恭”，不仅不接受明朝政府的宣谕，反而“令其子纳言，索金银宝物”，为郑和所拒绝，于是郑和与斯里兰卡打了一仗，俘虏了斯里兰卡国王阿烈苦奈儿和其家属。这次军事自卫行动，对于那些恃强凌弱的国家，起了极大的震慑作用。

▲宝船复原图

在斯里兰卡，郑和又另派出一支船队到印度半岛南端东岸、阿默达巴德和科摩林角。郑和亲率船队去奎隆、科钦，最后抵古里（卡利卡特），于1411年7月6日回国。

郑和的后四次远航

前三次航海，郑和船队最远到达印度西岸的古里，主要访问的是印度洋以东的国家，从第四次远航开始，明成祖朱棣敕令，要进一步向西。将东非沿海列入了航程之内，进一步扩大同海外各国的交往与贸易，这是更大规模的大航海。

第四次下西洋

1413年11月，明成祖下达第四次航海命令。船队首先到达越南中南部的占城，后率大船队驶往爪哇、巨港、马六甲、勿拉湾、苏门答腊。在这里郑和又派分船队到马尔代夫，而大船队从苏门答腊驶向斯里兰卡。在斯里兰卡郑和再次派分船队到印度南端的加异勒，而大船队驶向卡利卡特，再由卡利卡特直航伊朗霍尔木兹海峡格什姆岛。这里是东西方之间进行商业往来的重要都会。

然后，郑和又到非洲东岸的麻林国（今肯尼亚马林迪），因郑和使团的来访，麻林国遣使来中国贡献“麒麟”（长颈鹿），当时被认为是体现了明初对外方针已初步实现的重大事件。麻林国遣使来中国贡献“麒麟”，是郑和第四次所取得的一个重大成就，显示出郑和使团首次对东非沿岸国家所进行的访问取得了圆满的成功。

郑和船队由此启航回国，途经马尔代夫国。后来郑和船队把马尔代夫国作为横渡印度洋前往东非的中途停靠点。郑和船队于1415年8月12日回国。这次航行郑和船队跨越印度洋到达了波斯湾。

郑和宝船

据《明史》记载，郑和航海宝船共63艘，最大的长44丈4尺，宽18丈，是当时世界上最大的海船，折合现今长度为151.18米，宽61.6米。船有4层，船上9桅可挂12张帆，锚重有几千斤，要动用200人才能启航，一艘船可容纳有千人。《明史·兵志》又记：“宝船高大如楼，底尖上阔，可容千人”。

第五次下西洋

1416年12月28日，朝廷命郑和送19国使臣回国。郑和船队于1417年冬远航。

船队首先到达占城，然后到爪哇、马来西亚南岸、巨港、马六甲、苏门答腊、南巫里、斯里兰卡、沙里湾尼（今印度半岛南端东海岸）、科钦、卡利卡特。

船队到达斯里兰卡时，郑和派一支船队驶向马尔代夫，然后由马尔代夫西行到达非洲东海岸的木骨都束（今索马里摩加迪沙）、不刺哇（今索马里境内）、麻林（今肯尼亚马林迪）。

大船队到卡利卡特后又分成两支，一支船队驶向阿拉伯半岛的祖法儿（今阿曼佐法儿）、阿丹（今也门共和国亚丁）和剌撒（今也门民主共和国境内），一支船队直达伊朗霍尔木兹海峡格什姆岛。1419 年 8 月 8 日，郑和船队回国。

第六次下西洋

1421 年 3 月 3 日，明成祖命令郑和送 16 国使臣回国。为赶东北季风，郑和率船队很快出发。

此次远航到达国家及地区有占城、泰国、伊朗霍尔木兹海峡格什姆岛、亚丁、佐法儿、剌撒（红海东岸）、不剌哇、木骨都束、竹步（今索马里朱巴河）、麻林、卡利卡特、科钦、加异勒、斯里兰卡、马尔代夫、南巫里、苏门答腊、勿拉湾、马六甲、甘巴里、幔八萨（今肯尼亚的蒙巴萨）。1422 年 9 月 3 日，郑和船队回国，随船来访的有泰国、苏门答腊和阿丹等国使节。

第七次下西洋

1424 年，成祖死，仁宗即位，废止一系列对外政策，郑和航海事业告以中断。1426 年宣宗朱瞻基即位。宣德皇帝是他父亲与他祖父的结合体。有人说，他在朱棣的盲目扩张政策与朱高炽的呆板儒家思维之间取得了平衡，此时是明朝的黄金时刻，一个太平、繁荣、政治清明的时代。宣德皇帝在位时期，也出现了宝船船队最后一次灿烂远征。

在 1430 年，朱瞻基为中国朝贡贸易的明显衰落而感到忧心，因此，他公开誓言要重振明朝在海外的声威，再次缔造“万国来朝”的盛况。

朝廷为了准备这次的远航，花了比平常还要长的时间，因为距上一次宝船船队的远航，已经 6 年多了。这也将是明朝最大的一次远征，使用船只超过 300 艘，成员有 27500 人。

当时郑和年已 60，似乎预料到这将是他最后一次的远航。他曾树立两块石碑，以记录他先前完成的几次远航。名义上，这些石碑是为了答谢航海人的女神天妃于前几次远航给予庇佑。然而，郑和在石碑上刻意详细地记述他每一次远航的成就，无疑是要大家记得这些事。

1431 年 1 月，船队从南京下关启航，2 月 3 日集结于刘家港。这次远航经占城、爪哇、苏门答腊、卡利卡特、竹步，再向南到达非洲南端接近莫桑比克海峡，然后返航。

当船队航行到卡利卡特附近时，郑和因劳累过度一病不起，于 1433 年 4 月初在印度西海岸卡利卡特逝世。

郑和船队由正使太监王景弘率领返航，经苏门答腊、马六甲等地，回到太仓刘家港。1433 年 7 月 22 日，郑和船队到达南京。

迪亚士绕过非洲南端的好望角

1488年春天，葡萄牙著名的航海家迪亚士，最早探险至非洲最南端好望角的莫塞尔湾，为后来另一位葡萄牙航海探险家达·伽马开辟通往印度的新航线奠定了坚实的基础。

绕过好望角

迪亚士出生于葡萄牙的一个王族世家，青年时代就喜欢海上的探险活动，曾随船到过西非的一些国家，积累了丰富的航海经验。15世纪80年代以前，很少有人知道非洲大陆的最南端究竟在何处。为了弄明白这一点，许多雄心勃勃的人乘船远航，但结果都没有成功。作为开辟新航路的重要部分，西欧的探险者们对于越过非洲最南端去寻找通往东方的航线产生了极大的兴趣。

迪亚士受葡萄牙国王委托去寻找非洲大陆的最南端，以开辟一条往东方的新航路。经过10个月时间的准备后，迪亚士找来了四个相熟的同伴及其兄长一起踏上这次冒险的征途。1487年7月，迪亚士率领的这支船队驾驶两艘快船和一艘满载食物的货轮。在一个风和日丽的日子里，迪亚士的船队从里斯本出发了。

迪亚士沿着当时人们所熟悉的航线到达米纳，从米纳出发，沿着前人所行的路线航抵南纬22°线。一开始，航行十分顺利，他们没有多长时间就到达了西南非洲海岸中部的瓦维斯湾。但是，他们不久就发现，在继续往南的航行中，海岸线变得越来越模糊，没有什么东西使人意识到这是热带非洲。迪亚士在这条海岸上竖起了一块石碑，上面刻着“小港”字样。从此地出发，他沿着荒芜的海岸线向南航驶。

▲迪亚士一行人到达好望角

海岸线一直慢慢向东倾斜，但是到了南纬33°处，突然向西急转（在圣赫勒拿湾附近）。这时，海上刮起了一场飓风，迪亚士斯担心他的船只会碰到礁石而毁坏，于是把船驶入大海。飓风变成了一场大风暴，这时葡萄牙人已经远离非洲海岸线了。可怕的风暴把葡萄牙的这两条小船向南推去（供应船落在后面）。

1488年1月来到了，南半球正处于盛夏季节，然而海浪越来越冷。当大海稍微显得平静了以后，迪亚士再次调转船头向东驶去。他们朝着这个方向航行了几天后，已经消失的非洲海岸线再未出现。迪亚士认为，他可能已经绕过非洲的最南端。为了证实这点，迪亚士又驾船向北航行，几天后，他们果然又看见了陆地的影子，不久就抵达现在的莫塞尔湾。这时，迪亚士发现，海岸线缓缓地转向东北，向印度洋的方向伸去。至此，迪亚士完全确信：船队已经绕过非洲最南端，来到了印度洋。只要再继续向东航行，就一定可以到达神秘的东方。

从莫塞尔湾出发，迪亚士率领航船沿海岸直向东去，并抵达一个面向海洋的宽阔海港（阿尔戈阿湾），从这里起，海岸线缓缓地转向东北，向印度方向冲去。迪亚士的判断是正确的，他的航船已经绕过了非洲的全部南海岸，现在身处印度洋了。

莫塞尔港射杀土著人

迪亚士刚到莫塞尔港时，在一座山丘上看到了一群乳牛和几个半赤身露体的牧人。迪亚士派人到岸上去取水，葡萄牙人起初以为这些牧人是黑人。牧人把牛群赶到较远的地方，自己却站在一座山丘上高声喊叫，并且挥动着手。迪亚士向他们射了一箭，一个牧人中箭倒下来，其他牧人逃走了。就这样，射死一个手无寸铁的牧人，标志着欧洲人与这个新的从前不为人知的民族第一次相见。这个民族是科伊科因人是南非的土著民族。

返回里斯本

这两艘船上的船员经过长途航行的颠簸已经感到疲惫不堪，他们要求返航回国，迪亚士担心会遇到海盗，所以不得不止步。但迪亚士要求再向前航行三天。他查看了海岸线的东北方向，然后怀着“深深的忧伤”情绪返回了。沿着海岸向西航行，迪亚士在从前经受过两周风暴的海域发现了一个突出于海洋很远的海角，他把这个海角叫“风暴角”，在此他竖起第三块石碑。

1488 年 12 月，迪亚士等人经历了千辛万苦以后，终于回到了葡萄牙首都里斯本。国王亲自接见了他，并向他询问了这次探险的经历。迪亚士一五一十地向国王讲述了历经磨难，以及发现风暴角的经过。国王认为“风暴角”的名字不吉利。既然风暴角位于通往印度的航线上，看到了风暴角便看到了希望，就改名为“好望角”。于是，好望角这个名称便传开了。

迪亚士未能如愿到达印度，因为他的手下人拒绝继续前行。但是，他帮助达·迦马筹划了 1497 年的一次很成功的航行。他对船舶的设计提出了建议，甚至陪达·迦马航行了一段路程。1499 年，迪亚斯又陪伴佩德罗·阿尔瓦雷斯·卡布拉尔航行到达巴西。但后来在同样的一次航行中，他的船在好望角外遇风暴沉没，他也在这次海难中罹难。

哥伦布发现巴哈马群岛

克里斯托弗·哥伦布是意大利著名航海家，是地理大发现的先驱者。哥伦布年轻时就是地圆说的信奉者，他十分推崇曾在热那亚坐过监狱的马可·波罗，立志要做一个航海家。他于1492年到1502年间四次横渡大西洋，发现了美洲大陆，这对世界历史的影响比他本人可能预料的还要大。他的这一发现是历史上一个重大转折，开创了在新大陆开发和殖民的新纪元。这一发现，导致了美国印第安人文明的毁灭。从长远的观点来看，还致使西半球上出现了一些新的移民国家。这些国家与曾在该地区定居的各个印第安部落截然不同，这些人的到来极大地影响着旧大陆的各个国家的人。

四处游说

哥伦布生于意大利热那亚市的工人家庭，是信奉基督教的犹太人后裔，自幼便热爱航海。他读过《马可·波罗游记》，从那里得知，中国、印度这些东方国家十分富有，简直是“黄金遍地，香料盈野”，于是便幻想着能够远游，去那诱人的东方世界。在当时，因为教会的关系，人们大多相信天圆地方，但哥伦布却对此产生怀疑，他认为之所以帆船向大海启航后，船身由下而上渐渐消失的原因正是因为地球是圆的。

▲哥伦布正在说服西班牙国王支持他的伟大梦想

为了印证他的想法，他先后向西班牙、葡萄牙、英国、法国等国的国王寻求协助，以实现出海西行至中国和印度的计划，但均得不到帮助，因为地圆说的理论尚不十分完备，许多人不相信，把哥伦布看成江湖骗子。但同时，欧洲国家极需要东南亚的香料和黄金，而通往亚洲的陆路却为土耳其帝国所阻，海路则要经由南非对开的风暴角——好望角，因此欧洲的君主开始改变以往的想法。哥伦布在到处游说了十几年后，直到1492年，西班牙王后伊莎贝拉一世慧眼识英雄，她说服了国王，甚至要拿出自己的私房钱资助哥伦布，使哥伦布的计划得以实施。

横渡大西洋

1492年8月3日，哥伦布带着87名水手，驾驶着“圣玛利亚”号、“平特”号、“宁雅”号3艘帆船，离开了西班牙的巴罗斯港，开始远航。这是一次横渡大西洋的壮举。在这之前，谁都没有横渡过大西洋，不知道前面是什么地方。

8月12日，船队驶到了位于非洲近海的加那利群岛。补充了木柴和供应品之后，9月6日，船队离开加那利群岛，由于所有的船员情绪都很好，所以没有一个逃亡的。船队乘着加那利群岛附近常起的东北风朝正西方航行，根据哥伦布几年前在这一带航海的经验，这种东北风是越洋驶向日本国最好的风向。

船队顺着偏东风日夜不停地航行着，有时一昼夜可以向西航行150多英里。可是日复一日，总是那空无一物的海面展现在人们面前。海上的生活非常单调，水天茫茫，无垠无际。过了一周又一周，水手们沉不住气了，吵着要返航。那时候，大多数人认为地球是一个扁圆的大盘子，再往前航行，就会到达地球的边缘，帆船就会掉进深渊。哥伦布知道，随着离祖国的远去，他们的担心和忧虑就会越来越严重。于是哥伦布决定拿出航海日志，向海员们公布已被缩小的行驶里程，而把真实的里程记在自己的日记本里。

9月16日，他们开始看到一大片一簇簇的绿草，根据这些绿草的形状可以判断，它们好像是刚刚从地上拔出来的。船队穿过这个水域一直向西航行，这个水域的绿草是这样茂密，好像整个海洋都被绿草覆盖着。他们数次投下测铅以测量水的深度，但是测铅够不着海底。他们在海流形成范围内的亚热带洋区就这样发现了马尾藻海，这片海面上浮游着大量的海藻。航船顺风在海上水生植物中轻轻滑行，但是后来海风停息了，一连几天船队几乎停滞不前。因为海洋显得既寂静又平坦，人们怨言四起，都说这个海洋是个怪物，连一丝风都没有，不然可帮他们返回西班牙。

10月初，水兵和军官们更强烈地要求哥伦布改变航向。在此以前，哥伦布一直坚持向西航行，最后他终于屈服了，大概因为害怕发生暴动。

船队已与世隔绝地在大洋上漂泊了三个星期了，可是陆地的影子还是看不见。海员开始公开抱怨，他们说这次远航是一种愚蠢的航行，有几个海员要把哥伦布扔到大海里后再返航回去。

可是毫不动摇的哥伦布还是要继续一直向西航行。10月7日，他们看到一种肯定不是海鸟的小鸟越过头顶向西南方飞去。这时正值大批候鸟从北美飞向加勒比海岛群和南美过冬的转徙高潮。因此哥伦布就率领整个船队朝西偏西南方航进，这是以候鸟为航标的。

10月11日，哥伦布看见海上漂来一根芦苇，高兴得跳了起来——有芦苇，就说明附近有陆地！果然，11日夜里10点多，哥伦布发现前面有隐隐的火光。12日拂晓，水手们终于看到了一片黑压压的陆地，全船发出了欢呼声！

▲1492年8月3日，哥伦布驾驶的“圣玛利亚”号

他们整整在海上航行了两个月零九天，终于到达了美洲巴哈马群岛的华特林岛。哥伦布把这个岛命名为“圣萨尔瓦多”，意思是“救世主”。

巴哈马群岛的发现

当哥伦布等人踏上这片神秘的土地时，岛上的居民们好奇地开始围观这群白皮肤的不速之客。他们全是裸体，体态十分健美，自以为是到了东印度群岛的哥伦布，把这些土著居民称作印第安人。这样，从那时起所有的美洲土著也都被这样称呼了。实际上，他们当时见到的这些人是散居于南美北岸诸海岛上的阿拉瓦克人。

哥伦布同这些土著居民做了交易，以铜铃、红帽子、玻璃珠之类的小物品换得了黄金制成的小饰物、棉纱和鹦鹉等等。船员们在圣萨尔瓦多停留了两天，也用一些廉价的装饰品从印第安人那里换来了食物、淡水。

因为语言不通，哥伦布他们只是依靠手势和符号从阿拉瓦克人那里得知，南边有一个拥有大量黄金的国王，且在南边和西边还有许多这样的海岛。这个消息是振奋人心的。在当时那带有很多想象成分的地图上，确实有许多海岛散缀在亚洲东部的海上，包括那个所谓的日本国。根据《马可·波罗游记》的记载，那里黄金遍地。于是哥伦布下定决心要向西南方寻找这块宝地。抓了六个阿拉瓦克人当翻译和向导之后，船队又朝西南方行进了约两个多星期。在途中，他们又发现了一些新的海岛，并且在这一带首次尝到了白薯、玉米和木薯，令他们赞赏不已的还有印第安人奇特的睡铺——网络状吊床。这以后不久，欧洲的海员就采用了这种吊床。

▲1492 年 10 月 12 日凌晨，哥伦布到达了加勒比海中的巴哈马群岛

然而，寻遍了巴哈马群岛，他们也没有找到很多黄金，根据印第安人的传闻他们又继续向南方去寻找一个更大的叫古巴的海岛。这里向东风景十分秀美，到处可见巍峨的青山，因而，哥伦布说古巴是他听见到的最美丽的海岛。可是，在那里，他们同样没有找到什么商船和黄金屋顶的宫殿，他们所见的只是一些独木舟和一些由圆形小屋组成的村落。

12 月 5 日，哥伦布到达了古巴的最东端，在继续东行中，又一个人口众多、风景优美的海岸出现了。全体人员都认为这是一个和西班牙同样美丽的海岛，西班牙岛就这样被哥伦布命名为这个海岛的名称，这就是现在的伊斯帕尼奥拉岛，属于海地和多米尼加共和国。

又过了两个星期，哥伦布他们勘查了伊斯帕尼奥拉岛北部海岸的大约 1/3 的地方，并且绘制了一幅相当准确的这一带的地图。有时他们去参观阿瓦克人的大部落并一同去寻找黄金。他们发现越是向东走，就越有找到黄金的苗头。

12 月 20 日，船队在四周环山的阿库尔湾下锚。友好的当地居民将一些黄金饰物献给了他们。一件嵌金的精绣棉布作为礼物送给了哥伦布，这是在东边几英里外的一个部落酋长特意送来的，因此哥伦布决定马上回访。哥伦布从这位酋长那里得知在内地有一个黄金十分丰富的叫锡瓦奥的地方。锡瓦奥又被哥伦布误解为可能是日本国的误读，因此他更认为无尽的宝藏终于在这个西班牙岛上被发现了，也更相信西班牙岛就是位于中国东边海上的日本国。他们在岸上修了一个寨堡，木料来自于圣玛丽亚号船的残骸，命名为纳维达德，西班牙语的意思就是“圣诞节”。作为在这新大陆上的第一次殖民活动，哥伦布留下 40 人开采伊斯帕尼奥拉的金矿。随后，他们带着从岛上弄到的各种特产，大量的黄金以及那六个印第安人作为这次发现的证物，于 1493 年 1 月 4 日起锚开始了返回西班牙的漫长航程，3 月 15 日，哥伦布回到西班牙。

哥伦布日

哥伦布日为 10 月 12 日或 10 月的第二个星期一，这一日正是哥伦布在 1492 年登上美洲大陆的日子。哥伦布日是美国于 1792 年首先发起的，当时正是哥伦布发现美洲 300 周年的纪念日。后来在 1893 年，芝加哥举办了哥伦布展览会，并举办了盛大的纪念活动。从此，每年的 10 月 12 日，美国大多数州会举办纪念活动。而这个习俗亦开始传遍整个美洲，现在不论北美洲、南美洲，还是加勒比海地区的国家都会在哥伦布日举行纪念活动。

哥伦布到达小安的列斯群岛和多米尼加

急于想占有所发现的土地和财富的国王和王后，命令哥伦布马上返航回伊斯帕尼奥拉。一支包括17艘船和1200船员的巨大船队，在不到5个月的时间内就组建完成了。本次远征的目的是要哥伦布在那里建一个永久殖民地，使当地土著人归顺，还要弄明白，古巴是否真的是亚洲的一部分。

二次远航

1493年9月25日，哥伦布率领的船队在喇叭伴奏下，堂皇地从良港加的斯出发。这次与哥伦布一同前往新地寻找幸福的人有为数不多的一群宫廷侍卫，数百个贫穷的和夺取了格拉纳达后游手好闲的傲慢贵族，国王的几十个官员和神甫、主教。神甫、主教所担负的任务是使海外的偶像崇拜者转信基督教。由于哥伦布在印第安人的居住区没有看到过牲畜和欧洲的农作物，并且由于准备在伊斯帕尼奥拉岛上开拓西班牙殖民地，哥伦布在船上装运了马、驴等牲畜。除此而外，司令还下令在船上带上各种葡萄藤条和欧洲的各种农作物种子。

从加那利群岛出发，哥伦布向西南航行，因为伊斯帕尼奥拉岛上的居民说，在他们的东南方有另外一些海岛。如果哥伦布正确地理解了印第安人所说的话，那些海岛中应包括“加勒比人即食人者居住之地”和“没有丈夫的女人岛”，这些岛上有大量的黄金。船队这次是沿着比第一次航行方向偏南约10°的地方航行的。这个航向非常正确，哥伦布抓住了顺风——东北季风，只用20天时间就横渡了大西洋，比上次航行少用两个星期。这次航行的路线后来成了从欧洲前往西印度常走的航线。

发现小安的列斯群岛

11月3日，一座覆盖着茂密热带植物的山岳海岛出现了。由于这个发现是在星期日（西班牙语的星期日一词字音是多米尼加），所以哥伦布就以多米尼加命名了新岛。

在一个以哥伦布的旗舰命名的叫马里加朗特岛的海岛上稍事停留以后，船队又继续向北驶进，不久就靠岸在草木茂盛的火山岛瓜德罗普。在这里，船员们发现当地的加勒比人有吃人的习性。从瓜德罗普岛出发，哥伦布转向伊斯帕尼奥拉岛驶去。他向北航驶，发现了一个又一个海岛。在继续向北的航行中，船队又经过了一系列海岛——圣基茨、安提瓜、蒙特塞拉特、尼维斯等，这些海岛的许多名字都是哥伦布起的。

11 月 22 日，船队通过了莫纳海峡，他们上次登陆的地方——伊斯帕尼奥拉出现在眼前。

当船队到达纳维达特堡时，他们发现寨堡已经被烧毁，在这里留守的人也无影无踪了。原来哥伦布派驻在这里开掘金矿的人没有去采金却到处掠夺、抢劫、霸占妇女，这惹怒了岛上的土著人，把他们全部杀死了。于是哥伦布不敢在这里驻扎，而是率领船队到东边估计 100 英里外的伊萨贝拉，并且在那里又建立了一个新殖民地。而后他们对这个海岛的内陆进行了几个月的考察，最后确认这里并不是日本国。接着，哥伦布的弟弟留下来驻守，而哥伦布自己率三艘帆船到古巴南岸去勘察。

1494 年 4 月 24 日，哥伦布率领三艘不大的船向西航行，去“发现印度大陆的陆地”。他航行到古巴最东部的海角。在那里还是没有找到黄金，于是他们决定于 5 月 5 日出发到热带海岛牙买加去寻找。约一个星期之后，他们又失望地从牙买加回到了古巴。

在 9 月 29 日回到伊萨贝拉之前，哥伦布又考察和绘制了牙买加和伊斯帕尼奥拉南海岸的地图。回到伊萨贝拉后，哥伦布发现在他们出海的 5 个月里，刚建立不久的新殖民地又是一片混乱。成帮结队的西班牙人在岛上来回游逛，不时地吓唬当地土著人，偷窃他们的黄金，抓人做苦役，因此一场公开的战争不久就爆发了，由于情势所逼，哥伦布也不得不率军队参战，对土著人进行屠杀。从 1492 年开始的 50 年中，伊斯帕尼奥拉岛上的几十万阿拉瓦克人几乎遭到了灭绝。

▲1495 年，西班牙人与当地土著人发生战斗，西班牙人抓住了一个当地的酋长

1496 年 3 月，哥伦布踏上了返回西班牙的归程，6 月，抵达加的斯港。此时，西班牙国王对哥伦布英勇壮举的美好希望破灭了，因为他发现的不是中国，也不是日本，他发现的地方对西班牙来说没有多少价值。

约翰·卡伯特的英国第一次海外探险

虽然英国人对探险并没有多大的热情，他们在新大陆的势力却慢慢建立起来，作为后来者，英国人在许多方面利用了人类其他发现，但对通往亚洲西北路线的探险和对美洲东北部沿海区的发现，首先是由英国人来完成的，这项任务落到了来自威尼斯的外乡人约翰·卡伯特身上。

英国第一次海外探险

约翰·卡伯特出生于热那亚，年轻时移居威尼斯，他与一个威尼斯女人结了婚，婚后生了三个儿子（他的第二个儿子名叫塞瓦斯蒂安）。卡伯特在威尼斯的生活情况，人们几乎一无所知，仅知道他大概是个海员和商人。据说，他曾经到过近东地区，并在那里遇到过贩运香料的商队，他向阿拉伯商人打听过一些出产香料的遥远国家的情况。1490 年，卡伯特携带家眷迁居英国，居住在布里斯托尔。

纽芬兰

1497 年英国人约翰·卡博特到达纽芬兰，1583 年正式宣布归英占有，但直到 18 世纪末仅有一些渔船在此捕鱼。气候寒冷湿润。由于冬季海港冰封，渔船不能出海，渔民都过着半年捕鱼，半年领取政府失业救济金过活。海岸曲折。内地大部为高原。

当时，布里斯托尔是英国西部的主要海港，同时又是大西洋北部海域英国的渔业中心。从 1480 年起，布里斯托尔的富商们曾多次派出船只去寻找神秘的巴西群岛和安的列斯群岛，但是这些船只返回后没有带来任何发现。

布里斯托尔的商人们得知哥伦布的发现后，出资装备了一个英国探险队前往“中国”海岸，并任命约翰·卡伯特担任这个探险队的领导。

这个消息被西班牙驻伦敦大使获悉，西班牙国王向英国国王提出警告，这样的探险行动是对西班牙和葡萄牙合法权益的侵犯。但英国国王还是以约翰·卡伯特和卡伯特的三个儿子的名字签发了许可证，批准他们向一切地方和地区，向东海、西海和北海所有的海岸进行航驶。国王约定从探险的收益中提取五分之一的利润，并在许可证中故意不指明向南航行的路线，目的是避免与西班牙人和葡萄牙人发生冲突。

1497 年 5 月，约翰·卡伯特驾驶一艘只有 18 个船员的航船，离开布里斯托尔向西航行，绕过爱尔兰的北部海岸，一直沿 50°线偏北航行。经过一个半月的航驶后，1497 年 6 月 25 日，卡伯特到达一个气候寒冷的不毛之地，他把这块陆地称为“首次看到的陆地”。卡伯特所看到的这片陆地大概是纽芬兰。尽管卡伯特在那个地方没有见到人，也没有靠近这片陆地的海岸，但是他认为这是一片有人居住的陆地。他转头向东航行，7 月底，他回到了布里斯托尔。

在返回的航途中，卡伯特在被他发现的陆地的东南方看到了大群鲱鱼和鳕鱼。这样便发现了大纽芬兰浅滩。这是世界上鱼类最丰富的海区之一。卡伯特对这个海区作了正确的评价，他在布里斯托尔宣布，英国人可以不到冰岛沿岸去捕鱼了。这次探险几乎一无所获，卡伯特只从吝啬的英国国王手里得到了 10 个英镑的奖赏。

▲1497 年 5 月，出发前卡伯特正在接受祝福

卡伯特的第二次探险

1498 年 4 月，卡伯特组织了对“中国”的第二次探险。为了进行这次探险，一共装备了 5 艘或 6 艘航船。在探险路途中，卡伯特逝世了，探险队的领导权落在了他的儿子塞瓦斯蒂安 · 卡伯特肩上。

卡伯特第二次探险中，英国船只到达了北美大陆，并沿着它的东部海岸向西南航驶了很远的距离。显然，他们是想寻找人口稠密的中国海岸。水手们经常登上海岸，可是他们在那里遇见的不是中国人，而是身穿兽皮的人（北美印第安人），这些人既没有黄金，也没有珍珠。由于食物不足，塞瓦斯蒂安 · 卡伯特决定返航，他于 1498 年返回英国。

在英国人的心目中，第二次探险是得不偿失的。这次探险耗费了大量资金，但是没有任何收益，甚至连一点收益希望也没有带回来，因为这个地区的毛皮财富并没有引起水手们的注意。这个新地是一片布满针叶和阔叶森林的海岸，几乎无人居住，这个地方绝对不可能是中国或印度的海岸。在以后几十年过程中，英国人再没有做过沿西部航线前往东亚的任何新的尝试。

哥伦布对特立尼达岛和新南大陆的发现

1498年，重振旗鼓的哥伦布又一次出海到新世界探险。因为哥伦布前面的探险并没有给西班牙带来预期的利益，西班牙国王对探险的热情骤减，这次之所以批准了哥伦布的第三次探险，是因为当时西欧有许多国家都开始了探险事业。哥伦布费了极大的气力才筹备好进行第三次探险所需的资金。可第三次探险航行的规模远不如第二次那样壮观。

对特立尼达岛和新南大陆的发现

1498年5月30日，哥伦布的船队从桑卢卡尔港启程（位于瓜达尔基维尔河河口），向加那利群岛驶去。在耶罗岛附近，他把船队分为两个部分，他派遣三艘船直线驶往伊斯帕尼奥拉岛，自己率领其余的三艘船驶向佛得角群岛。从佛得角群岛出发他向西南航行，力图绕过亚洲东南海角，到达“南部”的印度。

▲哥伦布在当地向导的带领下，去找寻黄金

6月31日，一个水兵在指挥船的桅杆上看到了西部有一块陆地，这是一个大岛，哥伦布把这个岛命名为特立尼达（意为“三位一体”）。次日，航船沿这个岛的西南角航行。从西面可以看到一块陆地，这就是南美大陆的一部分地区和奥里诺科河三角洲，哥伦布把这片土地称为格拉西亚之地（幸福之地）。哥伦布看到海岛与格拉西亚之地被一条宽约10公里的海峡相隔。

哥伦布派出一只小船去海峡进行测量。看来这条海峡的水深完全适合船只航行，然而海湾的水朝着两端流去。借着顺风，哥伦布的船只穿过这个海峡。从海峡向北，海水显得很平稳。哥伦布偶然汲了一点水，发现这里的水是淡水。他向北航行，一直走到一座高山之旁，这是帕塔奥峰，位于多山的帕里亚半岛的东部顶端。哥伦布把这条位于特立尼达与大陆之间的北部海峡命名为“龙渊”。哥伦布沿格拉西亚之地向西航行。在航进中，发现海水越来越淡。航船抛锚停泊的地方，半岛显得十分宽阔，群山向北方隐去。

哥伦布派人登上海岸，他们受到了印第安人热情亲切的接待。然而哥伦布不能在那里久停，因为给伊斯帕尼奥拉岛上的移民运送的粮食已经开始腐烂，况且他本人也身染重病，双目几乎失明。他以为格拉西亚之地是个海岛，所以顺着这个海湾的海岸向东和向南航行，白费力气地寻找着它的出口。

在迷失了一阵后，哥伦布从他发现的大河河口出发，向东北航行，趁着顺风，平安地把航船引出了“龙渊”，驶进大海。

穿过海峡驶进加勒比海以后，看见了一个海岛，他把这个岛称为乌斯宾尼岛（即现今的格林纳达岛）。此后，他们的船只航行到印第安人打捞珍珠的岛屿附近。哥伦布把这些岛屿中最大的一个海岛称为马加里塔岛（珍珠岛）。

哥伦布从龙渊海峡到阿拉亚半岛的西部顶端，对格拉西亚之地（即南美大陆）的北部海岸进行了长约300公里的考察。疾病和担心食物腐烂不允许哥伦布在这片奇异的珍珠海岸继续停留，于是从马加里塔岛起调整了航向，直线向北朝着伊斯帕尼奥拉岛驶去。

伊斯帕尼奥拉岛的暴乱

名门贵族们拒绝承认哥伦布任命的官员组成的政权，他们拿起武器，举行了暴动，反对哥伦布的兄弟瓦尔佛罗米。为了寻欢作乐，他们把不幸的印第安人作为射箭的活靶子。他们不仅用种植园的繁重劳动把新的“民众”折磨得筋疲力尽，而且还抓来数十个奴隶为他们捕鱼和狩猎，或者让印第安人用吊床抬着他们周游四方。他们抓来了女奴给他们“干家务活”。他们抢夺了许多印第安女人，与她们一起过着多妻制的生活。

哥伦布被遣送回西班牙

1498年8月20日，伊斯帕尼奥拉岛的南岸已经清晰可见。上岸后，哥伦布得知，这里的殖民者举行了暴动。暴动者的头目名叫佛朗西斯科·罗利丹，他是伊斯帕尼奥拉岛的首席法官。

哥伦布与暴动者签订了一项屈辱性的协定之后暴动才平息。这时，哥伦布收到了一些从西班牙传来的坏消息：暴动者的头目罗利丹被复职为首席法官，暴动者在暴动期间的工资应予保证；每一个暴动参加者还能分得一大片土地。

国库从新殖民地所得的收益仍然很少。可是，这个时候葡萄牙人达·伽马从南面绕过了非洲大陆，找到了通往真正印度的航线，达·伽马与印度展开了商业贸易，给葡萄牙运回了大批香料。现在人们已经完全明白了，哥伦布的发现地与富饶的印度相比没有任何相同之处，哥伦布只不过是个吹牛家和骗子手罢了。有人伺机揭发哥伦布，而最可怕的是指控哥伦布私自隐匿王国的巨资。从伊斯帕尼奥拉岛传来了发生暴动和贵族被残杀的消息，西班牙贵族们双手空空地从哥伦布发现的“印度”回来了，人们一致归罪于哥伦布。

1499年，西班牙政府首先废除了哥伦布对发现新的陆地的垄断权，然后又马上起用了一些原先是哥伦布的同伴后来变成他的劲敌的人。新总督逮捕了哥伦布和他的兄弟并给他们戴上了镣铐。1500年10月，运送戴着镣铐的哥伦布和他的两个兄弟的船驶进加的斯港。

达·伽马发现通往印度的航线

达·伽马，从欧洲绕好望角到印度航海路线的开拓者，1497 年受葡萄牙国王派遣，寻找通向印度的海上航路，船经加那利群岛，绕好望角，经莫桑比克等地，于 1498 年 5 月到达印度西南部卡利卡特。伽马在 1502 ~ 1503 年和 1524 年两次到印度，后一次被任命为印度总督。由于他实现了从西欧经海路抵达印度这一创举而驰名世界，并被永远载入史册！

担当重任的达·伽马

1460 年，达·伽马出生于葡萄牙的港口城市锡尼什一个名望显赫的贵族家庭，他在快要 10 岁的时候就拟定了长期航海的计划，其父也是一名出色的航海探险家，曾受命于国王的派遣从事过开辟通往亚洲海路的探险活动，几经挫折，远大抱负终未如愿而溘然长逝了。达·伽马的哥哥也是一名终生从事航海生涯的船长。因此，达·伽马是一名青少年时代受过航海训练，出生于航海世家的贵族子弟。

15 世纪下半叶，野心勃勃的葡萄牙国王妄图称霸于世界，曾几次派遣船队考察和探索一条通向印度的航道。1492 年哥伦布率领的西班牙船队发现美洲新大陆的消息传遍了西欧。面对西班牙将称霸于海上的挑战，葡萄牙王室决心加快抓紧探索通往印度的海上活动。葡萄牙王室将这一重大政治使命交给了年富力强，富有冒险精神的贵族子弟达·伽马。

▲达·伽马像

到达南非好望角的航行

1497 年 7 月 8 日，里斯本码头上人山人海。在人们的欢送祝福声中，达·伽马率领 140 名远航船员，踏上了艰险的远征之路。

船队从里斯本港起航朝着佛得角群岛驶去，离开佛得角后转向东南方向，大约航行到塞拉利昂。然后，伽马采纳了葡萄牙富有经验的航海家的建议，为了避开赤道非洲和南部海岸的逆风和海流，起初一直朝着西南方向航行，在赤道附近的某个海区转向东南。

11 月 1 日，葡萄牙人在东部看见了陆地。三天以后，他们驶进了一个辽阔的海湾，这个海湾被命名为圣赫勒拿湾，并发现了圣地亚哥河的河口。葡萄牙人登上海岸，与当地的土著人布须曼人接触，由于一个水兵不知怎么侮辱了布须曼人，从而导致了一场相互冲突。几个葡萄牙人被土著人用石块和弓箭打伤和射伤了，达·伽马立即下令用弩炮向敌人还击，不知在这场冲突中死伤了多少布须曼人。

达·伽马率领船队，在大西洋上航行了四个月。船队一度被不间断的风暴吹散。天空中不时乌云密布，白天几乎和夜晚一样黑暗。船舱漏水，必须不断地用手摇唧筒向外抽水。由于缺乏新鲜蔬菜和水果，许多船员都患了坏血病。但是，这些困难都没有吓倒这支远航探险队。

1497 年 11 月 22 日，达·伽马率领船队终于顺利地绕过了非洲大陆的最南端——迪亚士发现的好望角，进入了印度洋。船队沿着非洲东海岸缓慢地向北航行。

沿非洲东岸的航行

1497 年圣诞节时，朝着东北方向航驶的葡萄牙船只已经位于南纬 31°附近的一条高耸的海岸线前面，达·伽马把这条海岸称作纳塔尔（葡萄牙语的意思是“圣诞节”）。

1498 年 1 月 11 日，船队在一条河的河口停泊下来。水手们登上海岸，一群黑人向他们走来，这些黑人与葡萄牙人在非洲南岸所遇见的截然不同。一个从前曾在刚果居住过的水手会说班图语，这个水手对这些黑人喊话，黑人们懂得水手说的话。这个地区人口稠密，以农耕为生，人们处于较高的文化发展阶段，能冶炼铁和其他有色金属。葡萄牙人在黑人家里看见有铁制的箭矢、标枪头、短刀，铜制的手镯和其他金属装饰品。黑人们对葡萄牙人十分亲善，因此达·伽马把这块土地称为“善良人之地”。

1498 年 3 月，船队到达了莫桑比克岛，这是阿拉伯人管辖的海港城市。阿拉伯的单桅船每年都航驶到这里，从这里运走了黑人奴隶、黄金、象牙和琥珀。莫桑比克的居民，如同非洲其他港口的居民一样，主要是由班图黑人、阿拉伯人以及阿拉伯人与黑人混血后裔的各种肤色的人组成。15 世纪末和 16 世纪初，那里大多数人信奉伊斯兰教。通过当地的首领，达·伽马在莫桑比克雇用了两个引水员。然而阿拉伯商人已经猜中，葡萄牙人是他们未来最危险的竞争者，于是友好亲善的关系很快变成了仇视和敌对。在这里，达·伽马和当地居民发生了武装冲突，很快就撤离了。

船队继续沿海岸线北上。同在南大西洋的航程相比，他们现在的航行显得顺利多了。因为航线是现成的，海面上来来往往的商船都在为他们指引航向，食品、饮水和补给已不再成为困难——沿途都有繁华的港口和城市。

在舒缓和煦的季风中，1498 年 4 月，达·伽马的船队来到了一个陌生的港口基尔瓦，船队先派了一个水手上岸打探。

这个水手来到码头上，不料却遇上一位突尼斯的阿拉伯商人。这位商人惊讶地看着这位突然出现的葡萄牙人，第一句话就说：“活见鬼！是什么魔力把他们带到这里来的?”的确，他很清楚这些欧洲船员来到东方的企图。

1498 年 4 月 14 日，达·伽马的船队停泊在今天肯尼亚的马林迪。出乎他们的意料，马林迪的酋长对他们很热情，水手们在这里以廉价的物品换取了丰裕的黄金，得到了大批香料。

马林迪引水员

到达马林迪后，当地的首领给达·伽马提供了一个年老可靠的引水员，这个引水员必须把葡萄牙人送到印度西南海岸的卡利卡特城。这个引水员名叫艾赫迈德·伊本·马德内德，出生于阿曼（阿拉伯地区的东南部），他是当时著名的阿拉伯舵手和大学者。他编写过一部航海理论和实践的全集，在这部书里他不仅使用了古代阿拉伯的文献资料，他本人亲身经历的记录，而且还使用了西印度洋一系列航海指南方面的书籍资料（其中部分流传至今）。

抵达卡利卡特城

马林迪酋长给达·伽马提供了一个年老可靠的引水员，这个引水员必须把葡萄牙人送到印度西南海岸的卡利卡特城。这个引水员是当时著名的阿拉伯舵手和大学者。葡萄牙人带上这个可靠的引水员于1498年4月24日从马林迪向东北航行，乘印度洋的季风，沿着引水员熟知的航线，把葡萄牙的航船引向印度。印度的海岸线在5月17日出现在他们的眼前了。

看到印度陆地后，船向南航行。三天以后出现了一个高耸的海角，这时，引水员走到达·伽马跟前，说："这就是您所向往的国家。"1498年5月28日下午，葡萄牙航船在卡利卡特城对面的一个停泊场抛下了锚。

在这里，达·伽马和水手们高兴地看到，印度的富庶正如马可·波罗在《马可·波罗游记》中所描绘的那样，他们为此惊叹不已。

卡利卡特城的阿拉伯商人人数很多，他们唆使卡利卡特的统治者反对葡萄牙人。当达·伽马亲自把国王的信呈递给头目时，他和他的随行人员都被拘留了。过了一天，葡萄牙人依照头目的命令把一部分货物卸到岸上，头目才把达·伽马和他的随行人员释放了。在此以后，这个头目一直保持中立，既不协助也不阻挠他们用葡萄牙货物进行贸易。但是他们拒绝购买葡萄牙人的货物，嫌这些货物质量低劣，而贫穷的印度人所给的价钱比葡萄牙人的要价又低得多。尽管这样，达·伽马的人员仍然用自己的货物换来了一些香料、肉桂和宝石，但是换来的这些东西数量不多。

返回葡萄牙

1498年9月9日，达·伽马的船队运载着大批印度香料和非洲黄金踏上了归程。1499年1月初，葡萄牙人返航途中在摩加迪沙大城附近看见了索马里海岸，但是达·伽马不准备在那里登岸，而是向南航行，前往马林迪。马林迪的统治者给船队提供了新的给养，同时由于达·伽马再三请求，马林迪的统治者才给葡萄牙国王送上了一份礼品，并在自己的领地上竖起了一块石碑。

在马林迪休整数日后，达·伽马向南航驶。他在蒙巴萨地区放火烧毁了一艘船，因为他看到剩下的船员已经不足原来总数的一半，而且健康的人员更少，在这种情况下已经没有足够的人手再去驾驶和管理三艘船了。抵达莫桑比克后，又有一艘船走散了，彼此失去了联系。

回到里斯本后，在隆重的欢迎仪式上，葡萄牙国王高兴地欢呼："葡萄牙有了自己的哥伦布，我们的香料和珠宝再也不受别人控制了！"

达·伽马把从印度换来的香料、珠宝出售，所获纯利竟达航行费用的 60 倍。不过，船员们回到本国时仅剩下 55 人了。

1502 年 2 月，达·伽马再度率领船队开始了第二次印度探险，目的是建立葡萄牙在印度洋上的海上霸权地位。为了减弱和打击阿拉伯商人在印度半岛上的利益，达·伽马下令卡利卡特城统治者驱逐该地阿拉伯人，尔后又在附近海域的一次战斗中，击溃了阿拉伯船队。1503 年 2 月，达，伽马满载着从印度西南海岸掠夺来的大量价值昂贵的香料，乘着印度洋的东北季风，率领 13 艘船只向葡萄牙返回，同年 10 月回到了里斯本。

当达·伽马完成了第二次远航印度的使命后，得到了葡萄牙国王的额外赏赐，受封为伯爵。1524 年，他以葡属印度总督身份第三次赴印度，不久染疾身死。

哥伦布最后的探险

1502 年，哥伦布进行了第四次远航，这次到达洪都拉斯、哥斯达黎加和巴拿马等地，但仍然没有找到黄金和香料，不得不无功而返。这位伟大的探险家到了晚年，似是诸事拂逆，抑郁生病，于 1506 年 5 月逝世。

对中美大西洋海岸的发现

由于事不顺心，哥伦布在闲暇中度日。可是，这位伟大的航海家很快又异想天开，他想从他发现的地区找到一条通往南亚去的新路线——通往“香料之国”的新路线。他相信这条路线是存在的。哥伦布呈请国王批准，让他再组织一次新的探险。斐南迪国王无法摆脱这个纠缠不休的请求者。1501 年秋季，他着手组建一个规模不大的船队。1502 年春季，国王命令哥伦布迅速出发向西航行。哥伦布声称，他的目的是完成环球航行。他随身带领着他的兄弟和年幼的儿子。他的船队由四艘船组成，全部乘员共 150 人。

▲哥伦布

哥伦布不顾国王的禁令，率领船只穿过弧形的小安的列斯群岛向伊斯帕尼奥拉岛驶去。1502 年 6 月底，他航抵圣多明各港。而哥伦布把在前面阻路的地方看成是印度支那，在之后的几个月中，哥伦布一直企图闯过这一关。船队顶着强劲的逆向风，迎着滔天的巨浪从洪都拉斯开始，依次经过了尼加拉瓜、哥斯达黎加和现在的巴拿马。

12 月 6 日，海面上刮起了持续一个月之久的大风暴，大海像疯了一样翻腾着，这是哥伦布有生以来从未经历过的最大风浪。湿热的天气又助长了蛆虫的生长，船上带的糕饼中生的满是蛆虫，人们只有等到天黑连蛆一起吃下。为了找到一个能通过去到另一个大洋的海峡，他一个个海湾、一条条河流地探查，可是终未能如愿。

航船遇难与牙买加岛的一年生活

1503 年 4 月底，哥伦布向东航行，来到达连湾。在此他转换航向，一直向北行驶，前往牙买加岛。可是海流却把哥伦布的船只向西推去。10 天以后，一群不大的无人居住的海岛展现在他们的眼前，这是小开曼岛（位于牙买加岛的西北）。又过了 20 天，在这 20 天的航行中他们与逆风和海流作了顽强的斗争。5 月底，他已经到达古巴的南岸附近。他们决定在这里抛锚停泊，以便让海员休息一下，并能补充一些给养。

一场风暴又突然发生，船只失掉了锚，相互撞击，毁坏到几乎不能在水面上漂浮的程度。风暴持续六天之后，哥伦布决定向东南航驶，前往牙买加岛。经过许多天的航行，哥伦布于1503年6月24日在牙买加岛的北岸找到了一个港湾，他把即将沉没的船拖到浅滩并排放置。

哥伦布决定给伊斯帕尼奥拉岛的总督送去一封信，恳求总督能把哥伦布的探险队从灾难中解救出来。这样，就必须派人从牙买加岛东部海角乘印第安人的独木舟经过大海行驶将近200公里路程。他派出几个西班牙人乘坐两只大型独木舟前往，船上有一些印第安人的桨手。

过了好几个月，没有得到伊斯帕尼奥拉岛的任何援助，也没有得到派出的人员下落的任何消息。得不到消息的苦恼，无所作为的忧闷和对祖国的怀念使哥伦布的人员焦急不安，垂头丧气。人们不满的情绪继续增大，最后发展到公开暴动。几乎所有身体健康的军官和士兵举行了反对哥伦布的起义。起义者抢走了10只独木舟和大船上剩下的全部给养以及几十个印第安人桨手，驾船向伊斯帕尼奥拉岛驶去，然而，海上的风暴再次把他们推了回来。这些人后来分散在牙买加岛各地，抢掠印第安人村庄，强奸妇女。几乎所有与哥伦布一起留下的人员都受尽了疾病和苦难的折磨。

返回西班牙

1504年6月28日，哥伦布离开了牙买加岛。尽管从牙买加岛到伊斯帕尼奥拉岛路程不算远，但是由于遇到了逆风，哥伦布的船只整整航行了一个半月之久，直到8月中旬他才驶进圣多明各港。

1504年9月，在哥伦布率领下，两艘船离开了伊斯帕尼奥拉岛。他们刚刚驶进海洋，就遇到了一场强风暴，哥伦布乘坐的那艘船的桅杆被风暴折断了，他把已经毁坏的那艘船送回圣多明各港。一场又一场的风暴袭击着这条孤船。到了1504年11月7日，哥伦布才驶进西班牙的瓜达尔基维尔河的河口。

哥伦布在外一共有两年半时间。他未能完成首次环球航行，也未能发现通往南海的西部道路。尽管如此，在他最后一次航行过程中却完成了许多新的伟大发现。他发现古巴以南的大陆，即中美洲海岸，他考察了长约1500公里的加勒比海西南海岸。

哥伦布之死

1504年11月底，伊莎贝拉逝世，哥伦布丧失了恢复他权力的全部希望，国王对他十分冷淡，甚至抱有敌意。1505年2月，一道命令下达到伊斯帕尼奥拉岛，变卖哥伦布的全部动产，并查封了他的其他财产，以便清算他的债务。1506年5月，哥伦布住在巴利亚多利德城时写下了自己的遗嘱。写完遗嘱过了几天后，这位伟大的航海家于1506年5月20日便与世长辞了。哥伦布逝世时身旁没有任何人照料。

亚美利哥率先提出哥伦布发现的是一块新大陆

亚美利哥·维斯普奇是一位探险的“神秘人物”。在写给几位朋友的信中，他对自己探险活动的记述很不一致，并且他所引用的经、纬度位置也总是与事实不符。尽管他的探险活动一直遭到人们的质疑，但不可否认的是，他曾经航行到哥伦布所“发现”的南美洲北部。经过实地考察，他证明了这块土地不是古老的亚洲，而是一块“新大陆”。亚美利哥返回欧洲后，绘制一幅最新地图，并出版一本传诵很广的游记。该书断定这个地方并不是印度，而是新的“大陆”。后人便用他的名字给新大陆命名，从而在历史学和地理学上出现了亚美利加洲这个名称。

亚美利哥的生平

亚美利哥·维斯普奇出生在佛罗伦萨一个富裕的公证人家庭。他长大成人后，开始为佛罗伦萨一个有名气的银行家美第奇家族工作，并在故乡的城市里平静地生活到40岁。

美第奇家族在西班牙开办了一些规模宏大的金融机构，亚美利哥作为美第奇银行的代理人被派往巴塞罗那，后来又到塞维利亚任职，在塞维利亚他居住到1499年。这年，奥赫达组织了一次对珍珠海岸的探险活动，所用的资金是通过亚美利哥提供的。毫无疑问，亚美利哥参加了奥赫达在1499～1500年所组织的那次航行。

大概在1501年，他转向葡萄牙，并为葡萄牙人服务。1501～1504年间，他随同葡萄牙船只航行到新世界海岸。1504年，亚美利哥再次来到西班牙。在西班牙任职期间，他分别在1505年和1507年两次航行到达连湾。在此以后的4年时间里，直到他于1512年逝世为止，曾担任过卡斯蒂利亚的主舵手。

亚美利哥的两封信

亚美利哥赢得的世界性声誉，是建立在他两封信件基础上的。这两封信写于1503～1504年间，很快被译成了多种文字，并由当时欧洲一些国家的出版界出版了。

第一封信是寄给银行家美第奇的。亚美利哥在这封信中叙述了他于1501～1502年间在葡萄牙任职时期完成的一次航行情况。第二封信是寄给亚美利哥佛罗伦萨的童年朋友索捷波尼的。在这封信中，亚美利哥描述了他在1497～1504年参加过的四次航行。

关于这几次探险情况亚美利哥写得非常具体。他有声有色地描写了南半球的星空，被发现地区的气候、植物和动物情况，以及印第安人的外貌和生活习惯。所有这些描写既生动活泼又引人入胜，充分显示了他的文学才能。

当时欧洲的广大读者对地理新发现的兴趣甚浓。可是西班牙政府对哥伦布和西班牙其他航海家航海发现的结果并不公布于众，因此，亚美利哥有关他“四次航行”到大西洋西岸的生动记述取得了巨大的轰动。

前两次航行

1497 年 5 月，亚美利哥从加的斯港启程，探险队由 4 艘船组成，抵达加那利群岛后停留 8 天时间，然后历经一个月的航行，西班牙人在加那利群岛以西和西南约 4500 公里之外看到了陆地。

亚美利哥在新陆地上看到了“一座如同威尼斯一样的水上城市”。这座城市由 44 个木头房屋组成，全都建筑在木桩上。房屋之间由吊桥连接。居民们四肢匀称，体形端正，个子中等，“肤色微红，如同狮毛一般”。

西班牙人在一次战斗后抓获了几个居民，带上这些人航行到位于北纬 23° 的一个国家。离开这个国家后，西班牙人向西北挺进，然后他们沿着蜿蜒曲折的海岸航行了大约 4000 公里路程。在航途中他们经常登上海岸，用一些小玩物换来了黄金。直到 1498 年 7 月，航行到一个“世界上最好的港湾”为止。

▲博纳姆纳克的壁画，从壁画上可以看到哥伦布到达美洲之前的玛雅人形象

在整个航行过程中，西班牙人换来的黄金寥寥无几，根本没有遇到宝石和香料。修理航船用去了他们一个月的时间。在此期间，港湾附近的土著人与欧洲人交上了朋友，土著人请求欧洲人帮助他们去攻打经常袭击这个地区的岛民——“食人者”。把船修好后，西班牙人决定带几个印第安人作向导向“食人者”的海岛出发。经过一周的航行，走了大约 500 公里的路程，他们登上了一个“食人者的海岛”。西班牙人开始与大批的土著人进行一场成功的战斗，结果俘虏了许多人。探险队返回西班牙时带了 222 个印第安人奴隶，他们把这些奴隶在加的斯出卖了。

后两次航行

1500 年，当葡萄牙派出的船返回里斯本，并带来了在通往印度航线的大西洋上找到了一个新岛（巴西岛）的消息时，葡萄牙国内的人们对于这一发现赋予重大的意义。这个新岛被命名为“真十字架”，但是人们却常常把它称为“鹦鹉国”，因为葡萄牙船队从那里带回了几只鹦鹉，并将其作为礼品呈献给葡萄牙国王。葡萄牙国王把这一重复发现地视为从葡萄牙前往印度航线上适宜的中途站。为了考察这块陆地曾经组织过 3 艘船专程前去探险。亚美利哥以天文学家的身份参加过这次探险。

1501 年 5 月中旬，航船从里斯本港出发，朝佛得角方向驶去。从佛得角起船队朝西南方向航行。由于频繁的风暴袭击，横渡大西洋共用了 67 天时间，最后，到了 8 月 16 日，圣罗基角在南纬 5°处出现了。8 月底，航船抵达南纬 8°的圣－奥古斯丁角，海岸线由此向西南弯转。

葡萄牙人继续向西南航行，于 11 月 1 日在南纬 13°发现了巴伊亚。1502 年 1 月 1 日，在南回归线附近，一个优良的港湾（瓜纳巴拉湾）出现在他们的面前。他们以为这是一条河的河口，所以把它称作里约热内卢。

2 月 15 日，航船抵达南纬 32°处。这时，葡萄牙军官征得亚美利哥的同意，一致通过将探险队的领导权交给他。亚美利哥决定离开海岸，向海洋东南航行。

夜晚变得越来越长了，4 月初的一个夜晚竟长达 15 个小时。航船似乎抵达南纬 52°。在 4 天 4 夜的风暴中出现了某个陆地的一条模糊不清的海岸线，葡萄牙人沿着这块陆地的海岸航行了大约 100 公里，但是由于浓雾和暴风雪阻拦，未能登岸。南极的严冬来临了，于是海员们调头向北航行。他们以惊人的速度航行了 33 天，走过了 7000 公里路程，到达几内亚。他们在几内亚把一条破烂不堪的船放火烧毁了，葡萄牙人剩余下的两艘船经过亚速尔群岛于 1502 年 9 月回到了祖国。

亚美利哥在 1503～1504 年间所进行的第四次航行仍旧是乘葡萄牙航船完成的。这次航行的目的是寻找通向马鲁古群岛的航线。这次航行中，他已经航行到巴西和圭亚那海岸附近。但是这次探险是失败的，没有获得任何成果。在这次探险失败后，他转向西班牙，并为西班牙人服务，直到他在西班牙当上了主舵手为止。

“美洲出生证”的“出生”

15 世纪的欧洲修道院，不仅仅是一个修行之地，还是学术研究的中心；1450 年，古登堡发明了金属活字印刷后，修道院又成为西方的出版中心。这是西方的文化特色，也是他们的学术传统。

▲亚美利哥在南美发现的一种典型的当地长屋

1507 年德意志洛林地区的圣迪耶修道院（今属法国圣迪耶市），一伙热爱天文和地理的人聚集于此，正编制“新世界地图的说明”。当时出现了一本只有 103 页的小册子《寰宇志导论》，负责为本书绘制地图的是一位没有任何航海记录的德国牧师，他叫瓦尔德西缪勒。凭借所能收集到的旧资料和最新海图，瓦尔德西缪勒编绘了一大一小两张全新的世界地图。其中，大地图由 12 张小图拼接而成，总图长 228 厘米，宽 125 厘米。瓦尔德西缪勒在这张图的亚洲的东边海洋中，绘出一片新的大陆，并在这片大陆的南端写上："亚美利加"（America是Amerigo的拉丁文写法的阴性变格），用以纪念它的发现者亚美利哥。瓦尔德西缪勒不仅将亚美利哥的名字放在了新大陆上，而且将亚美利哥的头像与世界地理学的祖师爷托勒密的头像并列于那张新世界地图的上方。全新的世界地图就这样诞生了。

这是人类历史上，第一次用人的名字而不是神的名字，为一个大陆命名。时间是哥伦布死去的第二年。

在地理学的传统里，发现与命名几乎是一对孪生兄弟，不接纳血脉以外的介入。新版世界地图出版不久，瓦尔德西缪勒就发现他对新大陆的命名是不公平的。因为，亚美利哥并不是这片大陆的最初发现者，这种命名显然侵害了别人的发现与命名权。于是在1513年重新出版这张地图时，他将原来放置在南美地区的"亚美利加"换成了"未知大陆"，但为时已晚。这部当年就卖出7000本的小书，其影响已遍及学界。而1538年，地图大师墨卡托又将"亚美利加"这个名字用来标注南、北美洲两块大陆，至此，整个新大陆统一被称为"美洲"，亚美利加——无可更改了。

亚美利哥与哥伦布

亚美利哥抢了哥伦布的发现权和命名权，但他确确实实是哥伦布的好友。哥伦布在1505年2月写给长子迭戈的一封信中就曾提到亚美利哥，说"他是一个可敬的人，他决定为我做每一桩能办到的事情，有什么事情，你尽管交给他去办"。生于佛罗伦萨的亚美利哥，还是哥伦布的意大利老乡。史料记载，亚美利哥曾搭乘哥伦布和其他航海家的船，多次参加了跨越大西洋的远航。1504年他公开发表了《亚美利哥航海志》，率先提出哥伦布到达的不是印度或亚洲的边缘，而是一个新大陆。

巴尔波亚发现太平洋

今天，假如有谁说有什么人发现太平洋，肯定难以置信。太平洋就清楚地标明在地图上，难道还要谁去发现不成？然而，太平洋真的是被发现过，而且这一发现经历了数百年的历史，最后被西班牙人巴尔波亚完成了，并被其命名为“南海”，后来麦哲伦将“南海”改称为“太平洋”。

自称巴拿马总督

第一个发现太平洋的欧洲人是西班牙人巴尔波亚。据说，年轻的巴尔波亚和当时许多人一样，抱着寻找黄金的美梦，爬上一艘前往“新大陆”的帆船，藏在咸肉柜里，偷渡到哥伦布曾到达过的加勒比海的海岛。他曾经利用同乡的力量到巴拿马进行抢劫，获得成功后，开创了自己的殖民地。

1508年，西班牙的一个殖民者尼库埃斯来到巴拿马，企图占有巴尔波亚开创的殖民地，巴尔波亚把他和几个随从赶到一条破旧不堪的船上，不给任何给养，强制他们离开海岸，尼库埃斯从此消失了。

于是，巴尔波亚成了尼库埃斯这个不走运的总督所率军队残部唯一的领导者。他的手下仅有300名水兵和士兵，在这些人中有一半身体还算健康，他带领这支不大的部队开始对巴拿马的腹地展开征服活动。

巴尔波亚知道，他的这点力量不足以征服这个地区，于是他利用各土著部落之间的仇视和敌对情绪，与一部分部落结成同盟来战胜另一部分部落。他的同盟者向他提供粮食，或者拨给西班牙人一部分土地并代为耕种。他把敌人的村庄抢劫一空，然后夷为平地，把俘虏来的人出售。邻近一个部落的酋长看到这些欧洲人对黄金如此贪婪，感到十分惊讶。他对他们说，从达连湾向南再走几天路程，那里有一个人口稠密的国家，在那个国家里黄金很多，然而要征服它需要有强大的力量。这个部落酋长还补充说，从那个国家的高山顶尖上能够看见另外一个海，在那个海上航行的船只不比西班牙的船只小。

经过两年之后，巴尔波亚才决定向南海远征。这时，有消息说，西班牙政府把他对待合法总督尼库埃斯的行动视为反对国王政权的一次暴乱。巴尔波亚明白，只有创建令人炫目的功勋才能把自己从法庭审判和绞刑架上拯救出来。

南海的发现

1513年，巴尔波亚乘船沿大西洋海岸向西北航驶，他行驶了大约150公里后登上海岸。巴尔波亚和他的几十个同伴翻过了一条山脉，这条山脉上森林密布，西班牙人经常不得不用斧头砍倒树木开路行进。

9 月 25 日，当这位年轻的西班牙探险者翻过地峡的最高点时，他眼前见到的是波光粼粼的南方大海。于是，他把自己所见到的太平洋，命名为“南海”。既然大西洋和自己发现的“南海”，仅为一条狭窄的地峡所隔，为什么不将其挖通，将两大洋连接起来呢？这是人类第一次提出挖掘巴拿马运河的大胆设想。年轻的探险者非常狂妄自大，他自封是“南海”的“海军上将”，继续作他的“黄金美梦”。

▲浩瀚太平洋

9 月 29 日，巴尔波亚驶向被他命名的圣米格尔港。等到海潮来临时，巴尔波亚已经进入水中，高高举起自己领地的国旗，庄严地宣读了公证人起草的证书：我已经为巴拿马国王占领了南部的这些海洋、陆地、海岸、港湾和岛屿，占领了这里的一切……

巴尔波亚返回达连湾的海岸后，给西班牙送回了一份关于他伟大发现的报告，同时呈献国王五分之一所得财物，这些财物是一大堆黄金和 200 颗精美的宝石。国王立即把对他的愤恨变成了对他的宠爱。

不久，巴拿马新任总督阿维拉是一个疑心重重和贪得无厌的老头，他率领了一支船队驶向巴拿马地峡。阿维拉来到这个殖民地后，向巴尔波亚宣读了国王的圣谕。虽然圣谕上写明了应对发现南海的人宽大处理，但是阿维拉却在宣读完圣谕的第二天就对巴尔波亚开始了秘密审判。1517 年，根据阿维拉下达的命令，这个发现了南海的人因变节罪被送上法庭审判，并被斩首。

西班牙人雷翁寻找神秘岛屿

在西班牙人发现新大陆、新海洋的时期，好似幻想也能变成事实。胡安·彭塞·德·雷翁参加过哥伦布的第二次探险，他决定去找传说中的岛屿，在伊斯帕尼奥拉岛发了大财，1508 年，他被任命为波多黎各的总督。雷翁在那里建立了第一个西班牙村庄，并以残暴的手段到处屠杀土著人，完成了对这个海岛的征服。

启程寻找比米尼岛

彭塞·德·雷翁从当地居民那里听到了一个有关比米尼岛的神话传说。据说，那个岛上有一眼永世青春泉水，于是他呈请国王批准去寻找这个神秘岛屿，占领这眼神奇的泉水，并把这个岛变成殖民地。

▲巴哈马群岛风光

在地理大发现时期这类幻想般的请求是不足为奇的。天主教徒斐南迪同意了这个请求，同时暗指哥伦布说："授予全权的这件事，还无先例，但是从那个时候起，我们已经学到了点什么，就是应该派人去做这件事。你来的正是时候……"

彭塞·德·雷翁邀请帕洛斯出生的老舵手安东·阿拉米诺斯在他的手下任职，此人曾参加过哥伦布的第四次探险。他们着手装备三艘航往圣多明各的船只，并招募了一些水兵。据传，彭塞·德·雷翁吸收了一些老头和残废人在他的船队任职。事实上这些人也需要青春和健康，谁不愿意经过一个较短的海上航行便可以返老还童恢复自己已经失去的青春呢？这个船队的乘员大约是航海历史上年龄最大的一批。

1513 年 3 月 3 日，船队离开波多黎各，去寻找奇异的比米尼岛，阿拉米诺斯满怀信心地朝着西北方向的巴哈马群岛驶去。

神奇泉水依旧是传说

从斐南迪批准把土著人作为奴隶追捕的时刻起，西班牙人就经常对这个被哥伦布发现的"群岛"南部岛屿进行袭击（西班牙称为劳斯·卡约斯）。在劳斯·卡约斯稍北的海区，阿拉米诺斯小心翼翼地驾驶航船从一个海岛到达另一个海岛。西班牙人在他们所遇到的海岛泉水和湖泊中游泳、沐浴，但是从未发现那眼神奇的泉水。

西班牙人沿巴哈马群岛的北部岛屿航行了三个星期以后，在1513年3月27日看见了一大块陆地。

彭塞·德·雷翁把这块陆地称作佛罗里达（鲜花盛开之地），这个名称完全符合于当地的实际情况：它的海岸上覆盖着绚丽多彩的亚热带植物，它又是在基督教“鲜花盛开的”复活节的第一天发现的（西班牙人称为佛罗里达复活节）。但是在阿拉米诺斯绘制的地图上却采用了一个异教徒的名称——比米尼。

阿拉米诺斯率领船队沿佛罗里达的东岸向北航行了两个星期。西班牙人在很多地方登上海岸，品尝了许多小溪和湖泊的水，然而没有找到那眼能使这些老头返老还童和恢复体力的泉水。彭塞·德·雷翁为这次失败而感到伤心，他最后一次登上了位于北纬30°的海岸，并以卡斯蒂利亚国王的名义宣布占领了这个“新岛”。这是西班牙在北美大陆上的第一块领地。

然而，在这个地区登陆是非常危险的，因为西班牙人在佛罗里达遇到了好战的印第安部族——他们是“一些身材高大，强健有力的人，这里的人身披兽皮，随身携带着强弓利剑和一些好似宝剑的标枪”（彼尔纳尔·迪亚斯）。

回航途中的意外收获

航船向南返回时，陷进了迎面而来的海上暖流形成的强大漩涡中，这股暖流流经佛罗里达与巴哈马群岛之间的海面上。

当船队到达佛罗里达的南部海角时，迎面而来的暖流是这样急速，以致拔掉了船锚，把一只船带到海洋上去了。阿拉米诺斯费了很大的气力才使这只船与其他船只合拢在一起。强大的海洋河流呈现出一片深蓝色，与碧绿的海水形成了鲜明的对比，这股暖流从西而来，在佛罗里达东南部海角向北流去。

阿拉米诺斯是研究这股海流流向的第一个人，稍后一些时候，他建议利用这股海流由西印度返回西班牙，因为他准确地猜测到这股海流会流到西欧海岸。现今业已证实，这是一条强大的海上河流，它的水量比世界上所有河流的水加在一起还要大出几十倍。此后，当他把墨西哥湾全部沿岸区标入地图时，西班牙人将其称作海湾流。北欧人所知道的名称是戈里弗斯特里姆（暖流）。对西欧地区而言，戈里弗斯特里姆和永世青春泉就是这样被发现的。

▲北美印第安人

被拔掉锚的那艘船返回后，船队绕过佛罗里达并沿着它的西海岸航行到北纬27°5′的地方。在返回途中，彭塞·德·雷翁一直坚持继续寻找那眼神奇的泉水，他还发现了几个新的海岛（巴哈马群岛北面的几个大岛群）。

回到波多黎各岛后，彭塞·德·雷翁再次派阿拉米诺斯向北航行，企图最后一次找到比米尼岛。阿拉米诺斯返回后带来的消息说，他终于找到了叫作这样名称的一个岛屿，在现今的地图所标出的名称是北比米尼和南比米尼群岛，位于大巴哈马群岛的西南部。

次年，彭塞·德·雷翁得到了对比米尼岛和佛罗里达完成殖民化的许可，可是直到 1521 年他才率领 200 余人组成的一支部队试图占领这个半岛。西班牙人在那里遇到了北美印第安人激烈的抵抗，以致在很长时间里西班牙人放弃了对佛罗里达的殖民化。身负重伤的彭塞·德·雷翁在古巴很快死去了。

格里哈利巴探险墨西哥

在黄金的巨大诱惑下，探险者意气风发、志在必得、扬起风帆，向陌生的充满未知风险的海洋出发了，动机虽然谈不上高尚，但是客观上却拓宽了人类的视野，丰富了人们的地理知识。格里哈利巴的这次航海探险，最重要的成果就是发现了墨西哥，这可比发现黄金重要得多。

向陌生的海岸进发

1518年，西班牙人胡安·格里哈利巴在古巴组建了一支由4艘船和240名士兵组成的探险船队。后来发现好望角的迪亚斯是这个探险船队的其中一员。

船队向西行驶，但海流却把船队推到偏南方向，不久他们在尤卡坦东岸附近发现了一个名叫科苏梅尔的海岛，但他们并未在此逗留，继续向前航行。

格里哈利巴的船只沿着未被探索过的海岸向西行驶。为了安全，他们只在白天行驶，过了几昼夜，他们到达塔瓦斯科大河河口（今格里哈尔瓦河）。岸上出现了众多的印第安人，印第安人砍倒大树，堵截住道路，以便同西班牙人展开激战。但是西班牙人的武器装备比印第安人的强得太多，一阵厮杀之后，格里哈利巴便率人占领了海岸。格里哈利巴让被俘的印第安人翻译传话给印第安人的头领，让他不必有顾虑前来谈判。头领送来了鱼、母鸡、水果和玉米饼，格里哈利巴把一些用粗金制成的艺术品送给印第安人。印第安头领说，他们再没有更多的黄金了，可是在他们的西边有一个名为墨西哥的国家，那里的黄金非常多。这个消息让格里哈利巴等人高兴极了，他们立即起航，去寻找印第安人所说的拥有大量黄金的墨西哥。

开辟墨西哥海岸

海岸线沿着西北方向转弯。在一个河口西班牙人看见一群印第安人，他们拿着长矛，长矛上系着迎风招展的白旗。这些人邀请西班牙人登上海岸。这是阿兹特克人（北美洲南部墨西哥人数最多的一支印第安人）的最高首领、墨西哥的君主蒙特苏马派来的。蒙特苏马听说了西班牙人一路上的行径，他还知道这些人下一步的行动是向北推进，目的是寻找黄金。于是他下令沿岸的居民拿出黄金制品去换取海外的“商品”，

▲印第安人

为的是探听到这些人到哪里去以及去干什么。在蒙特苏马的命令下居民们拿来了许多金制首饰，虽然这些首饰是用粗金制成的，工艺粗糙，但是用这些西班牙人从未见过的首饰却换来了许多玻璃项珠。格里哈利巴没费多少工夫就占领了这个地区，并作了公证文件。

船队继续朝着西北方向航行，西班牙人很快发现了一个不大的群岛，他们派了一只小船前去查探。在一个小岛上西班牙人发现了几座石头建筑物，沿着建筑物的台阶可以登上祭坛。过了一些日子，他们登上一条砂石海岸，因为在沙丘的下面不能防御蚊虫的袭击，所以他们在沙丘高地上建造了一些房子。海上不远的地方有一个小岛，他们在那个海岛上发现了一座神庙，庙里住着四个身穿黑色斗篷的印第安祭司。西班牙人把这个岛称为圣胡安·德·乌卢阿岛。岛上有一个很好的海湾，西班牙人征服了墨西哥之后，长期以来这个海湾成了新西班牙最重要的港口（位于韦拉克鲁斯的对面）。

格里哈利巴派了一艘船带上了所得的黄金返回去报告这里发生的一切事情，他自己却乘船继续沿墨西哥海岸航行，他一直航行到帕努科大河的河口，海岸从此向北弯转。由于航船严重漏水，冬季来临，船上的给养已经快耗尽了，于是他们掉转船头，返回古巴。

格里哈利巴的成就

格里哈利巴的探险队发现了一个高度文明的国家——墨西哥，并探察了从捷尔米诺斯礁湖到帕努科河河口全长约 1000 千米的全部墨西哥湾的西部海岸。然而，对西班牙人来说最重要的收获是，他们运回了大批精美的黄金首饰。

当这个消息传到牙买加岛后，牙买加的总督佛朗西斯科·卡拉依立即组建了一支探险队，这个探险队由 3 艘船组成，由阿隆索·皮涅达担任该探险队的队长，目的是发现和征服北部沿海地区。1519 年，皮涅达从牙买加岛出发，从西北方向穿过墨西哥湾，然后向东行驶，一直航行到海岸线直转向南的地方。他继续朝着新的航向前进，抵达佛罗里达的最南端，从此处皮涅达掉转船头返航。在返回的途中，皮涅达探察了由佛罗里达到帕努科河全程 2500 多千米长的墨西哥湾整个北部沿海地区。由于在这个地区，皮涅达派出的侦察兵被驻守此地的西班牙总督科尔特斯俘虏了，皮涅达被迫向北退去，然后他又向东航行。他沿海岸很近的地方向前推进，驶进一条大河的河口，他把这条大河称作圣灵河（即今密西西比河）。皮涅达发现的这条河水量极其充沛，以致皮涅达起初把它当作通向印度的航道，即把它当作连接大西洋与太平洋的海峡通道。

格里哈利巴凭借这次航海探险，正式确认墨西哥湾全部沿岸地区是自己的领地，而牙买加的皮涅达的探险则证明了墨西哥湾沿岸是一块辽阔大陆，这块大陆的东部是佛罗里达半岛，南部是尤卡坦半岛。

前往澳大利亚的探险

在对澳大利亚的一系列探险中，可谓战果辉煌，不仅弄清楚了澳大利亚海岸线的大致轮廓，完成了对大澳大利亚湾的考察和记录，同时在这个海湾还发现了一系列岛屿和海峡。弗林德斯和包登的探险最终证明：大澳大利亚湾和斯潘塞湾与卡奔塔利亚湾之间并无联系，它们之间相隔着广阔的地带。

托雷斯的发现

17世纪初，西班牙航海家托雷斯探察了一块已被发现的“大的陆地”，并从南面环绕航行了一周，从而他确认，这并不是从前人们认为的南部大陆，而是一个岛群，而且这个岛群的面积并不是很大。托雷斯掉转船头向北航进——稍稍偏西，按他所确定的纬度，他已经航行到南纬11°5′附近的新几内亚的一个突出角了。事实上新几内亚的东南突出角并不可能向南延伸到这么远的地方，假如在确定纬度和绘图时没有发生重大的错误，那么托雷斯所指的新几内亚的突出角可能是路易西亚德群岛中的一个岛屿，或是这个群岛向西延伸的一系列珊瑚群岛，从此向西航进一定是新几内亚岛了。

托雷斯在自己的报告里说，他沿新几内亚的南部海岸一共航行300里卡（约1700千米），“由于遇到了无数的浅滩和急流，被迫离开海岸线向西南驶去，那里有许多大岛，再往南还可以看到一系列大岛”。托雷斯在路易西亚德群岛或新几内亚东南海角向南所望见的无疑是澳大利亚的北部海岸，以及与这条海岸相毗邻的一些岛屿。托雷斯再向前行进了180里卡（约1000千米）后，转向北航进，这时他又返回位于南纬4°由东向西延伸的新几内亚南部海岸附近的海区。

托雷斯最后一次航行的方向是向西偏北。“在这个地区（新几内亚西北边境）我第一次看到了铁，还看到了中国的小铃。这些东西使我确信，我们已经置身于马鲁古群岛附近了。”

托雷斯穿过马鲁古群岛后转向吕宋岛，并于1607年中期在马尼拉提出了自己的报告。托雷斯以自己亲身航海的实践证明，新几内亚（它的北部海岸早已被西班牙人和葡萄牙人所认识）不是南部大陆的一个组成部分，而是由一条海峡与“大岛”相隔的一片面积辽阔的海岛，海峡之外的“大岛”实际上就是真正的澳大利亚。托雷斯并不是看到南部大陆的

新几内亚岛

新几内亚岛又称伊里安岛，是太平洋第一大岛屿和世界第二大岛，位于太平洋西部，澳大利亚北部。西与亚洲东南部的马来群岛毗邻，南隔阿拉弗拉海和珊瑚海与澳大利亚大陆东北部相望。在东经141°以东及新不列颠、新爱尔兰等岛屿为独立国家巴布亚新几内亚；141°以西及沿海岛屿为印度尼西亚的一省，称伊里安查亚。

第一个欧洲人，但是他无疑是穿过澳大利亚与新几内亚之间的那条海峡的第一个人。海峡内布满了珊瑚暗礁，航行十分困难。18 世纪中叶，人们完全有理由把这条海峡命名为托雷斯海峡。

对澳大利亚海岸线的考察

18 世纪最后的 25 年，经过英国人和法国人多次探察之后，澳大利亚海岸线的大致轮廓已经清楚了，但是人们仍然把塔斯马尼亚岛当作新荷兰大陆的一个组成部分。英国人开始对大陆的东南地区进行更加细致的考察工作。为了进行这项工作，从杰克逊港向南进发的有两个探险家：一个是海军军人梅秋·弗林德斯，另一个是军医乔治·巴斯。他们详细地考察了植物学湾以南的大陆海岸线，并绘制了地图。

1797 年 11 月至 1798 年 1 月，巴斯乘一艘单桅船沿新荷兰的东南海岸线航行了 11 个星期之久。他发现，大陆的海岸线向西偏移。为了继续查看这条海岸线，他一直航行到威尔逊海角附近的一个不大的海湾。在此，巴斯作出了一个正确的判断：他穿过了一条海峡。海峡之南的旺·迪麦之地并不是一个半岛，而是一个海岛。但是，他对自己的判断还没有足够的把握，因为在威尔逊海角以西可能还会存在一块地峡把旺·迪麦之地与大陆连接在一起。巴斯把自己的疑点告诉给弗林德斯，于是他们二人于 1798 年底乘“诺弗尔克”号船开始航行，他们不仅穿过了巴斯海峡，而且还环绕整个旺·迪麦之地航行了一周。稍后一些时候，旺·迪麦之地被人们起名为塔斯马尼亚岛。在环绕塔斯马尼亚岛的航行过程中，他们还确定了这个岛附近一系列岛屿的地理方位，这样，他们便完成了对这个岛海岸线的全部考察工作。他们还在巴斯海峡里发现了一系列岛屿，其中最大的岛屿有：海峡东部入口处附近的弗林德斯岛和海峡西部入口处的金岛。

与法国探险队联合考察

1801 ~ 1802 年夏季，弗林德斯乘“调查者”号航船完成了对大澳大利亚湾的考察和记录，同时在这个海湾发现了一系列不大的岛屿，其中包括“调查者”号群岛。在大澳大利亚湾东南海角之外，他发现了一条狭窄的海峡入口，起初，弗林德斯把它误认为是新南威尔士（东部）与新荷兰（西部）相隔的海峡。假若它是一条这样的海峡，那么这条海峡一定会沿经度线把整个澳大利亚大陆分成两个部分，并直通卡奔塔利亚湾，因此英国人，还有其他的欧洲人，对 17 世纪荷兰人在卡奔塔利亚湾的考察资料采取不信任的态度。然而，弗林德斯很快看到，这不是一条海峡，而是一个海湾，它的名称叫斯潘塞湾。驶出这个海湾后，弗林德斯发现了一条真正的海峡，他以他的航船的名称命名为“调查者”号海峡。他沿这条海峡向东行进，然后又向北航行，这次比前次更快地使他大失所望：北面也有一个名叫圣维森特的海湾，像长筒皮靴的约克半岛将其同斯潘塞湾截然分开了。

弗林德斯驶出圣维森特湾后，穿过了巴克斯特斯海峡，并向东南行驶。现在他对这片新发现的半岛之南的陆地发生了浓厚的兴趣。在巴克斯特斯海湾之外的大陆海岸附近又展现出恩卡温捷尔湾，在这个海湾的深处可以看到一条大河的河湾，即墨累河的河口。使弗林德斯感到十分痛心的是，这个河湾里停泊着一艘名叫“基奥格拉夫”号的法国船，以海军军人尼古拉·包登为首的一个法国科学探险队的队员们站在船舷上。

包登的探险队是巴黎科学院在1800年组建的。法国政府对新荷兰的这一地区垂涎三尺，总想占为己有，所以指令科学院对新荷兰进行探察。这个探险队由两艘船组成：一艘是由包登亲自指挥的“基奥格拉夫”号；另一艘是“自然科学家”号。后一艘船的指挥官是加米林大尉。他们的基地大约设在当时印度洋上属于法国人的毛里求斯岛。

1801年5月底，这个法国探险队靠近了新荷兰的西北海岸，他们在南纬26°附近的沙克湾发现了佩伦半岛，又在这个海湾的出口处发现了两条海峡——乔格拉非海峡和自然科学家海峡。

南半球多风多雨和大雾弥漫的冬季来临了，在浓雾里，这两艘法国船走散了，彼此失掉了联系。包登继续考察和记录了新荷兰的西北海岸，并在帝汶海上航行中发现了宽阔的约瑟夫·博纳伯特湾和佩伦群岛，它们均位于阿纳姆地半岛附近。这时，“基奥格拉夫”号的许多船员因患坏血症卧床不起，为了医治这些人的疾病，同时也需要补充粮食和淡水，这艘船驶向帝汶岛。驶向这个岛的另一个原因是，他们与“自然科学家”号航船早先约定在该岛附近会合。

他们在帝汶岛附近停泊了三个多月时间，然后从这个岛启程，于1802年1月中旬两艘船一起驶抵塔斯马尼亚岛。一些船员又染上了坏血病，包登不得不在塔斯马尼亚岛附近再次停留了一个多月。在这段时间里，包登探察了塔斯马尼亚岛东部海岸线的地形。此后，这两艘船渡海前往澳大利亚的西南海角，从那里起沿着弗林德斯航行过的路线向东行进。这两艘船很快又走散了。“基奥格拉夫”号航船继续向前行进，发现了肯古鲁岛（袋鼠岛），这个岛是独立于弗林德斯岛之外的一个岛屿。显然，法国的这艘船是先于弗林德斯航行到恩卡温捷尔湾的，然后他们在这个海湾遇到了英国人。

坏血症在“基奥格拉夫”号的船员中蔓延起来，病倒的人越来越多，病情也越来越严重，因此这艘船不得不驶向杰克逊港，以便得到医疗和救护。包登在杰克逊港碰到了加米林，他派加米林的航船携带报告以及收集到的资料返回法国，而他自己于1802年11月中旬继续向南航进，以便进一步完成这次探险的任务。他环绕塔斯马尼亚岛航行一周，重复弗林德斯做过的工作，再次发现了前面已经说过的那些岛屿，然后驶抵帝汶岛，再从帝汶岛前往毛里求斯岛。1803年9月，包登死于毛里求斯岛上。“基奥格拉夫”号航船携带大批动植物标本回到了法国。

袋鼠岛独一无二物种

袋鼠岛上没有狐狸和兔，同时这两种动物也被严格禁止带上岛。袋鼠岛的当地物种包括坎加鲁岛袋鼠、罗森伯格沙地巨蜥、澳棕短鼻袋狸、尤金袋鼠、刷尾负鼠、澳大利亚针鼹和新澳毛皮海狮以及六种蝙蝠和蛙类物种。岛上还有一种独一无二的脊椎动物物种，即被称为坎加鲁岛袋鼩的一种小型有袋类食肉动物。

新荷兰易名澳大利亚

弗林德斯和包登的探险最终证明：大澳大利亚湾和斯潘塞湾与卡奔塔利亚湾之间并无联系，它们之间相隔着广阔的地带。也就是说，新荷兰是一个完整的大陆。

在1802～1803年间，弗林德斯完成了环绕整个新荷兰航行一周的旅行。在此期间，他详细考察了自南纬32°20′以北的整个东部沿海地区，并查看了大珊瑚堡礁延伸的水区。这是由无数珊瑚礁和珊瑚群岛组成的一条堡礁带，起自南纬22°30′的斯文礁脉，沿澳大利亚东部海岸的水区向北延伸，直到南纬9°的新几内亚南岸为止。弗林德斯还考察了托雷斯海峡，并发现了这条海峡的安全航道是在威尔士王子岛以北的水区。为了彻底揭穿有一条海峡横穿新荷兰大陆并把这块大陆分割成两个部分的神话传说，他再次考察了卡奔塔利亚湾，并绘制了一幅卡奔塔利亚湾的准确地图。

1814年，弗林德斯的《前往澳大利亚之地的旅行》出版了，他认为从前这片大陆被称为未知的南部陆地，现在这块大陆已被人们探察过了，“未知的”字样应该取消，他建议把这块南部大陆由新荷兰易名为澳大利亚，结果得到了普遍的认同。

麦哲伦进行人类首次环球探险航行

在世界航海探险史上，人们永远不会忘记意大利伟大的航海家哥伦布。尽管哥伦布相信地球是圆的，相信横渡大西洋一直向西航行可抵达东方，遗憾的是，他最终并没有实现环球航行的梦想。真正实现环球航行梦想的，是另一位名垂青史的葡萄牙航海家——斐迪南·麦哲伦。

萌生环球航行计划

1480 年，麦哲伦出生于葡萄牙北部一个破落的骑士家庭里，属于四级贵族子弟。10 岁时进王宫服役，16 岁进入国家航海事务厅。在这里，他熟悉了西欧到美洲、非洲、亚洲的航线、地图和有关资料，这为他后来的航海实践准备了理论基础。从这以后，他处处留心，不断积累航海的知识和资料，为以后航海的成功准备了条件。

1505 年，麦哲伦 24 岁，他以一个普通士兵的身份参加了葡萄牙远征队，这是麦哲伦第一次参加远洋航海事业。麦哲伦随探险队来到印度，在印度的几年里，麦哲伦经受了无数艰难困苦的磨练，学会了干各种活，同时也学会了各种知识，为他后来的航行打下了良好基础。在马六甲期间，他了解到摩鹿加群岛以东是一片汪洋大海，于是他就联想到，在美洲和亚洲之间可能还有可以通行的航路，这是他环球航行的最初想法。

在对印度的征战中，麦哲伦表现得非常英勇果敢。在征战中，麦哲伦负了伤，他和其他伤员被远渡重洋运往非洲索法尔城。后来他以护送香料的身份，离开非洲，回到葡萄牙。1507 年夏天他回到了里斯本。

1509 年 4 月，麦哲伦两次随舰队赴印度。由于当时有人描绘了马六甲城的富美景象，并提供了长久以来人们不断寻找的“香料群岛”的资料，这使葡萄牙人想先占领马六甲海峡及马六甲城。在与马六甲居民的这场战斗中，麦哲伦起了重要作用，并在这场战斗中，他拼命救了他的朋友弗兰西斯科·谢兰。从此，他和谢兰成为生死至交，弗兰西斯科·谢兰成为麦哲伦最忠实的朋友，而且对支持麦哲伦未来建立的功勋具有决定性的意义。

在这次掠夺征服马六甲之后，麦哲伦的老友弗兰西斯科·谢兰便决定永远留在富庶的干那底岛。从此后，麦哲伦和他经常通信，从信中又一次得知摩鹿加群岛以东是一片海洋。这些都给麦哲伦以重要的启示，也使麦哲伦开始酝酿形成他自己的设想。通过哥伦布发现的地方，再往西航行，不远就可以抵达摩鹿加群岛。

麦哲伦向葡萄牙国王提出远航摩鹿加群岛（今印尼马鲁古群岛）的计划，遭到拒绝后，于 1517 年 10 月迁居西班牙，又向西班牙国王查理一世提出这一计划。当时他在呈递的地图上把南美洲画成从亚洲向南伸出的一个长长的半岛，在半岛同锡兰岛之间则画有一条沟通大西洋和太平洋的海峡。他向国王作证，穿过这条海峡即可到达富裕的摩鹿加群岛。他的计划立即得到批准，与他签署了远洋探航协定。按照协定，麦哲伦被任命为探险队的首领，所率船队的船只由国家提供，航海费用由国家负担。探险过程发现的任何土地，全部归国王所有，麦哲伦重任总督，新发现的土地的全部收入的二十分之一归麦哲伦所有。为了监督麦哲伦，国王又派了皇室成员作为船队的副手。

麦哲伦海峡的发现

1519 年 8 月 1 日，西班牙的塞维利亚码头热闹非凡。望着前来送行的人群，想到即将踏上远航探险的征程，麦哲伦心潮澎湃，感慨万千。送行的枪炮声响了，麦哲伦心里暗暗发誓：“我一定要载誉归来！”随后，他一声令下，一支由五艘大船、265 名水手组成的西班牙船队立刻扯起风帆，破浪远航了。

按照计划，麦哲伦沿着哥伦布当年的航线前进。一路上，他率领船员们战胜了无数艰难险阻，镇压了船队内部西班牙人发动的叛乱，终于使全体船员成为自己的忠实追随者。

1520 年 10 月 18 日，麦哲伦的船队继续行驶在南美洲海岸的南部。这一天，麦哲伦对船员们宣布说：“我们沿着这条海岸向南航行了这么久，但至今仍然没有找到通向‘南海’的海峡。现在，我们将继续往南前进，如果在西经 75°处找不到海峡人口，那么我们将转向东航行。”于是，这支船队又沿着海岸向南方前进了 3 天。21 日，麦哲伦在南纬 52°附近发现了一个通向西方的狭窄入口。

麦哲伦激动地看着这个将给他带来希望的入口，坚定地命令船队向这个看上去险恶异常的通道前进。船员们紧张地看着两旁耸立着的1000 多米高的陡峭高峰，小心翼翼地迎着通道中的狂风怒涛前进。

海峡越来越窄，没有人知道再往前走面临的是死亡还是希望，但是一种坚定的信念和冒险的精神推动着麦哲伦义无反顾地勇往直前。他大胆而且豪迈地鼓舞士气：“眼前的海峡正是我们所要寻找的从大西洋通向东方的通道。穿过这个海峡，我们就成功了！”

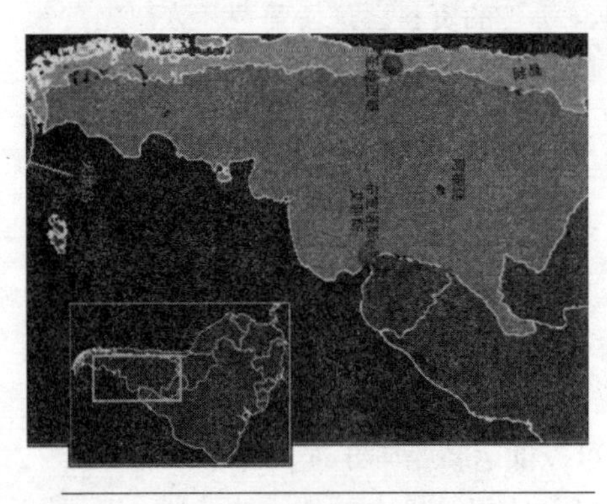

▲火地岛

在麦哲伦的鼓舞下，船队一步一步地绕过了南美洲的南端。1520 年 11 月 28 日，船队在经历了千辛万苦之后，突然看见了一片广阔的大海——他们终于闯出了海峡，找到了从大西洋通向太平洋的航道！麦哲伦和船员们激动得热泪盈眶。哥伦布没有实现的梦想，他们实现了！这个海峡后来就被称作“麦哲伦海峡”。

横渡太平洋

进入风平浪静、浩瀚无际的“南海”后，在接下来的航行中，一直没有遭遇到狂风大浪，麦哲伦的心情从来没有这样轻松过，好像上帝帮了他大忙。他就给“南海”起了个吉祥的名字，叫“太平洋”。虽然航行很顺利，但在这辽阔的太平洋上，看不见陆地，遇不到岛屿，食品成为了最关键的难题。船员们忍受着饥饿的折磨，借助于秘鲁洋流的推动，在麦哲伦无情的决定下，进行横渡太平洋的伟大航行。

1521 年 1 月 24 日，船队终于看见陆地，可能是土阿莫图群岛的普卡普卡。2 月 13 日在西经 158 度处穿过赤道，3 月 6 日在马里亚纳群岛中的关岛首次登陆，获得 99 天以来第一次弄到的新鲜食品。

1521 年 3 月 16 日早晨，船队向西再航行了约 2000 公里路程，靠近北纬 10°的东亚群岛。后来，这个群岛被称为菲律宾群岛。船队在锡亚高岛附近停泊下来。

此时，麦哲伦和他的同伴们终于首次完成横渡太平洋的壮举，证实了美洲与亚洲之间存在着一片辽阔的水域。这个水域要比大西洋宽阔得多。哥伦布首次横渡大西洋只用了一个月零几天的时间，而麦哲伦在天气晴和、一路顺风的情况下，横渡太平洋却用了一百多天。

麦哲伦之死

1521 年 3 月，麦哲伦抵达菲律宾群岛。富庶的宿务岛引起了麦哲伦的极大兴趣，他决心把这个异国的岛屿变成西班牙的殖民地。为了征服这块盛产香料的富饶土地，这位坚韧果敢却满怀野心的麦哲伦，企图利用当地部族间的矛盾来达到他的目的。

在宗教外衣的掩护下，麦哲伦对宿务岛的酋王胡马波纳进行威胁利诱，软硬兼施，让他起誓服从于西班牙国王并成为一名忠实的基督教徒。可是离开宿务岛不远的马坦岛上的小酋王西拉布拉布对胡马波纳的卑鄙行径恼怒万分，他发誓要杀死一切投降者。然而，他手下有一位效忠于酋王胡马波纳的小首领，认为西拉布拉布的行为是不忠，是谋反。他暗地里派自己儿子带上两只山羊求见麦哲伦，要求麦哲伦次日出兵征服西拉布拉布的部落。

麦哲伦调了三只小船，挑了 60 名船员，全副武装，气势汹汹地向马坦岛进发。他们在

航球航行的影响

麦哲伦的突出贡献不在于环球航行本身，而在其大胆的信念和对这一事业的出色指挥，以及他顽强拼搏的精神。他是第一个从东向西跨太平洋航行的人。他以三个多月的航行，改变了当时流行的观念：从新大陆乘船向西只消几天便可到达东印度。麦哲伦船队的环球航行，用实践证明了地球是一个圆体，不管是从西往东，还是从东往西，毫无疑问，都可以环绕我们这个星球一周回到原地。这在人类历史上，是永远不可磨灭的伟大功勋。

黎明前三小时到达了目的地，但没有立即开火。麦哲伦先派人去岛上说服西拉布拉布，使他屈服于西班牙国王，可是西拉布拉布毫不示弱，答道：“我们也有戈矛哩!”

▲麦哲伦被马克坦岛土著人杀死的情景

战斗打响了。岛上的居民打得很顽强。标枪、利箭暴雨般地射向来犯者。麦哲伦一伙寡不敌众，节节败退。麦哲伦命令几名船员去烧岛上居民的房屋，企图以此缓解他们的进攻。没想到，土著一看到自己的房子被烧，变得越发狂怒、勇猛。两个去烧房子的船员来不及逃脱，当场丧命。麦哲伦自己腿上也挨了一箭，只得下令撤退。谁知船员们听说撤退，便抱头鼠窜，丢下麦哲伦和其他六人，直奔小船逃命。土著居民包围了麦哲伦等人。一位勇士刚想用标枪向麦哲伦射去，可麦哲伦先下了手，他把自己的长剑刺入了对方的胸膛。由于用力过猛，再则右臂负伤，他无法拔回长剑。在这一瞬间，其他几位勇士蜂拥而上，把麦哲伦砍翻在地。麦哲伦在土著居民愤怒的刀枪下一命呜呼。

麦哲伦同伴继续完成环球探险航行

虽然麦哲伦开始了人类首次环球航行探险，但他并未完成自己的夙愿就魂断菲律宾群岛，真正完成环球航行的是他的同伴们。麦哲伦死后，为了完成与西班牙国王的协议，麦哲伦的同伴们继承麦哲伦的遗志，克服重重困难，终获成功，载着大批的香料返回里斯本，完成了人类首次环球航行的伟大壮举。

来到马鲁古群岛

麦哲伦死后，西班牙船队推选了新的首领。宿务岛的统治者打听到航船准备离去时，便邀请自己的同盟者出席告别宴会。

此后，航船驶出了宿务岛，不久来到一个海岛的岸边，西班牙人把这个岛称为内格罗斯岛。然后他们又从菲律宾群岛最西边的一个海岛出发，西班牙人作为第一批欧洲人来到婆罗洲（加里曼丹）大岛。1521 年 7 月 8 日，他们在文莱城附近抛锚停泊，这个大岛也以此城的名称命名。他们与当地的酋长们结成了同盟，并在岛上收购各种产品和货物，有时也抢掠过路的船只，但是他们仍然没有找到通往“香料群岛”的航道。

船队继续航行，从文莱航行到巴拉望，又从巴拉望航行到棉兰老岛，他们就这样来回徘徊航行，直到 1521 年 10 月底他们在棉兰老岛以南的某地抓到了一个马来亚水手为止，这个水手把他们的航船领向前往马鲁古群岛的航线上。

马鲁古群岛

马鲁古群岛旧名“摩鹿加群岛”，是印度尼西亚东北部岛屿。山岭险峻，平地少，多火山。古时即以盛产丁香、豆蔻、胡椒闻名于世，阿拉伯人称为“香料群岛”。早在欧洲人听说“香料群岛”之前，马鲁古北部的丁香及中部岛屿的肉豆蔻已在亚洲交易。1511 年葡萄牙人到达此地。由此引发了后来 100 多年的争端。香料生产和贸易繁荣到 16 世纪。欧洲殖民统治者占领后被摧残殆尽，现在仅有少量生产。

11 月 8 日，船队在蒂多雷小岛的一个香料市场附近抛锚停泊（马鲁古群岛最大的哈马黑拉岛的西岸）。在蒂多雷岛上，他们以廉价收买了大批丁香、肉豆蔻和另外一些贵重的香料。

由于一条船需要大修，于是他们决定，修好船以后，取道东行，驶向新西班牙，横渡太平洋，驶向巴拿马湾，而另外一条船取道西行，绕过好望角返回祖国。

西航船队完成首次环球航行

11 月 21 日，西航船队运载着 60 个乘员，其中包括 13 个马来亚人（这些人是他们在印度尼西亚各岛上抓来的），离开了蒂多雷岛，向南驶去。

1522 年 1 月底，一个马来亚引水员把向西航行的船队导向帝汶岛。2 月 13 日，西班牙人离开了帝汶岛朝西南方向航行，前往好望角。就这样，麦哲伦的同伴们在马来群岛中因迷路所耽误的时间比他们横渡太平洋的时间多出两倍。

▲1521 年立在菲律宾宿务岛上的麦哲伦十字架

5 月 20 日，船队绕过了好望角。在这段航程中，船上的人减少到 35 人。到了佛得角群岛（圣地亚哥岛附近），又有 13 个人掉了队。葡萄牙人逮捕了这些人，原因是怀疑他们沿东行航线前往马鲁古群岛，从而破坏了葡萄牙的垄断地位。

1522 年 9 月 6 日，航船抵达瓜达尔基维尔河河口，在此段航程中又损失了一个水兵。这艘船终于完成了历史上首次环球航行。

麦哲伦探险队的五艘船中只有这艘西航船只环绕地球一周。这艘船在返回祖国时，除去在印度尼西亚抓到船上的三名马来人之外，只剩下 18 个人了。在圣地亚哥被逮捕的 12 个西班牙人和一个马来人稍后一些时候返回西班牙，在查理一世的要求下，葡萄牙人才把他们释放。航船运回的香料数量十分可观，这些香料出售后所得的金钱不仅能弥补探险的全部耗费，而且还挣得了一大笔利润。西班牙政府获得了离亚洲海岸不很远的海上新地的“首次发现权”——对马里亚纳群岛和菲律宾群岛的首先发现权。同时，公开提出对马鲁古群岛的主权要求。

东航船队的命运

1522 年 4 月，东航船只离开了蒂多雷岛，船上有乘员 54 人。为了能够利用经常吹来的顺西风，航船在北半球的太平洋热带和亚热带水域乘风破浪地航行了半年之久，一直航行到北纬 40°线。在此，他们于 7 月中旬又经受了一场连续五天的风暴袭击。到了这个时候，饥饿和坏血症已使船员们死亡过半。陷于绝望处境的残存人员转头向后航行，1522 年 10 月，他们重新来到马鲁古群岛。

然而，在 1522 年 5 月中旬，一艘葡萄牙舰队来到马鲁古群岛。他们逮捕了西班牙人，查封了船上的货物，拿走了航海用具和地图，无疑也拿走了航海日志。这些西班牙残存的水兵被马鲁古群岛的葡萄牙总督关进牢狱。这些中船员活着回到西班牙的只有四个人，他们就这样完成了环球航行的使命。

寻找传说中的“西北航路”

“西北航路”是指由格陵兰岛经加拿大北部北极群岛到阿拉斯加北岸的航道，这是大西洋和太平洋之间最短的航道，也是世界上最险峻的航线之一。西北航路是经数百年努力寻找而“形成”的一条北美大陆航道。虽然卡蒂埃没有找到传说中的“西北航路”，但在探险的路程中却发现了“圣劳伦斯河”，他们遂开始了沿“圣劳伦斯河”的探险之旅。

维拉柴诺发现新领域

1494年，西班牙与葡萄牙两国所签订了“托德西利亚斯”条约，这对16世纪初的法国国王法兰西斯一世来说，始终是一块心病。他无论如何接受不了这样一个事实：仅仅是一张羊皮纸上的几个黑字，就可以决定西班牙和葡萄牙在新世界的独占权。因此，1515年，法国国王法兰西斯一世即位后，立刻写了一封充满着火药味的信函给西班牙国王，表示了自己对新世界划分的不满。后来他又公开宣布西班牙与葡萄牙两国签订的条约只是一张废纸，毫无效用。1524年，法兰西斯一世果敢地决定委托一位能干而又著名的意大利航海家维拉柴诺去寻找传说中的“西北航路”，以建立法国在新世界的权力，扮演寻找黄金的重要角色。

所谓“西北航路”，是盛传的直接通向圣地——中国的路线。

维拉柴诺首先来到了相当于现在的南卡罗来纳海岸，接着，顺着新英格兰海岸北上，路经纽芬兰，最后，返回法国。维拉柴诺是第一位发现纽约市哈得孙河河口的航海者。他写信向法兰西斯一世报告：“这是一条长长的、流速相当快的河川……我有一种直觉，这里似乎隐藏着巨大的财富……”

法兰西斯一世对维拉柴诺的报告非常满意。这次航行，虽然没有找到预期的“西北航路”，但是，维拉柴诺发现了一块新的地域，法国当仁不让地拥有了占有和行使管理的权力。这块神秘的东海岸，马上被命名为“新法兰西”。

“托德西利亚斯”条约

哥伦布发现了新大陆，西班牙崛起为新的海洋强国，而最新崛起的海强大国葡萄牙也渴望维护住自己的既得利益。两国为了避免矛盾冲突，请当时的教皇亚历山大六世裁决，1493年5月4日，罗马教皇亚历山大六世以裁决人的身份颁布圣谕：在大西洋中部亚速尔群岛和佛得角群岛以西100里格（约为5.5千米）的地方，从北极到南极划一条分界线，线西属于西班牙人的势力范围；线东则属于葡萄牙人的势力范围。后来，西班牙同意将分界线向西推进了1175英里。这就是“托德西利亚斯”条约。

命名“圣劳伦斯河”

受维拉柴诺航海报告的强烈吸引，出生在法国圣马洛城的杰克卡蒂埃对从事寻找“西北航路”产生了浓厚的兴趣。1533年，卡蒂埃正式向法兰西斯一世请愿，前往探险。当时被困扰于欧洲战乱的法兰西斯一世又燃起了追求扩大权势的希望，欣然接受了他的要求。1534年，卡蒂埃率领120名人员，登上2艘船起锚了。经过了20天的航行，卡蒂埃一行人到了纽芬兰。之后他们又绕过纽芬兰北端，经过贝尔岛海峡，进入圣劳伦斯河河口。在这里，他们俘获了两名印第安人然后回国了。

卡蒂埃回国后，向法兰西斯一世报告了航行中的所见所闻，并且从印第安青年多玛盖耶口中得知，该海湾附近有一条大河，直通西方。这是否就是所谓的“西北航路”呢？法兰西斯一世为了查明真相，又增加一条船，委托卡蒂埃再度前往探查。

1535年5月16日，卡蒂埃又扬起了帆，再度开始了征服新世界之航行。先前的印第安俘虏多玛盖耶和泰那尼，也搭上旗舰，充当卡蒂埃的翻译。

他们经过了贝尔岛海峡，于8月10日到达一条大河河口。这天，正值圣劳伦斯的一个节日，因此，卡蒂埃正式命名该河为“圣劳伦斯河”。

未果的“西北航路”寻找

卡蒂埃一行人，沿着圣劳伦斯河，逆流而上直至现在魁北克市郊的斯塔达克那。这是休伦族印第安人居住的村落。起初，休伦族首领顿那克拿以隆重的演说，热情招待卡蒂埃。但不久，顿那克拿的态度猝然大变。原来，密克马克族青年多玛盖耶和泰那尼，就是那两个印第安俘虏，对于一年的俘虏生活怀恨在心，所以向顿那克拿进言，不要让白种人逆流而上。

顿那克拿指派族中3名勇士，穿上白色和黑色的狗皮，将脸抹成黑色，头上插上两个角，企图吓住白种人。可这对于有探险精神的卡蒂埃一行人毫无作用。当这3名印第安勇士在光天化日之下装扮成“魔鬼”发出怪叫时，他们都哑然失笑。顿那克拿又软硬兼施企图阻止卡蒂埃逆流而上，可卡蒂埃丝毫不加理会。9月19日，卡蒂埃一行人又扬帆起航，沿着圣劳伦斯河溯流而上。

他们沿着圣劳伦斯河北上240千米，到达了霍及拉迦印第安人的村落。1000多名男女老幼，拿出了玉米面做的面包招待卡蒂埃的船员们，并表示了极热情的欢迎。夕阳西下，印第安人又围绕着大篝火载歌载舞。

第二天一大早，卡蒂埃携带几名船员，在印第安人引导下，绕村落走了一圈。也不知谁说的，印第安人认定卡蒂埃是一位具有神奇力量的魔术师。他们纷纷将受伤者、病人、甚至一名患中风而瘫痪多年的酋长抬到卡蒂埃面前，请求神灵治疗。卡蒂埃道貌岸然地打开圣经，对着哑口无声的印第安人，胡念了一段“约翰福音”。然后，卡蒂埃一行人爬上一座山，俯瞰整个山野。此时，夕阳西下，四周的森林被染得金黄金黄的，圣劳伦斯河河面上光彩悦目。远处的溪谷广阔延伸，丰腴肥沃。卡蒂埃惊叹不已："这是人类所能看到的最美丽、最神奇的土地。"视线转向西边，眼前展现出了一连串的激流，连续不断地泛着一层层白色的泡沫。据印第安人说，由此上去，有更多的激流。卡蒂埃听了很是灰心，原来将圣劳伦斯河视为通向东方的水路的希望化为了泡影。

卡蒂埃只能率领船队顺着圣劳伦斯河流而下，又回到斯塔达克那休伦族部落。他们决定在此地过冬。此时，灾难悄悄地不期而至。1535 年 12 月，一种疾病在斯塔达克那突然蔓延开来。不久，50 名斯塔达克那居民患病死亡，探险队员们被禁止与印第安人接触。尽管防范严密，可是传染性很强的疾病仍然在队员们之间流传开了。不久，他们的脚肿大，发炎，化脓，肌肉萎缩，牙龈腐烂。到 1536 年 2 月中旬，原来 110 名船员，有能力照顾别人的只剩下 10 名了。不少队员葬身异地，长眠在冰天雪地之下。

此时，原来毫无顾忌的队员们也对印第安人提高了警惕，恐怕被他们知道探险队已处在这种困境之中，招来他们毁灭性的攻击。幸好卡蒂埃仍保持着健康，他把队内发生疾病之事严严实实地隐瞒下来。

但是，大多数队员已陷入了绝望之中，认为返回故乡无望了。有一天，神情严峻的卡蒂埃漫步在冰天雪地之中，一副一筹莫展的样子。一群印第安人向他走来。恍惚之中，卡蒂埃赫然发现，10 天前也患上疾病的多玛盖耶，竟神奇般地痊愈了。他心中暗喜：也许部下的生命有救了。卡蒂埃装着神态自若地向多玛盖耶打了招呼，并好像关心地询问他是如何治好疾病的，多玛盖耶当即告诉卡蒂埃，他是喝了某一种树叶所提炼成的汁液而痊愈的，讲完后，善良、纯朴的多玛盖耶便叫两名印第安妇女带着卡蒂埃去采集树叶，并示范如何把树皮、树叶捣碎，提炼药汁。

▲卡蒂埃画像

卡蒂埃立即调制出了这种药汁。起初，队员中没有一个人敢喝，以后，勉强有一二人试着喝了它。可能是上苍有眼，这药汁的功效特别神奇，只喝了二三回，队员们就完全恢复了体力。于是，队员们大家争抢着喝药汁。很快，奇迹发生了，患有疾病的船员陆续好了起来。原来，船员们患的是坏血症，树汁里含有它的克制元素——维生素 C。

卡蒂埃一行在斯塔达克那度过了一个对于他们来说漫长的冬季，冬季过后，卡蒂埃一行人匆匆地回到了法国。对法国人来说，"西北航路"依然是传说中的通往黄金天堂的天路。

弗罗比舍探寻西北航道

英国人被迫放弃打通东北航线的希望后，一位名叫马丁·弗罗贝舍的英格兰商人兼航海家忽然对西北航道的探索重新燃起了兴趣。他认为，既然麦哲伦能找到一条航道绕过美洲的最南端，那他就能找到一条通道，绕过美洲的最北端而到达中国。经过一番艰苦的努力之后，他终于得到了俄罗斯公司的赞助，于1576年春天率领两条小船开始了他的颇为有趣的航行。

到达巴芬湾

1576年春天，英格兰商人兼航海家马丁·弗罗贝舍获得伊丽莎白女王恩准，率领两艘船组成的探险队北上寻找通往中国的西北航线。他们驾驶着三桅帆船经过格陵兰岛南端，顶着刺骨的寒风继续向西北方向航行。海面上经常漂浮着碎冰，随着波浪的起伏撞击在木制的船身上，发出令人胆寒的轰隆声。就这样艰苦航行了若干天，探险队的两艘船终于穿过戴维斯海峡，进入一片一望无际的开阔水域。他们所到达的海域，就是40年后巴芬探险队发现并命名的巴芬湾。

西北航线第一批探索者

1500年，葡萄牙人考特雷尔兄弟，沿欧洲西海岸往北一直航行到了纽芬兰岛。第二年，他们继续往北，希望寻找那条通往中国之路，但却一去不复返，成了为“西北航线”而捐躯的第一批探索者。

到达茫茫的巴芬湾后，意志坚定的弗罗贝舍队长并不惊慌，他依靠自己熟练掌握的六分仪，牢牢地控制着航船向西北方向前进，并确信300年前马可·波罗到过的中国就在前面不远的地方。果然有一天，桅杆上的了望水手兴奋地大喊大口叫：“前方发现陆地！”全船的人都激动万分，弗罗贝舍更是心潮澎湃，喜不自胜。

然而，在弗罗贝舍的单筒望远镜视野中展现的“中国海岸线”，竟然也是冰峦雪峰，与马可·波罗的描述大不相同。更令人惊讶的是，在海岸附近的水面上，竟然有许多兽皮制的小船往来穿梭地划动着。划船的是一些身材矮小、相貌奇特的人。这些人皮肤是棕黄色的，长长的黑发直直地垂在肩上，鼻子不高，但比较宽。为了证实自己的成功，弗罗贝舍指挥队员抓住一个“中国人”，并登上陆地采集了一些很像是金矿石的闪闪发亮的黑色石头，便调转船头，凯旋归国。后来，欧洲人才慢慢弄清楚，弗罗贝舍抓住的“中国人”其实是生活在北极地区的北极土著人，是祖祖辈辈在冰雪世界里生活的爱斯基摩人。

攫取金矿

在他们回来的纪念品中，有一块黑亮的石头，经专家分析表明，每吨矿石含有7.15英镑的黄金，16英镑的银，去掉大约8英镑的运费和10英镑的提炼费，纯利润高达5英镑多！结果，对西北航线的探测变成了一场黄金冲击。

不等春天的到来，便组织了第二次考察。弗罗贝舍自然成了首领。与此同时，一个金矿公司诞生了，即中国公司。伊丽莎白女王也动起来了，她虽把这块新发现的土地叫作富产的未知地，却悄悄地购买了中国公司的股票，并于1577年春天，弗罗贝舍的3艘船离开英格兰之前，特许弗罗贝舍吻了她的手。

当他们重新到达原来的地方时，却再也找不到核桃大的金块了。不过，皇天不负有心人，他们在附近终于发现了一个大金矿，不仅地上的砂子都闪闪发光，而且连山头悬崖都金碧辉煌，似乎到处是金子。就这样，他们载着200吨矿石凯旋。

紧接着，又组织了第三次航行：共15艘船满载着100多个移民及他们的房子和财产，组成了支庞大的船队。他们计划要在那里建个码头，开拓一片殖民地，把大英帝国的版图扩展到冰冻的美洲北部。这也是英格兰历史上向外迈出的最勇敢的一步。因此弗罗贝舍不仅成了海军上将和船队司令，还得到女王的嘉奖。1578年5月31日出发之前，每位船长都荣耀之至地亲吻了女王的手。

▲北极熊

而一离开格陵兰岛，船队便遇上了大风，刮来的冰块不仅阻塞了航道，还把满载着越冬房屋的部件、移民财产和家具的三桅帆船挤破，沉入海底。船队也被暴风吹散。大风过后，他们徘徊了几天，只好装上几船矿砂，悻悻地踏上归途。

回到英格兰码头，卸下的“金矿石”被分发到许多人的手中，但是没有一个人——甚至连世界上最有权威的专家能够从这些矿石中发现一粒黄金。16世纪英国的伟大海外探险以全面失败而告终：弗罗比舍所发现的“海峡”并不是一条海峡，而是一个海湾；“金矿石”里并未含有半点黄金。可怜的弗罗贝舍先生被嘲笑成“愚人金”的倒霉发现者。三次有声有色、轰轰烈烈的北极航行以对西北航道的探索为开端，却就这么莫名其妙地结束了。

戴维斯三探西北航线

弗罗贝舍的失败并没有使英国人完全泄气，西北航线仍然出现在各种地图上，激励着人们进一步去努力。1585年，一家新的公司应运而生，这就是西北公司。这家公司选中的首席航海家是约翰·戴维斯。就那个时代而言，戴维斯也许是一个最为光辉的典范。他虽然只是个水手和探险家，毕生献身于航海事业，但他能利用一切时间，从事写作和改进与完善观测仪器。所以他的航海记录准确无误，为后人树立了很好的榜样。

第一次探索西北航线的航行

1585年7月的下半个月，戴维斯航行到格陵兰岛东南沿岸，但是由于弗罗比舍在地图上标出许多混乱不堪的符号，戴维斯不敢承认这是格陵兰岛，而认为这是另外一个新岛。他在这里看到了陆地上覆盖着白雪，岸边的海水被冻得死死的，到处是冰块。他还感到，岸边的冰块发出了低沉的响声。海水的颜色又黑又浑浊，像一片停滞不动的泥潭。所以戴维斯把这块陆地称作“绝望之地”。

在此以后，他又向西北航进（这样，他已经绕过了格陵兰的南角），沿着格陵兰的西岸行驶，并在北纬64°线附近发现了一个优良的港湾（即现今的戈德霍布港）。戴维斯在那里遇到了一些爱斯基摩人，并与他们进行了不通语言的以物易物的交易。

8月初，戴维斯驶进大海。这时海上已经没有冰块了，于是他驾船继续朝西北方向行进。他航行了600多公里路程，在西边已经快要接近极地圈的陆地了，然而戴维斯认为，他向北走得太远了，于是他调整航向朝南返回。他沿着一片陆地（巴芬地）异常弯曲的海岸线向南航进，驶进了一条十分宽阔的海湾（即现今的坎伯兰湾），这个海湾把他引向西北，从而深入到这个地域的腹地。他继续朝这个方向行进了几十公里，海湾好像没有尽头，但是变得越来越狭窄了，这时戴维斯认为，他已经找到西北通道了，他带着这个令人振奋的消息急忙回到英国。

第二次探索西北航线的航行

1586年，戴维斯率领三艘船再次来到北纬64°附近的那个海湾。但是这一次他费了九牛二虎之力才穿过冰块区航行到对岸的陆地边（巴芬地），而且还无法驶进那条“海峡”。戴维斯沿一块巨冰的边缘航行了将近两个星期，天气变了，在寒冷的迷雾中船帆和航具上结了一层厚厚的冰，船员们怨声载道。戴维斯把两艘船派了回去，他乘第三艘船在浓雾和冰块之间继续向前航进。8月初，他在极地圈附近又碰见了一块陆地，他沿这块陆地的海岸向南航行。

戴维斯多次寻找通往中国的海峡，但是始终未能找到，原因可能是严冰堵塞了海峡。在未航行到拉布拉多半岛以前，戴维斯一直朝着这个方向航进，在此他也没有发现哈得逊海峡。他试图在拉布拉多半岛的海岸登陆，但是爱斯基摩人打死了他的两个水兵。已经是9月了，戴维斯只好调转船头，返回英国。

第三次探索西北航线的航行

提供装备船只的伦敦商人当然对第二次探险感到十分失望，戴维斯既没有找到通往中国的航道，也没有带回任何有价值的东西。但是，戴维斯指出，他曾在那条“海峡”里发现了许多巨鲸，还在沿岸看到了数百只海豹。于是这些商人们再次装备了一支探险队，同时要戴维斯许下诺言：决不放过捕鲸和猎获海豹的机会。这次探险的主要目的当然是获取鲸油和海豹皮了，发现西北通道的事已经降为第二等的事了。

1587年，戴维斯再次在格陵兰的海岸边抛锚停泊。他把两艘船留在格陵兰的西南海岸边，并命令他们以最有效的方法掌握时机捕捉巨鲸，而他自己决定乘一艘小船继续寻找西北通道。起初，他沿格陵兰的海岸向北航行，这次他驶进了北极圈，并在北极圈内行进了很长一段距离，到达北纬72°12′，他离开海岸线时已经到达北纬73°。这里的冰块阻止了他，他又调转船头向西航进，来到了坎伯兰湾。

戴维斯海峡

戴维斯海峡，是巴芬岛和格陵兰岛之间的海峡，南接拉布拉多海，北连巴芬湾，南北全长约650公里，东西宽约325～450公里，平均水深2000米左右，是西北航道的一部分。该海峡得名于英国探险家约翰·戴维斯，他于1585年发现了这条海峡。

戴维斯驶出了这个海湾，返回格陵兰西南海岸附近的一个地方。按约定其余的船只必须等候着他，然而，这些船只早已返航回到英国去了。戴维斯忍受了缺粮断水的苦难，乘那条破烂不堪的小船直到晚秋季节才回到了英国。

德雷克继麦哲伦之后完成第二次环球航行

德雷克是第一个自始至终指挥环球航行的船长。德雷克带回了数以吨计的黄金白银，丰富了女王的腰包，更重要的是德雷克为英国开辟了一条新航路，大大促进了英国航海业的发展，而且他还发现了宽阔的德雷克海峡，自此以后，太平洋再也不是西班牙的海了。

铁腕海盗

弗朗西斯·德雷克的一生是充满传奇的一生，他既是一个海盗，又是一个探险家，更是一个杰出的海军将领。他出生于英国德文郡一个贫苦农民的家中，1568 年，他和表兄约翰·霍金斯带领 5 艘贩奴船前往墨西哥，由于受到风暴袭击，船只受到严重损坏。起先，西班牙总督同意他们进港修理，但在几天后突然下令攻击，将英国船员全部处死，仅有德雷克和霍金斯逃离虎口，捡了一条命。德雷克不明白为什么西班牙要屠杀无辜的商人，更想不通的是新大陆的财富凭什么只有西班牙才能享受。从此以后他就有了一颗仇恨西班牙的心，他发誓在有生之年一定要向西班牙复仇，就此确定了其一生的轨迹。

▲武装严密的西班牙大帆船载满财宝从美洲返回西班牙

1572 年，德雷克召集了一批人乘坐小船偷偷横渡大西洋，躲进了巴拿马地峡，像当年的探险家一样，横穿了美洲大陆，第一次见到了浩瀚的太平洋，在南美丛林里他们蹲守了近一个月后，抢劫了运送黄金的骡队，又抢下了几艘西班牙大帆船，成功地返回了英国成为了英雄，这次行动的意义并不仅仅在于获得黄金，更重要的是德雷克证明了西班牙人并不是不可侵犯的，他受到女王的召见，并很快成为了女王的亲信。

德雷克被称为“铁腕海盗”，他是一个权欲极强、办事严厉、情绪狂暴、孤僻多疑和盲目迷信的人，他的这些性格特征在他的同代人中是十分罕见的。德雷克成为一个海盗并不是因为智力过人和敢于冒险，他只是一个大股份公司的老板，英国女王伊丽莎白本人就是这个股份公司的股东之一。女王用自己的私资装备了船只，并与这些海盗们分享利润，同时从这个“冒险事业”中索取绝大部分收益。

发现德雷克海峡

1577 年，德雷克开始了他一生冒险事业中最重要的一次行动，这次行动对他来说也是出乎意料的，他成了英国第一个环球航行家（继麦哲伦之后第二次环球航行）。这些海盗们的主要目标是进攻西班牙美洲太平洋沿岸地区。伊丽莎白女王和英国的一些大臣动用自己的资金支持和帮助了这次冒险行动，他们仅要求这些海盗们隐姓埋名，因为一旦这件事失败了，这样肮脏的勾当败露出去会有损于他们的声望。德雷克一共装备了 4 艘航船，其中一艘就是著名的“金鹿”号。

德雷克乘着旗舰“金鹿”号直奔美洲沿岸，一路打劫西班牙商船，西班牙人做梦也想不到，竟然有人敢在“自家后院胡闹”。当他们派出军舰追击时，德雷克早已逃往南方。但由于西班牙的封锁，他穿越麦哲伦海峡共用了两个半星期。

驶进太平洋后，德雷克马上急速向北航进。虽然严冬已经过去，但是德雷克的人员仍然遭到寒冷的袭击。这里的风暴把他们长时间地阻拦在南部的海域。这场风暴一直持续到 10 月底，在长达两个月的风暴中，德雷克那艘孤独的航船“金鹿”号被风暴向南推移了 5°左右。正是在这种情况下，德雷克发现火地岛根本不是南部大陆的一个海角，而是一个海岛，在这个海岛之外，仍然是无边无际的广阔海洋。真正的南部大陆——南极洲还在火地岛以南数千公里之外。19 世纪，当探险家发现了南极洲之后，人们把位于火地岛与南极洲之间的通道称为德雷克海峡。

德雷克调整航向，朝北行进，11 月底，“金鹿”号航船抛锚停泊在奇洛埃岛的附近。岛上的居民对欧洲人不信任，把这些英国人强行撵走了，并且打死两个英国人。然而，再往北航进，大陆沿岸的智利印第安人对这些外来者却十分友好，他们甚至还给英国人提供了一个引水员，这个引水员把英国的这些海盗们顺利地领到了瓦尔帕莱索城。德雷克率领人员大肆抢掠了这座城市，并夺走了一艘停泊在这个港湾满载着酒和“一定数量黄金”的西班牙船。

海盗德雷克继续向北航行。“金鹿”号航船越过南回归线后，海盗德雷克靠近这里的一些港口。西班牙人通过这些港口向巴拿马运送秘鲁的白银。西班牙人认为这个地区是安全可靠的，所以他们在运送这些贵重金属时毫无戒备，于是，大批的黄金和白银轻而易举地落到德雷克的手中。

宣布“白色岩石”之地统治权

穿过麦哲伦海峡返回英国是十分危险的，德雷克预测，西班牙人必将在那里等候着他。于是这个海盗决定穿过西北通道——环绕美洲大陆，然后返回英国。他整修了“金鹿”号航船，带足了燃料、淡水和粮食，开始沿墨西哥的太平洋海岸线向西北航进。他不准备对沿岸的港口大城发动进攻，只是抢掠一些较小的村镇。从墨西哥起他径直向北航进。

英国的这群海盗在离旧金山湾不远的地方抛锚停泊。英国人登上了海岸，把船上的货物卸下来，准备整修船只。德雷克在这个地方建立了一个营地，并在营地周围设置了防御工事。一群加利福尼亚的印第安人来到营地跟前，他们没有表露出任何敌意，只是好奇地看着这些外来人。英国人向土著人散发了礼物，尽力用手势和表情向他们说明，这些外来人不是天使下凡，如同土著人一样需要吃饭和喝水。于是，一群又一群的印第安人云集到英国人的营地，他们给海盗们带来了五色羽毛和烟口袋。

一天，当地的一个酋长来到这里，他带着一队面目清秀、身材端正的武士，武士们都穿着毛皮斗篷。武士的后面又跟来了一大批赤身露体的印第安人，他们把长发编成了许多小簇，上面插上五彩缤纷的羽毛。妇女和孩子们排成了长队，男人们在离营地不远的地方唱歌跳舞，一些妇女也跳着舞。德雷克把他们放进营地，他们继续唱着跳着，直到感到筋疲力尽时才停止。

德雷克认为，这是把他所发现的这个地区正式划归英国领地再好不过的时机了。酋长操着英国人不懂的语言走到德雷克跟前，解释了当地“国王”的请求：把这片土地划归德雷克的保护区。于是德雷克代表女王开始对这个地区行使他的统治权了，并把这个地区命名为“白色岩石”。

为了威吓葡萄牙人，德雷克在驶离“白色岩石”之地的前夕，在海岸边建造了一座石柱，上面镶了一块铜牌，铜牌上刻着伊丽莎白的名字、英国人来到这个地区的日期和当地土著人“自愿服从”女王统治的字样。下面镶上了一个铸有女王头像和国徽图样的钱币，另外还刻上了德雷克的名字。

完成环球航行

德雷克离开“白色岩石”之地后决定穿过太平洋前往马鲁古群岛，所以他朝着马里亚纳群岛的方向航进。在长达68天的航行中，英国人除了看到天空和海洋外什么也没有看到。

▲弗朗西斯·德雷克

到了9月底，海平线的远方出现了一片陆地，这是马里亚纳群岛的一个岛屿。然而，由于逆风的阻拦，德雷克一直延误到11月才航行到马鲁古群岛。他把船停泊在德那第岛附近，因为他事前得知，这个岛上的统治者与葡萄牙人互相为敌，势不两立。事实确实是这样的，英国人通过这个岛的统治者得到了粮食和其他补给品，从而保证能够继续向前航行。这时，英国人的船只急需修理，船员们也需要休息，于是他们在苏拉威西岛以南的一个无人居住的小岛附近逗留了一个多月。

在此以后，这艘船又在苏拉威西岛南部海岸附近的岛群和浅滩迷宫里漂泊了一个月之久，在此期间，碰上了一个暗礁，几乎船毁人亡。在爪哇岛附近，这些海盗从当地居民那里打听到，在不远的地方停泊着一些如同“金鹿”号一样的船只。德雷克决定立即离开这个地方，他一点也不想碰上葡萄牙人，于是他驾船径直向好望角驶去了。

“金鹿”号航船绕过好望角的时间是1580年6月中旬，此后过了两个月才穿过北回归线，最后于1580年9月底驶进普利茅斯港，在这个港抛锚停泊。这艘船从离开英国之日起经过两年零十个月的漫长航行，继西班牙“维多利亚”号船之后完成了有史以来的第二次环球航行。

清教徒在北美的探险并立足

由于教会的排挤与迫害，清教徒无法在国内立足，一部分清教徒为了寻求新出路，创立一种新的共同生活集体、一个崭新的社会形态，踏上了海外探险之旅，最终，这些清教徒克服重重困难，成功在北美的一块土地站稳了脚跟，并宣传自己的宗教。

"五月花"号帆船起航

16世纪末期，英国国内的宗教改革风起云涌。依仗着英国国王的支持，英国教会渐渐地形成了自己的独立的统治体系。这样一来，英国教会虽然摆脱了罗马教皇的控制，建立了色彩浓厚的新教信仰制度，但是在天主教教徒中却失去了"市场"。

在加尔文教（16世纪时欧洲的一个主张政教合一的教派）教徒当中，也有一些人对新教强烈不满，他们就是所谓的清教徒们。清教徒们不满英国国王及主教们所行使的统治权，他们主张严格遵守旧的圣经的条例，企盼追求一种更为纯洁的道德观。因此，清教徒们强烈要求从英国教会中分离出来，自行立教、传教。

这种保守的顽固的主张，对于刚刚脱离了罗马教皇支配的英国教会来说，无疑是一种分裂行动，这岂能容忍。随即，在英国国王的怂恿下，英国教会又在国内掀起了排挤与迫害清教徒运动的高潮。

1608年，一部分清教徒难以忍受在英国所遭到的迫害，在威廉·布鲁斯达的率领下，兴师动众地迁居至荷兰。过了几年后，清教徒们的理想同样在荷兰的宗教中也难以形成气候，同时，他们也适应不了异地的文化、艰难的谋生及战争的威胁。为了寻求自由，也为了恪守固有的理想，清教徒们共同商讨，终于得到了一个一致的结果，希望能寻找到一个新的世界，创立一种新的共同生活集体、一个崭新的社会形态，大家能够按照自己喜欢的方式做礼拜，保持纯粹的英国人生活方式。

▲英国清教徒

不久，清教徒们又与跟他们有着类似想法的伦敦商人取得了联系，并赢得了商人们在财力上的巨大援助。

1620年9月16日，除了船长和船员外，另有102名乘客，其中包括41名男性清教徒、31名儿童，还有一些妇女及征募来的交易商、技工等，坐上了后来闻名于世的长90英尺、宽25英尺、载重量为180吨的"五月花"号帆船，从英国普利茅斯港踏上了追求理想、追求未来、开创事业的航线。

成功登陆北美土地

“五月花”号启航后，来自荷兰的清教徒们立即取得了“五月花”号上的支配权。经历了六个星期极为险恶的海上航行，船员们欣喜地发现了陆地，但这并不是原先的目的地南弗吉尼亚。接着，“五月花”号帆船在海中被风浪又吹打着向北漂浮了400英里，来到了马萨诸塞的科得角。船上的人对清教徒们指挥不当极为不满，而清教徒们都一致认为，这是神的旨意，是神将他们引到了此地。为了缓和船上非清教徒们的抵触情绪，清教徒们主动上岸探路。这里便是普利茅斯（为了纪念英国的起点普利茅斯）的地方。

为了加强凝聚力，共同对付外来的力量，也为了在陌生的土地上创建一种新生活、信奉一种喜欢的信仰，他们必须立即创立一种行之有效的社会制度，互相节制约束，巩固与保障即将建立的新生活。1620年11月，威廉·布拉德福特、威廉·布雷斯特和爱德华·温斯洛三人起草了一个公约。公约规定：为了殖民地的建立、建设、发展和共同事业的追求，制订和颁布最能符合殖民者普遍意愿的公正而平等的法律、法令、条例、规章、守则。移民中的41名成年男子就在“五月花”号船上在公约上签了名。这公约就是事后对北美大地发展具有深刻影响的《五月花号公约》，它从欧洲大陆给新世界带来了火种。

▲“五月花”帆船复制品

1620年12月26日，“五月花”号上的乘客在普利茅斯登上了北美的土地，立即着手建筑村落、仓库及礼拜堂。由于他们在此的仓促登陆，并没有得到英国国王的许可，因此，他们成了普利茅斯的“不法移民”。当然，随着时间的推移，这“不法”二字随之消失了，普利茅斯成为英国人在北美建立的第二个殖民地。

与当地印第安人交好

万事开头难。新移民们初来乍到，对普利茅斯地区的地理、气候的情形一无所知，一切都有待用生命来尝试。北美的冬季对新来者绝不是仁慈的。还没等到他们把房屋村落、仓库等安置稳当，普利茅斯的第一个冬天接踵而来。“呼，呼”，凛冽的寒风，毫不留情地侵袭他们的房屋，狂舞的飞雪顿时覆盖了整个普利茅斯，并沉重地压在新移民们居住的房顶上，周围的环境一下子变得冷酷、沉闷、单调和凝重。新移民们遇到了在英国从未碰到过的严寒，带来的粮食顷刻被吃得精光，饥寒夺走了半数移民的生命，并把剩余者也推向濒临绝望的境地。

幸好，春天提前来到了，余生者们僵冷的身子骨渐渐地暖和了起来，体内的生命力又顽强地抬起头。大难不死的移民们跪倒在上苍之下，默默地祈祷，希望上帝能赐予他们生存的勇气和途径。

移民们正处于一筹莫展之际，又察觉到了印第安人的存在。这是一个什么兆头？是祸还是福？他们对印第安人的动向进行了仔细的观察，发觉印第安人也同样在监视着他们。“这可能是攻击的前兆！”不安的移民们更紧张了，随时准备着对抗印第安人的袭击。可是，预期中的侵袭却迟迟没有发生。

1621 年 3 月的某一天，一名魁梧高大却沉默寡言的印第安人偶然踏入了移民们的村落，发现了这批除了祷告上帝外无计可施的白种人。这印第安人是培亚基得族的酋长萨莫塞特。他虽然不懂英语，无法与移民们交流，但却协助他们与帕塔克森特族印第安人取得了联系。移民们在这个部族中意外地发现了曾被威玛斯船长俘虏并在英国生活过数年的名叫斯匡托的印第安人，他现在成了这批陷入绝境的白种人的救星。殖民地总督威廉·布拉德福特立即与帕塔克森特族酋长马沙索特和斯匡托建立良好的个人友情，并与马沙索特酋长订立友好条约。斯匡托有感于移民们的友善与热诚，便教他们怎样在贫瘠多石的土壤上种植玉米、南瓜和豆类；告诉他们捕捉到的小鲱鱼不但可以食用，还可以怎么样把它们当作肥料；教授他们诱捕海狸、猎取野禽，用槭树汁制作糖浆，食用海湾盛产的蛤类和牡蛎来获取高蛋白。

▲土著印第安人

美国感恩节的设立

经过整整一个夏天，在印第安人无私的帮助下，移民们也通过自己辛勤的劳动，赢来了秋天硕果累累的好收成。为了感谢斯匡托等印第安人的帮助，为了庆幸自己战胜了死亡，更为了庆祝得到了丰硕的收获，普利茅斯殖民地总督威廉·布拉德福特倡议举行一次庆祝宴会。马沙索特率领 90 名帕塔克森特印第安男人应邀参加了这次隆重的庆祝典礼。

印第安人把带来的 5 只鹿和移民猎手们捕捉的火鸡和鹅一起在露天烤烧，把龙虾和牡蛎放在煤火里烘烤，把蛤肉杂烩放进铁壶吊在篝火上煨墩。鹅莓、草莓、李子和樱桃都已晒成果脯，玉米食品的花样层出不穷，有千烘玉米、烤玉米、用火烩制成的玉米饼、印第安式玉米布丁以及爆炒玉米花。总督威廉·布拉德福特与马沙索特酋长主持了隆重而正式的丰收节日仪式之后，一种纯粹的印第安式狂欢开始了。清教徒们也一改平日的严肃拘谨，与印第安人共饮大壶的烈性红、白甜酒，打破了在欧洲时不饮烈性酒的戒规，顿时气氛空前的热烈，碰杯声、喧叫声、跺脚声、拍手声哗然一片。在殖民地军事首领迈尔斯·斯坦迪什上尉指挥下，小乐队奏起了进行曲助兴。印第安人不甘示弱，用弓箭比赛射术，红白两队在各种游戏和赛跑中角逐竞争……

这次尽兴的狂欢持续了好几天，在殖民者们心中留下了不可磨灭的印象。这种庆祝收获的习俗被保留了下来，现在，美国的感恩节，就是脱胎于这种热烈、欢快的聚会。

▲与印第安人过感恩节

1789 年，美国第一任总统华盛顿宣布感恩节为全国性节日，感恩内容是："感谢上帝，感谢殖民地建立初期神明的庇佑，感谢在争取自由过程中所给予的帮助，感谢独立战争以来赐予美国的和平与繁荣，特别要感谢上苍保佑新宪法的诞生。"但当时日期并不固定。直到 1942 年美国国会将感恩节定为每年 11 月的第 4 个星期四，放假 4 天，一直延续至今。

塔斯曼环航澳大利亚

澳大利亚的哈特曼·阿布罗尔霍斯珊瑚礁群岛曾经吞没了很多探险者的船只。尽管如此，澳大利亚南方绵长的海岸线，对于探险者来说，依然有很大的吸引力。17世纪，荷兰人塔斯曼的船队成功环绕澳大利亚航行一圈。

发现“塔斯马尼亚”

1642年8月，荷兰总督安东·范·迪门兰任命艾尔贝·詹森·塔斯曼率领船队，对澳大利亚南方海域进行一次彻底的调查。一方面为了找到一条从南方到达智利的捷径，另一方面也希望能够探寻南方，开辟新的贸易市场。

由于顺风而行，3个月后，塔斯曼率领的“海姆斯凯尔克”号船和另一艘“海鸟”号船便到达了澳大利亚南面距塔斯马尼亚岛不远的地方。

这天，暮色刚刚降临，海上突然起了风浪。但塔斯曼这个久经风雨的老水手心里并不害怕，他知道，船队目前离海岸不远，只要小心，不会出什么问题的。

突然，一名水手向他报告说前面好像有艘船。塔斯曼心中一惊，立即跑到船头察看，苍茫夜色之中隐隐约约果然有个黑影，但确定不了是不是船。于是他下令避开它继续前行。于是“海鸟”号和“海姆斯凯尔克”号偏离了航向，小心翼翼地缓缓前行。

到了第二天凌晨，天刚蒙蒙亮，塔斯曼就迫不及待地跑出来观察。这时已风平浪静，回首望去，塔斯曼心中的疑虑顿然消失：原来，一片陆地近在眼前！

塔斯曼命令船队向大陆靠近。他们看到的大陆海岸充满了原始气息：岸边是陡峭的悬崖，赭红色的岩石被海浪冲刷得异常醒目，崖上有绿色的植被和茂盛的树木，经过雨水的冲洗，更显得郁郁葱葱。

对这片荒无人烟之地，塔斯曼心里没有把握，不敢贸然登陆。于是，船队又沿着这个岛的海岸线继续向东航行了一段距离。终于，塔斯曼下了决心，决定派几位水手登陆探查情况。

几位水手来到岛上，发现了一种巨大的阔叶草。这种草的叶子比一个巴掌还宽，两边长满了密密的细齿，齿尖而韧。并且在一棵很高很大的树干上，发现了像是用什么东西给砍出许多像脚印一样形状的槽口，两个槽口之间的距离还很大。船员们面面相觑，谁也闹不明白这到底是怎么回事。因此推测可能是巨人留下的脚印。

对于这个消息，塔斯曼感到很意外，也有些不安，但强烈的好奇心又驱使他想留下来看个究竟。为了安全起见，塔斯曼没有再派人去岛上，而是在船上等了两天两夜。他希望能够看到巨人到海边来，但结果却令他失望，别说看到巨人，就连影子也没有看见。最后，塔斯曼只好下令起锚，继续航行。

离岛之前，为了表示对派遣他出海的总督的敬意，塔斯曼将该岛命名为“范迪门兰”。

虽然后人对是谁最先发现澳大利亚的意见不一，但澳大利亚东南端的岛屿却毫无疑问是荷兰人发现的。直到1856年，当地人才将这个岛改名为“塔斯马尼亚”，成为澳大利亚的一个州。

没有发现通商捷径

塔斯曼率领的“海姆斯凯尔克”号和“海鸟”号向东前进，企图寻找所罗门群岛。

1642年12月13日，塔斯曼再度发现了陆地。他站在船的右舷，望着海岸线，相信自己已经找到了南方大陆。可事实上，他看到的只是新西兰群岛的西海岸而已。塔斯曼是最早发现新西兰的欧洲人。他想登陆，但是风浪太大，地形险恶，船只无法靠岸。正当他们左右为难、犹豫不决的时候，船队又遭到当地土著——新西兰毛利族人的狙击。塔斯曼只得命令船队改变航线，朝巴达维亚前进。

塔斯曼的船队经过东加岛和新几内亚的北岸，回到巴达维亚。虽然他们并没有到达澳大利亚，但实际上已经绕航澳大利亚一圈。由此证实，南方大陆是一个孤立的大陆，并没有和其他大陆联结在一起，一直延续到南极。

▲所罗门群岛翁通爪哇珊瑚岛

1644年，塔斯曼继续沿着“新几内亚的西海岸”——约克角半岛前进。当时有人认为，约克角半岛位于新几内亚南部，和澳大利亚本土相距很近，中间只隔着一个狭窄的海峡。荷兰政府企望塔斯曼发现分隔澳火利亚和新几内亚的海峡，如此便能找到前往智利的近路，向外发展商业贸易。

塔斯曼确信，在新几内亚和澳大利亚大陆之间一定有个海峡存在。他命令探险船尽量靠近海岸航行。在这条海岸线上，他发现了一个凹陷进去的海域，于是猜测这可能是那个海峡的入口，便命令探险船沿海岸线往里开，但绕了一圈并没有找到出口，原来是一个海湾，他将这个海湾以东印度公司官员卡奔塔的名字命名为“卡奔塔利亚湾”。

塔斯曼率探险船队沿海岸线继续航行。他在一些岛屿上对当地居民的生活习俗进行了观察，但始终没有发现那个想要寻找的海峡。他的第二次探险航行也和他第一次的航行一样，就通商价值而言，可以说是完全失败的，因为他并没有发现任何可以用来从事贸易或开发的土地。由此，荷兰人对西南太平洋和澳大利亚大陆的探险调查活动也就不再感兴趣了。

丹皮尔的环球航行

17 世纪末期，威廉·丹皮尔曾和一群海盗进行环球航行，由于这个原因，一提起他的名字，人们就想到他是个在公海上进行掠夺的海盗。丹皮尔参与了许多不同的航行，他的足迹遍布太平洋西部海域、新几内亚岛、菲律宾和东南亚沿岸地区。1691 年，他回到英国。与同伴不同的是，他把自己在远方的经历整理起来，进行了文学加工。他绘制的地图、收集的植物和矿物标本以及他的游记《新环球航海记》，使他在英国家喻户晓。他发表的环球航行的资料，对文学创作做出了巨大的贡献。著名作家丹尼尔·迪福和乔纳森·斯威夫特的探险小说的许多素材，都是从他这里来的。

第一次环球航行

丹皮尔 16 岁的时候就去新大陆当水手，他在英国的一艘商船上当过见习水手、水手，后来曾经航行到大西洋的北部水域，他还在印度洋上进行过多次航行。

第三次英荷战争中，他在爱德华·斯普拉格爵士手下工作，1673 年 6 月，他曾上战场打过仗，因身染疾病而回国。第二年来到牙买加，接收了别人送给他的一个种植园，不过很快他又回到了海上。大约在 1670 年，丹皮尔加入了加勒比海盗集团，在西属大陆的中美洲地区干些无本生意，曾两次拜访坎佩切湾。

1679 年，他陪同一群海盗横越达连地峡袭击巴拿马城，在那个地峡的太平洋沿岸抢夺了西班牙的船只，然后袭击了秘鲁的西班牙殖民地。结果被西班牙人击溃，不得不穿过地峡返回。

▲英国私掠者威廉·丹皮尔

丹皮尔一路来到弗吉尼亚，1683 年后在私掠船长库克手下做事。他们又绕经合恩角进入太平洋，一年之中，连续在秘鲁、加拉帕哥斯群岛和墨西哥抢劫西班牙人的领土和财产。沿途几股海盗汇集起来，组成了一个拥有 10 艘船的舰队。库克在墨西哥死去，戴维斯船长出任新首领，丹皮尔则转到了斯旺船长的船上，即“塞格奈特”号。为了躲避西班牙舰队的追捕，他们于 1686 年 3 月 31 日出发横越太平洋，到东印度群岛去闯闯运气。中途船队停靠在关岛和棉兰老岛，在放逐了斯旺和另外 36 人之后，其余的海盗悠闲地航行，经过了马来半岛、越南、马尼拉、香料群岛和新荷兰（澳大利亚）。

1688 年 1 月初，“塞格奈特”号抵达了澳大利亚西北部靠近金湾的一个半岛附近，停在那里进行休整。丹皮尔利用这段时间上岸，调查研究了周围环境，观察记载了陆地上的动植物和土著。由于这个缘故，后来这里就被称作丹皮尔半岛。丹皮尔当时无法确认，这是一个海岛还是一片大陆，但是他坚定地认为，即使是后一种情况，这个地区也不是亚洲的一部分。新发现的地区在他的记忆里是一幅惨淡、凄凉的景象：那里既不生长农作物，也没有果树和蔬菜。他在那里甚至连可以食用的植物根茎都没有找到。他断言，他在那里没有看见过一眼淡水泉流，也没有遇见一只野生动物。但是，他碰到了一些皮肤黝黑的土著人，他们是一些流浪的猎人，这些人所处的文明阶段比欧洲人知道的一切野蛮民族要低得多。这些土著人没有屋舍，完全赤身裸体地行走。

3 月，船启航经由苏门答腊岛驶往印度，在孟加拉湾的尼科巴群岛停靠期间，丹皮尔和另外两人被赶了出来。他们弄到了一条独木舟，从岛上划到了苏门答腊岛的亚齐地区，然后在那里搭上了一艘船，绕经好望角后于 1691 年回到了英国。

勘查澳大利亚

回来后的丹皮尔一贫如洗，不过他的航海日志却有无形的价值。1697 年，他将日志整理出版，名之为《新环球航行》，引起了海军部的注意。海军部因而委托他重到新荷兰（澳大利亚）勘查，为日后的扩张作先期准备。

1699 年 1 月 14 日，丹皮尔受命指挥皇家海军“罗巴克”号出发，7 月，抵达了西澳大利亚的鲨鱼湾。为寻找淡水，船沿着海岸向东北行驶，发现了丹皮尔群岛和罗巴克湾。由于水手陆续患病，丹皮尔被迫将船驶往印尼的帝汶岛，在那里待了三个月的时间。

1700 年元旦，启航向东行驶，抵达了新几内亚，然后转向北方。往东航行时，他绘制了新汉诺威、新爱尔兰和新不列颠诸岛的海岸线，发现了上述岛屿（现为俾斯麦群岛）与新几内亚之间的丹皮尔海峡。

4 月，“罗巴克”号被风吹返，于 7 月 3 日抵达巴达维亚。经过 3 个月的修理后，丹皮尔启航经好望角回国。1701 年 2 月 21 日，在大西洋中的阿森松岛停靠，“罗巴克”号因破损而沉没，大部分文件都随船一起丧失，丹皮尔幸而留存了一些澳大利亚、新几内亚海域的海岸线图纸和信风、海流资料。他们在岛上被困了 5 星期，直到 4 月 3 日搭上一艘东印度商船，终于在 8 月回到了家乡。

回国后，丹皮尔遭到了军事法庭的审判。原来在这次航海期间，他曾把一名叫作乔治·费希尔的船员放逐到巴西，费希尔回来后向海军部提出控诉。虽然丹皮尔在法庭上愤怒地进行了辩解，但最终被判有罪，对费希尔进行赔偿，并被皇家海军解雇。

第二次环球航行

丹皮尔将 1699 ~ 1701 年的探险经历著成《新荷兰航海》一书出版，然后又重新干上了私掠者的老行当。当时正值西班牙王位继承战爆发，私掠者们为国所用，于是丹皮尔又当上了船长。他指挥一艘拥有120名船员和26门大炮的“圣乔治”号，后又有一艘63人16炮的“五港”号加入，于1703年4月30日出发，对法国和西班牙进行骚扰。途中成功地捕获了3艘西班牙小船和一艘550吨的大船。

1704年10月，“五港”号停留在智利海岸外400英里的无人小岛胡安·斐南德斯岛进行补给，“五港”号上的一个船员塞尔刻克与船长发生争吵，丹皮尔把他放逐到岛上。

塞尔刻克带了一些有用的东西上岸，一把枪、子弹、火药，一些木匠工具，足够的衣服和床，烟草，一把小斧子，还有后来证实是最重要的一样东西——圣经。他在海岸附近找了个山洞住下，在开始的几个月里，他非常害怕孤独和寂寞，他不常离开岸边，以虾、蟹为生。最后，他被越来越多的具有攻击性的海狮逼到了内陆，塞尔克刻克发现岛上有大量的芜菁、卷心菜、棕榈树和山羊。

丹皮尔把塞尔刻克留在岛上，并忙于处理另一件事情，就是送英国船只袭击南美海岸线，因此，丹皮尔就把他遗忘了。直到1710年2月1日，塞尔刻克看见海湾中有两个黑点儿，他确定那是两艘英国船，因为船上飘着英国国旗。他跑向海滩，点了一堆火并疯狂地喊着。丹皮尔奇怪岛上会有火光，他几乎认为塞尔刻克已经死了，他派一艘小船上岸看看。当看到他的营救者，塞尔刻克由于太激动而有好一会儿不能清楚地表达自己。就这样，这个船员孤零零地在那里生活了五年多后，才重返文明社会。后来他的离奇经历成为笛福的小说《鲁宾逊漂流记》的创作素材。

▲因“五港”号上的船员塞尔刻克与船长发生争吵，丹皮尔把他放逐到荒岛上

第三章　人类深入大陆腹地探险

最初的人类征服自然的能力很有限，所以，早期人类把土地肥沃、河流丰富的平原或丛林地带作为自己的栖身之地。在这些肥沃的土地上，他们依靠才智和勤劳的双手创造了一个又一个的文明，比如，华夏文明、古巴比伦文明、古埃及文明、希腊文明等等，但这些文明是彼此孤立的，并没有连接起来而形成一整片文明区域。随着人类征服自然能力的加强，人们开始把目光投向了更远的地方。在强烈好奇心的驱使下，人们怀着不同的目的，踏上了深入陆地腹地的征程，不管人类的最初动机如何，客观的事实却是人类深入陆地的探险行动隆重上演了。

张骞出使西域打通丝绸之路

在中国的西汉，张骞出使西域本为贯彻汉武帝联合大月氏抗击匈奴之战略意图，但西域开通以后，影响远远超出了军事范围。从西汉的敦煌，出玉门关，进入新疆，再从新疆连接中亚细亚的一条横贯东西的通道，从此畅通无阻。这条通道，就是后世闻名的“丝绸之路”。“丝绸之路”把西汉同中亚许多国家联系了起来，从而促进了这些之间的经济和文化的交流。

遣使联合大月氏

西汉建国时，北方即面临一个强大的游牧民族的威胁，这个民族称为“匈奴”。汉高祖时曾企图击溃匈奴，结果反被匈奴击败。从此，汉朝不敢用兵于北方，只好采取“和亲”、馈赠及消极防御的政策。但匈奴贵族，仍然不断地骚扰汉朝边境。

▲张　骞

公元前140年，汉武帝刘彻即位。此时，汉王朝已建立60多年，历经汉初几代皇帝，奉行轻徭薄赋和“与民休息”的政策，特别是“文景之治”，政治的统一和中央集权进一步加强，社会经济得到恢复和发展，并进入了繁荣时代，国力已相当充沛。汉武帝正是凭借这种雄厚的物力财力，及时地把反击匈奴的侵扰，从根本上解除来自北方威胁的历史任务，提上了日程。

汉武帝即位不久，从来降的匈奴人口中得知，在敦煌、祁连一带曾住着一个游牧民族大月氏。秦汉之际，月氏的势力强大起来，攻占邻国乌孙的土地，同匈奴发生冲突。汉初，多次为匈奴单于所败，被匈奴彻底征服，被迫西迁。但他们不忘故土，时刻准备对匈奴复仇，并很想有人相助，共击匈奴。汉武帝根据这一情况，遂决定联合大月氏，共同夹击匈奴。于是，他下了一道诏书，征求能干的人到月氏去联络。当时，谁也不知道月氏国在哪儿，也不知道有多远。要担负这个任务，可得有很大的勇气。

艰险的西域之旅

汉武帝的诏书下达后，年轻的张骞觉得这是一件有意义的事，首先应征。张骞，西汉汉中城固（今陕西城固县）人，生年及早期经历不详。汉武帝刘彻即位时，张骞已在朝廷担任名为“郎”的侍从官。据史书记载，他“为人强力，宽大信人”。即具有坚忍不拔、心胸开阔，并能以信义待人的优良品质。

这个使命是异常艰巨的，因为中国人对中亚的地理形势一无所知，同时也是极危险的，因为，不管被击败的月氏部落逃往何地，毫无疑问，他们现今在数千里以外的西部广阔的草原和荒野地区放牧，然而这些地区的真正的统治者是匈奴人。虽然去西域路途充满凶险，但有张骞的带头，别的人胆子也大了，很快就有100多名勇士应征。有个在长安的匈奴人叫堂邑父，也愿意跟张骞一块儿去找月氏国。

公元前138年，汉武帝就派张骞带着100多个人出发去找月氏。但是要到月氏，一定要经过匈奴占领的地界。张骞他们小心地走了几天，还是被匈奴兵发现围住了，全都做了俘虏。

匈奴单于得知张骞欲出使月氏后，对张骞说：“月氏在吾北，汉何以得往？使吾欲使越，汉肯听我乎？”这就是说，站在匈奴人的立场，无论如何也不容许汉使通过匈奴人地区，去出使月氏。就像汉朝不会让匈奴使者穿过汉区，到南方的越国去一样。张骞一行被扣留和软禁起来。

匈奴单于为软化、拉拢张骞，打消其出使月氏的念头，进行了种种威逼利诱，还给张骞娶了匈奴的女子为妻，生了孩子。但他始终没有忘记汉武帝所交给自己的神圣使命，没有动摇为汉朝通使月氏的意志和决心。张骞等人在匈奴一直留居了10年之久。

日子久了，匈奴对他们管得不那么严。张骞跟堂邑父商量，趁匈奴人不防备逃走。公元前128年，张骞携带妻儿、忠实的同伴堂邑父和一部分随行人员乘机逃跑了。他们向西行，走了好几个星期。起初，他们从一个沙漠绿洲转向另一个沙漠绿洲，沿着东天山南部山麓前进，后来，穿过了乌孙游牧部落的领地，乌孙人在生活习俗上与匈奴人相似。然后，他们沿高山峡谷翻过了中天山高耸的山岭，来到伊塞克湖沿岸的赤谷城，这座城是乌孙部族领袖的大本营。从此出发，他们越过高山隘口，沿纳伦河（在锡尔河上游）河谷进入费尔干纳平原，这是大宛（在今中亚细亚）的领土。

大宛和匈奴是近邻，当地人懂得匈奴话。张骞和堂邑父都能说匈奴话，交谈起来很方便。他们见了大宛王，大宛王早就听说汉朝是个富饶强盛的大国，这回听到汉朝的使者到了，很欢迎他们，并且派人护送他们到康居（约在今巴尔喀什湖和咸海之间），再由康居到了月氏。

月氏被匈奴打败了以后，迁到大夏（今阿富汗北部）附近建立了大月氏国，不想再跟匈奴作战。大月氏国王听了张骞的话，不感兴趣，但是因为张骞是个汉朝的使者，也很有礼貌地接待他。

张骞和堂邑父在大月氏住了一年多，还到大夏去了一次，看到了许多从未见到过的东西。但是他们没能说服大月氏国共同对付匈奴，只好决定返回。

元年前128年，张骞动身返国。归途中，张骞为避开匈奴控制区，改变了行军路线。计划通过青海羌人地区，以免匈奴人的阻留。于是翻越葱岭后，他们不走来时沿塔里木盆地北部的“北道”，而改行沿塔里木盆地南部，循昆仑山北麓的“南道”。从莎车，经于阗（今和田）、鄯善（今若羌），进入羌人地区。但出乎意料，羌人也已沦为匈奴的附庸，张骞等人再次被匈奴骑兵所俘，又扣留了 1 年多。

公元前 126 年初，匈奴发生内乱。张骞便趁匈奴内乱之机，带着自己的匈奴族妻子和堂邑父，逃出了匈奴的控制区。他们既无钱财又无食物，由于堂邑父是一个熟练能干的弓箭手，在最困难的时刻他箭射禽兽充饥，他们才不致忍饥挨饿。

张骞第一次出使西域，他在外面足足过了 13 年才回来。汉武帝认为他立了大功，封他做太中大夫。

张骞向汉武帝详细报告了西域各国的情况。他说：“我在大夏看见邛山（在今四川省）出产的竹杖和蜀地（今四川成都）出产的细布。当地的人说这些东西是商人从天竺（就是现在的印度）贩来的。”他认为既然天竺可以买到蜀地的东西，一定离蜀地不远。

汉武帝就派张骞为使者，带着礼物从蜀地出发，去结交天竺。张骞把人马分为 4 队，分头去找天竺。4 路人马各走了两千里地，都没有找到。有的被当地的部族打回来了。

往南走的一队人马到了昆明，也给挡住了。汉朝的使者绕过昆明，到了滇越（在今云南东部）。滇越国王的上代原是楚国人，已经有好几代跟中原隔绝了。他愿意帮助张骞找道去天竺，可是昆明在中间挡住，没能过去。

张骞回到长安，汉武帝认为他虽然没有找到天竺，但是结交了一个一直没有联系过的滇越，也很满意。

从军封侯

在张骞通使西域返回长安后，他曾直接参加了对匈奴的战争。公元前 123 年，大将军卫青，两次出兵进攻匈奴。汉武帝命张骞以校尉，从大将军出击漠北。当时，汉朝军队行进于千里塞外，在茫茫黄沙和无际草原中，给养相当困难。张骞发挥他熟悉匈奴军队特点，具有沙漠行军经验和丰富地理知识的优势，为汉朝军队作向导，指点行军路线和扎营布阵的方案。由于他“知水草处，军得以不乏”，保证了战争的胜利。事后论功行赏，汉武帝封张骞为“博望侯”。

结交西域

到了卫青、霍去病消灭了匈奴兵主力，匈奴逃往大沙漠北面以后，西域一带许多国家看到匈奴失了势，都不愿意向匈奴进贡纳税。汉武帝趁这个机会再派张骞去通西域。公元前 119 年，张骞和他的几个副手，拿着汉朝的旌节，带着 300 个勇士，每人两匹马，还带着一万多头牛羊和黄金、钱币、绸缎、布帛等礼物去结交西域。

张骞到了乌孙（在新疆境内），乌孙王出来迎接。张骞送了他一份厚礼，建议两国结为亲戚，共同对付匈奴。乌孙王只知道汉朝离乌孙很远，可不知道汉朝的兵力有多少强。他想得到汉朝的帮助，又不敢得罪匈奴，因此乌孙君臣对共同对付匈奴这件事商议了几天，还是决定不下来。

张骞恐怕耽误日子，打发他的副手们带着礼物，分别去联络大宛、大月氏、于阗

（在今新疆和田一带）等国。乌孙王还派了几个翻译帮助他们。

许多副手去了好些日子还没回来。乌孙王先送张骞回到长安，他派了几十个人跟张骞一起到长安参观，还带了几十匹高头大马送给汉朝。汉武帝见了他们已经很高兴了，又瞧见了乌孙王送的大马，格外优待乌孙使者。

▲漫漫“丝绸之路”

过了一年，张骞害病死了。张骞派到西域各国去的副手也陆续回到长安。副手们把到过的地方合起一算，总共到过36国。

打那以后，汉武帝每年都派使节去访问西域各国，汉朝和西域各国建立了友好交往。西域派来的使节和商人也络绎不绝。中国的丝和丝织品，经过西域运到西亚，再转运到欧洲，后来人们把这条路线称作“丝绸之路”。

寻找神话中的游离岛

在古代，大西洋上“定居”着许多神话般的“极乐”群岛、“幸福”群岛等等，这些岛屿给一些被驱逐逃亡的人们或民族提供了藏身之地。于是，一个个有着冒险精神的探险家开始了寻找这些岛屿的征程，一场场探险行动也开始了。

“圣岛”的传说

希腊哲学家亚里士多德曾说，在赫刺克勒斯石柱一方的大洋海面上，散布着这些岛屿。稍后一些古代著作家说，这些岛屿似乎是腓尼基人发现的，当罗马人毁灭了迦太基城后，这些岛屿成了迦太基人的避难地。公元前 1 世纪，公元 1 世纪末或 2 世纪初的雅典著名学者普卢塔赫都谈到大西洋上的这些岛屿。普卢塔赫把这些岛屿划到不列颠周围的海区，把一些“圣岛”划到要走 5 天路程的更西部的海区，并赋予这些岛屿美妙的自然风光和温和宜人的气候特征。这些说法想必是以加那利群岛上的真正的发现为依据的，也可能是以古代航海家发现的马德拉群岛或亚速尔群岛为依据的。

迦太基建城

迦太基的建城时间比罗马要早，但确实时间无从考据。较为广泛接受的说法是在公元前 814 年，腓尼基一城邦推罗的移民横渡地中海来到北非，向当地人买下一块土地，在当地土著人的同意下，建立了迦太基城。

欧洲的航海家在 13 ~ 14 世纪最终发现这些岛屿。好几个世纪以前，人们约在公元 9 世纪，已可以追溯到关于大西洋上存在“极乐岛”这一神话传说的根源。这些神话传说中最古老的一个产生于爱尔兰，时间不迟于 9 世纪。居住在法罗群岛和冰岛上的爱尔兰遁世主义者，怀着对“世俗的空虚感”，希望离开人口较稠的海岛，来到一些遥远的无人问津的海岛上。他们认为，在这些海岛上可以免除干扰，“拯救自己的灵魂”。然而，诺曼人中的偶像崇拜主义者把他们从那里撵出去了。在爱尔兰人第库尔的著作中对此有清晰的记载，所以在爱尔兰的修道院里人们反反复复地查阅古代著作家的文献，企图从中寻找出对于这些遥远的“极乐岛”直接的记载或注释。关于爱尔兰禁欲主义者确实航行到大西洋北部一些岛屿的故事，与古代权威们关于西洋的中心存在着“极乐岛”的说法交织在一起了。这样便可以解释清楚布兰丹游历“圣岛”这一神话传说的起源以及他是如何发现该岛的。

“圣岛”的发现故事

9 世纪末期，据说，布兰丹与他的一群学生从爱尔兰海岸启程向西航行，他在海洋上迷失了方向，发现了一个极为美丽的孤岛，他在这座孤岛上居住了多年之后返回祖国。这个神话被人们的幻想加以渲染和涂饰后流传到几乎所有的欧洲国家。中世纪的一些地理绘图家在大西洋的空白海区标上了“布兰丹圣岛”。起初，他们把这个“圣岛”划在爱尔兰以西；后来，在大西洋北部海区确实发现了陆地，而这些陆地按其自然条件来说与天国岛屿没有任何相同之点，于是，布兰丹的“圣岛”便在地图上“爬到”南部更远的地方去了。在1367年问世的威尼斯地图上，这个“圣岛”被标在马德拉群岛的位置上，而德国人马丁·倍海谟在自己制作的地球仪上（1492年）把这个岛标在佛得角群岛以西的地方，靠近赤道。换句话说，布兰丹的“圣岛”变成了一个游离岛。最后，它完全消失了，既没有留下名称，也没有说明是指哪一块陆地。

另一个深奥莫测的游离岛——“巴西岛”的命运则比较好。中世纪时期，不知出于哪个人的幻想，绘图家们生造并确认了一个“巴西岛”。起初，人们把这个岛标在爱尔兰的西南方向；后来，把它挪到离欧洲海岸更远的南部和西部海区。当时（16世纪初期），“巴西”还没有命名为位于赤道一侧似乎是南美大陆东部地区一个臆造的新世界海岛。16世纪里，人们把这个幻想的神奇之岛的名称“赐给”葡萄牙的一大片殖民地——巴西。

中世纪（约在8~9世纪）的幻想家们断言，在直布罗陀海峡以西有一个“七座城岛”。根据西班牙一个稗史传说，摩尔人在赫雷斯的战役中击败了基督教徒以后，把自己的统治权扩大到整个比利牛斯半岛地区（8世纪初期）。一个大教主和六个主教一起逃到一个遥远的大西洋岛屿上，他们在这个岛上建造了七座基督教城。15世纪的初期，这个幻想的海岛才出现在地图上，有时与另外一个更为神秘的海岛并列，后者有一个使人无法猜测的名称，叫安的列斯。

许多大西洋新地的发现已经把幻想中的海岛推向遥远的西方，它们未来的命运各不相同。地理大发现时期，西班牙征服者从新西班牙（墨西哥）出发向北挺进，即在北美大陆的中部对“七座城岛”作了徒劳无益的搜寻（16世纪中期）。安的列斯这个神话般的名称一直流传至今，它所指的真实陆地是大安的列斯群岛和小安的列斯群岛（1502年出版的康第诺地图上最先出现这个名称）。

在地理大发现的历史上，寻找这些海市蜃楼式的幻景发挥了极大的作用。中世纪宇宙学者们指明的这些幻景被绘制在地图上，这些岛屿成了哥伦布和他的追随者离开欧洲海岸前往印度途中可以指望的阶梯。搜寻“七座城”的活动导致西班牙人对北美大陆腹地——密西西比河和科罗拉多河流域的发现。

奥斯曼帝国对中亚地区的扩张

奥斯曼帝国占领地中海东部沿岸地区和君士坦丁堡以后，控制了亚欧商路。传统的东西方贸易虽尚未完全中断，但是长期的战争，以及帝国政府对过往商旅强征苛捐杂税，破坏了地中海区域原来的商业秩序和商业环境，这就迫使欧洲商人另行探险寻找通往东方的新航路。

奥斯曼的崛起

奥斯曼国家是古代土耳其人在小亚细亚（现今土耳其境内）建立的国家。古代土耳其人在我国历史上又称突厥人，自汉代始世世代代居于我国北方，遂与我中原地区汉民族往来日趋密切。583 年，东西突厥分立，古代土耳其人划归西突厥的一支，他们以“畜牧为事，随逐水草”。

13 世纪初迁居小亚细亚，附属于鲁姆苏丹国，在萨卡利亚河畔得到一块封地。1293 年，酋长奥斯曼一世乘鲁姆苏丹国瓦解之际，打败了附近的部落和东罗马帝国，自称埃米尔，独立建国。

1324 年，他们夺取东罗马帝国的布鲁萨，并定都于此。从此被称为奥斯曼帝国，这支土耳其人也被称为奥斯曼土耳其人。

奥斯曼帝国真正大举扩张是在奥斯曼的儿子乌尔汗统治时期。当时，奥斯曼帝国有着良好的扩张条件，拜占庭已经衰落，罗姆苏丹国也已经分裂。奥斯曼帝国首先占据了原来罗姆苏丹国的大片地区，并以此为基础，开始大规模地向欧洲扩张。

乌尔汗的儿子穆拉德一世在位时，欧洲联军开始进攻奥斯曼军队，但由于奥斯曼军队在数量上占有优势，联军终于被打败。这一胜利震动了欧洲各国的统治者，欧洲各国为了拯救拜占庭帝国，派出了援军。

1396 年，在多瑙河畔的尼科堡战役中，奥斯曼军队一举打败了欧洲联军。从此，欧洲人只能眼睁睁地看着奥斯曼帝国扩张。于是，巴尔干半岛逐渐落入奥斯曼帝国的版图，拜占庭帝国危在旦夕。

但就在此时，中亚的帖木儿帝国强大起来，并开始向小亚扩张，奥斯曼帝国的地方割据势力也趁机抬头，苏丹的四个儿子之间开始了争夺王位的战争，新征服地区的人民也趁机掀起反抗运动，奥斯曼帝国处于严重的危机之中，不得不推迟了向欧洲的扩张。15 世纪初期，奥斯曼帝国曾一度衰落。

攻陷君士坦丁堡

1451 年，穆罕默德二世即位后，奥斯曼中兴。他做了两年的准备后，于 1453 年开始围攻君士坦丁堡。君士坦丁堡三面临海，一面有坚固城墙，易守难攻，城墙、“希腊火”和金角湾口大铁链是其护城三大法宝。54 天的围攻由于金角湾方面未能合围而失败。

4 月 21 日夜，奥斯曼人买通热那亚人（守城部队一部分）并沿其控制的加拉塔区边界铺设一条 15 公里长的木板滑道，把 70 艘小船从陆路拖入金角湾，终于完成了对君士坦丁堡的海陆合围。经过激烈的战斗，奥斯曼军队终于在 5 月 29 日攻下君士坦丁堡，拜占庭末帝被杀。无数财宝被抢劫，古典文化惨遭破坏，6 万居民被卖为奴。

土耳其人攻陷该城之后，穆罕默德二世将君士坦丁堡作为新的首都，改名为伊斯坦布尔。拜占庭帝国的灭亡，使东欧失去了屏障。奥斯曼帝国继续扩张，占领了中亚地区大片的领土。

对东西商路的控制

早在 15 世纪前，欧洲和亚洲就有贸易往来。地中海东岸是东西方贸易的中转站。当时东方的香料、丝绸等在欧洲市场很受欢迎，是上流社会的生活必需品。但经过阿拉伯人和意大利人的转手，价格一抬再抬成为昂贵的奢侈品。当时的东西方贸易基本上被意大利人和阿拉伯商人所垄断。

15 世纪中叶奥斯曼帝国兴起后，占领了巴尔干半岛和小亚细亚地区，不久又占领了克里米亚，控制了东西方间的传统商路，对往来于地中海区域的欧洲各国商人横征暴敛，百般刁难。因此，运抵欧洲的商品，数量少且价格高，而欧洲上层社会把亚洲奢侈品看作生活必需，不惜高价购买，这种贸易造成西欧的入超，大量黄金外流，于是西欧各国贵族、商人和资产阶级急切的想绕过地中海东部，另外开辟一条航路通往印度和中国，从亚洲直接获得大量奢侈商品。

东西方的三条商路

东方通往西方的道路原来有三条：一条陆路，由中亚沿里海、黑海到达小亚；两条海路，即由海路入波斯湾，然后经两河流域到地中海东岸叙利亚一带，或先由海路至红海，然后由陆路到埃及亚历山大港。

教士鲁布鲁克的蒙古之行

从13世纪40年代起，西欧相继派出了传教士前往中亚等地进行相关的活动，圣方济教团的教士古尔奥穆·鲁布鲁克也由此开始了蒙古的探险之行。

英诺森四世教皇组建教团

在成吉思汗和他的继承人窝阔台大汗、蒙哥大汗统治时期，蒙古帝国的版图达到了人类历史上空前的规模。在军事占领期间，蒙古的封建上层得到了大量的军事战利品。各蒙古汗的首府居住着封建贵族，这些地方成了规模宏大的市场，那里以最低廉的价钱出售各种珍宝、布匹、毛皮和各种各样珍奇的东西。

成吉思汗画像

欧洲人探听到这个消息后，认为与富有的蒙古人贸易是有利可图的事。欧洲人得知这个消息一半是从西亚的商人口头传来的，一半是从罗马教皇和法国国王派往中亚地区的第一批使节口中得到的。

十字军在近东地区建立了一些昙花一现的基督教封建国家，这些国家在东地中海沿岸受到战无不胜的穆斯林军队的紧逼，所以他们在自己的庇护者——主教和教皇中煽起一股寄希望于蒙古人的帮助上的情绪，唆使蒙古人反对穆斯林。因此，自13世纪40年代起，从西欧相继派出了传教士前往中亚各蒙古汗的首府。这些使者不仅肩负着外交和宗教的使命，而且在探察方面还负有特殊的任务。

为此目的，英诺森四世教皇组成两个教团——多米尼克教团和圣方济教团。

鲁布鲁克的蒙古之行

1249年，法兰西国王路易九世派圣方济教团的教士古尔奥穆·鲁布鲁克从阿卡城（北巴勒斯坦）出发前往当时蒙古帝国的都城哈剌和林（今位于蒙古国境内），期望在蒙古大汗国找到反对穆斯林的同盟者。

鲁布鲁克于1252~1253年横渡黑海，在克里米亚港口索尔达（即现今的苏达克）登岸，离开索尔达后1258年5月他继续向东挺进。他骑着牛行走，两个月以后到达伏尔加河的下游地区。

鲁布鲁克确认，伏尔加河流入一个死海，而不是流入北海湾。除了希罗多德和托勒玫二人外，几乎所有古代地理学家都认为伏尔加河流入北海湾。他指出，这个海的西面高山耸立（高加索山脉），南面是群山（厄尔布尔士山脉），东面也耸立着群山。显然，他所说的东面群山是指那些清晰可见的悬崖绝壁——乌斯秋尔特高原的西部峻坡。9月中旬，这个圣方济教团的教士再次动身向东前进，从里海出发骑马向前赶路。

伏尔加河

鲁布鲁克沿咸海和阿姆河一直向东行走，没有看到大海，也没有看到河流，因为他所行的路线在大海和河流稍偏北之处。穿过无边无际的草原，进行长途跋涉，在草原的河流旁有时看到一些不大的丛林，然后到达喀拉山脉和塔拉斯河谷地带。翻过这座山，他来到了楚河河谷。他越过外伊犁山脉之后进入了伊犁河河谷地区。伊犁河“奔流直泻大湖”（巴尔喀什湖）。然后他沿着准噶尔阿拉套山脉的北部山脚一直走到阿拉湖。从此出发，这位传教士可能通过“准噶尔的大门”到达黑额尔齐斯河河谷。再往前走，他穿过了一片半沙漠地带，在较大的驿站旁遇见了一些蒙古人。

12月底，鲁布鲁克在一片广阔平原上看见了蒙哥大汗的临时首府。在这个临时首府里，鲁布鲁克遇到了一些欧洲的手艺人，其中包括俄国人，他甚至还看到了一个法国巴黎人（珠宝首饰商人）。此后，鲁布鲁克随同蒙古亲兵来到了哈剌和林。

蒙古的首都是一座土城环绕的城市，除了大汗宫殿外，这座城市没有给他留下什么印象。有一点使这位传教士感到惊奇：在这座城里，除了有一些偶像崇拜者（可能是佛教的）庙宇外，还有两座寺院和一座基督教（聂斯托里派的）教堂。对中世纪天主教教徒来说，这是蒙古人对异教宽容态度的表示。

蒙哥大汗让使者把他的回信转交给法兰西国王。蒙哥大汗在这封信中把自己称作主宰世界的君主，说是假若法兰西人愿意与他共存于这个世界上，就必须对他宣誓效忠。鲁布鲁克的一个同伴——名叫巴托洛梅奥的意大利传教士留驻在那所基督教教堂里。

1255年，鲁布鲁克启程回国。这次他沿北路到达伏尔加河的下游地区，这样一来，巴尔喀什湖已经在他的南面了。此年秋天，他沿着里海西岸向南行进，通过杰尔宾特大门，穿过亚美尼亚高原，翻过东塔夫尔山，来到地中海海岸边。1256年夏天，鲁布鲁克回到了巴勒斯坦自己的修道院里。

从地理学的观点来看，鲁布鲁克的贡献首先在于，他第一次指出了起伏不平的地形是中亚细亚地形的基本特征之一，他指的是中亚细亚的高原地带。他还指出，中国（指中国北部）的东面濒临大海。在欧洲人中，他第一个很准确地推测出古代地理学上所称的“赛里斯国”和“中国人”之间的关系，即一个国家和它的人民。

威尼斯商人康蒂的印度之行

印度位于亚洲南部，以印度河得名。其北面、西北面和东北面为高山环绕，南面及东南、西南面濒临大海。在古代，印度不是国名，而是表示南亚次大陆的一个地理名称。印度，在欧洲人那里早有传闻，都知道那是一个既富庶又美丽的地方。于是，无数欧洲探险家为它而踏上征程。哥伦布也是为了寻找印度才发现美洲大陆的。他以为到达的是真正的印度，便把那一片大陆命名为“印度群岛”，以至于东西两半球有了很多“印度”和“印度群岛”。后人为了区分，把现在的印度一带称为“东印度”，而把哥伦布发现的美洲的印度群岛称为“西印度群岛”。

在中世纪，诸多前往印度的欧洲探险家中，威尼斯商人尼科洛·康蒂最富传奇色彩了。他也被人们称为“充满激情的流浪者”。

康蒂为生意南下印度

康蒂出生在一个贵族家庭。1419 年，24 岁的康蒂离开故乡来到地中海彼岸的叙利亚大马士革，在那里生活了很长一段时间。大马士革地处亚洲西部的交通要道，商人云集。康蒂在那里经营香料和宝石，并学会了阿拉伯语。

从 1424 年起，康蒂在亚洲大陆进行了广泛的游历探险。与其他探险家不同的是，康蒂探险是为了生意，所以他把探险的主要地区放在以印度为中心的东南亚一带。他希望弄清东方香料贸易的来龙去脉并寻找到诱人的宝石。

康蒂从大马士革出发，横穿西亚，经过古代最为繁华的两河流域，来到波斯湾的霍尔木兹港。他从这里漂洋过海，终于抵达印度的坎贝港。他游览了印度的几座古老城市，然后坐船沿印度西海岸向南航行，到达南亚次大陆的最南端。

▲繁华的大马士革

康蒂在印度没能找到诱人的香料和宝石产地。于是，他渡过保克海峡，来到锡兰。他在锡兰看到了大片的肉桂林，对此留下了非常深刻的印象，但除此之外，他没能找到他想要寻找的宝物。于是，在锡兰作短暂停留后，他便坐船继续向东漂泊，登上了苏门答腊岛。

苏门答腊岛物产富饶，盛产黄金、樟脑和胡椒，使康蒂流连忘返，他在那儿整整逗留了一年。但是，岛上的土著吞食俘虏肉的风俗让康蒂深恶痛绝，于是又决定马上离开那里。

康蒂乘船一直往东南，来到爪哇岛。虽然爪哇岛人口颇多，居民生活也不错，并见到了斗鸡这种娱乐方式，真是大开眼界。但岛上居民吃食老鼠的习惯又让康蒂很是反感，于是，他又乘船往西北，来到缅甸东南部的丹那沙林。在这里，他看到了大象，听到了婉转啼鸣的画眉鸟的歌声。但是，这里没有香料，也没有宝石。

晚年重返基督教

康蒂在一路奔波的过程中也反复比较，觉得还是印度最吸引他。于是，他决定返回印度。但坐上船后，他又临时改变了主意，去了孟加拉国。在那儿停留了数月，再乘船往东南方向而去，在缅甸阿拉干登陆。他在那里雇了一名当地向导。在向导的带领下，康蒂进入分隔印度和印度支那西北地区的崇山峻岭，在荒无人烟的深山老林不断攀登。最后来到了缅甸第一大河伊洛瓦底江边。康蒂看着一泻千里、气势磅礴、有着许多美丽传说的伊洛瓦底江，觉得它比恒河还壮丽。

康蒂游览了上缅甸王国首都阿瓦。阿瓦城当时处于全盛时期，是缅甸的文化中心，城市建筑非常美丽，城市居民的穿着打扮也很漂亮。当地男子一般都文身，他们在双臂或身上绘刻着各种彩色图案，更显男子汉的雄健。这里的军队骑象作战，国王和达官贵人出访郊游也都骑象。但是，国王骑的是白象，与其他人的不一样，特别珍贵。

▲伊洛瓦底江

康蒂沿伊洛瓦底江顺流而下，来到另一个人口稠密的城市——勃固，在那儿逗留了4个月。康蒂发现这个地方的建筑特别坚固，都是用巨型石头垒砌而成，墙上涂抹着石灰。康蒂最关心的还是香料，他特地去了香料交易市场，询问香料的产地。但他听到还要往东再走很多很多的路，渡过很宽很宽的海时，康蒂便打消了继续寻找香料产地的念头，返回印度。

康蒂结交了不少穆斯林朋友，对伊斯兰教义、教规也非常熟悉，久而久之，便对自己原本熟悉的基督教日益疏远了。再加上他非常佩服阿拉伯商人对生意的精通，便放弃基督教而改信伊斯兰教了。

这时的康蒂已经人到中年，但仍然单身一人。在几个热心的亚洲朋友的劝说下，他按照印度习俗，娶了一个印度姑娘为妻。两人相敬如宾，生了4个孩子。这时的康蒂便打算在印度过他的后半生。

但是，过了许多年以后，他又产生了强烈的思乡之情。虽然他一生的大部分汗水都洒在亚洲的土地上，虽然他知道，对他这么一个背叛了基督教的人物，欧洲等待着他的是严厉惩罚；对他这么一个有着温暖家庭的人来说，回国意味着妻离子散。但是，难以排遣的思乡之情使他毅然告别了长期居住的印度和妻儿，返回欧洲了。

▲尤金四世教皇像

1444年，49岁的康蒂回到了欧洲。他深感自己罪孽深重，专程赶到尤金四世教皇驻地，向他坦然承认自己已经背叛了基督教。他愿意接受任何惩罚，只希望教皇能同意他恢复教籍。尤金四世教皇听了他的忏悔，也宽恕了他，同时也命令他向教皇秘书波焦·布拉乔利亚将沿途见闻全部细述一遍作为忏悔。

布拉乔利亚是意大利文艺复兴时期最著名的学者之一，他认真地把康蒂的经历用一支生花妙笔记了下来，编成了故事。康蒂在亚洲的奇遇立即引起了轰动。当时，像马可·波罗那样从欧洲到亚洲东部间的大探险时代已经结束，而像达·伽马那样航海到亚洲南部的大探险时代尚未到来。所以康蒂的故事让人耳目一新，康蒂本人也被誉为中世纪四大游历家之一。

俄国商人尼基丁流浪印度

俄国商人尼基丁只身一人完成了从欧洲到印度的不平凡旅行。他跟同时代许多探险家不同，没有任何政府或富翁的资助，只是靠个人的坚毅精神来完成的。他的旅行笔记最终被编成《三海行记》一书出版。

货船遭劫流落印度

1466年，俄国商人阿凡那西·尼基丁装了满满两船当地货物，准备到亚洲南部去交易。他跟其他商人结伴从黑海西岸启程，沿伏尔加河顺流而下。但不幸的是，货船一出伏尔加河口就遇到了强盗，不仅货物被抢劫，而且船也被毁了。

正当尼基丁面对悲惨处境一筹莫展之际，两艘商船答应将遭劫的商人带到黑海边的希尔凡国。于是尼基丁怀着感激而又哀伤的心情，带着仅剩的一些货物匆匆上了搭救他们的船只。当船到达希尔凡国后，尼基丁和其他一些遭劫的商人请求希尔凡国国王设法将他们送回俄国。不料，这个信奉伊斯兰教的希尔凡国国王借口需要护送的人太多，断然拒绝向这些异教徒提供任何帮助。经不起打击的尼基丁失去了回国信心。但他不甘于命运的捉弄，决定往南去亚洲闯荡。

尼基丁变卖掉身边的货物就出发了，先是到达里海之滨的巴库，然后搭船来到里海南部的伊朗。他在伊朗的马赞达兰停留了8个月。在这8个月的时间里，尼基丁根本无心观赏那里的秀丽山川，只是一个劲地跑贸易市场，打听市场行情，寻找继续经商的机会。

在伊朗的一个城市，尼基丁打听到良种马在印度卖价昂贵，而且卖了马以后能就地以廉价买到在俄国很抢手的货物。为了谋生，尼基丁决定前往印度。他买了一匹公马，搭乘一艘装载着马群的印度航船，经阿拉伯半岛东南部的阿曼、印度西部港市第乌和大商港坎贝，来到达布霍尔港。

在当时，达布霍尔港是世界上最大的马匹市场，阿拉伯、伊朗、中亚乃至埃塞俄比亚的马贩子都聚集在这里。好马很多，识马的人也很多。但是，尼基丁那匹廉价的公马却倍受冷落，无人问津。尼基丁又牵着马去北面的恰乌尔港，准备再碰碰运气，结果仍然脱不了手。

无奈，尼基丁只得牵着马，穿过西高止山脉，向这个国家的内地走去。他怕马太累了，舍不得骑，于是，人和马一起步行，走向远方。

只身游览印度

尼基丁牵着马来到了当时印度首府比德尔。这个城市规模巨大，人来人往很是热闹。苏丹的宫殿在阳光映照下显得更加雄伟宏大，富丽堂皇。甚至有人告诉他，苏丹的宫殿到处都是金雕玉镂品，即使是铺在最底下的那块石头，也饰有花纹，嵌着黄金。

这里的人大都信仰伊斯兰教，有着浓郁的宗教气息。尼基丁信仰东正教，在这种氛围里显得很不协调。他连走了七个城门，但都被卫兵拦住了。尼基丁无可奈何地流落到了郊外，在比德尔城郊逗留了近一年的时光。

在那里，尼基丁对印度社会作了深入的了解。他认为，印度社会贫富悬殊，苏丹和贵族们十分富有和奢侈。但是，众多的农民却异常贫穷，房屋破烂，衣衫褴褛。印度有很多民族，而且宗教信仰也不统一。有的信伊斯兰教，也有信印度教的。印度人以种姓的不同分为四大等级。僧侣属于“婆罗门”，军事贵族属于“刹帝利”，普通的农民、手工业者和商人属于“吠舍”；最下面的是“首陀罗”。他们之间的地位天差地别。

尼基丁对此很不理解，他曾问一位印度长者：“同样是印度人，为什么要这样区分?”那位长者告诉他说：“根据我们印度的古老神话传说，诸神在分割一个原始巨人的时候，把他切成4块，他的口变成了婆罗门，他的双臂变成了刹帝利，他的腿变成了吠舍，双脚则生出首陀罗。所以，婆罗门最高贵，首陀罗最低贱。”

▲印度大象和骑在大象上的印度人

后来，尼基丁去了印度南部，游览了圣城帕尔瓦特，并去看了附近的一个钻石矿场。晶莹闪光的钻石确实可爱，但在那里劳动的穷人却受着非人的待遇。

尼基丁还去逛了贸易市场，看到了一种中国瓷器，质地细腻、价廉物美。尼基丁爱不释手，但是他身边已经没有多少钱了，而且瓷器易碎，他不敢去做这种生意。

尼基丁又听说再往前走就可以到达锡兰，那儿的宝石比印度的更大更值钱，那里的香料买卖也很能赚钱。而且，那里还有一种自己从来没见过稀奇动物，那是长鼻子、大耳朵的大象。高高地坐在上面的那股舒服劲，骑马的人是无法想象的！

尼基丁浪迹印度已经两年了，他对那种无休止的旅游和商业冒险已经感到厌倦了。1472年初，他踏上了归国的旅程。他买了一张廉价的船票到达伊朗，然后穿过亚美尼亚高原，于当年10月来到黑海南岸，11月5日抵达热那亚的费奥多西亚。就在快要到达俄国的斯摩棱斯克的途中，尼基丁不幸病死。

尼基丁只身一人完成了从欧洲到印度的不平凡旅行。他跟同时代许多探险家不同，没有任何政府或富翁的资助，只是靠个人的坚毅精神来完成的。后来，他的旅行笔记被编成《三海行记》一书出版。

科尔斯特在中美洲的征服探险

为了获得更多的黄金和财富，西班牙殖民者用大炮轰开了墨西哥和中美洲其它国家的城墙，用残酷的手段摧毁了印第安人建立的文明，把这里变成了自己的殖民地。在这个征服探险过程中，荷南多·科尔特斯起了重要的作用。

征服者科尔特斯

墨西哥征服者荷南多·科尔特斯于1485年出生在西班牙麦德林。他父亲是一个小贵族，他年轻时在萨拉曼卡大学攻读法律。到了19岁他离开西班牙到新发现的西半球去碰运气。1504年他到达希斯盘纽拉岛。1511年他参加了西班牙征服古巴的战斗，历经过这场冒险之后，他与古巴总督迪戈·维拉斯凯的妻妹结为伉俪，并被任命为圣地亚哥市长。

1518年维拉斯凯任命他为向墨西哥进军的远征队队长。这位总督由于担心科尔特斯有野心，很快便取缔了对他的任命。但为时已晚，没能控制住科尔特斯。1519年2月，探险队于耶稣受难日在现今的韦拉克鲁斯市登陆。科尔特斯在海岸附近停留了一段时间，收集有关墨西哥形势的情报。他获悉统治墨西哥的阿兹特克人在内陆有一大笔资金，有大量的贵重金属，而且被征服的其他印第安部落有许多人都对他们有切齿之恨。

科尔斯特一心要进行征服，即决定向内陆进军，侵占阿兹特克领土。

墨西哥城陷落

在向内陆进军中，西班牙人遇到了一个独立的印第安部落——特拉斯卡拉人的激烈抵抗。经过一番苦战，他们的大部队被西班牙人打败后，则决定同科尔特斯会师来打击他们所仇恨的阿兹特克人。科尔特斯随后向乔卢拉进军；阿兹特克的首领蒙特珠玛二世计划对西班牙人发动一场突然袭击。但是科尔特斯事先获得了印第安人去向的情报，首先发起进攻，在乔卢拉屠杀了数以千计的印第安人。随即向首都特诺奇蒂特兰（现在的墨西哥城）进军，1519年9月8日他一枪未发就进入了该城。他立即将蒙特珠玛关押起来，使其成为自己的傀儡，看来征战几乎取得了全面的胜利。

科尔特斯征服墨西哥的原因

科尔特斯所表现出的领导才华、勇气和决心无疑是他成功的主要因素。一个同样重要的因素是他有非凡的外交才能，他不仅免使印第安人联合起来反对他，反而还成功地劝服了许多印第安人加入了他的队伍来打击阿兹特克人。科尔特斯的成功还得益于阿兹特克人的有关天堂大丽鹃神的传说。根据印第安传说，这个神教授印第安人农业、冶金和政治；他身材高大，皮肤白皙，长髯飘荡。在蒙特珠玛看来，科尔特斯很可能是正在返回的神。西班牙人成功的最后一个因素是他们的宗教热情。科尔特斯对宗教用心十分真诚：他不止一次铤而走险去劝说他的印第安盟友改信基督教，才使他的探险队终获全胜。

但是这时又有一支西班牙部队登上海岸，他们在潘菲罗·纳瓦埃兹的率领下奉命来逮捕科尔特斯。科尔特斯把一部分军队留守在特诺奇蒂特兰，率领余部匆匆赶回海岸，在那里打败了纳瓦埃兹的部队，说服其残部加入了他的队伍。但是当他可以返回特诺奇蒂兰时，阿兹特克人对他的留守部队忍无可忍，奋起反抗。

1520 年 6 月 30 日，特诺奇蒂特兰爆发了一场起义，西班牙部队伤亡惨重，只好退回特拉斯卡拉。但是科尔特斯又重新充实了部队，翌年 5 月卷土重来，包围了特诺奇蒂特兰，于 8 月 13 日攻陷该城。

阿尔瓦拉多对危地马拉的远征

科尔特斯把他忠实的助手冈萨劳·桑多瓦尔派往墨西哥以南的地方，桑多瓦尔发现了一个居住着萨波台克印第安人的山区，并在特万特佩克湾以西不远的地区到达南海（太平洋）。他轻而易举地征服了沿海地区，然而萨波台克人对西班牙人进行了激烈的反抗。与此同时，其他的西班牙部队离开墨西哥城向西挺进，他们同样在科利马地区抵达太平洋沿岸。经过了几个月时间，发现了大约从北纬 20°到特万特佩克湾约有 1000 公里长的新西班牙南部沿海区域。

▲荷南多·科尔特斯在墨西哥东海岸登陆，向墨西哥发动进攻

特万特佩克地峡（现今墨西哥最狭窄的一段地方）是由科尔特斯的另一个名叫彼得罗·阿尔瓦拉多军官发现和征服的，印第安人给这个人起了一个绰号，叫“小太阳”。印第安人不止一次地举行了暴动，阿尔瓦拉多对那里进行了第二次远征。

征服了特万特佩克地区之后，阿尔瓦拉多依照科尔特斯下达的命令朝东南方向进军，那个地方就是多山之国危地马拉。阿尔瓦拉多的军队，沿着这个国家的太平洋海岸向前推进。他没有用很大的力气便占领了这个狭窄的沿海低地，然而，这里的山民们对西班牙人进行了英勇的抵抗。结果，阿尔瓦拉多发现并为西班牙国王正式管辖了这个中美地势最高的山国，他的部队探察了由特万特佩克湾以西的地区到丰塞卡湾 1000 公里长的太平洋沿岸区。

科尔特斯对洪都拉斯国的远征

直到 1524 年年底，征服者们在中美的太平洋海岸区并没有发现通往大西洋的任何海上通道。然而，早在人们还未知道是否有条通道以前，即 1523 年，为寻找这一通道，科尔特斯决定再从加勒比海一边作一次尝试。为此目的，他探察了很少有人知道并且几乎无人去过的洪都拉斯海岸，况且，他在很久以前就听说过，似乎洪都拉斯是一个特别富有黄金和白银的国家。

科尔特斯把他最信任的人克里斯托瓦尔·奥里达委任为新探险队的领导人，并派出5艘船沿韦拉克鲁斯——古巴——洪都拉斯湾的路线航行。过了半年多，科尔特斯收到报告说，奥里达在维拉斯盖斯的唆使下背叛了他，并为了自己的私利占领了洪都拉斯。科尔特斯认为，他既不能相信海洋，也不能相信自己的军官，他必须亲自沿陆路前往洪都拉斯。

1524年10月，科尔特斯率领一支由250个富有战斗经验的士兵和好几千名墨西哥印第安人组成的部队，从墨西哥城出发了。起初他们沿着墨西哥湾的海岸前进，然后，部队进入热带沼泽丛林地带，因为科尔特斯要走最短的路线到达洪都拉斯海岸，所以把尤卡坦半岛撇在北面。但是，为了开拓这条最短的路线，科尔特斯的部队花了半年多时间。食品给养耗尽了，征服者们吃树根充饥。他们劳动极为紧张，几乎常常在水中砍伐森林，打进木桩架设桥梁。西班牙人和他们的同盟者印第安人习惯比较温和而又干燥的墨西哥高原气候，现在却因热带的暴雨和气候炎热大受其苦。穿过佩滕地区的过程，有数十个西班牙士兵和数百个墨西哥人倒下去了。

1525年5月初，人数锐减的科尔特斯部队到达洪都拉斯海岸。在半年的时间里，科尔特斯的部队穿过了人们从未踏过的地区。科尔特斯到达那里时仅保住了一条命：他染上了热带的疟疾。

此时，墨西哥城的统治权被善于阿谀奉承的萨尔沙尔篡夺了，这个人是科尔特斯从前十分信任的人物。科尔特斯获悉这一情况后，派遣了一个信得过的人返回墨西哥城。这个人秘密潜入首都。次日早晨，无数坚决拥护科尔特斯的人们逮捕了萨尔沙尔，把他关进牢笼，然后严惩了他的同谋者。

墨西哥征服者被解职

科尔特斯在新西班牙的政权已经重新建立起来了，但是科尔特斯本人此时重病在身，到了1526年6月才返回墨西哥城。在对洪都拉斯远征期间，寄到西班牙密告他的信件有数百封，按照国王的指令，任命了一个新的总督，结果这位墨西哥征服者正式丧失了全部权力。

科尔特斯回到墨西哥一年之后，由于担心科尔特斯夺取全国政权，新西班牙的总督把他遣送回西班牙（1527年）。西班牙国王命令以隆重的仪式欢迎这个“光荣”的征服者，亲切地接见了他，宽恕了他的全部罪行，并体面地释放了他。国王把最富裕的墨西哥地区的许多领地赐给了科尔特斯，并授予他公爵头衔和新西班牙及南海将军职务，然而这些头衔和职务是有名无实的。

▲探险队的士兵在墨西哥屠杀一群阿兹特克人

皮萨罗远征秘鲁和智利

皮萨罗被一些作家谴责为大胆的恶棍。他所征服的帝国，覆盖今天的秘鲁和厄瓜多尔的大部分地区、智利北部及玻利维亚的一部分。这些地区的人口大于南美其他地区人口的总和。皮萨罗对南美的征服，使西班牙的宗教和文化传播到整个被征服地区。

向秘鲁进发

墨西哥的征服者攫取巨额财富的消息传到了巴拿马城。既然北部确实存在一个十分富有的国家，那么南部也一定会有另外一个富有的国家，有关秘鲁的各种消息传到西班牙人的耳边。然而，要发现和占领这个国家，必须要有大量的资金。

1522 年，佛朗西斯科·皮萨罗和他的同乡迪耶科·阿尔马格罗组织了一个名叫“长剑与财主”的同盟会，巴拿马总督阿维拉也被吸收到这个组织里。由于缺乏大量资金，这个组织经过多次招募才召集了 100 个士兵，并装备了两艘船。

1524 年，皮萨罗和阿尔马格罗启程向秘鲁海岸进行了首次航行，但是他们只航行到北纬 4°处，探索了巴拿马湾以南约 400 公里长的海岸线，到达圣胡安河河口，他们由于食品欠缺，不得不双手空空地返回巴拿马。两年之后，征服者们又进行了一次尝试。在这次尝试中，俘获了几个秘鲁人。这些俘虏证实了南部确有一个领土辽阔和资源丰富的国家，并证实了属于印加人的这个国家是异常强大的。

1527 年，皮萨罗和阿尔马格罗第三次前往秘鲁海岸。由于食品供给不足，同伴们决定分批航行，性情固执的皮萨罗停留在靠近海岸的一个小岛上，阿尔马格罗返回巴拿马去带领援军和领取新的口粮。皮萨罗的手下要求也返回巴拿马，气得满脸通红的皮萨罗向前走了几步，从剑鞘里拔出宝剑，在沙地上画了一条线，然后一步跨过这条线，面对他的同伴们说：“卡斯蒂利亚人，这条道路（向南）是通往秘鲁，通往财富之路；那条道路（向北）是通往巴拿马，通往贫困之路。你们自己选择吧！”结果，只有 13 个人愿意跟随他。

▲此图为 1509 年皮萨罗在对南美的探险中

皮萨罗和他的同伴们感到在这个岸边小岛上并不安全，所以转移到离海岸有 50 公里远的一个名叫戈尔戈纳的海岛上去了。

他们在戈尔戈纳岛上过了半年多的流亡生活，捕猎鸟类和收集可食的虫类充饥才保住了性命。后来援军到达，皮萨罗乘船沿海岸向南航行，在瓜亚基尔湾登上了海岸。在这一带海岸上他们看到了精耕细作的农田和通贝斯城。为了亲自证实印加人的国家是一个富饶而又辽阔的国家，皮萨罗继续向南航行。他在海岸上捕捉到一些骆马，掠夺了一些毛织的细布、金银器皿，并俘虏了一些年轻的秘鲁人，带上这些战利品，皮萨罗光荣地返回巴拿马。

占领秘鲁

皮萨罗把秘鲁的发现情况告诉了西班牙国王，并建议占领黄金国家秘鲁。皮萨罗得到了查理一世国王的许可前去占领秘鲁，并被委任为那个地区的总督。他找到了科尔特斯，获得了财政上的资助。然后，在他的故乡招募了一批志愿人员，其中有他的三个同父异母的兄弟和阿尔马格罗。

1531 年，皮萨罗率领由 180 人组成的部队，其中有 36 个骑兵，乘 3 艘船从巴拿马城出发。他像科尔特斯在墨西哥一样，对马匹寄予很大的希望。他在赤道附近登上海岸，然后由此沿陆路向南挺进。

1532 年春季，他到达瓜亚基尔湾，并首先完成了夺取普纳岛的尝试。但是当地的印第安人英勇抵抗，致使皮萨罗半年之后不得不带着人员锐减的部队撤离此地。他转移到这个海湾的南岸，来到通贝斯附近，在此地停留了 3 个月。在此期间，他得到从巴拿马方面派来的增援部队，同时还收集了印加人国家内部情况。此时，印加人发生内讧战争，这场战争是在印加的最高君主雅斯卡尔与他的兄弟阿塔雅尔帕之间进行的。结果，阿塔雅尔帕取得了胜利，成了“篡位者”，并俘虏了雅斯卡尔。

皮萨罗认为这是向这个国家内地进军的有利时机。1532 年 9 月底，他率领自已的大部分人员从瓜亚基尔湾出发，向南朝着卡哈马卡城挺进，登上了高原地带。他们向前推进得十分顺利。

1532 年 11 月 15 日，皮萨罗的部队到达卡哈马卡城。次日，他请求与国王谈判，并要求对方只能带 5000 非武装的士兵。

阿塔雅尔帕的行为实在令人费解。他应该知道将会有什么事情发生。从西班牙人登陆的那一天起，事实已清楚证明了他们的敌意和冷酷无情。可是，阿塔雅尔帕居然允许皮萨罗的军队毫无阻碍地抵达卡哈马卡。只要印加人在山区小道上攻击皮萨罗的部队，而皮萨罗的马队在小道上施展不开，就能轻易地消灭这支西班牙部队。皮萨罗抵达卡哈马卡后，阿塔雅尔帕的行为更为愚蠢。面对敌军，他自动解除武装。更不可思议的是，伏击战本来是印加人惯用的战术，他却不加以运用。

▲印加的国王，他先被皮萨罗押为人质，后又被处死

皮萨罗抓住时机，令部队袭击已放下武器的印加人。这场不如说是屠杀的战斗，只持续了半个小时。西班牙人没有损失一兵一卒。只有皮萨罗本人在保护阿塔雅尔帕时，受了一点轻伤。阿塔雅尔帕被俘。

皮萨罗的战略成功了。印加帝国实行的是中央集权，所有权力集中于印加，即国王。印加是神的代表。当印加成了战俘后，印第安人的帝国实际上已经瓦解。为了获得自由，阿塔雅尔帕付给皮萨罗价值约 2800 万美元的金银财宝作为赎金，结果却是几个月后，皮萨罗将其处死。

1533 年，即阿塔雅尔帕被俘后的第二年，皮萨罗的军队开进印加首都库斯科。他选了一个新的印加作傀儡。1535 年，他建立利马城，为作为秘鲁的新首都。

对智利的远征

占领秘鲁后，皮萨罗要求已被占领的秘鲁领土由自己管辖，他的要求获得西班牙国王的应允，而与他出生入死的密友阿尔马格罗却被任命为智利地区的总督。智利位于秘鲁之南，还需要对这个地区加以占领。阿尔马格罗被迫服从了这个不公正的决定。

▲库斯科城被皮萨罗率领的征服者攻陷

1535 年 7 月初，阿尔马格罗由库斯科出发，沿的的喀喀湖（南美最大的湖）的西岸向东南行进，然后从波波湖东面绕过，再向东南前进，穿过高原地带，向印加国的南部边界线走去。行走了 1000 公里后，他让自己的军队休整了两个月。西班牙人在边境地区截获了一大批黄金。瓜分这批缴获物大大激发了西班牙人对黄金的渴求。

侦察兵向阿尔马格罗报告说，通往智利有两条道路，这两条道路都同样艰险。第一条路是沿边界线向西，越过安第斯顶峰，通向太平洋海岸，然后向南行进，穿过无水的阿塔卡马大沙漠。第二条路是径直向南，穿过安第斯中央高原地区，在这个地区人们食用的玉米和肉类很难得到。阿尔马格罗选择了第二条路线，因为这条路线距离较短。

他们穿过荒芜的高原地区，经过一次战斗之后进入查科大平原。在这个平原上阿尔马格罗得到了一些牲畜和粮食，但是在渡过高山激流时他们却损失了大部分牲畜和粮食。这对探险队来说是一个沉重打击，因为再往前走，即使山川中又小又贫穷的印第安人的村庄也很难遇到。征服者捣毁了印第安人的村舍，带走了全部成年男子，让他们像牲畜一样搬运东西。西班牙人给牲畜喂食，但却不给这些印第安人任何东西吃，所以他们成百成百地死去。

阿尔马格罗朝着智利的安第斯山脉的主峰走去。经过艰苦的行军，他们终于在海拔 4000 多米的高山上找到了一个山口。白雪刺眼，空气稀薄，风暴和严寒袭击着他们，每向前行一步都感到困难。饥饿的西班牙人瓜分了死去的马匹，印第安人只好用死去的同伴们的肉来充饥。在整个进军过程中，由于疲惫、寒冷和超越体力的劳动，大约有 1 万名印第安挑夫死亡了，损失了 100 多个西班牙人和许多马匹。

此后，这些征服者穿过智利的沿岸陆地继续向南推进，朝着科金博走去。阿尔马格罗从科金博派出了一些部队向南行进，他们探察了直到马乌莱河的智利中部地区，但是他们在任何地方都未找到珍宝。

阿尔马格罗决定撤离这个地区，但是他选择了另外一条撤离路线，即沿海岸的路线。返回的路线要穿过阿塔卡马沙漠，经过沙漠时由于缺少水和饲料，阿尔马格罗又损失了数十匹马。他把全部人员分成若干小队，自己带领一部分人作为后卫队。穿越沙漠后，他在阿雷基帕踏上了高原，1537 年，他回到了库斯科城，来去行程共计 5000 多公里。

皮萨罗和阿尔马格罗之死

1536 年，傀儡印加逃走并领导一支印第安起义军反抗西班牙人的统治。西班牙军队曾一度被围困在利马和库斯科。次年，西班牙恢复对国家大部分地区的控制。皮萨罗因西班牙人的内讧下台。1537 年，皮萨罗的密友阿尔马格罗认为皮萨罗战利品分配不公而反叛。后来他被皮萨罗俘获并处死。但事情并未到此为止，1541 年，就在皮萨罗的军队胜利进入印加首都库斯科 8 年以后，阿尔马格罗的追随者攻入皮萨罗的宫殿，杀死了这位 66 岁的首领。

寻找传说中的黄金国

自从人类社会把黄金当作货币以来，就不断有人做黄金梦。自从哥伦布发现了新大陆以后，许多人把寻找黄金国的目光转向了美洲。皮萨罗在印加帝国掠夺黄金的消息，进一步激起了西班牙冒险家们的贪欲心。更多的西班牙冒险家们漂洋过海，不惜生命危险，如痴如狂地奔赴南美丛林，想要从这里掠夺更多的黄金。他们得到的黄金越多，就越想知道这么多黄金从何而来，也就越是相信只要穿过更多的高山大盘，密林丛莽，必定还会获得更多的黄金。这些探险活动的结果，使得欧洲殖民者逐渐深入到南美洲大陆的腹地。这些探险过程，就是殖民者对印第安人的血腥征服的过程。

黄金国的传说

在南美和中美的许多地区，征服者多次听到过印第安人关于镀金人的各种各样的传说。这个镀金人在西部某个地区统治着一个富有黄金和宝石的国家。每天早晨，镀金人把细小的金粒如同粉一样地擦到自己身上。到了傍晚，他又洗去身上的金粒，这些金粒沉落在一个圣湖的水中。尽管这个传说含有明显的荒诞无稽的幻想色彩，但是镀金人并非是虚构的。

镀金人的神话主要是建立在流传于穆依斯克的印第安部落中真实的宗教礼仪基础上。处于较高文明水准的穆依斯克的故地位于南美西北部的山脉之中，他们最主要的首府和中心是波哥大城。穆依斯克人敬奉许许多多自然现象，但是他们特别敬拜的是太阳和水，对太阳的贡品主要是金砂和金制的器皿，他们也把这些贡品献给水神。

每次举行最隆重的祭祀活动时，都要选举一个新的最高的祭司，这个祭司同时也是部落的最高领袖。这个祭司来到湖边木排上，木排上装满了由黄金和绿宝石制成的贡品。祭司脱去衣服，全身涂上了拌油的泥，然后从头到脚抹上黄金粉末，他的全身像太阳一样闪闪发光。此后，木排离开湖岸，驶到湖的中心，这时，新的最高领袖把木排上的全部珍贵贡品抛入水中，献给水神。在发生灾荒或取得胜利之后，他们在湖边总要举行盛大的祭祀仪式。

发现产金地区

在16世纪初的几十年间，许多冒险家为了寻找黄金国，远渡大洋来到南美洲，但都未如愿，有不少冒险家被当地的印第安人打死。尽管如此，为了找到黄金国，人们还是前仆后继地来到这里。

1526年，西班牙人在加勒比海的南部沿岸地区牢固地站稳了脚跟，他们在马格达莱纳河口以东建造了一座沿海要塞圣玛尔塔，这座要塞成了西班牙人向马格达莱纳河流域上游和安第斯山区进军的基地。

在最初的数年里，一些小股部队仅敢对邻近的山区和沿海地区进行较短距离的出击。1533 年，西班牙人埃雷迪亚率领一支部队在圣玛尔塔西南 200 公里的地方登陆，并在那里建起了叫卡塔赫纳的一座城，该城在这个地区与外部世界的商业联系中很快发挥了重大作用。

经过数次流血的战斗之后，埃雷迪亚打败了沿岸的印第安部落，并向南推进。他在卡塔赫纳城以南 150 公里发现了西努河谷地，那里居住着稠密的穆依斯克人。穆依斯克人的庙宇里有很多珍贵的宝石和黄金制品，在他们的古墓里这样的珍宝更多。

在一次远征中，埃雷迪亚在西努河谷地以东相毗邻的山里发现了一连串古墓，从这些古墓中挖出的珍贵宝石和物品数量极大。为了巩固这个丰腴之地，埃雷迪亚重修了奥赫达在阿特拉托河口建造的要塞（圣塞瓦斯蒂安）。埃雷迪亚从这个要塞出发，在三年的时间里向南和向东南进行了多次袭击，直到把这个地区的印第安人和当地的古墓抢光盗净为止。

埃雷迪亚有一个葡萄牙人军官，名叫胡安·塞萨尔，他率领了几十名士兵去寻找黄金国。他在沼泽地的森林中找了 9 个月之久，发现了盛产黄金的大河——考卡河。起初，塞萨尔和他的人员获得了许多黄金，这些黄金有从村庄里抢掠来的，也有从流入考卡河含金的溪流中淘出来的。然而，附近许多村庄的印第安人联合起来把这支人数不多的西班牙部队包围了，塞萨尔最后携带着沉重的黄金向北部逃窜。南美的这个最重要的产金地区就是这样被发现的，这个地区在后来的 4 个世纪中提供了大约 150 万千克黄金。

关于黄金国

黄金国为一传说，始于一个全身披满金粉的南美部落族长的故事。据考古和历史学者的研究，可能的遗址是在现今南美秘鲁高原一处叫库斯科的地方，库斯科曾经是南美洲大陆，印加帝国的首都，于 1532 年遭受西班牙军队蹂躏，原有的印加建筑全遭毁灭，唯能从被岁月磨得光滑凹陷的石板路上，找到些从前的昌盛。

奥尔达斯的探险

与塞萨尔在西部山区找寻黄金国的同时，西班牙人奥尔达斯得到查理一世国王的批准，前往南美洲的东北部地区进行殖民活动。

1531 年，奥尔达斯率领几艘船前往亚马孙河的河口，奥尔达斯的士兵登上海岸后，即开始抢掠印第安人的村庄，他们在农舍里常常找到一些透明的绿色石块，并把这些石块当作绿宝石。从俘的印第安人口中，他了解到，沿着这条河向上游走几天时间，河岸边耸立着一段高大的石崖，这段石崖全是宝石。

奥尔达斯派船队沿这条大河向上游航驶，但是突然发生的风暴把他的船只吹得七零八散，他的船只几乎全部沉没。遇难的船员们费了九牛二虎之力才爬上两只小船，得以生存。奥尔达斯放弃了寻找绿宝石石崖的活动，驾船出海，转往西北方向，以便航行到西班牙最近的一块殖民地去。他沿着海岸向前航进，到达奥里诺科河口。

奥尔达斯乘两艘船沿这条河逆水而上，这条河在无边无际的平原上蜿蜒奔流。他朝西航行了大约1000公里路程，一直航行到一些瀑布阻止他前进的地方。据印第安人说，在西面的山区，在这条河流上游有一个镀金人统治的国家。于是奥尔达斯开始沿河道向上航驶，这条河道通向他渴望已久的目的地。奥尔达斯航驶了近100公里，但是他被迫退回来了，原因是他携带的给养不足和士兵们身染疾病。对奥尔达斯本人来说，这次探险是痛心的和失望的，因为他所发现的是一个地域辽阔但几乎无人居住的国家。

但是，奥尔达斯的这次探险意义重大。他证明了从大陆西部高原奔流而下的这些大河向东流去，汇入大西洋，他还发现了这些河流经的利亚诺斯草原。他以亲身的经历确信，奥里诺科河及其支流构成了一个纵横交错的内陆航道水系，这些航道使人们能够深入到南美大陆的腹地。

恺撒达的探险

继奥尔达斯的探险后，驻守在圣玛尔塔恺撒达对寻找黄金国表现了很大的积极性。起初，他领导了几支不大的探险队向南挺进，沿马格达莱纳河河谷朝上游走去。由于泥泞的沼泽和茂密的森林所阻，沿这条河谷北部地区取道陆路行走十分困难的。

1536年，当恺撒达沿河行进到它的上游时，遇到了一艘土著人的船，船上载运着食盐和棉布，棉布质地结实，图案精巧，花纹鲜艳。这时他已确信，在离他与那艘船相遇不远的地方有一个高度文明的国家。于是他决定沿那艘船航驶的河流进行跟踪，追上了那艘印第安船只。

不久，恺撒达的船队毁于马格达莱纳河的激流瀑布中，他不得不带领自己的士兵穿过广阔的沼泽地森林区，走出森林区，他们来到了昆迪纳马卡高原，在这里他们发现了一片高地，这就是穆依斯克人的中心地区。他发现到处是玉米田和马铃薯地，穆依斯克人的住房是用木头建造的，或是用黏土修筑的，房里的家具很简陋，村庄和城镇的居民人数很多。他们的庙宇具有原始建筑的风格，但是外层包着金片，这一切给西班牙人留下了深刻的印象。除了黄金外，穆依斯克人不会开采和冶炼其他任何金属。全国的河流都盛产黄金，庙宇里有许多黄金，陵墓里保存着许多珍宝和金制的神像。

征服者采用种种残暴手段，占领了昆迪纳马卡高原。1538年，恺撒达在这个地区建成了一座城市，名叫圣菲（后易名为波哥大）。从此，这里成了西班牙的殖民地。恺撒达虽然找到了穆依斯克人，但仍然没有找到传说中的黄金国，后来他又在奥里诺科河流域进行了两次的探险，还是没有发现黄金国的踪影。

此后300多年里，先后有几百支探险队，怀着疯狂的黄金梦来到南美丛林，但进去的多，出来的少。在寻找黄金的路上，不知留下了多少冒险家、士兵和印第安人的冤魂。但那个神秘的黄金国却还是无法找到。

罗利为“黄金王国”梦而探险

虽然有关“黄金王国”的梦想，已经被很多探险家证明遥不可及，而且许多探险队因此发生了各种意外，有的被印第安人杀死，有的下落不明不知所终，有的死于自然灾害，更多的人无功而返，但是有关黄金王国令人着迷的传闻仍然代代相传，英国青年罗利又一次踏上了寻找黄金的探险征途。

开始一项并不被看好的冒险活动

英国青年文学家华特·罗利听到黄金王国的传说之后，不由得心驰神往。他大量搜集资料，仔细研究，认为这个大金矿大致位于奥里诺科河上游几百千米处。最后，罗利决定前往南美洲寻找这个令全世界几代探险家着迷的大金矿，使它完全归英国所有。

罗利制定了到圭亚那去寻找厄尔德拉多王国的黄金的计划。他认为，这项计划一旦成功，足以感动女王，因为这既可以使英国的财政富裕，又可以打击独吞南美洲北部领土的西班牙。

当时的英国和西班牙正在为争夺海外殖民地而发生激烈的冲突。英国对西班牙不准其他国家插足南美洲感到十分恼怒，也试图去西班牙冒险家开辟的南美富庶的大地上建立自己的殖民地。罗利信心十足地向女王呈递报告，虽然女王没有表示特别的热情，但最终还是批准了这项在她看来前景渺茫的冒险计划。

1595 年 2 月 6 日，罗利带领 4 艘三桅帆船从普利茅斯港出发了。与他同行的有他的堂兄弟吉伯特和牛津时代的同学、好友罗伦斯·凯因斯。探险队共有 150 人。

探险船队在特立尼达岛登陆，准备在那里与其他探险船队会合。罗利的第一个步骤是先攻击西班牙的舰队，占领特立尼达。

经过几个星期的作战，罗利指挥探险队成功地占领了特立尼达，并俘虏了特立尼达的西班牙总督安东尼奥·培利沃。令罗利兴奋的是，培利沃不仅是一名老资格的探险家，而且还曾经与神奇的马尔提内兹本人交谈过。虽然培利沃也认为存在着黄金王国厄尔德拉多，但他还是劝罗利打消前进的念头。但是罗利依然坚持去寻找传说中的黄金国。

探险队遭遇水患困境

与其他人会合后，罗利率领船队便离开了他获得胜利的特立尼达岛，向另一个在他看来充满更大胜利希望的奥里诺科河河口进军。奥里诺科河的北侧有 9 条支流，南侧有 7 条支流。16 条支流纵横交错地呈现在罗利面前。奥里诺科河流经无数小岛和零星土地后，注入大西洋。

当船队驶进河口时，罗利在支流中失去了方向。正当他束手无策时，碰巧遇上的印第安人将他们带出了迷宫。

印第安人还把罗利他们带上岸，并留他们在村落里休息。罗利对待印第安人的办法与残暴的西班牙人不同，他的温和可亲的态度和彬彬有礼的举止深获印第安人的信赖。当他准备再度出发时，印第安人还极力挽留他们。

探险队在河岸边的沼泽地前进，通过圭亚那后，又进入景色撩人的热带草原地区。罗利估计这片草原的宽度约有 10 千米。通过大草原，他们朝着河源头向上溯行。罗利从卡罗尼河绕道而行。这里有着巨大的瀑布群，从高原坠下，在 30 千米外的远方都可以看到。从远处望去，12 层大瀑布连接在一起，以硕大无比的冲力直泻而下，飞沫四溅。

绕过瀑布群，探险队继续前行。在漫长的航行中，罗利没有发现任何黄金的痕迹。此时，雨季开始了，奥里诺科河水如山洪暴发，使探险队陷入了极大的困境，船只在摇摇晃晃中勉强前进。

受牵连身陷囹圄

由于雨季的阻挠，罗利被迫返航，回到了大西洋岸边。此次南美之行花费巨大，却一无所获。罗利仿佛看到了伊丽莎白女王恼怒的神态。为了已经丧失的名誉不再变得无可挽回，罗利派了两名船员代表英国留驻特立尼达，自己下船四处搜寻金矿石，准备带回英国试验。他认为如果矿石中黄金的成分高，那么明年还有希望再来南美洲，找寻更多的黄金。最终，罗利将他认为含金量很高的矿石带回英国。

英国的专家检查了罗利的成果，分析得出的结论是：从南美带回的这些石头确实含有黄金的成分。但这并没有使他获得青睐，一些罗利以前触怒过宫廷大臣对他的探险活动大加诽谤，女王对他态度十分冷淡。

▲伊丽莎白女王一世像

罗利为了重获女王的信赖，开始作另外一项远征活动，他和女王所喜欢的艾瑟库斯公爵联合攻击在加地斯的西班牙城堡，但不幸又失败了。回国后，艾瑟库斯因谋反而被斩首示众，受到牵连的罗利也被判处死刑。

1603 年，伊丽莎白一世去世，詹姆斯一世继位，新国王从未见过罗利，然而中伤之言早就塞满了新国王的耳朵。死刑定于 1603 年 12 月 9 日执行，但在行刑当天，詹姆斯一世国王戏剧性地下令延缓罗利和另一位被控参与叛乱的人的死刑。时年 51 岁的罗利又被带回监狱关押，这一关押就是 13 年，出狱时，罗利已经 64 岁了，已经没有能力再“挥师远征”了。

探险抵达亚洲大陆东北尽头

勇敢的哥萨克人向东方探险，寻找传说中的神秘“大岛”，最终抵达了亚洲大陆的最东端，在这无畏的传奇探险旅程中，他们果真发现了传说中的“大岛”，将其称为“堪察加半岛”，此外，还发现了堪察加河河口。

寻找传闻中的神秘“大岛”

长期以来，在俄罗斯哥萨克人中间流传着一个传说：在通古斯以东的高山峻岭的背后，有一片被称为“温海”的辽阔大海。海中的鱼很多，不用撒网，只要用手就能抓到。海滨居住着席地而坐、留着大胡子的人，他们乘独木舟捕鱼狩猎。那里还盛产珍贵的貂皮以及各种奇异的动物。在“温海”的对岸，有一个“白雪覆盖”的“大岛”，岛上栖息着成群的海象。在那里，只要用一瓶酒就可以向当地居民换取大量的北极狐皮和古代猛犸的象牙……

这些天方夜谭式的传闻，大大刺激了爱好冒险的哥萨克人。1638 年，哥萨克探险队从雅库茨克城出发，向着东方去寻找富饶的“温海”和“大岛”。他们克服种种道路障碍，艰难地行进。穿过一片片茂密的树林，涉过一条条冰冷刺骨的河流，越过一片片草地，经过一段起伏不平的岩石地带后，终于到达了距离莫斯科约 6400 千米的地方。在那里，他们果然发现了碧波万顷的大海——鄂霍次克海。

哥萨克人以坚韧不拔的毅力和极大的生命代价，横越了世界最大的大陆——亚洲大陆，抵达了亚洲大陆的东端。以后的几十年中，哥萨克人又转向东北方向探险，去寻找传闻中盛产毛皮、象牙，被冰雪覆盖着的神秘“大岛”。

哥萨克人

“哥萨克”的含义是“自由自在的人”或“勇敢的人”。大约在公元 15～16 世纪时，由于地主贵族的压榨和沙皇政府的迫害，俄罗斯和乌克兰等民族中的一些农奴和城市贫民，因不堪忍受残酷压迫，被迫逃亡出走，流落他乡。当时，在俄国南部地区，草原辽阔，人烟稀少，飞禽走兽随处可见，这里便成为这些逃亡的人的避难藏身之所，并逐渐形成几个定居中心。这些“自由自在的人”就被称为哥萨克人。

发现堪察加河河口

1644 年，一位名叫迭日涅夫的哥萨克人组织了一支由 25 名队员组成的探险队，从鄂霍次克海滨出发，向北沿着科累马河北上，到达东西伯利亚海的海岸，接着，沿阿纳德尔河向东行进，直达阿纳德尔河的入海处。

这是一次艰难的行进。探险队员们在阿纳德尔河南岸登上一座山后迷了路。他们忍着饥饿，在冰冷刺骨的雪地上胡乱地走了十个星期，几乎濒于死亡，最后终于跌跌撞撞地到达了阿纳德尔河的入海口——阿纳德尔海湾。他们遇到了爱斯基摩人（北极地区的土著），看到这些爱斯基摩人都住在用许多粗大的鲸鱼骨架搭起来的房屋内，惊叹不已。迭日涅夫在阿纳德尔海湾的岸边斜坡上，发现了大量珍贵罕见的海象骨。他立刻把它们全都收集起来，一下子得到了 4600 千克的海象骨。可是这里既捕不到鱼，周围又没有树林，捕捉不到猎物。可怕的饥饿迫使这支探险队回头朝阿纳德尔河的上游走去，希望能找到当地土著，得到一些食物。可是一连走了二十多天，连个人影都没见到，队员们有些绝望了。

迭日涅夫不愿放弃最后一线希望，鼓励队员们继续前进。探险队在雪地里过了一夜，第二天又沿着河岸往前走。走着走着，河面一下子开阔起来。队员们简直难以相信，呈现在眼前的竟是一望无际的大海！海面上耸立着一个巨大的石柱，它高得无法丈量。就在高耸入云的石柱后面，有一个形似汤匙的半岛，自北向南延伸入海，这就是传说中的“大岛”。他们把居住在“大岛”上的当地土著居民称为“堪察加”，意为“最边远的人”，把这个传说中的“大岛”称为“堪察加半岛”。原来，阿纳德尔河上游地区稍南一些，就是亚洲大陆与堪察加半岛的连接处。这一群哥萨克人在无意之中向南进入了堪察加半岛，并发现了堪察加河河口。

▲堪察加半岛

考察堪察加半岛

哥萨克人在岛上作了大量的考察，他们发现半岛的东岸分布着很多火山。最高的火山克留契夫火山，海拔达 4750 米，比我们现在看到的日本富士山还要高出近 1000 米。两条高大的山脉——科里亚克山脉和堪察加山脉自北而南纵贯整个半岛。由于从北冰洋南下的寒流被堪察加半岛挡住，所以半岛东岸气候极其寒冷，而半岛西岸的鄂霍次克海则是比较温暖的海洋，被称为“温海”。

堪察加半岛上的土著都居住在挖有地窖的小屋里，夏季住小屋，冬季住地窖以抵挡严寒的袭击。他们穿着用海豹皮、狐皮、鹿皮缝制起来的装饰着鸟羽的衣服。迭日涅夫探险队的到来，使这些土著感到非常惊奇，但土著们仍然很热情地接待了探险队，拿出捕猎来的鱼和兽肉给队员们吃。

迭日涅夫探险队历尽艰险发现了堪察加半岛，后来，人们又把亚洲海岸最东面的海角命名为“迭日涅夫角”。至此，亚洲大陆东北部的神秘面纱被揭开了。

到喜马拉雅山和西藏的第一批欧洲探险家

西藏位于中国西南边疆，有“世界屋脊”之称。蜿蜒于西藏高原南部的喜马拉雅山，由一系列东西走向的山脉组成，其主脊山峰在中国与印度、尼泊尔交界线上，这里雪峰林立，世界第一高峰——珠穆朗玛峰，耸立在喜马拉雅山中段，雄踞地球之巅。许多地理学家和探险家把喜马拉雅山和南极、北极相提并论，称之为地球“第三极”。长久以来，在人们心目中，这块地球上海拔最高、离天最近的雪域，不但是最迷人的处女地和梦寐以求的探险乐园，而且也是世界上最富于浪漫幻象和神秘色彩的净土。几个世纪以来，多少探险家、登山者、传教士和科学家，不惜任何代价，竞相进入这片神秘之地。

深入西藏的第一个欧洲探险家

西藏是香格里拉（藏语中“吉祥如意之地”），是一个出现在万山之巅的雪域圣地，离天堂最近、离尘世最远……在西方人幻想中，西藏就是这样。他们对西藏的香格里拉式想象与向往，具有悠久的历史与深厚的文化积淀，表现在宗教、人种学、文化观念、地缘经济与政治等各个方面。

西方关于西藏的乌托邦化想象，一直可以追溯到利玛窦时代耶稣会教士的西藏传说。传教士们认定西藏的喇嘛教就是一度失落的早期基督教，其中包含着三位一体的神学思想，连喇嘛教的僧服僧仪，都与天主教有诸多相同的地方。这种传说一直延续到20世纪，而且不断有教士或旅行家试图“证实”它。有人考证耶稣在30岁回到巴勒斯坦前，一度远游到西藏传教，在西藏还发现了藏文本的福音书。有人提出，藏人是流落到喜马拉雅山的一支犹太人的后裔，西康的羌人具有明显的“闪族人的特征”，“许多风俗习惯都近于古希伯来人”。西方人幻想在世界之巅找到自己的精神与种族的家园，这种离奇的想象与热情最后发展到极端。

▲西藏布达拉宫

为了证实自己乌托邦化想象，从明朝末年开始，西方就有传教士在西藏地区活动。他们收集西藏的自然地理和社会情况，并把这些情报资料送回西方国家。其中葡萄牙人安东·安德拉迪无疑是深入西藏地区的第一个欧洲探险家。

1624年，安东·安德拉迪从德里出发行至恒河上游，并探察了阿拉克南达河的整个流域。这条河发源于喜马拉雅山，恒河的上游与阿拉克南达河汇合，形成了波澜壮阔的恒河。此后，安德拉迪越过了喜马拉雅山的中段和西段，进入西藏的西南地区，一直走到位于萨特累季河上游的一个名叫察帕朗克的村庄。通过传教士的活动，安德拉迪收集了大量有关西藏西南地区和喜马拉雅山的地理资料。

茶马古道

在横断山脉的高山峡谷，在滇、川、藏“大三角”地带的丛林草莽之中，绵延盘旋着一条神秘的古道，这就是世界上地势最高的文明文化传播古道之一的茶马古道。茶马古道源于古代西南边疆的茶马互市，兴于唐宋，盛于明清，二战中后期最为兴盛。茶马古道分川藏、滇藏两路，连接川滇藏，延伸入不丹、尼泊尔、印度境内，直到西亚、西非红海海岸。滇藏茶马古道大约形成于公元6世纪后期，它南起云南茶叶主产区思茅、普洱，中间经过今天的大理白族自治州和丽江地区、香格里拉进入西藏，直达拉萨。有的还从西藏转口印度、尼泊尔，是古代中国与南亚地区一条重要的贸易通道。普洱是茶马古道上独具优势的货物产地和中转集散地，有着悠久的历史。

其他传教士在西藏和喜马拉雅山的探险

在同一个时期，另一个天主教使团越过了东喜马拉雅山，深入西藏的南部地区，行进到了雅鲁藏布江。1626年，这个使团的两个传教士在返回途中又在不同的地区翻越了东喜马拉雅山。其中一个名叫乔治·卡布拉尔的传教士穿过不丹的领土进入印度，到达雅鲁藏布江的下游地区。另一个名叫伊斯捷旺·卡泽拉的传教士穿过了尼泊尔国界。这两个传教士收集了喜马拉雅山周围地区的许多珍贵地理资料，并写成了书面报告。

1631年，安德拉迪派弗朗西斯科·阿塞维多传教士从察帕朗克启程沿着一条新路线前往印度。阿塞维多从萨特累季河的上游走到印度河的上游地区，再沿着印度河的河谷向下游行进，到达克什米尔。从克什米尔出发，越过喜马拉雅山的西段，再沿着当地商人常来常往的商道进入印度。这样一来，不到几年时间，天主教的传教士们探察和认识了印度河和雅鲁藏布江的整个上游地区以及西藏南部的边缘地带，不仅如此，他们还穿过了尼泊尔和不丹的广大地区，并从西部、中部和东部翻越了喜马拉雅山。

英国在北美建立的第一个海外定居点

17世纪初叶的美洲新大陆，是一笔未被染指的财富，吸引着欧洲众多的探险者。詹姆斯敦是英国在北美的第一个海外定居点。1607年5月14日，105名英国人来到美国弗吉尼亚州，建立詹姆斯敦，从此开始了美国的历史。

定居詹姆斯敦

1606年12月，三艘帆船从伦敦港启航，向西驶往新大陆。船上共载有大约150个成年和少年英国男子，为首的是克里斯托弗·纽波特船长。这些人受伦敦弗吉尼亚公司的派遣，揣有英王詹姆斯一世的特许状。他们的主要目的有三个：寻找黄金（像西班牙人在南美洲那样）；将西班牙人拒于北美大陆之外；探寻通往富裕东方的新路线。

经过144天的艰难航行，在付出将近40人葬身海上的代价之后，1607年5月14日，船队驶进北美洲中部东岸的切萨皮克湾，在位于目前弗吉尼亚州东南部的一个沼泽地半岛登陆落脚。对英国人来说，这是他们在北美第一个成功的据点（此前的18个定居点均无法立足）。

根据英王的名字，这些殖民者将当地注入大西洋的河流命名为詹姆斯河，定居点就叫詹姆斯敦。整个新殖民地被称为“弗吉尼亚”，意即“处女之地”，以纪念1603年去世的伊丽莎白一世。这位亨利八世的女儿和“血腥玛丽”的异母妹妹是英国历史上最贤明的君主之一。

不过，这105个殖民者来得不是时候，正好赶上一场大旱。他们虽然只用19天就建起一座城堡（为了防范土著），但酷热和劳累很快就夺去半数人的生命，好在第二年6月又有新的人手和补给运抵。

在1607年，弗吉尼亚的森林还是阿尔冈琴族印第安人的家。他们的首领是波瓦坦，强壮有力。他的领地覆盖了弗吉尼亚的广大地区，包括30多个印第安部落。印第安人忧心忡忡地注意着英国移民。

殖民地的巩固

英国人选定的殖民地是块沼泽，到处是要命的蚊子。1607年夏天，他们的食物补给越来越少了，最后，被迫离开安全的堡垒去寻找食物，但打猎十分困难。而且，他们还会受到印第安人的攻击。印第安人的弓箭非常厉害。到夏末，已有50名移民死于瘴气和饥饿，几乎占总人数的一半。

英国人到达6个月后，波瓦坦的兄弟在奇卡霍米尼河抓到了白人头领史密斯。印第安人把他当作活的战利品，骄傲地带出去示众。当史密斯被带到波瓦坦面前时，酋长身边坐着妻子和孩子，包括他最疼爱的女儿。这是一场奇特而令人恐惧的仪式。伴随着鼓声和歌声，印第安人强迫史密斯把头放在两块大石头上，印第安人手持棍子围着他，要用棍子敲碎他的头颅。这时，波瓦坦最疼爱的女儿救了史密斯的命。史密斯说他们来不是为移民，他们是为贸易。从此，印第安人把他视为部落中的一员，并允许他回到詹姆斯敦。

波瓦坦日渐衰老，他一天比一天更加确定这些新到的英国人根本不想离开这里，他们不是为了贸易，而是要侵犯人民，占领他的国家。欺骗激怒了波瓦坦，他决定杀死这些英国人。在1609年的寒冬中，由于定居者得罪了向他们提供粮食的印第安原住民，饥饿使很多人“像苍蝇般死去”，据记载还发生了人吃人的惨状，500个定居者一度锐减到仅剩60人。土地被侵占的印第安人也经常前来攻打。

到1610年年底，由于得不到印第安人的帮助，英国人陷入了绝境。他们没有食物，印第安人还不断地攻击他们。英国人实施了一个拯救自己的计划，他们绑架酋长的女儿作为人质，去要挟波瓦坦酋长，要求他把英国人质、盗走的武器和食物还给他们，以交换他的女儿。谈判进行了一年……

英国人开始在弗吉尼亚巩固自己的势力。1612年，引进的烟草种植业使詹姆斯敦繁荣起来，成为弗吉尼亚殖民地的首府。想去美洲的人更多。到1619年，詹姆斯敦的烟草工业已经非常发达。詹姆斯河沿岸有许多种植园。人们渐渐发现使用奴隶种植烟草是最经济的方法。接下来的8年和平使英国人站稳了脚跟，并且把印第安人逼到了内陆。从1624年起，大量移民涌入新世界。在接下来的几个世纪里，弗吉尼亚成为了英国拓展北美殖民地的基石。

1676年，反抗州长的弗吉尼亚人一把火将詹姆斯敦夷为平地，1699年，州府迁往威廉斯堡，更使詹姆斯敦走向没落凋零。再后来，连当年定居点的最初遗址也被河水淹没。

沙俄在西伯利亚的征服探险

在16世纪末以前，今俄国西伯利亚与远东地区，还不是俄国的领土。这一时期，俄国刚刚形成统一的中央集权国家，地处东北欧一角，与西伯利亚相距遥远。从16世纪中叶沙皇伊凡四世执政，俄国才开始向东方的探险征服，逐步吞并了西伯利亚与远东的大片领土，将疆域扩展到太平洋岸边。

叶尔马克越过乌拉尔山脉

在沙俄向东方征服的过程中，首先遇到的障碍是与俄国毗邻的乌拉尔山脉另一边的西伯利亚汗国，他们不断地袭击骚扰沙俄。不过，当时的沙俄能轻易地消灭西伯利亚汗国，并不知不觉地开始向太平洋岸的史诗般的进军。

翻越乌拉尔山脉和征服西伯利亚的主要是豪爽能干、称为哥萨克人的边疆开发者。这些人有许多方面与美国西部的边疆开发者相像，他们大多是为了躲避农奴制的束缚而逃离俄国或波兰的从前的农民。他们的避难所是南面荒芜的草原区，他们在那里成为猎人、渔夫和畜牧者。正如美国的边疆开发者变为半印第安人一样，他们变为半鞑靼人。他们热爱自由、崇尚平等，然而，横蛮任性、喜欢抢劫，只要有利可图，他们随时乐意去当土匪和强盗。

▲16世纪中叶沙皇伊凡四世执政，俄国开始了向东方征服之路

在西伯利亚探险征服过程中有一个重要人物叫叶尔马克·齐莫非叶维奇，他是一个顿河哥萨克和一个丹麦女奴的儿子，生着蓝眼睛和红胡子。他24岁时，因盗马被判处死刑，所以他逃到伏尔加河，成为河上一伙强盗的首领。他不加区别地劫掠俄国船只和波斯商队，直到政府军队前来围剿。于是，他率领手下那伙人溯伏尔加河逃到上游的支流卡马河。在卡马河流域，有个叫格里戈里·斯特罗加诺夫的富裕商人已于那时得到当地大片土地的特许权。斯特罗加诺夫努力开拓自己的领地，可是，来自乌拉尔山脉另一边的游牧民的袭击使他一再受挫。组织这些袭击的是西伯利亚鞑靼人的军事首领、双目失明的古楚汗。面临这种困境，斯特罗加诺夫对叶尔马克及其手下人很是欢迎，雇佣他们来保卫领地。

强盗叶尔马克这时表明他具有一个庞大帝国缔造者的品质，他凭着征服者的大胆，决定最好的防御是进攻。1581年9月1日，他率840人出发，深入古楚汗的本土向他发动进攻。叶尔马克充分配备了使土著感到恐怖的火枪和火炮。

古楚汗虽然已得到入侵者情报，但为了挽救其首都锡比尔，仍拼命作战。他聚集起30倍于叶尔马克军的兵力，派其儿子马梅特库尔指挥防御。鞑靼人躲在砍倒的树木后面顽强地战斗，用阵雨般的箭抵挡向前推进的俄罗斯人，似乎逐渐占上风。然而，在一个紧要关头，马梅特库尔负伤，鞑靼军处于无首领的境地。双目失明的古楚汗绝望地南逃，叶尔马克占据了他的首都，俄罗斯人遂将这都城的名字称为西伯利亚。

叶尔马克把远征的结果报告斯特罗加诺夫，并直接给沙皇伊凡雷帝写信，请求宽恕他过去的罪行。沙皇得知叶尔马克的成就，非常高兴，取消了对他及其手下人的所有判决，而且还示以特殊恩惠，赐予他一张取自自己肩上的昂贵毛皮、两套装饰华丽的盔甲、一只高脚杯和大量金钱，作为礼物。

叶尔马克这时显示了一位帝国缔造者的远见，试图与中亚建立商业关系。他派出的使团最远到达古老的布哈拉城。但是，叶尔马克注定不能活着完成其野心勃勃的计划。南方的老古楚汗一直在煽动凶猛的游牧民反对俄罗斯人。1584年8月6日夜间，他的一支突击部队趁叶尔马克及其同伴在额尔齐斯河岸睡觉之机，向他们发动进攻。叶尔马克为保住性命拼死作战，并试图游过河去逃走。据传说，因沙皇赐予他的盔甲过重，淹死了。

鞑靼人尽管取得这一胜利，却是在打一场不可能取胜的仗。他们的敌人过于强大，他们无法把敌人向后推到乌拉尔山脉以西。甚至古楚汗最后也意识到作进一步抵抗无济于事，提出投降。随着他的降服，俄罗斯人挺进西伯利亚的第一阶段结束。通向太平洋岸的路打开了。

征服西伯利亚

西伯利亚的俄罗斯人同美洲的西班牙人一样，以小得惊人的力量在短短几年中赢得一个庞大帝国。事实证明，古楚的额尔齐斯河流域的汗国仅仅是一个内部没有坚固实体的薄弱外壳。一旦外壳刺破。俄罗斯人便能行进数千里而遇不到严重对抗。他们的推进速度是令人惊奇的。

俄罗斯人推进迅速的原因可用各种因素来说明。正如我们已知道的那样，气候、地形、植被和河流系统均有利于入侵者。各土著民族由于人数少、武器差、缺乏团结和组织而处于不利地位。此外，还应考虑到哥萨克的毅力和勇气。

哥萨克一边推进，一边设防据点或要塞，来保护他们之间的交通。西伯利亚的第一个要塞建在靠近锡比尔、位于托博尔河与额尔齐斯河汇流处的托博尔斯克。俄罗斯人发现这两条河流是鄂毕河的支流后，就划船顺鄂毕河而下，结果，发觉自己把船搬上陆地运一段距离便可进入下一条大水路叶尼塞河。至1610年，他们已大批到达叶尼塞河流域，并建立了克拉斯诺亚尔斯克要塞。在这里，他们遇到自征服古楚以来最先极力抵抗他们的一个好战的民族布里亚特人。

俄罗斯人避开布里亚特人，折到东北部，遂发现勒拿河。1632年，他们在那里建立雅库茨克要塞，并与土著、温和的雅库特人进行可牟厚利的贸易。但是，布里亚特人不断进攻他们的交通线，因此，俄罗斯人发起一场野蛮的灭绝性战争。最后，俄罗斯人获胜，并继续推进到贝加尔湖；1651 年，他们在那里建立伊尔库茨克要塞。

在此期间，一支支探险队已从雅库茨克朝四面八方进发。1645 年，一伙俄罗斯人到达北冰洋岸。两年后，另一批人行抵太平洋岸，建立鄂霍茨克要塞。次年，1648 年，哥萨克探险家西米诺·杰日尼奥夫从雅库茨克出发，进行一次非凡的旅行。他顺着勒拿河往下游航行。他发现某些河段非常宽阔、见不到两岸；有如大陆般大小的三角洲填满了一道分水岭的碎石。杰日尼奥夫经过三角洲之后，便沿北冰洋海岸向东航行，直至到达亚洲真正的顶端。然后，他顺一条后来被称为白令海峡的水路而下。在一次风暴中失去两条船后，他驶抵阿纳德尔河；在那里建立阿纳德尔要塞。杰日尼奥夫送了一份有关其旅行的报告给坐镇雅库茨克的总督；总督将报告归档后便遗忘了。这份报告直到白令进行官方的探险之后才被重新找到；白令是于 1725 年出航去确定美洲与亚洲是否在陆上相连的问题，这问题，杰日尼奥夫早 77 年前就出色地解决了。

至此，俄罗斯人未曾遇到任何能阻挡他们的力量。然而，当他们从伊尔库茨克向前推进、抵达黑龙江流域时，他们不仅仅遇着对手，还碰到了当时正臻于鼎盛的强大的中国帝国的前哨基地。

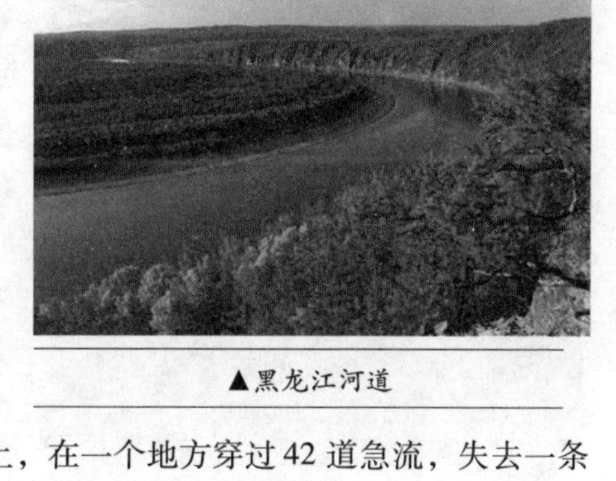

▲黑龙江河道

饥饿驱使俄罗斯人来到黑龙江流域。严寒的北方出产的是毛皮而非粮食，而欧洲俄国的谷仓则好比是在另一行星上。因此，俄罗斯人怀着希望、向南折到黑龙江流域；据土著传说，那里土壤肥沃、长着金黄色的谷物，是一块极好的地方。哥萨克瓦西里·波雅尔科夫接受了从勒拿河到黑龙江开辟一条小道的任务。

波雅尔科夫于 1643 年 6 月 15 日率 132 人从雅库茨克出发。他溯勒拿河及其支流而上，在一个地方穿过 42 道急流，失去一条船只。他在途中过冬后，次年又顺黑龙江而下。当波雅尔科夫驶抵松花江时，他派遣人去勘探这条支流。这群人除两人外，全遭伏击而死。主力队伍到达黑龙江口，他们在那里过冬，因天气寒冷和缺乏食物，备尝了可怕的艰辛。转年春天，他们大胆地驾小船驶入公海。他们向北沿着海岸前进，抵达鄂霍次克海，然后经由陆路返回雅库茨克。几乎占原探险队的三分之二的成员在这次旅行中丧生。波雅尔科夫带回 480 张黑貂皮，还写了份报告；他在报告中宣称对黑龙江的征服是可行的。

一连串冒险家继波雅尔科夫之后进入黑龙江流域。他们攻占阿尔巴津城，修筑一系列要塞，以典型的哥萨克方式屠戮抢掠。他们在中国边缘犯下的这些暴行最终使中国皇帝极其恼怒，他于 1658 年派一支远征队北上。中国人夺回阿尔巴津，把俄罗斯人从整个黑龙江流域清除出去。但是，他们一撤离，俄罗斯冒险家就成群结队地回来。于是，又一支中国军队被派到黑龙江，与此同时，两国政府为解决边界问题开始谈判。经过许多争论，《尼布楚条约》签订。随着尼布楚条约的签订，俄罗斯人在亚洲征服才告一段落。

深入阿拉伯世界探险

对许多探险家而言，阿拉伯半岛的西南部是最具魅力的地带。在这个山地，西边是面临红海的也门，南边是紧邻亚丁湾的哈德拉茂（位今南也门）。从这里到也门高地的瓦提·哈德拉茂峡谷，极富天然美。但是，这里之所以吸引旅行者，并非因为这里美丽的风景，而是这个地区有着吸引人的秘密。

有关也门的历史，几世纪以来，地理学家、探险家和学者们做了好些臆测。他们从《旧约圣经》或者其他古典文献的记述中，有了某种程度的认知。1759 年，欧洲开始组织探险队到阿拉伯半岛访问，才更加明了也门这个国家的历史。同时，也更能认识这个地区。

北也门、南也门

北也门原来是个王国，在 1918 年奥斯曼帝国崩溃后宣布独立，1962 年发生革命，建立阿拉伯也门共和国。

南也门原为英国的殖民地。1967 年，英国撤出，南也门人民共和国成立。1970 年，改名为也门民主人民共和国。

1990 年 5 月 22 日，北、南也门宣布统一，成立也门共和国。

一支混搭的探险队

科学性的探险，使欧洲人对阿拉伯世界的知识大为增加，这是由出生于德国盖提堪的西伯来语学家约翰·大卫·米黑里斯向丹麦王腓特烈建议的。丹麦王对此计划表示关切，同时，也把对探险家们的指示事项列表，为他们准备了一条船，还充满了船上的装备，并选出了五位各类专家队员，这个计划是由腓特烈王推展并予以财务上的援助，但是，队员却包括有德国、瑞士、丹麦等各国人士。卡尔斯坦·尼布尔是位数学家兼测量家，出身于德国北部。威尔惠姆·鲍连方德是位画家，出身于德国南部。彼得·伊斯卡尔是位植物学家，他和他的随从贝尔克古连都是瑞典人。另外两个人，一位是东方语文学家——丹麦的弗莱德瑞克·克里斯汀·璜·哈惠；一位是外科医生兼动物学家——丹麦的克里斯汀·卡路尔·克拉美尔。

腓特烈王的这支探险队，并无正式的队长，因为参加的队员们都有各自的专长，调查事项各有不同。但是，一般都认为卡尔斯坦·尼布尔是探险队长，这是因为后来的事实证明，他是位具有特别知性和个性的人，而且，在众多的队员中，他是唯一能够安全地回到欧洲的人。

一段苦不堪言的旅行

1691 年 1 月，探险队从哥本哈根向地中海出发。他们经过亚历山大，到西奈山做短期的旅行，然后再回到苏伊士。一行人在苏伊士上船，于次年 10 月到达吉达。

他们在这里滞留了6周后，改搭到也门西部的港口贺台达的船只。1700年，探险队到达并未受到多大的阻碍。他们虽身穿阿拉伯人的服装，但是，并没有被要求出示伊斯兰教信徒的证据。

一行人沿着海岸来到咖啡贸易中心地拜多·阿尔·法其福旅行，拜多·阿尔·法其福位于也门高地和穆哈港中间的内陆集中地；在这里，欧洲人是也门重要产物咖啡的买主，所以，他们很受到欢迎。旅行中相当安全，队员中，也有自由旅行者。佛斯卡尔为了采集草木而攀登高原。尼布尔雇了一只驴到提哈马去探险，那是面临红海的一个狭小的不毛海岸平原。在他们远征期间，尼布尔一行人都穿上贫苦人家的装束，那是因为，这个地区经常有盗贼出没，为了避盗贼耳目而采取此一措施。

探险队员们，有时候单独行动，有时候一起旅行，也一同登上也门高地。一般低洼地区，村庄的建筑物都是用泥土建造的。但是，高地的居民则是用石头来建造。他们将勤勉农夫们的生活作了一番记叙。

夏季里，在气温摄氏30度至32度间的山地和气温高达摄氏五十四度的提哈马平原旅行，使探险队员们的健康大为受损。尼布尔患了虐疾；璜·哈惠也因为染上重病，在1763年4月，即将抵达穆哈时病逝。

剩下的探险队员，向着也门首都萨那出发。他们在炽热的阳光下挥汗前进，登上凉快的泰兹高地。但是，从这里要向萨那前进时，佛斯卡尔染上热病，无法跨上驴背。这一带景色怡人，通过这块山地应是段快乐的旅程。

▲萨那旧景

然而，对这一行人而言，却是一段无法忍受的经历。尤其是佛斯卡尔，从门吉尔到亚林是他最痛苦，也是最后的一段旅程，他的病情已相当严重，因痛苦而呻吟不已，人们只好将他绑在搬运东西的骆驼背上。在1763年7月11日，病逝于亚林，年方32岁。他是位很有才华，前途充满希望的年轻人，尼布尔形容佛斯卡尔为这个团体中，学识最丰富的人。

从门吉尔到亚林的这段路程，须横越杰贝尔·新马拉山高2745米的鞍部。到达中央也门的干燥台地时，景色为之一变。从泰兹到门吉尔，每天都下雨。尼布尔对此的叙述是：

“到达这里前，大地是片绿油油的树木，令人心旷神怡。但是在亚林，每天都听得到远雷的声音，连续3个月却都没有下雨。因此，这里的蝗虫数量增加得很快。”

尼布尔也生病了，但是，为了探险队学术上的目的，他还是将亚林附近重要的遗迹一一加以记录。

“在3.2千米处，曾经名噪一时的索法尔都市，现在已成了废墟。亚林的最高法官告诉我，这里可看到刻有文字的大块石头，这种文字，不管是犹太人或是马荷美坦人都无法说明。”

尼布尔认为，这个都市可能是西姆亚王朝的所在地，而这个可能是西姆亚语的刻文。有关古代沙巴王朝的首都马阿利普——有时亦称为马利亚巴——一类的传闻，他也将之记录下来，并深信在马阿利普应该可以发现更重要的遗迹。其中最值得大书一番的，就是那座崩坏的大水库，这是沙巴人的进步与繁荣文明的一项证明，更由此可推测出，这只是数座大水库的其中一座而已。

探险队员至此只剩 4 名。探险队员忍受着热病之苦，向萨那做最后的艰苦旅行。在这里，一行人休息了 2 天，等待着与伊马穆（统治者）会面，并趁此机会欣赏附近美丽的景色。伊马穆诚恳快乐地迎接他们，并劝他们在此住些时候。但是，一行人的健康状况都不太好，再加上璜・哈惠和佛斯卡尔的死使他们的精神大受影响，因此，他们仅在萨那停留了 10 天即告别而去。

虽然身体很虚弱，但是尼布尔仍然在离开这个都市之前，将首都的平面图与市民的生活详细地记载下来。最引起他兴趣的，是住在萨那城外的村庄里为数 2000 左右的犹太人。他们的手艺很好，在萨那城内设有店铺，到了晚上，这些犹太人就回到他们所居住的地区。生活上，他们并未受到平等的待遇，依据尼布尔记载，一位犹太人犯了重罪，所有的犹太人都要接受惩罚。如果，发生了某个事件时，会堂（犹太教学）和他们的房子都会遭到破坏。

成为站在科学立场来观察阿拉伯世界的第一人

身体疲惫不堪的尼布尔一行，在酷热下，从萨那到穆哈费了 9 天难挨的时间。到达穆哈时，4 个人的热病都恶化了。因此，克拉美尔、鲍连方德、贝尔克古连 3 个人，只好搭乘往印度西海岸孟买的船只。不幸的，船要开航的数天前，鲍连方德和贝尔克古连相继病死。1764 年 2 月，克拉美尔也逝世于孟买。

这时候，只剩下尼布尔 1 人。他在印度停留了 14 个月，等体力完全恢复后，才计划回欧洲。这次他采取较不辛苦的海路，绕过好望角，经过波斯湾、伊拉克等地，按照丹麦王的指示归航。在回程途中，同行的欧洲人只剩下他一个人。1767 年 11 月 20 日，他回到哥本哈根，足足离国 7 年之久，这时他才 34 岁。

尼布尔回到欧洲后，将探险的经过公开发表，他把同行却不幸死亡的同伴们所作的观察记录整理好，再加上他自己的资料综合起来，于 1772 年初出版刊行。他的著作内容以探险队的也门旅行和风俗习惯为主。另外，对于此行未拜访过的半岛区域也加以记载。这一部分，是尼布尔自受过教育的阿拉伯人口中或商人的谈话中所得到的知识而加以归纳。

虽然，探险队在阿拉伯半岛停留的时间尚不足 2 年，也未踏入广大的内陆地区，但是，他们完成了腓特烈王的命令，并且勘明了也门的提哈马地区、低地和山麓地带的情形。尼布尔除了调查半岛地带外，还收集了各种资料，他是第一位站在科学的立场来观察阿拉伯世界的探险家。

葡萄牙人强贝鲁传教非洲

葡萄牙人最早把欧洲宗教带到了非洲。随着白人在非洲内陆探险行动的展开，在黑人部落中的传教活动也开始了。早在1490年，就有大批的葡萄牙神父涌入刚果王国。不少传教士本身就是有重大发现的探险家，但这些传教士良莠混杂，有些本身就是奴隶贩子，直接从事血腥的奴隶买卖，与其他的奴隶贩子不同之处，仅在于他们身上披着宗教外衣。

深入内陆建起教堂

牧师约翰·强贝鲁于1812年被伦敦传教协会派往科拉鲁人的首府新拉塔科。在那里，他受到了9位酋长的迎接。这些酋长脸上涂满红色颜料，头发上洒着蓝色的粉末，其中一位酋长比他过去所见过的任何人都更具高贵的风采。但是，这位一心想要传播上帝福音的牧师却对酋长们的脑袋里的观念感到失望。当他向酋长们提问："为什么人会被创造出来?"这些酋长们不假思索地回答。"这是为了要继续掠夺其他民族!"酋长们的观念根深蒂固，任强贝鲁说得口干舌燥，也动摇不了一丝一点。强贝鲁一开始就没有找到合适的能够打动对方对基督教产生兴趣的办法，只好另寻出路。

> **非洲酋长制**
>
> 酋长制度在撒哈拉沙漠以南的非洲广大地区比较普遍，尤其盛行在广大偏远、落后的地区。酋长制度最初是从原始的氏族制度发展演变而来的。非洲在从奴隶社会向封建社会逐渐过渡时，大大小小的酋长土邦和酋长制度便慢慢在氏族制度的基础上形成了。无论是过去和今天，酋长制度在非洲的政治生活和社会生活中都有着举足轻重的作用。

为了尽快地寻找到一些能协助他传教的信徒，约翰·强贝鲁带了一辆牛车，一支由牛、狗、羊和科伊桑人的向导所构成的队伍到各地旅行。当他从新拉塔科向东方前进时，另一位传教士詹姆士·李度加入了他的传教队伍。他们一路风餐露宿，几周后到达了哈鲁兹河岸，并沿着这条河南下，到达巴鲁河和哈鲁兹河的交汇处。

呈现在他们面前的是原始的碧绿。这里人迹罕至，生活着大群的野生动物，如羚羊、斑马、长颈鹿等，河中沉浮着数百头河马。一种与麻雀相似的织巢鸟，成千上万只地在强贝鲁的牛车上下飞来飞去，啄食他们抛落的面包和玉米粒，根本不知道人类的危险性。过去，没有一个欧洲人曾看到过这种平原、山川和河流的景象。想到这里，强贝鲁觉得好兴奋。

经过一番周折，约翰·强贝鲁总算在新拉塔科建起了一座木结构教堂，拥有了一处深入内陆的传教基地。他与科拉鲁人生活在一起，并赢得了当地居民的信任。强贝鲁除了传教，从事一些简单的教育和医疗活动外，还企图让科拉鲁人讲究卫生，告诉他们应该怎样洗澡。这些科拉鲁人觉得按强贝鲁的方式洗澡很有趣，但就是弄不明白为什么要这样洗澡，洗了澡又有什么好处。

前往巴鲁河北方探险

1820 年，好强的约翰·强贝鲁为了扩大他的事业，寻找到传说中的其他南班图人部落，决定再去巴鲁河北方探险。这一次科拉鲁酋长给了他更多的奴隶和牛车，并派武士护送到巴鲁河渡河处。

在行进途中，他们路过了一处沼泽地，在那里发现了林波波河的一处源流起点。林波波河是南部非洲的第二条大河，它的正源起始于博茨瓦纳和南非境内，流经津巴布韦、莫桑比克向东注入印度洋。

强贝鲁打算造访离巴鲁河最近的普鲁皆族的聚居地。普鲁皆人属于茨瓦纳族的一个分支，其活动范围在今天的比勒陀利亚到博茨瓦纳边境之间，境内多丘陵山地和干旱退化的草原。在当地向导的带领下，强贝鲁绕过多刺的灌木丛和起伏的丘陵地区，仅用了大半个月的时间就走上了一条当地人传统的商路。很快，他们就发现了普鲁皆人的村庄，以及道路边生长着稗子、小米的农田。紧接着，他们一行人“站在非洲地方最高的丘陵上，发现了长久以来一直在寻找的这个城市的一部分”。

城市里的居民也发现了牛车队，他们纷纷放下手里的工作，好奇地从街道跑过来看，口里还连声大叫。从他们的表情看得出来，这些普鲁皆人对强贝鲁的牛车队的突然出现非常惊讶，也非常好奇。他们看见了白人，先是突然大笑，接着发出低呼声而逃散。

与这些见了白人便吓得魂不守舍的老百姓不一样，代替年轻的国王治理国事的摄政王，带着一群宫廷官员卫士欢迎强贝鲁一行。这位摄政王虽然从来没有看见过白种人，却是他们国家中博闻多识的饱学之士，已经从过境的商人、游牧的流浪者和逃难的土著人那里，听说过许多有关白人的事情，所以在强贝鲁面前表现得从容自若，高贵优雅。

▲非洲最大的城市——开罗

在内陆开始了传教活动

强贝鲁没有想到这座内陆非洲人的城市会这么大，这么有组织有秩序，不禁大为惊奇和欣喜。这里大约住着 16000 多名男女老少。他们实际上都是些富有创造性和才能的人，房子或院子里的任何地方都非常的干净，他们也会制造铁器和铜器，男人的主要工作是在公共场所处理毛货及做外套。

传教士们拿出了一些礼物赠给摄政王，

以表示感谢他的款待，礼物包括镜子、红色的手帕、红色睡帽、剪刀，还有各种漂亮的服饰等等。出乎意料的是，摄政王和他的官员们并未流露出通常非洲土著民族在接受这类礼物时的兴奋。强贝鲁后来才好不容易打听到，他们如果赠送玻璃珠的话，要比赠送手帕、睡帽之类的小巧玩意有用得多。因为玻璃珠是南部非洲内陆各民族唯一通用的“国际货币”，同时它还是一种外交活动中必需的媒介物，玻璃珠数量的大小，往往表明彼此关系的亲疏和重视程度。

强贝鲁还发现，摄政王和他的大臣们，除了对仅五六天旅程范围内的情况熟知外，对其他的外部世界的情况全然不知，而且也根本不感兴趣。不过，他们最终还是被传教士带来的蜡烛给迷住了。摄政王因发现烛火能维持长久不灭而表现出与年龄不符的好奇与惊讶。为了这件事，他们彼此谈论了很久。

在这里，强贝鲁恢复了旅行的疲劳之后，热情地开始了他的事业——向人们传教。人们好奇地围拢来，眼睛盯住强贝鲁急速开合的嘴巴，使他对传教成功的信心大增，说话更显得充满激情。可是仅过了一天，传教士就感觉到了明显的失望，因为他发现人们与其说对强贝鲁传播的上帝福音感兴趣，不如说是对强贝鲁他们的肤色、眼睛和服装感兴趣。但是，当强贝鲁离开的时候，他至少可以毫不夸张地说，他是头一个在科拉鲁人中宣讲了有关基督和圣母的事，并有了一些认真的听众。

俄国军人探险塔里木盆地

19世纪后半期，俄国军人尼古拉·米哈依洛维奇·普尔热瓦尔斯基对中国西北塔里木盆地的探险，引起了世界各国的极大关注。普尔热瓦尔斯基携带助手和几个哥萨克兵士，先后4次在蒙古、塔里木盆地、准噶尔盆地和青海各地探险。当时，这些地方并不对外开放。在欧洲人心目中，它们仍然是那样神秘莫测。

向黄河和长江上游挺进的欧洲第一人

俄国军人尼古拉·米哈依洛维奇·普尔热瓦尔斯基的这次探险的时间始于1870年。1870年，普尔热瓦尔斯基开始了第一次探险。他从靠近蒙古边境的俄国城市恰克图出发，经过库伦（今蒙古乌兰巴托），来到中国北京，目睹了紫禁城的雄伟壮丽。

离开北京后他往北抵达呼伦湖。他被呼伦湖的美丽倾倒，为呼伦湖绘制了一幅全景图。然后他再上路拐往南行，来到包头。不久，他又穿过鄂尔多斯高原，往西南进发，考察了青海湖。

美丽的青海湖堪称鸟的天堂。这里是大雁、天鹅、丹顶鹤等鸟类的栖息地。鸟鸣声不绝于耳，鸟蛋随处可捡。这种情景让“业余生物学家”普尔热瓦尔斯基流连忘返。

离开青海湖后，普尔热瓦尔斯基继续往南，深入柴达木盆地，登上了巴颜喀拉山脉，成为向黄河和长江上游挺进的欧洲第一人。他原想去拉萨，但是经费用完了，更重要的是已进入冬季，青藏高原早已大雪封山。普尔热瓦尔斯基只得中途而返，越过大戈壁，仍回到出发地恰克图。归来不久，他将这次探险经过整理编写成著名游记。

▲普尔热瓦尔斯基在摄像中

游记的出版即刻引起欧洲的轰动，很快全文被译成欧洲许多国家的文字，并一版再版。普尔热瓦尔斯基也就在一夜之间成了欧洲的名人。

普尔热瓦尔斯基的第二次探险

1876～1877年，普尔热瓦尔斯基进行了第二次探险。这次虽然时间不长，行程也只有四千多千米，但却有着重大的地理发现。

普尔热瓦尔斯基从伊宁出发，沿伊犁河谷地前行，沿途满目苍翠，杨柳依依。他跨越了天山山脉，又从库尔勒涉过塔里木河，发现了喀喇布朗和喀喇库什两个湖泊。湖水很浅，有的地方都已底朝天。野生动物很多，有好些连普尔热瓦尔斯基这位颇有造诣的业余生物学家也叫不出名来。湖边长满了芦苇，普尔热瓦尔斯基躺在苇草上稍事休息，脑子却转个不停。探险家的敏感使他沉思：这里是不是神秘的罗布泊？

于是，普尔热瓦尔斯基回俄国后宣称他找到了罗布泊。一石激起千层浪。消息传出，地理学界大哗。因为普尔热瓦尔斯基说的罗布泊的位置，与地图上标示的罗布泊相距 400 千米，当时地理学界权威、德国的利希特赫芬对他的说法进行了猛烈的指责。后来的考察使学术界的意见趋于一致：两人都没错，原因是罗布泊是一个频频变迁的湖泊，其位置受流入湖内水量多寡的影响。

在探险中，普尔热瓦尔斯基曾在新疆罗布泊附近的一块绿洲边意外地发现了一群正在吃草饮水的野马。这些马个个膘肥体壮，可爱至极。他浑身的热血立即沸腾起来，立即策马猛追，但无论如何也追不上，于是便拿起枪打倒了两匹，费了好大劲把它们拖回营地，再制成标本运回俄国。

洪堡德和朋卜兰德的南美探险

如今，“洪堡德”成了美洲一座山脉、太平洋一股海流、三种矿物、31 种花卉和一个国家公园的名称。朋卜兰德则发现了 3500 种新种植物，以他名字命名的就有几十种，这个数目是当时世界上已知植物数量的 2 倍。由于洪堡德和朋卜兰德两位科学家的努力，唤起了世界对南美生物资源的关注与投资，他们奠定了南美生物学的研究基础。

开始了冒险行程

洪堡德和朋卜兰德是 19 世纪享有国际盛誉的两名科学伟人，也是一对最默契的科学探险搭档。

▲自然地理学奠基人洪堡德

1799 年 6 月 5 日午后，洪堡德和朋卜兰德在西班牙国王的支持下向南美洲出发了。他们从西班牙西北部的拉科鲁尼港向加勒比海的古巴群岛急驶而去。开航时，正是英法战争前夕，拿破仑扬言要攻下英国，因而有名的英国无畏舰队封锁了欧洲各个重要港口。洪堡德和朋卜兰德为了不被英国舰队发现，特意选择了暴雨天开航。由于风势太大，英国舰队只好停泊在离海岸较远的海面上，两名学者即刻抓住这个机会，令船长将“毕扎罗”号轻型巡洋舰驶出港口。船紧沿着海岸行驶，巨浪使它摇晃不已，一行人也就听天由命地开始了冒险行程。

在历时 41 天的航行中，洪堡德和朋卜兰德夜以继日地忙碌着，他们调查海中的鱼类，收集各种海草，解剖海蜇，在甲板上来回奔忙。当船停靠在加纳利群岛的圣塔库兹港后，两人立刻登上匹科得德地火山考察。在爬到火山口时，让他们震惊的是，海拔 1200 米高的火山裂口的温度高达 93℃。洪堡德记着：“高温的硫磺气把我们的衣服烧破洞，可是，我们的手指却因处在 -11℃的高山上而冻得僵硬。”

为了打发漫长航程中的无聊，洪堡德逐日将船走过的路线记载在自制的地图上，结果他发现，过去 300 年来所使用的法、英、西班牙等国绘制的海图错误百出。他预言在 7 月 15 日，船可见到陆地，果真 7 月 16 日他们抵达库马纳港，比船长按照海图的推测日期早 3 天。登陆后，洪堡德利用空闲时间调查了海岸线，他成为第一位南美洲东北部海岸线正确位置的绘制者。在库马纳停留一个时期之后，两人再度出发。他们将行李装上骡子后，便朝山区往西走，越过崎岖不平的山顶窄路，抵达加拉加斯。

两位科学家在无路可走的密林中前进。

此后，他们又继续朝南，横越草原，来到奥里诺科河的支流阿浦来河畔的一个称为“圣费南多”的小村落。在这个村落附近干燥多风沙的热带雨林区中，洪堡德和朋卜兰德调查了此处的草本植物，才知道在洪水季节时，这里会变成一个巨大的内陆海，在内陆海中，这块雨林区将成为浮出海面的几座土堆。他们发现了咖啡树和甘蔗的乐园，发现了一种“乳树”，属地桑科，在它的树干里可收集到牛奶般的液体，在漫长闷热的夏季，这是一种很好的营养饮料。

两人做了一艘能放上桌子和皮制椅子的筏子，向阿浦来河下游出发。白天他们在筏子上工作，夜晚，居宿吊床，以满天繁星为帐篷。

奥里诺科河探险

1800 年 3 月，也就是在库马纳登陆 8 个月后，洪堡德和朋卜兰德到了奥里诺科河。洪堡德对河的宽度做了测量。以前的测量结果为 4 千米，但洪堡德知道奥里诺科河的宽度是按不同季节变化的。此时正值亚马孙河上游地区春季，河水泛滥，倒灌奥里诺科河，所以洪堡德测得的河宽为 11 千米。

> **洪堡德的第一**
>
> 洪堡德是近代地理学的奠基人，他注重实践观测也善于创新思索，他奇迹般地创造了一个个科学第一：他绘制完成了第一幅全球等温线图；最先发现了植物分布的水平分异性和垂直分异性；第一次用图解的方法来研究洋流；首创“磁暴”名词；第一次科学地分析了温度随海拔升高而降低的规律等。

沿着奥里诺科河缓缓而下，在船舵前面，印第安划手们双双并排而坐，并随着桨声的节奏，唱着他们的乡土小调。船舱里装着各种动物和植物。当科学家们泊船上岸时，他们在露营处周围燃起篝火以赶走老虎。进入内陆后，跟前一片深邃的森林，密密麻麻的植物已经挤得没有再长植物的空隙，地表上有如铺着厚厚一层地毯。

他们循着奥里诺科河的瀑布群继续往上游驶去。几个月后，他们改乘独木舟，因为唯有这种狭窄的独木舟才能顺利地驶过激流。

他们以蹲踞的姿势坐在以圆木挖成的长 9 米、宽仅 90 厘米的独木舟上，向黑河进发。此时，航行的障碍已不是激流，恶劣的环境几乎到了令人忍无可忍的地步。他们的皮肤被蜱虫咬得红肿流血，更叫人心寒的是那些会引起疟疾的蚊子。为了免遭攻击，他们只能把沙子盖满身体，仅露出头部睡觉。食物越来越少，每日三餐只能用掺有大蚂蚁的米充饥。奥里诺科河自亚特伍列斯上溯之后，有长 11 千米、落差 15 米的湍流区，白色的水沫溅击两岸，两岸长满滑溜的青苔。

▲独木舟

为了能安全越过激流，他们只好将独木舟扛在肩上，踏着青苔如履薄冰地渡过此地。沿途他们收集到许多稀奇古怪的动物和鸟类。越过激流之后，奥里诺科河向东转去，他们在小支流亚塔巴伯河离开主流，进入比密基河不久就抵达了黑河。面对黑河，他俩惊叹不已，黑河的污浊如墨的河水与黄色的比密基河水竟然如此泾渭分明。黑河在玛瑙斯流入亚马孙河时，这种差别更为显著，几千米后两河河水才混合为一。

▲黑　河

抵达黑河后，洪堡德和朋卜兰德再向卡西圭拉河驶去。根据记载，卡西圭拉河与奥里诺科河会合在一起。洪堡德在此河的起点处停下来，他测量出它的位置是北纬2°0′4″。传说中的卡西圭拉河就这样确认无疑了。由于黑河以南的土地隶属葡萄牙，为了安全起见，他们放弃了经黑河到亚马孙河的打算，改回库马纳。在抵库马纳之前，朋卜兰德患了疟疾，险些丧命，洪堡德也患了严重的伤寒，卧床许久。

抵达库马纳后，洪堡德和朋卜兰德不顾疾病缠身，立刻着手整理植物标本，他们准备用4艘船分别装载。整理时，洪堡德坚持要朋卜兰德把动、植物标本另做副本，以防不测。这真是一个先见之明，后来，装载植物标本卷宗和木盒的西班牙船在回航途中遇到暴风雨，在巨浪中沉入海底！虽然有一艘满载鸟类、猴类和其他爬虫类的船抵达欧洲，但是在到巴黎之前，所有的动物全部死光。为了整理副本，他们多花了一倍的时间。

沿途考察满载而归

在完成奥里诺科河的探险，将动植物标本运回欧洲后，洪堡德和朋卜兰德又进行了登山探险。1802年，在南美密林中，大病未愈的洪堡德毅然走过笼罩着浓雾的安第斯山的小径，从哥伦比亚的北部抵达了秘鲁的利马。其后，1802年6月，又从厄瓜多尔攀登安第斯山的钦博拉索山峰。这座海拔6272米的高山是厄瓜多尔境内的最高峰，可惜的是，他们在山顶遇到了深18米的无法攀越的裂隙，只好在离顶点只有487米的地方折回下山。然而，这已是当时的世界登山的最高纪录。

在秘鲁期间，洪堡德访问了前印加首都卡哈马卡，会晤了阿达瓦巴皇帝的后裔，又沿海岸线旅行，攀登陡峭的岩崖，收集了农民作为肥料的海鸟蛋。此外，洪堡德还完成了如今以他的名字命名的寒流调查工作。他发现这股寒流是造成秘鲁海岸低地潮湿、多雾气候的主因。在离开利马之前，洪堡德对这座城市的位置首次作了正确的地理学调查。

1804年8月，洪堡德回到了欧洲，1805年8月中旬到达巴黎，他们带的植物标本就有6000余种，其中半数以上是人们不知道的新品种，他们成了凯旋的将军。

从取得的科学成果上看，洪堡德和朋卜兰德所进行的是一次史上最伟大的南美科学探险。

三位科学家的南美探险

三位伟大的科学家并不是为了荣誉而深入险地的，科学的追求使他们义无反顾地步入南美的密林深处。期间经过了无数凶险，他们的精力和健康就在这样无畏的科学探险中耗损，但是他们认为这一切是值得的。

为了共同一个目的

19 世纪中叶，英国三位科学家迈入了南美探险者的行列。这三位科学家有两人是研究昆虫的，他们是亨利·华尔德·巴特斯、阿弗利·罗素·华莱士，一位是研究植物的，他叫理查·斯普鲁斯。

华莱士一开始对生物学并无兴趣，但受朋友巴特斯的影响，逐渐对生物有了兴趣。1845 年初，华莱士决定到南美洲作一次长途旅行，他向巴特斯发出了邀请。

巴特斯平静地接受了好友的邀请。不久，两位探险勇士从利物浦搭乘 192 吨的“密士奇福”号出发，开始了他们的科学探险。1848 年 5 月 28 日，他们抵达了亚马孙河口的贝伦港。

巴特斯第一次接触南美小镇，他看见红瓦白墙的建筑物和绿色大地相互辉映，教会修道院的尖塔和圆顶，在晴朗的碧空中显得庄严、肃穆、优雅。这里的一切都使他感到新鲜、兴奋。华莱士则相反，他曾阅读过许多有关南美的书籍，对南美抱着神圣的向往和极大的幻想，但此地的情景却使他大失所望。

在南美登陆的第一年，他俩调查了贝伦港四周的河流和内陆。次年 7 月，华莱士与弟弟哈帕特会合了。而哈帕特的船上乘载着植物学家斯普鲁斯。从此三双科学家的手就握在了一起，他们决意一起将南美探险进行到底。

32 岁的斯普鲁斯在三位学者中最年长，学识也最渊博。度过了 10 年平淡的执教生涯后，斯普鲁斯一直梦想有机会前往南美洲。后来，斯普鲁斯结识了伦敦皇家植物园园长，后者被他的热情所打动，答应提供资金助他南美之行。当时伦敦植物园无论在栽培或收集标本方面都是世界上数一数二的，品种之多堪称世界第一。巴特斯和华莱士此次前来南美也是受该园之命，收集新种植物的。

▲南美洲雨林

颇多磨难的遭遇

巴特斯继续留在贝伦港，华莱士、哈帕特、斯普鲁斯一行溯亚马孙河而上，前往320千米外的圣塔仑。在圣塔仑结束为期三个月的收集工作之后，他们决定分头进行：斯普鲁斯留在圣塔仑，继续一年的工作，华莱士溯河抵达马瑙斯河港。

巴特斯结束了在贝伦的工作即前往马瑙斯，与华莱士兄弟会合后又沿亚马孙河抵达伊哥。途中，他发现了许多不同种类的昆虫和数十种未曾见过的鸟类。

1850年初，华莱士沿黑河溯行1600千米后，接到从贝伦港传来的坏消息，说贝伦港正流行黄热病和天花，因而贝伦至圣塔仑之间的河道交通全部中断。巴特斯和哈帕特当时正在贝伦港，华莱士为此心急如焚。不幸的事情发生了，哈帕特因蚊子传染的黄热病而离开了人世。华莱士并不知道弟弟的情况，他在黑河和奥里诺科河旅行了一年，又朝黑河下游回航马瑙斯。途中他本人患病发热，意志有些消沉，于是决定返回英国休息。他到达马瑙斯时听到了弟弟死亡的消息，更坚定了他回英国的决心。

年长的斯普鲁斯在马瑙斯160千米之外的黑河上游听到华莱士得病的消息立刻回航，照顾华莱士平安地到达海岸。分手前，他答应华莱士前往黑河西北部一条叫作华乌佩斯河的支流继续从事研究工作。

1852年7月12日，华莱士坐上了开往英国的小帆船“海伦”号。“海伦”号的甲板上排满了笼子，笼子里有鹦鹉、猴子、野狗以及各种南美特有的昆虫、鸟类。其中，有几百种是欧洲学者从未见过的。可是，就在“海伦”号离开巴西的第四个星期，一场大火却将他所有心血都给毁了。

“海伦”号的余生者被一艘由古巴返回英国的破冰船救起。几经折腾之后，华莱士于1853年10月1日回到英国。

巴特斯与斯普鲁斯仍然奔波在亚马孙盆地，继续寻找野生植物的新品种。巴特斯在亚马孙河度过了大约10年的时间。他把基地设在伊哥，虽然他的工作室很简陋，但巴特斯已心满意足。当他离开此地时，他的本子上已经记下好多种人们以前闻所未闻、极为稀奇的动物资料：红脸、毛发短蓬的猴子，狨，蜜熊，一种翅膀犹如角质板、冠毛颇似假发的鸟。他还记下了16种蝙蝠，其中包括翼长75厘米的吸血蝙蝠。巴特斯在伊哥四周的森林里发现了7000种以上的昆虫。

巴特斯计划再向亚马孙上游前进1000千米，抵达安第斯山，但由于患病而遗憾地放弃了计划。1850年3月17日，他回到贝伦港。一抵达海岸他立刻发觉到生活已经发生很大的变化。他过去的朋友几乎都不认识他了，他这才想到自己已在罕见人烟、猛兽出没的南美腹

印第安人在南美洲

印第安人是南美洲最早的开拓者。安第斯山脉中段高原地带是南美洲古文明发祥地。早在公元10世纪前后，居住在这一带的印第安人部族——印加人，建立了以秘鲁南部库斯科为中心的印加帝国。哥伦比亚、智利南部和巴拉圭是印加帝国以外人口较集中的地区。

地从林中度过了7年多!

巴特斯回到英国拜访了生物学家达尔文，达尔文劝他写书，于是1863年巴特斯出版了他的南美探险心得《亚马孙河的博物学者》，这部书奠定了巴特斯在生物学界的地位。1892年，巴特斯去世，享年67岁。巴特斯为后世留下的遗产是14712种南美收集物，其中8000种是其他学者从未见过的新种类。

斯普鲁斯的南美生活

巴特斯在南美生活了11年，其科学成就超过了他的两位同伴，但是就冒险性来讲，斯普鲁斯的南美生活是三人中最为曲折的。

1856年，在圣塔仑期间，斯普鲁斯时刻不忘皇家植物园长之托，预备寄回英国一些新的植物。他为此详细研究了所有会生产橡胶的树，希望他的研究会使园长满意。20年后，1876年，一位名叫亨利·威卡姆的植物学家以斯普鲁斯的研究报告为根据，替植物园带回了大约7万粒橡胶树种子。人们利用这些种子在斯里兰卡、马来群岛开辟了广大的橡胶园，因而转移了巴西独占世界橡胶市场的局面，给巴西经济带来了毁灭性的打击，而且还影响到整个世界经济格局。这是斯普鲁斯当初万万没有想到的，因为他仅仅认为橡胶树是一种值得研究的稀有的植物。

▲橡胶园

斯普鲁斯在秘鲁停留两年后，准备前往厄瓜多尔。但是临行前又起了波折，当地的革命军准备没收他的全部收集品。听到这个消息，斯普鲁斯像发了疯一样，他拿起那支多次拯救过他的步枪，站在大门前，不准任何人走近他的房子一步。幸运的是，最后可怕的事情总算没有发生。

从卡内洛斯出发不久，斯普鲁斯看到了海拔5897米的科托帕克希火山雄伟的山峰。在密林中，他碰到了赫赫有名的“猎头族”印第安人。幸亏斯普鲁斯通晓土话，慢慢地缓解了双方的敌对情绪，才化险为安。抵达厄瓜多尔后，斯普鲁斯立刻四处打听肯出售制造奎宁的金鸡纳霜树苗的人并进行交易。当时，疟疾被医学界视为最可怕的疾病之一，而奎宁是疟疾的克星。

又经过3年，斯普鲁斯健康不佳，一直高热不退，他不得不中断计划返回英国。与他同时回到英国的还有大约3000种南美标本。13年的探险活动，就这样结束了。对于整个南美洲探险史来讲，13年只不过是一瞬间，但这历史的一瞬间却耗尽了斯普鲁斯全部才华和精力。

刘易斯与克拉克首次成功横越美国大陆

刘易斯与克拉克的远征在美国的建国之初写下了浓重的一笔，奠定了美国发展成两洋大国的基石。美国建国之初，国土只有东部靠近大西洋的那条狭窄地区，西部以密西西比河为界。东起密西西比河，西到落基山脉的整个路易斯安那地区属于法国，把美国和西部的西班牙地区隔离开来。当时，中部和西部的广大地区处于原始蛮荒的未开发状态，是动物和植物的王国，人烟极其稀少，只散布着一些与世隔绝的印第安部落。1803 年，美国总统杰弗逊以 1500 万美元从正和英国打仗缺钱花的拿破仑手中买下了路易斯安那地区，使美国领土扩大了一倍，但取得一块土地不代表就能统治它。为了扩大在中西部的影响力，杰弗逊派出探险队对美国西部进行了第一次探索。经历了为期 28 个月艰苦卓绝的探险后，梅里韦瑟·刘易斯和威廉·克拉克带领队伍完成了美国历史上最伟大的军事开拓。

开始远征探险

在加拿大的英国人和仍然占据着得克萨斯以及西南部地区的西班牙人，从来没有对路易斯安那死心，他们煽动当地的印第安人对抗进入这一地区的美国移民。杰弗逊总统认识到，要想控制这片土地只有依靠武力，于是，他向美国陆军寻求帮助。为率领这样的队伍完成这次史无前例的漫长探险，杰斐逊的私人秘书、曾任第一步兵团上尉的梅里韦瑟·刘易斯，接受了任务。

▲威廉·克拉克

接受任务后，刘易斯紧张地进行准备工作。为了确保探险成功，刘易斯邀请老朋友克拉克做助手。克拉克比刘易斯大 4 岁，原是他的上级。他和刘易斯一样，都曾经在美国西部生活了很长的时间，两人后来取长补短，合作融洽。

1804 年 5 月，两位指挥官带领队伍开始了远征。如果这次行程顺利，他们还将一直前进，直至太平洋。杰弗逊总统也希望看到美国国旗飘扬在另一个海岸，为此，他批准刘易斯和克拉克在必要的情况下可以使用军事手段。探险队共 45 人，其中包括懂西班牙语和印第安语的翻译，一起向着未知的前方出发了。

行动前，杰弗逊感到了来自英国、法国和西班牙的危险，他告诫刘易斯和克拉克："必须利用各种方法与我们保持联系。"就这样，这支自称为"探索军团"的队伍，乘着一只龙骨艇和两只双桅平底船，沿着密苏里河逆流而上，开始了史诗般的探险之旅。

危险逐渐临近，西班牙大使要求新西班牙（现在的墨西哥）总督、内陆省总司令萨希多"逮捕刘易斯船长和他的手下们。"以冷酷著称的萨希多同时煽动与西班牙同盟的科曼奇人，派遣他们去刺杀刘易斯和克拉克，但是没有成功。

与印第安人的接触

夏季来到时，他们已经接近了拉克塔斯人和苏人的领地。8 月底，探险队与拉克塔斯人会面了。这次会面是友好而平静的。

一个月后，探险队与另外一个拉克塔斯人部落相遇了。在这里探险队看到一群群野牛在山野上奔跑，麋鹿和羚羊悠然地在草地上吃草……探险队陶醉在雄浑壮阔的大自然中。刘易斯对动物学很感兴趣，他仔细地观察了这里的叉角羚羊、獾、白尾大野兔和郊狼等动物，并捉了一只吠叫松鼠，派人送给杰斐逊。

9 月 25 日，探险队与酋长托特洪加会面。刚刚寒暄几句，酋长的手下们突然转头冲向探险队员。克拉克没有退缩，他拔出佩剑，示意船上的士兵准备战斗。这一刻，上膛的火枪和士兵们勇敢的举动突然消除了拉克塔斯人打算战斗的想法。托特洪加匆忙命令手下离开船。

▲探险团队出发

翻越落基山

11 月份，天气开始变冷，不久，船也在河里冻住了。探险队决定在密苏里河附近、曼丹人居住的地区过冬。为了安全着想，他们建成了曼丹堡垒。曼丹堡垒对于曼丹人、希达察人和阿里卡拉人来说，是一个彰显美国实力的所在。但对于英国人来说，刘易斯和克拉克一行的到来不是好消息。

春天来临，4 月 7 日他们重新踏上征途。穿越野生动植物资源丰富的沃土，探险队来到黄石河，这也是水力充沛的密苏里河的支流。随后探险队来到密苏里大瀑布。7 月之后，他们进入了落基山脉门户的山地。

1805 年 8 月 11 日，刘易斯和克拉克等人到达落基山东侧的时候，大约 60 个肖肖尼土著居民正骑马向他们走来。他们生动地记载了当时的情景。

记载中说，"我们的第一反应是，这些人已经做好了战斗的准备。他们都佩有弓箭，还有些人拿着顶端插着尖刀的杆子。他们骑得飞快，有些马背上好像并没有人，仔细看才会发现，骑手都贴在马肚子上，或是挂在马脖子下面，用马的身体做掩护。

这些马的身上画着五颜六色的图案，后来我们才知道，每个图案有不同的意思，对马的主人有特殊的意义。比如说，其中一个人是战斗总指挥，另一个在战斗中杀死过敌人，其中一种图案能保护马匹和骑手的安全。”

记载里接着说，“这些肖肖尼骑手走近后，看到我们不像要打仗的样子，于是放慢了步伐，但还是十分小心。刘易斯举起一只手，以示和平。肖肖尼人的头领也做出同样的手势，做出回答。双方继续靠拢。肖肖尼人穿着用兽皮做的衣服，大多是鹿皮或水牛皮。他们的衬衣有不同的图案，也有不同的意思，可以显示某个人参加过战斗、多次参加捕获马匹的突袭行动，或是救过朋友的性命。”

刘易斯冲这些人笑笑，再次做出和平的手势，肖肖尼人也做出同样的手势。刘易斯和肖肖尼头领语言不通，但是可以通过手势进行交流。一个年轻的肖肖尼人翻身下马，他身材高大强壮，留着长长的黑发，头发用兽皮绑着，头发后面还有一根很长的羽毛。他的胳膊上画着很多长线，每条线代表着一场战斗。但是这次跟他们的遭遇，双方并没有兵戎相见。

10月，探险队穿越了爱达荷州进入华盛顿州，勇敢地挑战狂野的斯内克河和清水河。他们是北美地区流速最快的河流。

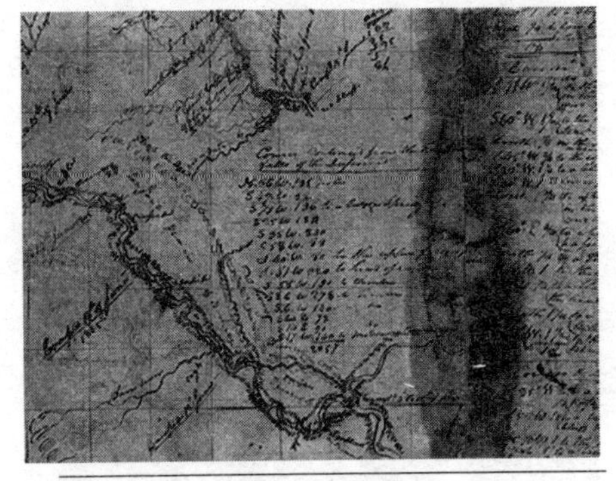

▲克拉克手绘的行程图

到达太平洋

10月16日，他们到达了哥伦比亚河，并由此经水路前往太平洋。最后的这段旅程并不平静，他们和当地的印第安人发生了一些争执。面对枪口，印第安人投降了。3天后，探险队到达他们梦想的终点——太平洋。日志是这样记录的：“在宽阔的哥伦比亚河口，我们享受着观看太平洋海景的喜悦。”

探险队花费近一个月的时间考察太平洋海岸、附近的平原，还调查了太平洋沿岸的印第安部落情况。他们在这里建造了一座名为科拉特索普堡的堡垒。这座堡垒的建成，宣告了美国军事力量的触角第一次延伸到了太平洋沿岸。科拉特索普堡不但成为美国在太平洋边的第一座哨卡，也是美国在西部的地标，这成为刘易斯和克拉克此次历险的最高成就。

1806年3月23日，早已患上思乡病的刘易斯和克拉克一行踏上归途。也许是由于英国人的挑唆，在返回的路上，原先友好的印第安人变得充满敌意。尽管这样，他们还是在1806年9月23日中午，回到了圣路易斯，受到全城的热烈欢迎。

克拉克和刘易斯之死

杰弗逊总统以边疆土地的丰厚礼物来奖赏克拉克和刘易斯。克拉克被任命为密苏里州的州长，他一直任职到1838年逝世。刘易斯则成为路易斯安那州的州长，他在1809年一次例行的旅行中神秘地死去。无人知道他究竟是被谋杀，还是自杀。

达尔文随“小猎犬”号到南美洲探险

在19世纪的海洋探险中，英国考察船“小猎犬”号的环球探险是特别值得一提的，因为这次航海探险，成就了一位伟大的生物学家——达尔文。

随船考察

1831年，达尔文从剑桥大学毕业，取得文学士文凭，同时也拥有牧师的资格。他放弃了待遇丰厚的牧师职业，依然热衷于自己的自然科学研究。这年，英国政府组织了“小猎犬”号”军舰的环球考察，经由相当赏识达尔文的植物学教授亨斯罗的推荐，达尔文以“博物学家”的身份，自费搭船，准备漫长而又艰苦的环球考察活动。

“小猎犬”号定于10月份扬帆出海。由于太多的准备工作，达尔文一下子陷入了紧张与忙乱之中。离开英国前，达尔文匆忙地购置了各种必需之物，他还随船携带了大量书籍。

达尔文费尽心机，成功地将自己所有的东西装载到“小猎犬”号上。与家人和朋友们告别时，达尔文许诺定期给家人写信。“小猎犬”号多次尝试出海，因天气恶劣，两次以失败告终。在他狭小的蜗居里，达尔文烦躁不安，越来越难以忍受。糟糕的天气令人沮丧，达尔文感到孤独寂寞，思乡日甚。航海生活的困难远远超出了他的想象。吊床仿佛总要把他抛到海图桌上，达尔文费了好大劲才学会控制它。更糟糕的是，达尔文沮丧地发现，自己非常容易晕船，对于上下翻滚的胃他毫无办法。

巴西探险

1831年12月27日，“小猎犬”号终于扬帆出海。达尔文病弱不堪，一连数日躺在吊床上，一动不动，什么事情也做不了，只能在阵阵发作的恶心呕吐的间歇期间，勉强吃一点饼干和葡萄干。达尔文一生从未如此难受过。这次伟大探险的开端真是毫无魅力可言。

对于达尔文来说，这次环球航行的新发现的确数不胜数。所有的一切都令他兴致勃勃；所看到的一切开阔了他对自然界的视野。1832年2月，“小猎犬”号抵达巴西，继续向南航行前，在此处逗留了4个月。与地球上其它任何地方相比，热带雨林拥有多得多的动植物品种。进入巴西热带雨林探险时，达尔文欣喜若狂。他在日记中写道：“高兴只是一个虚弱、没有活力的字眼，不足以表达一名博物学家独自一人踏进巴西热带雨林时的强烈感受。”痴迷地凝视着周围的一切，达尔文感到自己好像一个盲人突然获得了光明。

热带雨林丰富多彩的生命令人头晕目眩：短短一天内达尔文捕捉了68种甲虫。还有一次，在早上散步时间里，他射死了80多只品种不同的鸟儿。在林间路上，他亲眼目睹一大队浩浩荡荡的蚂蚁，所过之处，风卷残云，一无所剩，令人胆寒。他测量参天巨树粗大的树干，尽情体验观察雨蛙能否爬上玻璃板的快乐。达尔文的注意力不时从鹦鹉转移到棕榈，从甲虫转移到兰花。达尔文收集的大部分物种，对于科学来说都是未知的，全部被整理得井井有条，船运给国内。

达尔文的探险生活也并不总是一帆风顺，妙趣横生。首先令他痛苦不堪的是巴西的一种热带高烧。他还目击了令人恐怖的奴隶贸易，葡萄牙殖民者将大批非洲奴隶运往巴西。达尔文在此参观时，发现几乎所有的种植园工人和家庭仆人都是黑奴。达尔文家族对黑奴制深恶痛绝。在看到黑奴小男孩惨遭马鞭暴打，或者听到奴隶主威胁要将奴隶所有的妻儿卖掉时，达尔文深感不安。离开巴西后，他写道："谢天谢地，我再也不会拜访这个黑奴制国家了。"

阿根廷考察

"小猎犬"号下一个阶段的使命是驶往阿根廷。狂风呼啸的平原和荒凉泥泞的海岸显然无法与多姿多彩的巴西雨林相比，但它们对达尔文也有无穷的魅力。在一个名叫彭塔阿尔塔的地方，他发现一些古老的骨头埋藏在一片沙砾和淤泥之中，便开始用鹤嘴锄挖掘起来。成果喜人，出土了一大批科学上未知的久已绝迹的古生物化石：犰狳、巨树懒。一只样子像河马的箭齿兽、一头早已灭绝的南美象和其它一些动物。达尔文把阿根廷的这些平原叫作"灭绝已久的四足动物的巨大坟墓"。

▲达尔文正在写作《物种起源》

他意识到，这些发现将有助于科学家拼画出地球遥远过去的图景，当时美洲"到处都是巨大的怪兽"。达尔文坚信，貘、树獭、犰狳以及南美野生羊驼这些生活在南美洲的现代动物，都源于同一种古代巨兽。达尔文开始苦思冥想这些物种之间的关系。他认识到，"生活在同一大陆，已经绝迹的生物和仍在存活的生物之间的绝妙关系"，对于理解物种如何出现，如何消亡将带来新的希望之光。

来到火地岛

1832年12月15日，"小猎犬"号经过了麦哲伦海峡入口处，继续向南驶入。原先是单调而荒凉的海岸，现在却变成了另外一种样子。在海岸的高地上，有许多火地岛人烧起的烟火信号，火地岛因此而得名。平坦的低岸地带的悬岩峭壁上，长满了灌木丛和树木，而后面则突兀着高大的雪山。后来平坦的地带变换为覆盖着深棕色森林的高山。

12 月 17 日，“小猎犬”号从东面绕过了东火地岛的顶端——圣迭戈角，停泊在好结果湾，在那里，船只能够躲避从山上突然刮来的暴风。居民们一看到“小猎犬”号便都高声喊叫起来。

翌日，达尔文在野人故乡第一次清楚地看见了野人。他们给他留下了非常深刻的印象。“小猎犬”号本想绕过以风暴和烟雾而著称的合恩角，但是，大块的乌云在天空旋转，暴风雨夹带着冰雹异常凶猛地袭过来，因此舰长决定停止前进。最后的一场暴风雨给“小猎犬”号造成了极大的灾难。海浪把一只小船击破了。甲板上的水多得使一切东西都漂浮起来；达尔文的搜集品受到了严重的损失，所有用来包装晒干的植物的纸张几乎全部毁掉。“小猎犬”号被迫向棚屋港驶去。

登上安第斯山脉

1834 年 6 月，“小猎犬”号抵达南美洲西海岸，在这里待了一年多的时间。由于邮递到的赖尔《地质学原理》第二卷的影响，这段航程达尔文的主要兴趣集中在地质学。达尔文手握地质锤，研究安第斯山脉的岩层结构。

安第斯山脉是地球上最年轻最险峻的山脉之一，山上的化石森林和大量的贝类化石令人叹为观止。达尔文还目睹了几次火山爆发并在一次地震中幸免于难。这些突发事件给达尔文留下了深刻的印象，证明地表总是处于不断地变化和移动之中。达尔文由此得出结论，生命所处的地理环境是流动的、不断变化的。达尔文的地质观测，与他对已经发现化石物种（虽不同于存活的生命，但仍有相似之处）的思考一起，帮助他洞见到，生命为了适应周围环境的变化，本身也是流动的、不断变化的。

拉帕戈斯群岛考察

南美洲沿岸考察是“小猎犬”号的首要使命。此任务结束后，1835 年秋，“小猎犬”号访问加拉帕戈斯群岛。

加拉帕戈斯群岛上的生物与其他地区的生物相比确实有不凡之处，不仅鸟类及爬行类如此，其他像鱼贝类、昆虫、花草等亦复如此。例如，达尔文在那里所采集的 15 种鱼，以及 16 种陆生贝类中的 15 种都是别处看不到的新种。加拉巴哥群岛可说是物种的宝库。

不过这些几乎全是新种的岛上生物，与 1000 公里外的南美太平洋岸的生物有很微妙的相似之处，即既有明显的差异又有微妙的类似。“小猎犬”号在岛上停留了 5 个星期，临

《物种起源》

1859 年 11 月达尔文经过 20 多年研究而写成的科学巨著《物种起源》终于出版了。在这部书里，达尔文旗帜鲜明地提出了“进化论”的思想，说明物种是在不断的变化之中，是由低级到高级、由简单到复杂的演变过程。这部著作的问世，第一次把生物学建立在完全科学的基础上，以全新的生物进化思想，推翻了“神创论”和物种不变的理论。《物种起源》是达尔文进化论的代表作，标志着进化论的正式确立。

走的前几天，该群岛的副领事来向他们道别，闲谈间，副领事说："这群岛上虽然有很多形态相似的乌龟，但我一眼就可以看出那只是属于那个岛的。"

达尔文听了这句话，心中有着很大的回响，因为他在这里的莺鸟身上也发现了同样的现象。加拉帕戈斯群岛上的莺鸟共有 13 种，基本上它们的形态都很相似，但喙的长度及弯曲度各不相同。达尔文心里想，这些差异可能和各岛上的鸟类的食物，如植物种子、毛虫、昆虫等不同有关。如果真是这样，那么导致各物种间的差异的原因不就很明显了吗？达尔文从观察加拉巴哥群岛的生物所得的灵感，为日后论生物进化的不朽名著《物种原始》奠定了基础。

1835 年 10 月开始漫长的返航。在回乡的途中，军舰还在一些岛屿抛锚小驻。与在南美洲的尽情考察相比，这些停驻都十分短暂，不足以给予达尔文充足的时间、空间进行全面的考察。尽管如此，他还是尽己所能充分利用时间在太平洋和印度洋考察礁湖和珊瑚礁；在澳大利亚的河流中观察一对嬉戏的鸭嘴兽；在大西洋阿森松岛观测火山斜面零碎的样本；甚至在孤寂的圣赫勒拿岛，悠闲地环绕拿破仑的墓地散步。

第四章 人类追寻河流踪迹的探险

人类多近河流而居，体现了人类对水的亲近。河流虽没有海洋的辽阔，却同样拥有广博的包容，寻找从未见过的河流，追寻河流的踪迹是许多探险家一直不曾停歇的活动。徒步沿着河流留下的蛛丝马迹，或者利用木筏和小船横越急流，进入神秘探险地的核心，进而发现不为人知的奥秘，这种令人血脉沸腾的探险旅程，正是探险家们所追求的，他们为此乐此不疲，哪怕付出再多的代价。

苏度发现密西西比河

由于哥伦布的空前大发现，引发了西班牙与葡萄牙争夺世界航海及探险权的斗争。1494年，西班牙得到罗马教皇的支持，与葡萄牙订立了“托德西利亚斯”条约，划出一条“教皇分界线”，这是一条由南到北假设的直线，用来划分世界上未知的地域。此线北起格陵兰岛南部海域，南贯麦哲伦海峡，它的东西两边地域拥有权分别属于葡萄牙与西班牙。

根据这一划分，西班牙几乎拥有全部的新世界。只是，当时他们并没有领悟到那是个具有两块广阔的大陆，且蕴藏着丰富资源的新世界——美洲。西班牙国王的扩张野心膨胀，时常号召国民移民，到属于他们的西半部地区探险。黄金的召唤，使一批批的探险家出发了。

充满了血腥的新世界的探险之旅

苏度曾于1532年参加征服秘鲁的行动，分得了印加帝国的大量黄金，因而变成了首屈一指的大富翁。回国后，过着挥霍无度的生活，一时“苏度”一次成为在新世界获得成功的象征。

苏度曾借钱给西班牙国王，因此，他被任命为古巴总督，并赐予了探险和征服佛罗里达的权力。苏度以他的威望，甄选了拥有最佳武器和盔甲的精英，率部下600名，带着223匹马、一群狗及粮食，驾驶着7艘装备齐全的船只，开始了他们的新世界之航。

苏度在前甲板上纹丝不动地站着，像铸立着的一座雕像，稳健、挺拔，毫无表情的脸部轮廓分明，眼神闪烁着坚毅镇定而有些残忍的光彩。这显然是一个勇往直前的人，外表是平静的，内心却是汹涌澎湃。此时此刻，他期望着得到在秘鲁的那种辉煌的成功。

一种新鲜的、奇怪的“陆地气息”钻入了苏度的鼻子里。渐渐地，远处隐约地呈现出了大陆的轮廓，接着袅袅上升的烟火进入了迫不及待的征服者的视野，顿时，混杂着占有欲、黄金梦的激动情绪弥漫于整个船队。

苏度的眼中突然射出一道可怕的寒光，口里挤出了“格杀勿论”四个字。

顷刻，征服者沸腾了，像一群争先恐后的野马，急不可待地跃上了陆地，踏入了比人还高的野草丛中。水天一色，百花交织，群鸟啼

教皇子午线

教皇子午线是1493年5月在罗马教皇亚历山大六世仲裁下，西班牙和葡萄牙瓜分殖民地的分界线。规定在亚速尔群岛和佛德角群岛以西100里格（1里格=3.18海里）的子午线为分界线，并把该线以西的一切土地都划归西班牙，以东的一切土地归葡萄牙。

鸣，夕阳挥洒，一幅奇妙的画面，刹那间，被污染了。

茅舍成了火源，火势弥漫于整个村庄。印第安人的碎段成了狗食，印第安人的头颅成了众矢之的，印第安人的脖子上套上了狗圈……惨不忍睹的场面比比皆是。苏度用种种残忍的方法逼迫印第安人引导他们去寻找黄金。印第安人被这突如其来的灾祸吓呆了。事实上，他们也并不知道金银藏在何处，也不知道这黄色的尤物为何在这群“白种人”心中有如此之高的地位。说了实话的印第安人，不料却落得砍手剁脚的下场，其余的人只得毫无目标地充当探金的向导，最终也成为心急如焚、贪婪无比的“白种人”的刀下鬼。夕阳西下，山脉、田野染上了一层金黄，可大地默然地没有呼应，除了生灵的鲜血染红的大地，别无其他。

意外发现密西西比河

苏度仍然不灰心，下令继续探险寻金。苏度的视野在延伸，他的触角进入到现在的佛罗里达州、佐治亚州，又伸向南北卡罗来纳州。探险队越过山脉，向内陆进发。这时，少数队员被当地肥沃的土地、安乐的生活和美丽的女人吸引住了，他们觉得与其为了追求梦幻般的黄金城市而进行无休止的艰难跋涉，还不如停留在这宁静、安逸之中，安安稳稳地过日子。这些人终于定居了下来。

探险队的大队人马却出现在今天的田纳西州旷野上，朝着亚拉巴马地域进发。突然，印第安人终于用武力表达了他们蕴藏许久的愤怒，向探险队发起了袭击，毫无准备的白种人顿时弃甲溃散。一直被西班牙人当作奴隶的印第安人也里应外合，拿起武器奋力冲杀出去。

苏度立刻被震怒了。好像是在他那颗被黄金的欲火烤得破裂的心撒上了一层盐，他暴跳如雷，丧心病狂地喊叫：统统杀光！报复的怒火燃烧起来，顷刻之间，2500 名印第安男女老幼的鲜血染红了群山。

此时，传来了停泊于墨西哥海湾的西班牙船队催回的信息。苏度丝毫没理会它，也没有向部下下达。调头回去？空手回国？不！继续前进！

探险队员拖着疲惫不堪的身子向西北缓缓移动。草渐渐地低矮了下去，视野也宽阔了许多，山坡上的森林格外浓密，是杉树和松树林。万籁无声，高耸的参天古木，繁茂的枝叶披天盖地，只透过一些微弱的阳光。

一天清晨，探险队员从深深的睡梦中醒来。昨晚，脾气变得越来越不可捉摸的苏度突然下令来了一个急行军，一口气走了 50 里。探险队员个个觉得骨头架子都散了似的，一宿营东歪西倒地顷刻进入了梦境。

清晨，浓雾重重，远处不时传来一两声莫名鸟的啼啭，空气格外的清新，周围的一切显得那么宁静、和谐。苏度走出帐篷，丝毫没有初醒后的倦意，仍然一脸若有所思的样子。他的眼光又射向了那不清晰的远方……渐渐地，自然之神一层一层地抹去了清晨的浓雾，苏度的眼睛也像是一只可调节的望远镜，慢慢地调准了焦距，眼前清晰了起来，心境也似乎开朗了一些。

一条大河出现在他的视域之中，那就是后来被称为“众水之父”的密西西比河。美国的密西西比河正如南美洲的亚马孙河、非洲的刚果河、欧洲的伏尔加河和亚洲的黄河、长江，是世界上著名的大河流。它占全美2/3的土地，再加上密苏里河的汇集，从落基山脉的北部源头起，南下注入墨西哥湾，全长6020千米，是世界上最长的水道之一。

苏度眼望着浩浩荡荡、不可阻挡的密西西比河的气势，被压抑着的冒险家的气质涌现出来，脸上又增添了几分刚毅的神色。应该一往无前！

与印第安人的血腥争斗

令人烦躁的沼泽地在地平线上出现了。探险队员们虚弱不堪。病魔出现了，队员们的脚开始肿大、发炎、化脓，肌肉开始萎缩，渐渐地变得像煤炭一样的黑。牙龈也腐烂了，牙齿松动了，坏血症很快弥漫了开来。不可一世的苏度也染上了热病，终于呈现出了极度憔悴的面色，死神已向他发出了召唤。1542年，苏度躺倒在密西西比河上游，从此，再也爬不起来了。

▲印第安人

探险队员怕苏度的尸体被印第安人发现加以践踏，就在尸体上绑上一块石头，乘着夜色，悄悄地沉入了密西西比河水中。

苏度的继任人莫斯克索，指挥着探险队继续前进，到达了乔维特。后来又经过尼西奥内，来到南达卡奥、拉卡美。随即他们发现这里是一片不毛之地，哪有什么金碧辉煌的“七个城市”。所带的口粮日渐减少，探险队员的心凉了。

探险队一扫往日的威风，情绪急剧低落下来。他们不得不向印第安人表示善意，与他们进行了谈判。最后商定，由一名印第安人充当向导，带出困境。探险队越走越远，土地变得更加荒芜。此时，他们才意识到印第安人企图将他们饿死在荒郊野地之中。印第安人溜走了，带来的玉米也快吃完了。他们明智地决定，回到苏度死去的地方，希望在那里建造一艘船，以便逃回西班牙。

到达了那个村庄后，他们营造了一个很大的帐篷，然后计划建造船只。此时，失望的心情转化为求生欲望，求生的欲望高于一切，其他的一切皆抛在脑后。度日如年的日子终于过去了，7艘小帆船奇迹般地停泊于密西西比河畔。探险队员们个个心中默念着什么，这7艘船终于下水返航了。

用桑树皮补填缝隙，队员们的心也像是怕水漏进来似的悬着。一天过去了，这些船竟然很顺利地扬帆行驶着，漏水的情形毫无发生，队员们那悬着的心放下了许多。

第二天，队员们驾驶着船只顺流而下，心也顺畅了不少。突然，眼前跃出四五十艘独木舟，将近 80 名印第安战士坐在船上，手持着弓箭，似乎要发动猛烈的进攻。果然，顷刻间，弓箭如急雨般地向他们发射过来。探险队员疲惫的身心像吃了兴奋剂，猛然两眼发红，征服者变成了防卫者，他们又重操武器，进行反击。真是今非昔比，昔日的胜利者成了被征服者手中肆意的玩物。

一败涂地的探险队似乎还有些幸运，并未完全丧失理智，他们仓皇而逃。印第安人扬眉吐气，乘着胜利的余威，追赶了 19 天，见已将近墨西哥海湾，怕再吃白人的亏，就赶紧打道回府。

魂飞胆丧的探险队员不多久又发现了印第安人，吓得浑身发软。可定睛一看，这些印第安人穿着衣服，他们那颗几乎衰竭的心激动起来：西班牙属地墨西哥到了！

人们对于苏度率领的探险队早已绝望，因此，在墨西哥的西班牙人，看到这批深入北美内地度过 4 个年头又奇迹般地生还的队员时，都惊叹不已。然而，他们这次探险既没有发现黄金，也没有发现其他财富，而且还经常受到印第安人的袭击又无法征服他们。唯一的收获，是苏度发现了密西西比河。苏度的继任人莫斯克索认为从密西西比河下去，可以到达墨西哥湾，这说明密西西比河是直接通往北美洲大陆心脏地带的水路。对当时的探险者来说，神秘的美洲新世界渐渐地清晰了起来。

塔隆探险密西西比河

17世纪中后期，法国人在北美的探险有了新的进展。可以这么说，法国在北美的探险事业是在北美新法兰西殖民地政府首脑让·巴蒂斯特·塔隆的一手操办下和传教士及商人等的努力下发展起来的。

探险队开始了探险

塔隆头脑灵活，很有主见，生性果断，雄心勃勃。为了复苏并巩固新法兰西，从而为进一步探险打下基础，他命令士兵们在圣劳伦斯河畔安大略湖南岸建起了几个城堡，以防御伊洛库依族人的进攻。同时，他还兴办了造船业、纺织业，改善殖民地自身的经济状况。这一系列措施和办法，有效地促使了新法兰西的复苏。接着，塔隆着手投入内地的探险。

> **塔隆鼓励生育**
>
> 为增加新法兰西的人口，塔隆征募几千个法国男女到加拿大定居，并对多生多育的年轻夫妇予以“优惠”：如果生育有12个小孩以上的父母，就免费赠送他们100英亩土地。

在塔隆着手内地探险之前，法国人莫达尔特·邱尔亚特·哥罗塞利和他的表弟皮耶尔·艾斯布利·拉提逊曾经进入过休伦湖以西地带。但他们因与法国官吏意见不和，就改换门庭，为英国人出力。塔隆决意把这两人探险的广大地区收归法国所有。也就是在这个时候，塔隆碰巧听说有一条从五大湖流向南边的大河。这个情况是法国传教士在五大湖沿岸从印第安人那儿打听到的（而印第安人实际上并不知道这条河究竟流向哪里），传教士阿尔埃斯首先将这条大河命名为“密西西比河”。在印第安语中，“密西”是“大”的意思，“西比”是“河流”的意思。“密西西比河”即是“大河”之意。

法国当局认为，这是一条至关重要的水路。如果这条大河是从西南部流向太平洋的，那么也许可以因此发现“亚洲航路”，从而走向东方，如果这条河是从南边流向墨西哥湾，那也好，他们可以通过这条河，把五大湖地方的兽皮运到海边。只要这条河能由法国人控制，那么，他们可以更自由地开发辽阔的北美洲中心区域，与西班牙、英国在北美一争高低。

这当然是一个很美妙很有眼光的想法。塔隆与负责防卫工作的殖民地总督佛罗恩特·耶克伯爵决定向密西西比河派遣一支以兽皮商人路易·约利埃为首的探险队。参加这个探险队的还有雅克·马尔凯特神父及另外6人。马尔凯特会6种印第安族语言，后来一路上多亏他懂得印第安人的话，才几次化险为夷，与印第安土著修好。

与印第安人交好

1673 年 5 月，这支探险队从连接休伦湖和密歇根湖的麦基纳克水路出发，一路上水陆交替。当来到著名的密西西比河时，大伙儿开始分不清东西南北，只是漫无目标地沿河前进，划着独木舟行驶，触目所及尽是些怪头怪脑的野兽和五颜六色的鸟。白天大家都不敢掉以轻心，傍晚夜幕即将降临的时候，才敢点火煮东西，以免引起印第安人的注意，晚餐后，也尽量远离火堆，有时就在独木舟上度过漫长的黑夜。

6 月 25 日，约利埃发现了河旁有人走过的痕迹，并且还发现一条细长的水道通往平原，显然这一带是居住地。于是，约利埃派了两名船员前往查看，发现很可能是印第安人的部落。为了看个究竟，约利埃与马尔凯特神父决定一同前往。

两人悄悄地沿着水道前进，大约走了 10 千米路，便发现了一个部落，远远望去有 3 个人正被五花大绑在受审。两人不宜露面，于是再继续前进。到另一个部落时，两人才大声喊叫，马尔凯特神父还用各种印第安土语说话，真诚地希望得到土著人的帮助。

听到喊声的印第安人立刻从小路上跳出来，并派出 4 名老人当代表与他们进行交涉，其中有两名代表，带着用好几种羽毛做装饰品的烟斗。他们走近约利埃与神父时，只是一言不发地用烟斗指向太阳。就当时大多数印第安人而言，抽烟斗是一种礼貌，同时也用来表示印第安人间的和平与友好。

印第安人仔细地观察着这些法国人。看到他们的这种举动，约利埃与神父均较放心。神父也从口袋里拿出烟斗，向他们表示友谊。马尔凯特神父又用几种印第安语询问他们属于哪个部落，他们说是伊利诺伊族。他们欢迎每一个远道而来友好爱和平的客人，之后又带两个法国人去了他们的部落。

一行人不一会儿来到伊利诺伊族的小屋门口，有一名老人正对着太阳，摊开双手，表示等着法国人的光临，并且向约利埃与马尔凯特神父致欢迎辞："来自法国的先生们，由于你们的光临，太阳都显得更耀眼、灿烂。村落中的人们，都等待着你们的来临。因此，不管你们进入哪一个房屋中，都会得到大家的欢迎！"

▲身着盛装的印第安人

说完这段话，老人请两个法国人进入自己的小屋中。大家依次就座后，互相问候。伊利诺伊族的问候方式，是把象征和平的烟斗，呈献给客人。如果想赢得他们的友谊就千万不要拒绝，一旦拒绝了就往往会被认为是敌人或不懂礼貌。好在这一切习俗马尔凯特神父了如指掌，在路上已对约利埃进行了详细的讲述。在这种场合下，他们应付得如鱼得水。伊利诺伊族人为了表示敬意，就在法国人后面开始抽起烟斗，相互之间正在询问着什么。

对虔诚的耶稣会传教士马尔凯特而言，传播基督教福音，这比绘制未知领域的地图来得重要。于是利用这个机会，神父也向伊利诺伊族人传教。正当大伙儿入迷地听着神父的说话，一位年轻的伊利诺伊族人进屋来说："伊利诺伊族的大酋长希望见见法国来的客人。"于是神父与约利埃起来告辞，伊利诺伊族人约定第二天再听神父传教。

绘制详尽的密西西比河地图

当法国人前往大酋长居住的村落时，许许多多伊利诺伊族印第安人跟在神父与约利埃后面，因为，他们从来也没有看到过法国人。他们一直盯着法国人仔细端详，但始终一言不发，可是从他们脸上的表情却看得出对法国人有极大的敬意。

10 多分钟后，他们便到了大酋长的屋门口。侍者将法国人引进屋，大酋长满脸微笑，示意神父与约利埃坐下，同样也拿出烟斗向法国人表示友好、欢迎。一切都在和平、友好的气氛中进行。

约利埃与马尔凯特神父又向大酋长询问了有关密西西比河的情况。他们了解到目前的密西西比河正处在丰水时节，水位高涨，某些河段水流湍急，独木舟航行一定要注意安全；另外在下游河段，密西西比河分叉很多，水系庞大，会给航行带来困难。在这方圆 100 千米的范围内，均为伊利诺伊族部落，只要真诚地对待族人，友好客气不伤害他们的话，是不会遇到麻烦的。

面对伊利诺伊族友好善良的态度，马尔凯特神父与约利埃深为感动。第二天下午他们告别伊利诺伊族的朋友们，去寻找探险队，继续向前，完成任务。

探险队一路行程，艰辛困苦，沿河探险，一直进入今日美国的中西部地区，几乎到了墨西哥湾沿岸的西班牙前哨地。探险队担心再往前走会被西班牙人俘虏，使探险功亏一篑。于是他们在弄清大河确实流进墨西哥湾这个情况后，就打道回府复命了。

此次远征，他们圆满地完成了任务，塔隆十分满意，并根据带回的资料与地图，对密西西比河进行了全面的分析、考证，并绘制了详尽的地图。塔隆信心十足，他要使得密西西比河流域的广大地区，收归法国所有，开辟一个在新大陆上拥有广阔土地、丰富资源的新法国政权。

奥雷连纳发现亚马孙河

1541 年，西班牙探险家弗朗西斯科·奥雷连纳首次对亚马孙河进行了为期 172 天的探险漂流。与以往其他探险活动所不同的是，奥雷连纳的探险活动并非是一次计划周密的行动，甚至连最起码的行前准备都没有，而是“偶然”间“误打误撞”地进入了亚马孙河。就是这次“误打误撞”，使亚马孙河得以被标在世界地图上，奥雷连纳的名字也由此在世界探险史中占据了独立的一章。

早期的探险征战

奥雷连纳，与秘鲁征服者弗朗西斯科·皮萨罗是同乡，据说两人还有点亲戚关系。由于受到当时广泛流传而又令人着迷的有关新大陆传说的影响，像许多地位卑微而又心有不甘的西班牙人一样，他决定到海外新世界去冒险，想以此改变自己的命运。当时在塞维利亚等船出海的人真是一拨又一拨，就这样他来到了西印度，一开始是在尼加拉瓜等地追逐财富，但收获似乎不大。所以当他得知皮萨罗在巴拿马要召集士兵去征服富庶的印加帝国后——尤其是这位司令还是他的同乡兼亲戚，就毫不犹豫地加入过来。

▲奥雷连纳的半身雕像

此后奥雷连纳跟着皮萨罗一路探险征战，立下了汗马功劳。1535 年，他在征服基多地区的一次战斗中眼睛受伤。1537 年成功地建立了厄瓜多尔的最大海港瓜亚基尔。次年，由于在皮萨罗与阿尔马格罗两个主要征服者之间的内斗中，他帮助前者出了大力，更被皮萨罗视为心腹。因此被封为瓜亚基尔的统治者。奥雷连纳终于实现了当初来新大陆的奋斗目标，成为一个既有地位、又有财富的人。当然他并不会安心于此，因为西班牙征服者具有一种与生俱来的狂热性格——换句话说，就是对黄金财宝具有无止境的渴求。不久他又动身参加了为寻找“肉桂之乡”而进行的一次以多灾多难而闻名的探险远征。如果不是那次探险，他在历史上肯定不会如此有名。

寻找“肉桂之乡”

1540 年，皮萨罗封自己的弟弟冈萨罗·皮萨罗为基多都督。冈萨罗曾耳闻基多东部“肉桂之乡”的传说，所以刚到任没几天，就迫不及待地宣布要去寻找那个地方。

他还向奥雷连纳发出了号召，要求给予支援，并且没等后者赶到就动身走了。此人曾宣告说，一旦找到香料，就可以使成千上万印第安人改变信仰，“大大为上帝效劳……王室就可以取得极大的利润，增加很多财产。从这项新的事业还可以指望得到很多别的好处，发现很多别的秘密。”从这番冠冕堂皇的话里，我们不难看出，所谓的十字福音与宗教狂热只不过是那些人身上的一层外皮，揭开来看，里面鼓荡的却是世上最贪婪的欲望。

▲冈萨罗出发

奥雷连纳接到通知后立即着手准备，召集人马。然后他率领23名同样梦想发财的西班牙人上路，赶到基多，方知冈萨罗已经动身，只好在后面急急追赶。在翻越寒冷而又险峻的安第斯山脉时，遭受了巨大损失，有几个西班牙同伴被寒风吹冻而死。14匹马只剩下了3匹，服装、给养几乎一点不剩，他的财产就此损失殆尽。翻过高山来到了低地，气候急剧变化，严寒继之以酷热，让他们透不过气来。好不容易才在苏马科火山附近的莫蒂赶上冈萨罗的队伍，后者的处境也强不了多少。

合并队伍后，又经过几个月的艰苦跋涉，跨越了许多沼泽和山涧，他们终于发现了成片的肉桂树林。这种树上长着珍贵的肉桂皮，对于西班牙人和印第安人来说都是一种奢侈品。按说目的已经达到，该回家了。可是不久前冈萨罗曾在路上偶然遇到一些土著，听说再往前走十来天的路程就是一片盛产黄金的富饶土地，而且居住着人口众多的民族。冈萨罗毫不迟疑，下令继续前进。他们一头撞进广袤无边的原始森林，就此倒了大霉。

被困纳波河

为了获得更多的财富，奥雷连纳与冈萨罗便沿纳波河河谷地继续向下游挺进。然而，他们只有少量的船只可供航行，而沿纳波河河谷步行又是不可能的，因为纳波河两岸绝大部分地区属于沼泽地带，沼泽后面就是莽莽无际充满瘴气与凶险的热带雨林，没有人烟，只有凶猛的野生动物时常出没。西班牙人忍饥挨饿，许多人染上了黄热病，人员开始大量死亡。

在这种情况下，冈萨罗派奥雷连纳率领一批身体比较强壮的人，乘坐一艘他们在当地建造起来的二桅帆船沿纳波河向下游航行，进行探路和寻找给养地。冈萨罗则率其他人在原地留守。然而，奥雷连纳这一去却再没有返回冈萨罗的驻地。历史上有一种说法是，奥雷连纳想“不惜背着叛变的名义去独占荣誉，或者取得发现的收益”。由于等不到奥雷连纳一行归来，冈萨罗被迫率众踏上返回太平洋海岸的道路。

那么，事实真相又是如何呢？1541年，当奥雷连纳在纳波河与冈萨罗分手时，奥雷连纳的船上共有几千人，其中有两个神职人员，一个名叫卡斯帕尔·卡瓦哈里的神职人员记述了这次探险的经过。按卡瓦哈里所记述的关于奥雷连纳之所以没有返回原地的说法是：水流湍急的纳波河，只两天的工夫就把他们的船冲到了离分手地有好几百公里的地方，由于下雨，上游来水十分迅猛，逆水航行返回原地已经不可能了，他们只能继续向前。

由于已经无法返航，奥雷连纳遂决定随波逐流，直到大海。在奥雷连纳随身携带的南美地图上，在巴西的中北部并没有一条能够注入大西洋的河流。但奥雷连纳认为，他们的船既然被河水不断地往下冲，不管他们最终将会到达什么地方，按照常识，河流最终总是要流向大海的，不是太平洋就会是大西洋。只要进入了大海，他们这些人就会得救了。

▲1545 年 12 月，奥雷连纳回到亚马孙河河口

发现亚马孙河

从当地印第安人那里得知，他们离一条很长很宽的河流已经不远了，那是一条“如海洋一样汹涌的河流”。他们在一个印第安部落那里取得了足够的给养，于 1541 年 2 月 1 日开始向那条大河航行。1541 年 2 月 11 日，他们航行到三条河流汇集的地方，三条河流中有一条大河真的如传说中“宽阔如同海洋一般”，后来证实，他们来到的是亚马孙河的上游——马拉尼翁河。

奥雷连纳将船驶入马拉尼翁河，并不断向下游漂流。河水把他的船不断地向东推进，他的船所经过的都是文明人未曾到达过的地区，奥雷连纳坚信，这样不间断地向东漂，他们一定能够到达未知的海洋。在马拉尼翁河河口，一条更大的河流展现在他们眼前，简直把他们“震撼”了。这时的奥雷连纳觉得他们已经离海洋不太远了，便命令全速向这条大河的下游行驶。然而，时间一天一天、一个星期一个星期地过去了，他们仍然顺水向下游漂流，始终没有看到靠近海洋的任何迹象。他们只看到一条又一条巨大的支流不断地注入到这条大河里。神父卡瓦哈里记载道：“当我们驶近岸边时，看到岸边布满着不可逾越的赤道原始密林，无数小溪及支流出现在我们面前。一种使人难以忍受而又是不可抗拒的灾难——蚊虫，经常折磨着我们。”

1541 年 6 月 24 日，据卡瓦哈里的记载，他们在河岸发现了一个“特殊的”村庄，这个村庄里居住着“一些浅肤色的女人，这里只有女人，她们与男人毫无交往”。这些女人留着长长的发辫，身体强壮有力，她们的武器是弓和箭。她们向奥雷连纳一行进行了攻击，结果被打败了，在这次战斗中她们损失了七八个人。在卡瓦哈里有关奥雷连纳发现亚马孙河的记述中，这个地方给当时欧洲大陆上的人留下了深刻的印象，因为这个地方使欧洲人联想到了古代希腊神话传说中所说的“女儿国”。本来，奥雷连纳最早是想以自己的名字来给这条大河命名的，他甚至已经把“奥雷连纳河”的名称标在了自己的地图上，但后来这条大河在欧洲却被人们普遍称之为“亚马孙河”。

▲亚马孙河

亚马孙河就是“女儿国的河流”，为了探寻那个被奥雷连纳称之为“亚马逊部落”的“女儿国”，许多欧洲探险者纷至沓来，却全都无功而返。有学者指出，一定是奥雷连纳他们把生活在那一带的留长发的印第安武士误认为是女人了。尽管它最终被证明是一个“误会”，亚马孙河的名称却被保留了下来。

最后，奥雷连纳指挥的帆船终于驶入了一个“淡水海”，即这条大河的河口，奥雷连纳宣布，他们发现了从太平洋进入大西洋的“捷径”，这是1541年8月2日的事。他们从纳波河河口沿马拉尼翁河、亚马孙河直到大西洋的全部航行时间为172天。

1541年8月26日，奥雷连纳在稍事休整后，在没有罗盘和足够舵手的情况下，指挥帆船驶入了大西洋，并沿着南美大陆的海岸向北航行。人类由此完成了首次全程探险亚马孙河的壮举。

卡尔迪耶在纽芬兰海岸和圣劳伦斯河探险

在16世纪里，对北美地区许多最重要的发现是与一些法国海盗的名字联系在一起的，其中最著名的是法国人杰克·卡尔迪耶，他最早对纽芬兰海岸和圣劳伦斯河探险，取得了许多重要的发现。随着这些最重要的发现而进行的是对北美东北海岸殖民化的种种尝试。

对圣劳伦斯湾的探险

1534年2月20日，法国人杰克·卡尔迪耶受法国海军司令的委托向西航行，去寻找前往中国的北部海路。

卡尔迪耶指挥两艘船用20天时间穿过大洋，航行到纽芬兰的东部海岸，但由于冰层阻拦他无法登上海岸。卡尔迪耶沿着冰层的边缘向西北航行，到达纽芬兰的北部海角，停泊在被冰层封冻的一个海湾附近。6月9日，一场风暴把冰层吹散了，卡尔迪耶开始缓慢地向西南移动，穿过了贝尔岛海峡。卡尔迪耶详细地考察了纽芬兰和拉布拉多之间的这个海峡两岸。

穿过海峡后，卡尔迪耶驶进一个巨大的海湾，他把这个海湾称为圣劳伦斯湾。然后，卡尔迪耶穿过海湾朝西南航行，他发现了一组不大的海岛和一大片半岛的陆地，这片土地是爱德华太子岛。卡尔迪耶对这片土地甚感兴趣，但是他没有在那里登岸，因为没有找到合适的港口。继续向西航行，他发现了一个水很深，伸入陆地很远的海湾，名叫沙列尔湾，意为“酷热的海湾”。在这个海湾里，卡尔迪耶第一次遇见乘着独木舟向他们航船驶来的印第安人，那些印第安人身穿用某种动物皮缝制的衣服。法国人与印第安人进行了贸易。

卡尔迪耶驶出这个海湾后，转头向北航行，又发现了一个不大的海湾——加斯佩湾。他在加斯佩湾的岸上竖起了一个高大的十字架，上面写着“法国国王万寿无疆”。

卡尔迪耶离开了被他发现的这片陆地（加斯佩半岛）后，向北航驶，穿过宽阔的加斯佩海峡，又看见了很大的一片陆地，这是安蒂科斯蒂岛。卡尔迪耶沿这个岛的南岸航行，然后又绕过它的东部海角，继续沿着它的北岸向西航驶，一直行进到起初十分宽阔后来越变越窄的海峡之中，在此，一股强大的水流从西奔来。由于两艘船的船长再三恳求，卡尔迪耶停止了继续前行的通道，并返回法国。

发现圣劳伦斯河

1535年，卡尔迪耶再次来到圣劳伦斯湾。绕着安蒂科斯蒂岛，他穿过了位于该岛北部的明根海峡，并在这条海峡东面的一个不大的港口抛锚停泊。然后他开始向西航行。在安蒂科斯蒂岛以外，海峡十分宽阔，可是越往里行进，这个海峡变得越狭窄。卡尔迪耶驶进一条水流湍急的河，这条河的两岸森林茂密，河水由西南流向东北。于是他把这条水流命名为圣劳伦斯河。

卡尔迪耶驶进印第安人称之为死河的河口，在这条河的下游航行，间或靠近高耸的崖石河岸。他认为，在这些山崖的断壁中有许多含有黄金和宝石的岩石，因为印第安人曾经不断地提过一个名叫萨格讷的神话般富饶的地区。于是，他以萨格讷的名称来命名圣劳伦斯河的这条支流。

圣劳伦斯湾的沿岸地区和卡尔迪耶驶进的河湾两岸几乎是荒芜的沙漠，但是从萨格讷河口向上，他们在长满森林的河岸边常常遇到印第安人的村庄。这个地区的居民十分稠密。印第安人把自己的村庄叫作“加拿大”，加拿大这个词纯粹是个居民村庄的名称，后来演变成了对新世界整个北部地区的通称。

居民们很有礼貌，他们以歌舞来欢迎这些法国人。印第安人的首领们与法国人签订了一个友好同盟协定。卡尔迪耶向印第安人散发了铜制的十字架，建议他们亲吻十字架，以此方式“介绍他们参加基督教”。他在河岸边许多地方竖起了高大的木制十字架，上面写着“这个地区归属于法国国王法兰西斯一世”。这样，辽阔的海外殖民地——加拿大就从此开始了。

住在离海不远的印第安人劝告卡尔迪耶说，沿这条大河向上航行是非常危险的。在河道变得很窄的地方，卡尔迪耶乘一艘船逆水向西南继续航行。他探察了600多公里长的河岸，一直行进到渥太华大河的黄色河水与圣劳伦斯河清澈透明同时又呈淡绿色的河水相汇的地方，再往上是险要的瀑布。在两条水流相汇的地方耸立着一座长满林木的山峰，卡尔迪耶把这座山峰命名为国王山，它的读音是蒙特利尔，这个名称被用作指称法国人后来在这个地区建起的一个加拿大城市。

当时正逢晚秋，卡尔迪耶调头返回。当地印第安人拿来皮毛换取欧洲商品，并给这些外来人带来了治坏血症的果品。卡尔迪耶向他们打听，这条河从什么地方流来，印第安人指着西南方向，用手势解释说，那里有一些十分宽阔的大湖。然而卡尔迪耶认为，圣劳伦斯河好像是与太平洋相连的，他所发现的陆地好像是位于亚洲境内。

1536年，当卡尔迪耶安然无恙地返回法国后，法兰西斯一世正式宣布了在所谓“亚洲”的这些伟大发现，并把加拿大地区划入

海盗维拉察诺

在法国的海盗中，还有一个与卡尔迪耶齐名，他就是维拉察诺，他出生于佛罗伦萨，但为法国人服务。西班牙人对他的抢掠行为无不知晓，西班牙人称他为胡安·弗罗林，正是他抢夺了科尔特斯在1520年从墨西哥派出航往西班牙的首批两艘船只，这两艘船装满了黄金和其他珍宝。1524年1月，维拉察诺乘一艘船到达马德拉群岛和哈得孙河，维拉察诺探察了从北纬34°到46°长约2300公里的北美东部沿岸地区，他给法国带回了这个沿岸地区的自然环境和居民情况的首批资料。

法国版图。

卡尔迪耶第三次探险

1542 年，卡尔迪耶企图继续探察圣劳伦斯河的水流，但是他从蒙特利尔只向上航进了数十公里，激流和瀑布阻止了他的船只继续前进。卡尔迪耶把注意力集中在又宽又深的萨格讷河上，因为这条河的河水在很多地方比圣劳伦斯湾还要深。

卡尔迪耶手下有一个名叫阿方索的葡萄牙舵手，卡尔迪耶命令他穿过萨格讷河尽可能向更远的地区航行，他航行到萨格讷河流经的圣约翰湖，然后返回，他报告说，这条河上游越变越宽，好像是一条通往海洋的河流。

阿方索的这次航行是对加拿大北部腹地的首次探索，阿方索还探察了拉布拉多的海岸，竭力想绕过这个半岛，并在遥远的北方找到前往太平洋的通道。然而离贝尔岛海峡不远的冰层阻止了他的航行。他转头返回，沿着大陆的东海岸航行到 42°线。在此他发现了一个“很大的海湾”，但是他没有穿过这个海湾。根据他所测定的纬度，他发现的可能是马萨诸塞湾。

尽管这次探险失败了，但是，卡尔迪耶在 1542 年返回法国后，不仅在法国而且在西欧许多国家大谈他的这次航行。与此同时，先于他的许多真正的伟大发现几乎未被人们发觉，原因是，这个探险队返回时带来了大批珍贵的毛皮，其中主要有美洲海狸皮。法国水兵更为频繁地来到圣劳伦斯河口，他们特别喜欢好似海湾的萨格讷下游河道。法国捕鲸船队在夏季云集在萨格讷的深水区，他们在那里炼制鲸油，与当地印第安人进行不通话的贸易，或者派出探险队深入到这个地区的内地收购毛皮。早在来到加拿大之前很久，在那里就出现了欧洲人的固定村庄，而法国的毛皮商只在圣劳伦斯河和它的支流地区建立了一些临时据点。就这样，“鳕鱼和鲸鱼把法国人领到加拿大的门口”，寻找通往中国的西北航道把“他们领进这个大门”，购买毛皮的活动又给探察加拿大的腹地奠定了基础。

哈得孙到哈得孙河探险

纽约市所在的曼哈顿岛，位于哈得孙河的河口，是美国最为繁华的地区。这条河流的名称来自它的一位发现者：英国航海家亨利·哈得孙。他曾深入这条河流探险，一直向上航行了240公里。这次探险在美国历史上具有重要地位，其直接影响之一，就是导致了纽约市的前身——荷兰殖民地新阿姆斯特丹的建立。至今北美还有很多地方都叫哈得孙，以纪念这位伟大的航海家。

受雇东印度公司

哈得孙并不是最早到达此地的欧洲人，在他很久以前就已经有两支探险队来过这里。1524年，意大利（佛罗伦萨）的乔凡尼·德维拉扎诺受法国君主弗朗西斯一世的委托，为了寻找通往中国的通道，沿着北美的东部海岸航行，进入了纽约湾。在维拉扎诺之后几个月，为西班牙服务的葡萄牙船长埃斯特凡·戈美斯也来到了纽约湾，把他所看到的水道命名为“圣安东尼奥河”。后来法国人和西班牙人都再也没有来此拜访，直到85年之后的1609年，哈得孙受荷兰东印度公司的委派，为了同样的目标航行到这里，比他的先驱者们更加深入地进行了一次富有成果的探险与发行之旅。

▲哈得孙

此前，哈得孙曾受雇于英国。1607年5月，英国人亨利·哈得孙受到一家与俄国做生意的英国莫斯科贸易公司的委派，从泰晤士河口出发，驾船向正北远航，企图穿越北极前往中国，打通通向远东的贸易航道。当时无人知晓北极地区是被坚冰所覆盖的，人们以为北极浮冰只是狭窄的条带。6月，他顺利地沿格陵兰东岸向北行驶，于7月中旬航行到达北纬80°23′的高纬海区。在当时，这是人类有史以来航海征服的最北点。由于遇到了大片的浮冰，哈得孙无法继续往北航行，被迫返回。

1608年哈得孙再次受命探索通往远东之路。哈得孙于4月底启程，6月初绕过斯堪的纳维亚半岛最北端，并于6月底眺望到新地岛。他试图找到想象中的斯匹次卑尔根群岛与新地岛之间的海峡，然而大量的浮冰使他的希望落空。他改变计划，决定绕过瓦加奇岛，朝鄂毕河河口航行，然后继续朝北前往鞑靼角，但是这个尝试同样失败了。经过一系列的挫折，哈得孙最终意识到穿越北极前往东亚是根本不可行的。莫斯科公司认为他是个失败的船长，解雇了他。

当时新兴的荷兰共和国也急于到富庶的东方去进行贸易，议会曾悬赏重金寻求能够发现东北通道的人。在这种情况下，哈得孙来到了阿姆斯特丹，于1609年1月8日与东印度公司签订了航海协定。公司给他装备了一艘名叫“半月号”的旧船，招募了18名英国和荷兰籍的水手，哈得孙还把儿子约翰带上了船，并委任曾随他一起航海过的罗伯特·尤特为副手。

驶入纽约湾

1609年4月6日，“半月号”从荷兰的特塞尔岛出发，朝东北方向航行。5月5日经过挪威北端的北角后，就进入了冰天雪地和暴风不断的恶劣环境，苦苦挨过了半个月，水手们怨气冲天，经常寻衅滋事。为了避免发生叛乱，哈得孙被迫违反协定，改变了航海线路，掉转船头向西横越过大西洋，准备从另一个方向去寻找西北通道。7月2日，驶近了纽芬兰外的海域，12日来到新斯科舍半岛岸边，然后沿着北美海岸一直向西南航行，于8月18日到达了切萨皮克湾的入口。在那里他又掉转船头向北行驶，进入了一个巨大的河湾，哈得孙命名为“南河”，不过后来一般称之为特拉华河。

9月2日凌晨，船上的瞭望员在黑暗中看见了内弗辛克高地上的印第安人燃起的篝火。太阳出来后，前面出现了“一个巨大湖泊”的入口，那正是哈得孙河所流入的纽约湾。当天他们停泊在入口外的桑迪胡克岸边，大家一致认为这是一块“非常好的、令人愉快的土地”。9月3日下午三点钟进入湾内，发现前面有“三条大河”，显然那就是拉里坦湾、纳罗斯海峡和罗卡韦湾。哈得孙没有贸然前进，往南驶入桑迪胡克湾抛锚。那儿水质清澈，鱼群密集。沿岸分布着印第安人的小村庄，幽美僻静，陌生人的到来让土著人感到非常惊讶和兴奋。

9月4日，就有几条独木舟划近“半月号”，土著人来到甲板上，用绿色烟草和玉米来交换小刀和珠子，还有很多人都来看热闹。一队水手上岸来到印第安人的村子里，土著人非常好客，把他们带到自己的小屋里，用美味可口的葡萄干来招待他们。因为语言不通，只能相互用手势进行沟通。同时又有许多印第安人来到“半月号”上，带来烟草和“麻布”进行交易，他们热情友好、淳朴善良，但不知为何始终不能让那些欧洲人感到放心。

▲哈得孙沿着哈得孙河航行

9月6日，哈得孙又派了5名水手去探测海湾的北部区域。这几个家伙虽然很好地完成了任务，但他们上岸后在几处地方开枪抢劫，引起了印第安人的公愤。到了傍晚，天上下起了雨，他们划着小船返回。不知不觉后面跟上来两条独木舟，总共载有26个印第安人，追上小船后乱箭齐发，一支利箭射中了一个水手，其他水手也都受了伤。印第安人的勇士们也许感到心满意足了，并没有赶尽杀绝，就此放过了这艘小船。

哈得孙感到很惊慌，以为接下来就会发生一场对大船的进攻，下令加强防备。可是夜晚平静地过去了，没有发生任何事情。他们在上纽约湾一共停留了一周的时间，9月9日开始通过纳罗斯海峡。“半月号”穿越过海峡，停在了纽约港的宁静水面上。然后哈得孙再次宣布起航，开始在这条后来以他的名字命名的河上进行令人难忘的航行。

哈得孙河上的航行

“半月号”继续前进，进入了一条宽敞的水道。看到这个一眼望不到头的“塔潘海”，哈得孙感到非常高兴，心中充满了希望，他认为自己是航行在一条穿过北美大陆的通道上，即将到达那令人向往的太平洋，“中国”和“日本”也许就不远了！

9月14日，从东南方刮来一阵强风，“半月号”开始全速航行。“半月号”在夹岸高地的山影下急速航行，驶过了一段长长的距离，到达了卡茨基尔附近，在那里停留了一天。附近的印第安人闻讯而来，用各种食物来换取一些廉价的小物件，同时水手们又在河里打鱼，那儿的鱼实在是太多了。然后他们又起锚北行，傍晚时“半月号”险些搁浅，幸亏那是一个柔软的沙洲，没有遇到多大困难，船又毫发无损地浮动起来。哈得逊小心翼翼地在曲折的河道里航行，于9月18日来到了哈得孙市附近的河岸。

▲哈得孙河上的航行

那儿有一个印第安人村庄，土著人盛情邀请哈得逊去做客，他欣然接受邀请，和另外几个人一起走进了河岸上的棚屋小村。这些朴实的人们见他有所顾忌，竟然把弓箭折断并扔到了火中，但还是不能让哈得孙感到放心，最后还是回到了船上。

9月19日，告别了这个令人愉快的地方，哈得孙继续向北航行，来到了靠近奥尔巴尼的位置上，他们发现河道变得越来越窄、越来越浅，“半月号”已经不能安全地往上行驶了。哈得孙派人乘小船去探测上游的河道，来到6英里开外的地方，发现那儿的水深只有六七英尺。附近的印第安人带来水果，用珍贵的海狸皮、水獭皮来交换珠子、小刀和斧头。

这天哈得孙再次派人到上游去测量河道，小船探索到了很远的地方，直到晚上10点才回来，探测的结果是，这么远的距离河道最深也只有7英尺。至此哈得孙彻底死了心，看来这里确实不是一条海峡，该是返航的时候了。哈得孙下令掉转船头，开始往回行驶，心里不免有些惆怅。

10月4日上午，哈得逊回到这条他曾航行了那么远的大河的入口处，满帆转舵，再次驶进了大海。哈得孙河探险之旅就此结束了。但哈得孙的目的是到达东方，他准备到纽芬兰去休整，等冬天过去后继续航行，穿过戴维斯海峡去寻找西北通道。但是骚乱的船员们都不答应，强迫他调转船头开往欧洲。1609年11月9日，“半月号”航行了一个月后，在英国的达特茅斯港抛锚。

探险考察尼罗河

1769年，英国人詹姆斯·布鲁斯对尼罗河上游的青尼罗进行了探险考察，揭开了内陆探险的序幕。内陆探险起于布鲁斯的尼罗河之行，止于1876年布鲁塞尔会议，历时百余年。在内陆探险中，数以百计的探险家和探险队深入非洲内陆。

布鲁斯的发现

希腊人和罗马人均试图寻找尼罗河的源头，但都没有成功。因此在古典希腊和罗马的图像中尼罗河总是被显示为一名将头和面用枝叶蒙盖起来的男神。直到15、16世15、16世纪欧洲人来到了埃塞俄比亚，见到了塔纳湖，并且找到了湖南山里青尼罗河的源头。

1618年，西班牙传教士佩德罗·派斯作为第一个欧洲人到达埃塞俄比亚高原西部的塔纳湖畔，发现从此湖流出的阿巴伊河就是青尼罗河的上源。英国探险家詹姆斯·布鲁斯于1770年11月14日来到塔纳湖，确认了这一点。他将这一发现首先告诉法国当局，招致英国人的不满和质疑，直到1790年，他出版《尼罗河源头探行记》，争论才止。

> **尼罗河**
>
> 尼罗河是世界上最长的河流，流域面积287万平方公里，约占非洲面积的10%。但是，河水平均入海流量每秒2300立方米，年径流量725亿立方米，却是世界上水量较少的大河。尼罗河两大支流，主支白尼罗河长约3650公里。它从乌干达西北部进入苏丹，汇纳百川，水势浩大。但一到苏丹南部地区，因河道不畅，遂淤积成大片沼泽。待流到喀土穆附近同青尼罗河汇合时，两河相比，白尼罗河简直就成了一条可怜巴巴的涓涓溪流。青尼罗河长1450公里，发源于埃塞俄比亚高原。那里常年多雨，年降雨量在1500毫米至3000毫米之间。大量雨水汇集，沿着陡峭的峡谷直流而下，气度更为不凡。

对白尼罗河的知识就更少了。古代错将尼日尔河当作是白尼罗河的上游。比如老普林尼称尼罗河源于“下毛里塔尼亚的山里”，在地面上流过“许多天”的距离，然后转入地下，然后又出现到地面上，形成一个巨大的湖，此后又沉到沙漠下，流过“20天距离，直到埃塞俄比亚附近”。对尼罗河主支白尼罗河源头的探察，着手较晚，进展缓慢。这主要是因为现今苏丹首都喀土穆以南地区，沼泽连片，人难涉足。所以源头问题在2000多年的时间里一直有争议。

斯皮克和伯顿的发现

19世纪初，欧洲殖民势力向非洲内地推进，非洲地理考察的热潮兴起。葡萄牙人、英国人、德国人最后都绕开苏丹南部，从非洲东部出发，直插可能是河流源头所在的非洲中部内陆地区。英国探险家约翰·斯皮克和里查德·伯顿是采用这种方法探寻尼罗河源的先行者，收获最大。1858 年 2 月，他们几经辗转到达现今的坦噶尼喀湖畔，成为最早发现该湖的欧洲人。

1858 年 8 月 3 日，斯皮克又独自探索到一个比坦噶尼喀湖还要大的湖泊。遥望波涛连天的湖水，他无比激动，称此湖为“维多利亚湖”。他认定，这就是尼罗河的源头。当时为庆祝斯皮克这一重大地理发现，人们开枪打死一头驴子，供所有参加考察的人员打牙祭。

斯皮克将结论报告发到伦敦，引起两种截然不同的反响。有拥护者，有反诘者。表示反对最激烈的，是曾经同斯皮克一起探寻过河源的伯顿，他以毋庸置疑的权威自居，认为斯皮克还没有足够的科学依据。伯顿提出，真正的尼罗河源头很可能是坦噶尼喀湖。斯皮克坚信自己的结论，准备同伯顿当面进行辩论。但就在辩论的前一天，斯皮克却因猎枪走火而殒命。人死了，辩论会未能举行。但历史最终裁定，胜者是斯皮克。

利文斯敦和斯坦利的发现

在斯皮克和伯顿就尼罗河源头问题激烈争论的时候，已有两次在非洲中部探险经历的英国人利文斯敦提出，斯皮克和伯顿的说法都是错误的。真正的河源可能是维多利亚湖和坦噶尼喀湖以南的一个尚不知名的大湖。为证实这一说法，他于生命最后几年里艰苦探寻，但人们后来发现，他最后阶段竭力勘察的那条水系，其实根本不是尼罗河水系，而是刚果河水系。据说，利文斯敦本人在临终前已经隐约觉察到这一点，但终于没有足够的勇气承认自己的错误。

▲里查德·伯顿

利文斯敦去世之后，另一位英国探险家亨利·斯坦利决定承继他的未竟之业。他先是想办法弄清了坦噶尼喀湖确实同尼罗河毫无关系，然后又在备选中否决了卢阿拉巴河。这样，经过诸多探险家的反复考察，斯皮克关于维多利亚湖是尼罗河源头的结论终于为举世所公认。

人世间几度风雨，斯皮克的发现受到严峻挑战。尼罗河主支从维多利亚湖流出，这已毫无疑义。问题在于，维多利亚湖四周有许多小河注入，湖水还有个本源问题。因此，近几十年来，一些地理学家认为，尼罗河的源头，应该越过维多利亚湖，上溯到这众多小河中长度最长、水量最大的卡格拉河。

探险寻找神秘之河——尼日尔河

尼日尔河探险开始于1788年，纵观早期的尼日尔河探险，会发现整个探险活动主要围绕着解决尼日尔河的流向、河源、终点三个谜点而进行的。最终，在探险家们付出了超出常人无数倍的努力乃至生命的代价下，尼日尔河的这三个谜点终于大白于天下。

意外发现乍得湖

19世纪初期，欧洲进入了拿破仑时代。拿破仑大军所到之处，敌军望风而逃。这种局势，一直到一代骄子拿破仑在滑铁卢惨遭败绩之后才有所改观，欧洲国家渐渐地从战争的狂热中冷静下来。在这场战争中，英国政府为了维护帝国的殖民势力，极力反对拿破仑在非洲继续扩张。为了确保英国在西非的重要据点，英国政府希望寻找到尼日尔河的出口，揭开尼日尔河蕴藏着巨大宝藏的谜底，并了解尼日尔河两岸地区的政治、经济和军事情况。

▲一代骄子拿破仑像

1824年9月，伦敦方面派出一个三人探险组，继续寻找尼日尔河的正确方位。这个新三人探险组是由海军上尉渥特·乌得涅和休福·克拉伯东以及陆军士官狄克生·第南组成，三人探险组选择了一条危险性比较小的行进路线。

当时，波奴的苏丹正和邻近的诸国处于战火之中，波奴苏丹希望得到惠桑苏丹的支持，因而乌得涅他们就从的黎波里出发，经惠桑前往波奴。

他们的行程果然很顺利。乌得涅、克拉伯东和第南跟着南行的商队，很快就找到了乍得湖。根据他们留下来的记载，我们现在知道，当第南指着远处在阳光下熠熠闪烁的一条银带让乌得涅和克拉伯东看时，乌得涅和克拉伯东用手遮着刺眼的阳光，眯着眼看了好一会儿，他们有些激动，简直不敢相信自己的眼睛，在这荒无人烟的大沙漠中，竟然会有这么大的湖。

三个人几乎同时朝着乍得湖狂奔而去，他们激动得不能自已。在这世界最大的沙漠里，他们跋涉了11个月，虽然还没有找到尼日尔河的出口，却很意外地找到了乍得湖，成为首次看到乍得湖的欧洲人。

兵分两路找寻河源

根据以往的考察结果，只要找到乍得湖，就能找到尼日尔河，尔后再顺流追踪，尼日尔河的出口处也就不难探寻了。这怎么能让他们不激动呢？

尼日尔河从西面流进乍得湖，后由东流出，最终汇入尼罗河。他们觉得只要沿着湖边走一圈，就可以察知尼日尔河的踪迹了。

第二天的探查却大大令人失望，因为他们调查的结果根本无法解开尼日尔河之谜：从乍得湖西面流入的河没有一条像尼日尔河那么大，而且，乍得湖也没有向东流出的大河。尼日尔河究竟到哪里去了呢？乌得涅、克拉伯东和第南百思不得其解。于是，他们决定兵分两路，第南沿着沙里河往东南方向行进，而克拉伯东和乌得涅则设法通过哈沙族统治的地区，向西而行去寻找尼日尔河。

尼日尔河上游、中游、下游

尼日尔河河源至库利科罗为上游段，流经山地和高原、平原地区，接纳众多支流，水量丰富，水流湍急；库利科罗至杰巴为中游段，河道呈一向北弯曲的大弧形，流经平原和沙漠地区，多为低洼湖沼区，广布“内陆三角洲”；杰巴至河口为下游段，流经雨水充沛地区，河系发育，水量丰富，支流众多，有利于航行。

克拉伯东和乌得涅两人企图通过卡诺前往卡西那，但在这一段的旅途中，乌得涅死于一种不知名的疾病，克拉伯东独自一人走完了到卡诺的路程。

离开卡诺之后，克拉伯东来到了福拉尼族的首都索可托。当时，索可托只有短暂的历史，远远不如卡诺那么有名气，可这个地方却比卡诺大得多。福拉尼族的首脑穆罕默德·贝尔罗在西部苏丹地区有一定的势力，他与外部世界的来往比较多，相对来说，这一地区也较为开放。穆罕默德·贝尔罗对来自英国的克拉伯东以礼相待，但他在克拉伯东说明了自己的意图后，却不赞成克拉伯东去寻找尼日尔河。贝尔罗诚恳地告诉他，尼日尔河离这里实在太远了，至少还有240千米的路程，而且此去道路艰险。克拉伯东认为，自己既然不远万里，远涉重洋，穿越撒哈拉大沙漠，经历种种艰险，又承受了同伴不幸染疾身亡的沉重打击，到达了今天这个地方，就没有理由不走下去。于是，克拉伯东断然拒绝了穆罕默德·贝尔罗的建议，要求去探寻尼日尔河。最后，克拉伯东在穆罕默德·贝尔罗的建议下，接受了他派遣的护卫队的护送。

遗憾返回伦敦

克拉伯东对尼日尔河的探寻毫无结果，在无功而返的归途中，意外地在古卡瓦碰到了第南。当时在乍得湖分手时，克拉伯东、乌得涅和第南相约成功后再见，但到相见时却没有了乌得涅的身影。克拉伯东和第南相对无语，但是，他们不甘失败，再次从乍得湖出发去找尼日尔河。他们走了两年多的时间，穿越了撒哈拉沙漠，克服了难以诉说的困难与障碍，最后还是没有寻到尼日尔河，更无法确定尼日尔河到底流向何方。他俩由乍得湖经过墨尔苏奎，最后抵达的黎波里。这段旅程他们走了四个多月，时间是1824年的9月中旬一直到第二年的1月底。

在从乍得湖到的黎波里这段归途中，克拉伯东和第南相处得并不愉快。克拉伯东因为不能去通布图，也没法到达尼日尔河，一趟撒哈拉沙漠探险最终无功而返，实在是令他耿耿于怀。第南在他后来撰写的书籍中叙述说："到波奴旅行所遭遇到的困难与疲惫，实在是不能与回程相提并论。从伊兹亚到盖提里这段路就走了整整九日九夜。途中，没有牧草，没有树木，整个世界仿佛死了一般，那一种寂寥，无论对人还是骆驼而言，都是一种难以用笔墨来形容的痛苦。实在没有料到，在这次旅行接近尾声时，竟会有这样的遭遇……"

▲美丽的乍得湖

在两年前的出发地——的黎波里，克拉伯东从当地的英国领事溪马·渥林东那里听到了一个消息：政府有关部门和民间组织将援助亚历山大·雷因前往尼日尔河探险。由于对尼日尔河与通布图探险屡遭失败，英国政府又把希望寄托在雷因身上。

克拉伯东经历了这次探险之后，相信自己已经得到了关于尼日尔河的秘密。他认为，既然尼日尔河没有流入乍得湖，那么从尼日尔河的上游地区顺流而下，就一定能够找到尼日尔河的出口，这个出口处将在大海中的某个港湾。但尼日尔河从什么地方注入大海却没有答案，这实在令克拉伯东头痛。

克拉伯东不枉此行的是成功地到达了卡诺，并对那里的民情风俗和风光景致做了详细的描绘。克拉伯东回到伦敦后，将这些文字记录整理并发表。

再度出发寻找河源

为了要抢在雷因之前，成为第一个发现尼日尔河的人，两个月后，克拉伯东乘坐"布莱生"号轮船，和巴特上尉以及克拉伯东的仆人理查·兰德，还有两名医生、两名黑人奴隶，再度寻找尼日尔河。

克拉伯东一行抵达贝宁湾的巴塔力后，上岸开始进行尼日尔河的探寻，但在仅仅数百千米的行程中，巴特上尉、医生、黑人奴隶都先后命归黄泉。克拉伯东和理查·兰德在向北方索可托前进的道路上，终于在布沙瀑布看到了尼日尔河。

渡过尼日尔河之后，克拉伯东继续北上，他要到卡诺去找贝尔罗，希冀得到他的保护。但此时贝尔罗忙于与波奴之间的战争，对与英国建立联系已无暇顾及。同时，贝尔罗也反对克拉伯东到波奴的领地去旅行，他认为克拉伯东这一举动是对福拉尼族不友好的表示。但经过克拉伯东耐心细致的解释之后，1827年2月，贝尔罗终于同意送克拉伯东从尼日尔河航行到大海，以满足他的平生愿望。眼看成功就在眼前，克拉伯东却患上了疟疾和斑疹伤寒症，病情日益严重，拖延到3月份，克拉伯东已不能动弹了。兰德在他的身边悉心地照料着，但一切都无济于事，依然无法挽回克拉伯东的生命。1827 年 4 月，克拉伯东带着终生的遗憾死去，终年 39 岁。

神秘之河终现形

克拉伯东的死，使兰德的探险越发困难了。内陆地区的各土著部落对于从欧洲来的探险家有着很深的成见，兰德不能也不敢轻易地相信任何人。他知道，凭借自身的力量是无法完成尼日尔河的探寻任务的，眼下唯一的出路，就是把克拉伯东遗留下来的大量关于尼日尔河探险的资料带回伦敦。他要好好地研究这些资料，向这条神秘的河挑战，完成克拉伯东的未竟之业。

一年后，兰德回到了英国，他把克拉伯东的遗物送交给政府有关部门，并报告了这次探险活动。

转眼又过了两年，理查·兰德经过认真的筹备，认为实现诺言的日子到了。新年一过，他带着弟弟约翰·兰德，在政府的资助下再次探寻尼日尔河。

兰德兄弟的探险活动在到达布拉斯达文之前遇到了麻烦。他们谁也不曾料到，在南部非洲的沙漠地区，一夜之间居然会冒出如此之多的蝎子，令他们几乎丧生异乡。值得庆幸的是，他们离布拉斯达文已经不远了。理查·兰德搀扶着被毒蝎蜇伤的约翰·兰德来到布拉斯达文，经过当地巫医的治疗，约翰的伤很快就痊愈了。

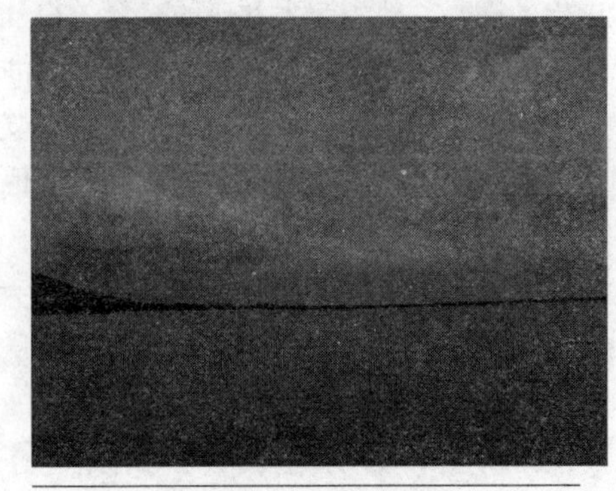

▲宽广的尼日尔河

在布拉斯达文，兰德兄弟终于找到了他们朝思暮想的尼日尔河入海口。站在坡岸上，望着尼日尔河汩汩流入大海，兄弟俩禁不住流下了热泪。

数日之后，兰德兄弟绘出了尼日尔河走向的草图，这条令欧洲人神往已久的神秘之河，终于被揭开了面纱：尼日尔河起源于冈比亚，到巴马科，向上到卡巴拉，尔后拐了个弯，直泻布沙，最后往东南方向注入几内亚湾。

史都德探险内陆充满艰辛

很多探险家在澳大利亚探险时，对澳大利亚内陆地区纵横交错的河流十分头痛，所留下来的有关内陆地区河流的资料，也是零零星星，缺乏系统性。史都德的澳大利亚内陆探险充满艰辛，探险的最终结果不但解开了内陆河川溢洪口之谜，而且找到了墨累河和达令河的汇合处，对后来者开发这片土地作出了重大的贡献。

艰难的沼泽行军

1828 年，一位年仅 33 岁的印度军务上尉查理斯·史都德，为了揭开澳大利亚东南部新南威尔士的河川之谜，准备对此做一番全面的调查。

查理斯·史都德从小受到良好教育，养成了吃苦耐劳、坚韧不拔的性格，以及喜欢追根问底、探查事物本质的习惯。史都德对于到未知的地区进行探险，似乎有一种天生的癖好。他到澳大利亚的时候，得知探险家奥克斯里曾经在拉格兰河附近的沼泽地带受到困扰，最终没有完成那一地区的探险后，去那里探险的欲望便油然而生。

史都德和汉弥尔顿·修姆组织了一支由两名士兵和 8 名囚犯组成的探险队，他们把这次探险定在旱季进行。旱季到了，他们沿着麦夸里河前行，向奥克斯里走过的沼泽地带发起了挑战。

这里的旱季表现的是另一种残酷。太阳高高地挂在天空，天气酷热而沉闷。汗水不断地从人们的每一个毛孔里渗出，湿透了衣服，又很快被烈日烤干，只在衣服上留下了一圈又一圈、点点斑斑的盐渍。同时道路也越来越艰难。队伍里很多人都病了。有的因水土不服，脸上长出了脓疮，整个脸肿得变了形。有的人眼睛得了炎症，疼得难受，又不能使劲地揉搓，痛苦至极。

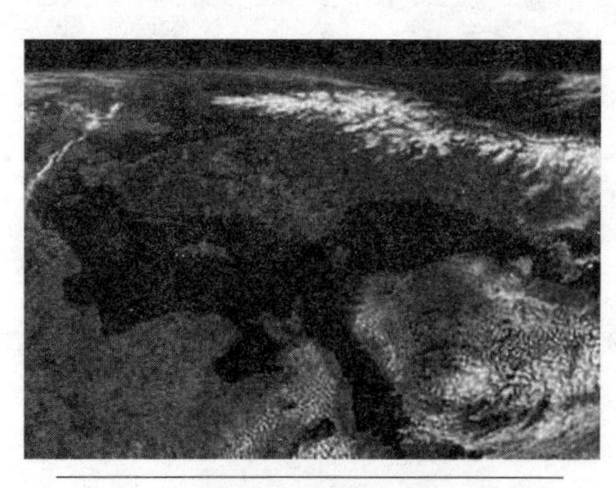

▲错综复杂的澳大利亚内陆河流

旱季的河水日渐干涸，河槽成了沼泽的模样。史都德的探险队受到了饮用水短缺的困扰，唯一能见到水的地方，就是河里尚未干枯的一点泥浆。探险队只好掏出毛巾，甚至衣服等往泥潭里扔去。等毛巾衣物吸饱了泥水之后，再把它们捞出来，把泥水绞到盆里，等盆里的水沉淀后再饮用。

这里，不但饮水成了问题，而且还常有凶残的鳄鱼和剽悍勇猛的土著也威胁到探险队的安全。两名队员也因此而丧命。

史都德只好绕过这片死亡之地，另找去路。

1829 年 2 月的一天，史都德一行突然发现一条大河出现在眼前，河面宽达七八十米，成群的水鸟和野鸭在水中嬉戏。这条河就是达令河。

史都德发现这水是咸的，就怀疑是否到了河流的入海口。但探险队沿河边走了 130 千米，什么也没发现，河水仍旧是咸的。无奈之下，史都德率领伙伴们返回了出发地。

与亚波利吉尼人交友

为了揭开河流出口之谜，就在同一年，史都德再度出发。这次和他同行的是一位年轻的博物学家——乔治·麦夸里和几个随从。他们乘坐一艘 8 米长的捕鲸船，沿马兰比吉河而行，没用一周的时间，他们就抵达了墨累河。途中，他们遇到了亚波利吉尼人。他们对当地土著的风俗习惯作了一番调查，并和这些亚波利吉尼人结成了朋友。亚波利吉尼人特地上门拜访探险队，和他们一起在篝火旁载歌载舞，并且在探险队的帐篷边睡觉，以表示友好。

史都德一行离开那里后又继续沿着墨累河前进。他们又遇见了另一族亚波利吉尼人，大约有 600 名。但这一族亚波利吉尼人与先前遇到的完全不同，他们从四面八方包围了探险队。由于距离非常近，史都德清楚地看到他们身上和脸上涂着白色或红色和黄色的颜料，手中举着箭和投枪，等待头领的命令。

▲现代捕鲸船

面对突然降临的灾难，史都德表现出大智大勇。他下令队员摆开迎战阵势，自己拿出手枪，朝天开了两枪。在亚波利吉尼人被枪声吓住的同时，他又叫部下打开一个大包，从里面倒出很多物品，有火石、打火机、香料、钻子、绸缎等。这些原来是准备用来和土人做交易的，现在派上了特殊用场。队员们高高举起一些玩意，还作了现场表演，如打火、钻木头等。

亚波利吉尼人对这些东西感到非常好奇，头领向他们走了过来，原先的敌意慢慢地消失了。史都德微笑着给头领送上几件礼物。头领高兴极了，挥挥手，示意手下的人放下武器，上前来观看。他们围了上来，摸着这些新奇的东西个个笑逐颜开。笼罩在他们中间的乌云散去了，顷刻间形成一片欢乐的场面。

找到墨累河和达令河交汇处

史都德在这地区进行调查勘探，他们溯河流而上，找到了达令河和墨累河的交汇点。之后，史都德探险队开始往回走，沿着风景如画的墨累河航行了大约 640 千米，到达了亚历山大湖的浅滩。以往的探险家曾经认为，这里就是达令河的河口。他们在那里可以隐约听到从恩康特湾传来的汹涌的海涛声。

▲墨累河

达令河河口的水域非常复杂，到处是难以捉摸的水流，移动的沙洲和漂浮在水面的树干枯枝。貌似平静的水面会冷不防冒出一株树，把船底戳穿。一天，探险队在靠近河流的岸边宿营。半夜时分，河岸突然发生坍塌，很多人掉进了水里。史都德急忙集合队员，然后奋力抢救掉进水里的人、马匹、帐篷和装有仪器、资料的箱子。虽然最后人员没有损失，但不少资料、器材和马匹却不见了踪影。

这次艰难的历险，史都德不但解开了内陆河川溢洪口之谜，而且找到了墨累河和达令河的汇合处，对后来者开发这片土地作出了重大的贡献。

初到悉尼的移民从史都德的探险中获知：墨累河流域是一片非常肥沃的土地。于是，他们又纷纷拥向那个地方。

米切尔三探众河流

汤姆斯·米切尔是英国一位杰出的探险家，也是一位优秀的总测量师。他设计了许多澳大利亚早期的道路、桥梁和城市建筑，对于澳大利亚的开发贡献很大。1830年，以他为首的探险队开始了对澳大利亚河流的三次考察。

出师不利返回悉尼

1830 年，米切尔对于“达令河注入墨累河河口”的结论表示怀疑。而且，有人传说在里布瓦尔平原的北方，有一条大河。米切尔想去探个究竟。

米切尔挑选了 15 名囚犯出发探险，经过一番长途跋涉，到达达令河上游的另一条支流——马金达亚河。在马金达亚河流域附近，米切尔指示 3 名队员留下来搬运粮食，并给他们留了几匹马，自己则带着其他人先行一步。

▲丰沛的达令河水

几天后，3 名留守队员中只有一人赶上了队伍。米切尔见那人蓬头垢面，衣衫褴褛，独自一人回来，一问才得知他们遭到了土著的袭击，不仅粮食和马都被抢走，另外两个人也惨遭杀害。这件意外事件的发生，使探险队陷入粮食匮乏的困境，米切尔无奈之下只好打道回府。

天气渐渐炎热起来。白天灼热难耐，他们只得在早晨和傍晚急行。整整 3 个星期，全靠马肉填肚子。

虫子的骚扰也使探险队员烦恼不堪，除了讨厌的蚂蚁和苍蝇外，还有一种澳大利亚小蜂，总是在探险队员的鼻子周围飞来飞去。那种小蜂身上常释放出一股难闻的气味，令人作呕。

到了离悉尼不远的地方，他们似乎再也没有力气前进了。队员们大都患了病，身体虚弱无力。米切尔派了一名身体相对好一些的队员，带上最后两匹马去求援。派出去的队员很幸运地带着一些粮食和马匹回来了。大家狼吞虎咽地吃了一顿，又继续上路了，不久返回了悉尼。

第二次探险无果

1835 年，米切尔又率领探险队去探寻河川，他们先是沿着波甘河前进了大约 160

千米，然后转向达令河，一直走到距离达令河与墨累河交汇点240千米的地方。这时，有个队员走失了，他独自一人在原始森林中摸索了好几天，被亚波利吉尼人发现后给杀害了。米切尔得知后决心为他报仇。在达令河附近，他们悄悄地包围了一群没有戒备的亚波利吉尼人，并且杀死了大多数，只有少数几个逃出了米切尔探险队的追击。

入夜，突围出来的亚波利吉尼人招来了上百名同伴。正当米切尔和队员们在帐篷中安然入睡时，亚波利吉尼人把营地包围了。米切尔从睡梦中惊醒，连衣服都来不及穿好，赤着双脚从帐篷中跑出来，迅速召集起部下，把他们分成两队，一队保护营地，另一队连连开枪还击。由于是在树林中，又是黑夜，看不见东西，所以只好盲目开枪，不让对方靠近帐篷。土著知道子弹的厉害，所以也不敢前进，只是发出刺耳的叫声。

就这样，双方对峙了一个晚上。到黎明时分，亚波利吉尼人撤退了。由于担心再次遭到亚波利吉尼人的伏击，米切尔不得不终止探险，率队折回悉尼。

第三次探险有所斩获

1836年3月，一心想了解开河川之谜的米切尔又组织了第三次探险。他们带了100只绵羊，这些绵羊是他们的主要粮食，沿着拉格兰河出发了。

一路上，他们碰到了不少困难。可恶的蚊子老围着他们转，叮咬他们。在穿越灌木林带时，满地是荆棘，尖利的硬刺甚至戳破队员们的厚皮靴，戳得他们双脚鲜血淋漓。队员们已精疲力竭，有的一停下来就睡着了。后来幸亏遇到了一位热心的亚波利吉尼妇女。她送给探险队粮食，还为他们带路，一旦遇到亚波利吉尼部落，就由她去应付。探险队顺利地向前进。半个月后，他们来到了拉克伦河和马兰比季河的交汇点。

米切尔发现拉克伦河注入了马兰比季河。于是，又沿着马兰比季河往前走，到达墨累河，进一步调查被史都德称之为“达令河”的河川。

这时，一位友好的亚波利吉尼人赶来向米切尔报告：有一队亚波利吉尼部族的人正埋伏在前面，准备袭击探险队。米切尔得到消息后，让那位亚波利吉尼人带路，绕到埋伏着的人的后面，先发起进攻，给了他们一个措手不及。接着，迅速离开了那个地方，沿着面前的大河逆流而上。米切尔发现他们来到了去年勘查过的地方，亲眼看到河川由北方流下来，由此证实了史都德的说法是正确的。澳大利亚东南河川出口处之谜也就此揭开，内陆海实际上并不存在。

第五章　人类向沙漠探险

沙漠里，黄沙弥漫、水源绝迹、生命稀少，是人类最顽强的自然敌人之一。有史以来，人类就同沙漠不断地进行斗争，但是从古代的传说和史书的记载看来，过去人类没有能征服沙漠，若干住人的地区反而为沙漠所“吞并”。在“人定胜天”的鼓舞下，近代具有冒险精神的探险家没有被前人的暂时失利而吓倒，他们勇敢地向沙漠这一“生命的禁区”挑战，并最终成功地征服了沙漠，为人类认识沙漠，学会与沙漠相处做出了巨大的贡献。

高僧法显穿过沙漠游历印度

公元初年，第一批佛教的传教者沿着张骞开拓的道路来到中国，这些传教者已在中亚和东亚各民族中把这个新教传播开了，此后不久，中国的朝圣香客们也沿着这条已被开拓出来的道路前往印度，中国的佛教高僧法显是最著名的西行者。他穿过中亚地区来到印度的西北部，并在印度逗留多年，收集了佛教的许多经典和著作手稿后，沿海路回国。法显著有《佛国记》，这部著作一直流传至今，被译成多种文字，并附有大量注释。他在这部著作里除了对佛教寺院和经典书籍进行了详尽的记述外，还对游历过的国家和当地居民的生活习俗作了简要的描写。

自小出家

法显，东晋司州平阳郡武阳（今山西临汾地区）人，他是中国佛教史上的一位名僧，一位卓越的佛教革新人物，是中国第一位到海外取经求法的大师，杰出的旅行家和翻译家。法显本姓龚，他有三个哥哥，都在童年夭亡，他的父母担心他也夭折，在他才 3 岁的时候，就送他到佛寺当了小和尚。

10 岁时，父亲去世。他的叔父考虑到他的母亲寡居难以生活，便要他还俗。法显这时对佛教的信仰已非常虔诚，他对叔父说："我本来不是因为有父亲而出家的，正是要远尘离俗才入了道。"他的叔父也没有勉强他。不久，他的母亲也去世了，他回去办理完丧事仍即还寺。20 岁时，法显受了大戒。从此，他对佛教信仰之心更加坚贞，行为更加严谨。

399 年，在佛教界度过了 62 个春秋的法显深切地感到，佛经的翻译赶不上佛教大发展的需要。特别是由于戒律经典缺乏，使广大佛教徒无法可循，以致上层僧侣穷奢极欲，无恶不作。为了维护佛教"真理"，矫正时弊，年近古稀的法显毅然决定西赴天竺（古代印度），寻求戒律。

西域行程

这年春天，法显带着 4 人一起，从长安起身，向西进发，开始了漫长而艰苦卓绝的旅行。次年，他们到了张掖（今甘肃张掖），遇到了 5 个僧人，组成了 10 个人的"巡礼团"，后来，又增加了一个，总共 11 个人。

"巡礼团"西进至敦煌（今甘肃敦煌），得到太守李浩的资助，西出阳关渡"沙河"（即白龙堆大沙漠）。法显等 5 人随使者先行，其余 6 人在后。白龙堆沙漠气候非常干燥，时有热风流沙，旅行者到此，往往被流沙埋没而丧命。他们冒着生命危险勇往直前，走了 17 个昼夜，1500 里路程，终于渡过了"沙河"。

接着，他们又经过鄯善国（今新疆若羌）到了焉耆。他们在焉耆住了两个多月，其余6人也赶到了。当时，由于焉耆信奉的是小乘教，法显一行属于大乘教，所以他们在焉耆受到了冷遇，连食宿都无着落。不得已，其中4人离开了。

法显等7人得到了前秦皇族苻公孙的资助，又开始向西南进发，穿越塔里木沙漠（塔里木，在维吾尔语中，是“进去出不来”的意思），这里异常干旱，昼夜温差极大，气候变化无常。行人至此，艰辛无比。法显一行走了1个月零5天，总算平安地走出了这个“进去出不来”的大沙漠，到达了于置国（今新疆和田）。于置是当时西域佛教的一大中心，他们在这里观看了佛教“行像”仪式，住了3个月。

接着继续前进，法显等人走了25日，便到其子合国（于今新疆叶城县）。在子合国居留15日后，继续南行4日，进入葱岭山，在于麾国（于麾国可能在今叶尔羌河中上游一带）安居。安居后，又继续走了25日，到竭义国（竭义国在何处，存在争议），这里有竹子和甘蔗。法显等人从此西行向北天竺。

天竺活动

到了北天竺，法显第一个到的国家是陀历（相当于今克什米尔西北部的达丽尔）。402年，法显到了乌苌国（故址在今巴基斯坦北部斯瓦脱河流域）。这里的和尚信奉小乘教，有佛的足迹。法显在这里夏坐。

▲楼兰遗址，法显西行求法曾经过楼兰古国

夏坐后，继续南下，先后到了宿呵多国（相当于今斯瓦脱河两岸地区）、犍陀卫国（其故地在今斯瓦脱河注入喀布尔河附近地带）、竺刹尸罗国（相当于今巴基斯坦北部拉瓦尔品第西北的沙汉台里地区）、弗楼沙国（故址在今巴基斯坦之白沙瓦）、那竭国界醯罗城（今贾拉拉巴德城南之醯达村）、那揭国城（故址在今贾拉拉巴德城西）。

403年，法显继续南下，到跋那国（今巴基斯坦北部之邦努），从此东行，到了毗荼（今旁遮普）。从此东南行，经过了很多寺院，进入了中天竺。先到摩头罗国（即今印度北方邦之马土腊），然后到了僧伽拖国（今北方邦西部）。

404年，法显来到了佛教的发祥地——拘萨罗国舍卫城（今北方邦北部腊普提河南岸之沙海脱——马海脱）的祇洹精舍。传说释迦牟尼生前在这里居住和说法时间最长，这里的僧人对法显不远万里来此求法，深表钦佩。这一年，法显还参访了释迦牟尼的诞生地—迦维罗卫城。

405年，法显走到了佛教极其兴盛的达摩竭提国巴连弗邑。他在这里学习梵书梵语，抄写经律，收集了佛教经典，一共住了3年。随同法显的一个僧人在巴连弗邑十分仰慕人家有沙门法则和众僧威仪，追叹故乡僧律残缺，发誓留住这里不回国了。而法显一心想着将戒律传回祖国，便一个人继续旅行。他周游了南天竺和东天竺，又在恒河三角洲的多摩梨帝国（印度泰姆鲁克）写经画（佛）像，住了两年。

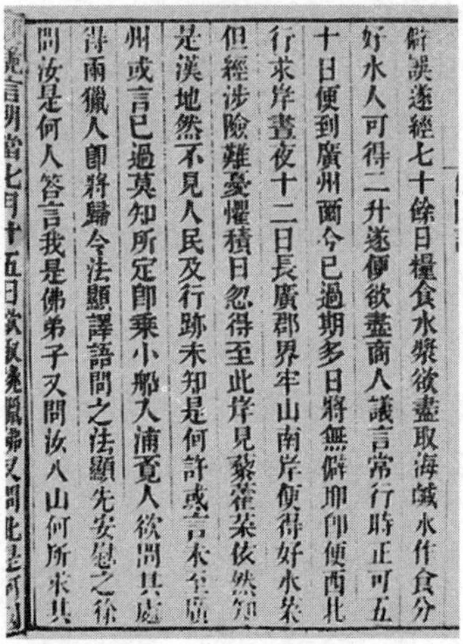

僻誤遂經七十餘日糧食水漿欲盡取海鹹水作食分
好水人可得二升遂便欲盡商人議言常行時正可五
十日便到廣州爾今已過期多日將無僻耶即便西北
行求岸晝夜十二日長廣郡界牢山南岸便得好水菜
但經涉險難憂懼積日忽得至此岸見藜藿菜依然知
是漢地然不見人民及行跡未知是何許或言未至廣
州或言已過莫知所定即乘小船入浦覓人欲問其處
得兩獵人即將歸令法顯譯語問之法顯先安慰之徐
問汝是何人答言我是佛弟子又問汝入山何所求其

▲《佛国记》中关于法显回到中国的记载

409年，法显离开多摩梨，搭乘商船，纵渡孟加拉湾，去到了狮子国（今斯里兰卡）。他在狮子国住在王城的无畏山精舍，求得了4部经典。至此，法显身入异乡已经12年了。他经常思念遥远的祖国，又想着一开始的“巡礼团”，或留或亡，今日顾影唯己，心里无限悲伤。有一次，他在无畏山精舍看到商人以一个中国的白绢团扇供佛，触物伤情，不觉凄然下泪。

随船归国

411年8月，法显完成了取经求法的任务，坐上商人的大船，循海东归。船行不久，即遇暴风，船破水入。幸遇一岛，补好漏处又前行。就这样，在危难中漂流了100多天，到达了耶婆提国（今印度尼西亚的苏门答腊岛，一说爪哇岛）。法显在这里住了5个月，又转乘另一条商船向广州进发。不料行程中又遇大风，船失方向，随风飘流。

正在船上粮水将尽之时，忽然到了岸边。法显上岸询问猎人，方知这里是青州长广郡（山东即墨）的崂山。青州长广郡太守李嶷听到法显从海外取经归来的消息，立即亲自赶到海边迎接。时为412年7月14日。

法显65岁出游，前后共走了30余国，历经13年，回到祖国时已经78岁了。在这13年中，法显跋山涉水，经历了人们难以想象的艰辛。正如他后来所说的：“顾寻所经，不觉心动汗流！”

法显在山东半岛登陆后，旋即经彭城、京口（江苏镇江），到了建康（今南京）。他在建康道场寺住了5年后，又来到荆州（湖北江陵）辛寺。420年，终老于此，卒时86岁。他在临终前的7年多时间里，一直紧张艰苦地进行着翻译经典的工作，共译出了经典6部63卷。他翻译的《摩诃僧祇律》，也叫大众律，为五大佛教戒律之一，对后来的中国佛教界产生了深远的影响。在抓紧译经的同时，法显还将自己西行取经的见闻写成了一部不朽的世界名著——《佛国记》。《佛国记》在世界学术史上占据着重要的地位，不仅是一部传记文学的杰作，而且是一部重要的历史文献，是研究当时西域和印度历史的极重要的史料。

法显以年过花甲的高龄，完成了穿行亚洲大陆又经南洋海路归国的大旅行的惊人壮举，以及他留下的杰作《佛国记》，不仅在佛教界受到称誉，而且也得到了中外学者的高度评价。

玄奘西域历险之旅

玄奘为了西行求法，“冒越宪章，私往天竺”，始自长安神邑，终于王舍新城，长途跋涉十万余里。玄奘依据他在旅行过程中所收集的资料撰写了《大唐西域记》一书，这本书历经十多个世纪，广为流传。

偷渡过境

玄奘，俗姓陈，本名祎，出生于河南洛阳洛州缑氏县（今河南省偃师市南境），幼年时就聪慧好学，而且家学渊源，少年出家后更是勤奋用功，13岁就能登座于大众前覆讲经论。在博览各家宗论典籍时，发现各宗所说，彼此不一，于是与兄长长捷法师参访四方宿德耆老，想要解开心中的疑惑；但是，终究未能于论辩当中释疑。于是，玄奘发愿西行天竺（今印度），以求法取经：“唯有将原典精确地译出，以释众疑，佛法才能继续在东土弘传，利益世人！”

公元627年，玄奘结侣陈表，请允西行求法。但未获唐太宗批准。然而玄奘决心已定，乃“冒越宪章，私往天竺”。公元629年，玄奘从长安出发，到了凉州（今甘肃武威）。当时，朝廷禁止唐人出境，他在凉州被边境兵士发现，叫他回长安去。他逃过边防关卡，向西来到玉门关附近的瓜州（今甘肃安西）。

玄奘在瓜州，打听到玉门关外有五座堡垒，每座堡垒之间相隔100里，中间没有水草，只有堡垒旁有水源，并且由兵士把守。这时候，凉州的官员已经发现他偷越边防，发出公文到瓜州通缉他。如果经过堡垒，一定会被兵士捉住。

▲公元前6世纪，中国的佛教徒千里迢迢去印度膜拜

玄奘正在束手无策的时候，碰到了当地一个胡族人，名叫石槃陀，愿意替他带路。玄奘喜出望外，变卖了衣服，换了两匹马，连夜跟石槃陀一起出发，好不容易混出了玉门关。他们在草丛里睡了一觉，准备继续西进。哪儿想到石槃陀走了一程，就不想再走了，甚至想谋杀玄奘。玄奘发现他不怀好意，把他打发走了。

打那以后，玄奘孤单一人在关外的沙漠地带摸索前进。约摸走了80多里，才到了第一堡边。他怕被守兵发现，白天躲在沙沟里，等天黑了才走近堡垒前的水源。他正想用皮袋盛水，忽然被守关将士一箭射中，当场被擒。

守关将士把玄奘带进堡垒，幸好守堡的校尉王祥也是信佛教的，问清楚玄奘的来历后，不但不为难他，还派人帮他盛水，还送了一些饼，亲自把他送到十几里外，指引他一条通向第四堡的小道。

第四堡的校尉是王祥的同族兄弟，听说玄奘是王祥那里来的，也很热情地接待他，并且告诉他，第五堡的守兵十分凶暴，叫他绕过第五堡，到野马泉去取水，再往西走，就是一片长 800 里的大沙漠了。

抵达高昌

玄奘离开第四堡，进入莫贺延碛大沙漠不久就迷路了，他找不到野马泉的方向。在沙漠中迷路已经是非常危险的事情，而玄奘恰恰在饮水时又失手打翻了水囊，在这样走投无路的情况下，他仍然毫不动摇地继续西行。几天几夜之后，滴水未进的玄奘再也走不动了，他昏倒在沙漠上，等待着死亡的来临。

到了第五天半夜，天边起了凉风，把玄奘吹得清醒过来。他站起来，牵着马又走了十几里，发现了一片草地和一个池塘。有了水草，人和马才摆脱绝境。又走了两天，终于走出大沙漠，经过伊吾（今新疆哈密），到了高昌（在今新疆吐鲁番东）。

高昌王麴文泰也是信佛的，听说玄奘是大唐来的高僧，十分敬重，请他讲经，还恳切要他在高昌留下来。玄奘坚持不肯。麴文泰没法挽留，就给玄奘准备好行装，派了 25 人，随带 30 匹马护送；还写信给沿路 24 国的国王，请他们保护玄奘过境。

龟兹辨经

玄奘在西行的路上，路过龟兹，被盛情招待，事后玄奘去拜见当地地位最高的法师——木叉鞠多。由于木叉鞠多有点看不起玄奘，所以处处轻蔑，还说玄奘的西行取经是多此一举，于是在木叉鞠多的庙里——神奇庙（当地语言的汉语意思）举行了一次辨经，由于木叉鞠多处处狂妄自大，最后惨败给玄奘。经过这件事后，木叉鞠多再见到玄奘不敢再坐着，都是站着和玄奘说话，以表示尊重。

走进印度

玄奘带领人马，越过雪山冰河，冲过暴风雪崩，经历了千辛万苦，到达碎叶城（在今吉尔吉斯斯坦北部托克马克附近），受到西突厥可汗的接待。打那以后，一路顺利，通过西域各国进了天竺。

玄奘的西行冒险之旅 10 多年，他在中亚地区几乎重复了张骞所行的路线，他在阿姆河以南（从巴尔赫城开始）翻过了兴都库什山脉，沿着喀布尔河谷通过铁门进入印度，然后向东行进，穿过了旁遮普，甚至到达孟加拉国。他游历了印度斯坦半岛的一系列沿海地区（除去最南部地区）之后开始返回。返回时他沿着印度河中下游地区到达旁遮普，然后再次来到阿姆河，并从那里回到唐朝。

穿越卡拉哈里沙漠

在最早考察非洲内陆地区的欧洲人里，利文斯顿是第一个横穿非洲大陆和考察了赞比西河流域、刚果河流域的人。他发现并命名了维多利亚大瀑布。他的活动，打破了非洲的沉默，激发了外部世界对这块“蛮夷之地”的兴趣。他的活动和业绩，受到了欧洲及非洲国家的普遍赞誉，尤其是他那勇于探险、百折不回的精神，一直为人所津津乐道，他是欧洲探险家心中的楷模。

毅然踏上征途

卡拉哈里沙漠是非洲第二大沙漠，位于非洲南部内陆干燥区，是非洲中南部的主要地区，面积约25.9万平方千米。100多年前，一位名叫戴维·利文斯顿的年轻的英国传教士来到非洲南部探险考察，他成功穿越卡杜哈里沙漠到达恩加米湖，成为穿越这个沙漠的第一个白人。

利文斯顿是1840年来到南非地区的，他一边传教，一边给人医治疾病，同时学习当地的语言。1849年，他决定北上，深入到非洲内陆地区。他的第一个目标，就是穿过卡拉哈里沙漠，到恩加米湖地区去。许多人对他这个行动不理解，一再劝他不要去。因为他选择的是一条完全陌生的旅途。白人对它一无所知，地图上也无标记，就连唯一知道路线的当地一位酋长也没向他作丝毫的透露，只是说这条旅途根本不能通行，“连黑人也无法越过这片沙漠，更甭说别人了，它只能把人晒死，或者渴死。”但是，利文斯顿是一个意志坚强的人，他决定按照自己的意志行事。

1849年6月1日，利文斯顿开始了他的沙漠探险征途，这一天对于他来说有着非凡的意义，标志着他人生道路的转折，也标志他探险生涯的开始。这一天，天气晴朗，万里无云。他和他的朋友奥斯威尔心情特别激动。吃完早饭后，他们就带着几个随员、一辆牛车和几十头牛出发了。目标早已确定，方向也已明确，往北，一直往北，绝不回头！沿途地形比较复杂，奥兰治河以南虽说以高原为主，但有河谷，有断崖，有森林，有丘陵。几天当中，他们时而跨河谷，时而爬断崖，时而穿密林，最后又越过巴曼瓦特的丘陵地带，才进入一望无际的沙漠。

卡拉哈里沙漠南起奥兰治河，北到赞比西河的源流乔贝河。面积广阔，占据了博茨瓦纳的大部分地区。这里，90%以上的面积为白沙所覆盖，除了稀疏的灌木丛外，几乎什么都没有。站在沙漠里，放眼远眺，沙漠就像一片白色的海洋，宽阔平坦，一望无际。

艰难跋涉

卡拉哈里沙漠的沙子又细又柔，手摸上去感到格外的柔软和舒服。但是，它毕竟是沙漠，而且行走起来比别的沙漠更觉困难。沙层并不很厚，除马卡迪卡迪西有新月形沙丘外，其他地方很少有沙丘。但是由于沙粒很细，又极为干燥，一脚下去会踩下一个深窝，有时几乎半截腿都会陷进去，两条腿必须同时使劲蹬和使劲拔，才能行走。牛在这里也使不上劲，牛车常常陷进沙漠无法动弹。

▲黄沙绵绵的卡拉哈里沙漠

利文斯顿和他的朋友开始很不习惯。他们像婴儿学步似的，只能迈着小步慢慢前进，还必须由随从在一旁搀扶着。有几次，利文斯顿跨的步子大了，前脚已经深深地踩进沙窝，后脚却还未拔出沙窝。他身子往前一倾，后腿猛一使劲，竟拔掉了靴子，回身还得再掏靴子。有时用劲不当，上半截身子不是朝前倒下，就是向后坐下来。这样，常常走不了几十米，就累得浑身大汗，但很快又被蒸发掉。

遭受无水考验

虽说沙漠的夏天已经过去，但这个时候，白天仍然很热。整个沙漠就像个烘干机，头顶太阳暴晒，地面烤得烫人。采一片灌木叶，拿在阳光下，很快就变成干的，轻轻一揉搓就成了粉。利文斯顿一行人，凡是身上裸露的部位，都开始脱皮。尽管这样，人们还热得直想把衣服都扒下来。这时向导建议，衣服不仅不能脱，还要穿严一些，这样不至于全身脱皮，还可以减少体内的水分被蒸发，防止虚脱。大家虽然也觉得向导的话有道理，但难受时仍免不了想把衣服脱去。后来他们改在早晨和傍晚赶路，情况稍微好了一些。

就这样，利文斯顿等人在沙漠跋涉了5天，5天过去了，还没有进入沙漠的腹地，水却成了大问题。出发时拉的水已经喝完了。现在不仅人需要水，还有几十头牲口也需要水。牛的饮水量虽不及骆驼，但比人大得多。再说牛不如骆驼耐旱。所幸的是这片沙漠是个盆地式的，有些地方沙层底下有渗水，但必须学会在沙漠里取水才能够取到。如果没有耐性，乱挖一气，反而无用，甚至会把水白白放跑。有一天下午，他们发现一个小小的水滩。在向导的指导下，他们用铁锹从渗出水来的低凹处往下挖，挖到两米多时，触到下边一个坚硬的沙层。向导忙止住他们，不让再往下挖了，如果再挖，就会把硬沙层捅破，水就会迅速渗掉。于是他们耐心等待湿沙层里的水慢慢往外渗，几小时后竟也渗出一小潭水。但这一小潭水是很有限的，要使几十头牛都喝根本不够用。没办法，只好忍痛丢掉大批牲口，只留下几头替换着拉车。

成功走出荒漠

但是，这并未从根本上解决用水问题。往前去，沙漠还不知尽头，越往深处，水源越不好找。此时，出发前人们说的沙漠里一天曾晒死、渴死一头牛的情景，又浮现在大家的眼前，利文斯顿等人很是担忧。第二天，一头牛倒下了，大家连推带拉，怎么也弄不起来。利文斯顿想，无论如何不能再这样下去了，必须设法找水。为此，他让大家在周围找小水滩，但花了整整 4 个小时，一个水潭也没找到。正在沮丧之际，奥斯威尔突然发现前边不远处好像有个狮子。他喊了几声之后，就拿着枪追过去，想打死狮子喝血吃肉。其他人都在原地高兴地等着。谁知半个小时后，奥斯威尔却带回一个女人，这女人是布须曼族人。布须曼族是生活在卡拉哈里沙漠中的一个古老的民族，以擅长追踪猎物而闻名。这个布须曼女人看眼前一个白人带着几个黑人，心里挺害怕，以为把她捉来要当黑奴贩卖。利文斯顿安慰她，说明他们没有恶意，只是想请她帮助找到水源。布须曼女人好久才弄明白利文斯顿的意思，她帮助利文斯顿找到了一个水潭，但里面的水少得可怜，但毕竟可以解决目前问题。随后利文斯顿又上路了，继续向前艰难跋涉。

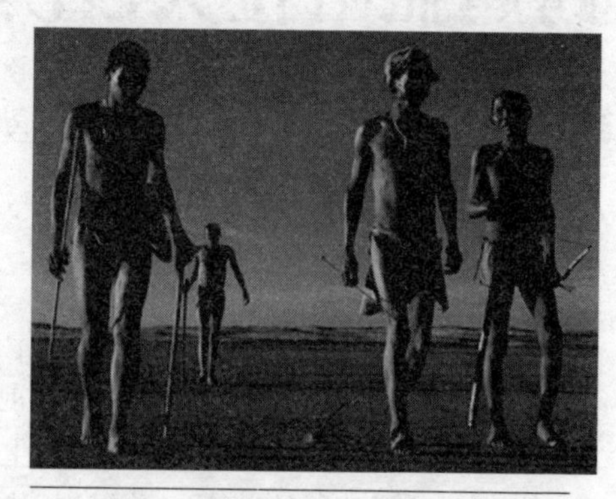

▲生活在卡拉哈里沙漠里的土著人

12 天之后，疲惫不堪的利文斯顿一行人终于看到前边出现了大片的绿色，原来那是一片沼泽地带的边沿，长满了野草和灌木丛，此外，还有一些乔木。他们奋勇向前，果然发现了一个湖。饮过水后，大家顿时感觉全身清爽了许多。稍息片刻，就又朝着西北的方向前进。他们经过一个盐湖，又沿象牙河岸溯流而上。最后到达了盼望已久的恩加米湖，利文斯顿胜利完成了他的探险生涯的第一步。

跨越撒哈拉大沙漠

在人类探险史上，关于霍勒曼穿越撒哈拉沙漠的旅行，并没有太多的记载，但人们并未因此而贬低此次的探险价值，因为这次探险毕竟是继古罗马人之后第一位欧洲人跨越撒哈拉沙漠的大壮举。

自愿涉险的神学研究者

撒哈拉沙漠约形成于二百五十万年前，位于非洲北部，是世界最大的沙漠。气候条件非常恶劣，是地球上最不适合生物生存的地方之一。

人类对于撒哈拉的探险，最初的想法并不完全是为了征服这个世界上最大的沙漠，而是出于对通布图和尼日尔河流域宝藏的奢求。撒哈拉南部地区的探险，就是从探寻尼日尔河开始的。

▲黄沙望不尽的撒哈拉沙漠

1788 年在英国成立的“促进非洲内陆开发协会”是非洲探险的主要组织结构。当时的英国著名探险家库克船长和科学家约瑟夫·班克斯是“促进非洲内陆开发协会”的创始人。早在协会成立之初就计划开展尼日尔河流域及撒哈拉沙漠的探险活动。1788 年、1790 年以及 1793 年，协会曾组织了三次规模不一的探险队前往撒哈拉沙漠探险，但最后由于各种原因探险活动遭到了失败，许多人还因此丢掉了性命。

1796 年，一位探险家找到了“促进非洲内陆开发协会”，提出了自己的探险计划。这位探险家不是应征而来的，他的探险活动完全出于自愿，他就是德国格特因大学的神学研究者弗雷特里齐·霍勒曼。这位德国人在探险计划中勾勒了一个自北向南的行进路线：从埃及的开罗出发，向南方的墨尔苏奎挺进，然后再南下卡西那穿越整个撒哈拉大沙漠，直取非洲南部的尼日尔河。

加入商队

由于前往的地区为阿拉伯地区，因此，为了在探险行动中减少麻烦，信仰基督教的霍勒曼特意花了一年的时间学习阿拉伯语，并且找到一支准备前往撒哈拉地区的商队。就在这时候，霍勒曼接到了协会创始人班克斯来自英国的一封信。班克斯在信中再三告诫霍勒曼，撒哈拉沙漠的广大地区几乎都是伊斯兰教的势力范围，对信仰问题要十分注意，以免发生不测。

班克斯的忠告，使霍勒曼更加坚定了以伊斯兰教徒的身份进行探险旅行的决心。在埃及的开罗，霍勒曼结识了一位改信伊斯兰教的德国人，他的名字叫弗连坦布尔克。霍勒曼向弗连坦布尔克陈述了自己的计划，希望得到他的帮助。

> **科学家约瑟夫·班克斯**
>
> 作为一位探险家和科学家，约瑟夫·班克斯参加了为期三年的南太平洋考察，并得到了惊人的发现。1788年，班克斯被选为英国皇家协会的主席，在这个位置上他一直干了42年。在这些年里，班克斯帮助把皇家花园变成了一个世界上最大的植物园，并使英国皇家植物园成了一个科学经济研究中心。

在霍勒曼的劝说之下，弗连坦布尔克表示愿意以霍勒曼佣人的名义和他一起走过撒哈拉大沙漠。就这样，霍勒曼穿上白色的布袍，化装成了伊斯兰教徒。

霍勒曼和商队离开了埃及开罗。在这支队伍中，除了霍勒曼和弗连坦布尔克以及商队的商人们，还有到麦加朝觐归来的巡礼者，整个商队阵容庞大。

充满艰险的沙漠考察

商队经数日的旅行后，到达了锡瓦绿洲，锡瓦绿洲是前往撒哈拉沙漠中的一个主要休息地。当看到锡瓦绿洲的宙斯·安曼神殿时，霍勒曼激动不已。他徜徉在神殿的遗址中，以无比敬仰的心情抚摸着神殿的残垣断壁，仔细地辨认着历尽沧桑已日渐风化的石刻。那些图案，记载着许多他所熟悉的神话故事。当年，他作为神学研究者，在大学图书馆里看到的有关历史，此时是那么寂静无声地呈现在他的眼前，面对这些他无比敬仰的“神物”，霍勒曼心潮澎湃，情难自禁。

麻烦事来了，霍勒曼对宙斯·安曼神殿遗址表现出来的异常热情，引起了伊斯兰教徒的怀疑。他们开始怀疑这位白皮肤的霍勒曼可能是一位化装成伊斯兰教徒的基督徒。几个伊斯兰教徒询问了霍勒曼，他们想测知霍勒曼对伊斯兰教的信仰程度。在伊斯兰教徒的诘问下，霍勒曼处事不乱，沉着应对，对答如流，言谈之间表现出对伊斯兰教虔诚的态度。询问者很满意，确认了他的伊斯兰教徒身份，允许他和商队一起前进。

▲锡瓦绿洲

此后不久，商队继续南下。霍勒曼随商队一起跨越了惠桑绿洲后，抵达墨尔苏奎。在墨尔苏奎，霍勒曼滞留了一段时间，他只身一人去了的黎波里，并把沿途所写的报告托人送回英国。

在成功终于进入撒哈拉沙漠中，霍勒曼拜访了许多沙漠部族的首领，非常诚恳地向他们请教，同时也收集了不少有关沙漠游牧部族生活习俗的资料。

经过一段时间的考察，霍勒曼又回到了墨尔苏奎，麻烦事再次降临。一直跟随在霍勒曼左右的弗连坦布尔克患上了可怕的热病，病情发展得非常迅速，几天工夫，弗连坦布尔克就病得不省人事了。

这天，昏睡了一个下午的弗连坦布尔克渐渐地醒了过来，他吃力地伸出手，抽动着嘴唇，喃喃地说道：

“霍勒曼，很不好意思，我不能再陪你了。撒哈拉……真不可思议，你多保重。到尼日尔河……就告诉我一声。”

弗连坦布尔克让霍勒曼把他扶起来，他要再看一眼撒哈拉的容貌。

太阳向西边落了下去，一抹淡淡的晚霞在天边漾开。此刻的撒哈拉沙漠显得格外地柔静，仿佛无言地为弗连坦布尔克送行一般。弗连坦布尔克的目光渐渐凝滞了，那指向远处的手无力地垂了下来。霍勒曼为他合上了双眼。

一天的尼日尔河考察

沙漠探险的代价是沉重的。弗连坦布尔克死后不久，霍勒曼也染上了严重的疟疾。几个月以后，他的身体才逐渐地好了起来。于是，他再次给“促进非洲内陆开发协会”写信，叙说了一个时期以来自己在撒哈拉沙漠中的遭遇，并表示病愈之后将按原计划继续探险。

协会收到霍勒曼的这封信后，便再也没有他的消息了。

病愈后，霍勒曼参加了前往卡西那的商队，向南方出发了。

撒哈拉沙漠的气候是炎热的，沙漠里的旅行是单调的。日复一日，霍勒曼对枯燥而单调的旅行有些厌烦了。当他在一望无边的沙海里跋涉的时候，抬头望着天空中仿佛是永恒挂着的太阳，无限渴望天边能飘来一片乌云，带来一阵暴雨，但在撒哈拉沙漠这种希望无疑是渺茫的。

▲撒哈拉沙漠落日

1801年的春天，霍勒曼终于穿越了撒哈拉沙漠，找到了沙漠南端的尼日尔河，但他仅仅对尼日尔河进行了一天的考察，就在卡波尼的小村庄里孤独地去世了，年仅29岁。

后来的探险家们沿着霍勒曼的探险路线行进，结果发现，霍勒曼是从波奴走过了撒哈拉沙漠，西进到卡西那，然后再往南行，抵达尼日尔河，并完成了他的尼日尔河一日之旅。

女探险家魂断撒哈拉沙漠

在众多的沙漠挑战者中，最引人注目的是荷兰的亚历山得琳·狄娜。1869 年初，狄娜受杜维里尔《北方的多亚雷古人》一书的影响，决定去撒哈拉探险。对于去撒哈拉的艰险，狄娜是有思想准备的，她认为男人们能做的事，女人也可以做到。于是，她勇敢地走进了撒哈拉沙漠。

初入沙漠遭遇风暴

狄娜 1839 年生于荷兰一个极其富裕、有权有势的家庭，她在年轻的时候便已成为一位巨大财产的继承人。由于良好的家境和教育，狄娜经常有外出旅行的机会。

1869 年初，狄娜勇敢地走进了撒哈拉沙漠。在初始的几天，狄娜对撒哈拉沙漠的感觉只是一种单调，无边无际的黄沙与蓝天相连，这个世界好像除了她和两名护卫她到墨尔苏奎去的荷兰水手外，再也没有其他人了。渐渐地，狄娜习惯了沙漠旅行的单调和寂寞。她骑着骆驼，放眼欣赏那月牙般的沙丘，那波涛起伏的韵致。沙漠尽管是荒凉的，但与欧洲的繁华相比较，倒也别有一番滋味，狄娜甚至有些陶醉了。

然而好景不长。一天下午，沙漠的太阳依然是那么热辣辣的，从远方渐渐压过来一片灰暗的云层，转眼间便到了头顶，狄娜开始还以为遇上了好机会，老天要下雨了。然而，她马上意识到灰云的到来恐怕不是什么好兆头，因为视野的远处开始模糊。

“不好！风暴来啦!”护送狄娜的一位荷兰水手大叫。话音未落，只见狂风挟着沙石，铺天盖地席卷而来。一刹那，太阳暗淡了，没有了天，也没有了地。这世界完全成为一个沙的世界了，就连有“沙漠之舟”之称的骆驼，在狂猛的风暴面前也站不住了。骆驼在背风的沙丘凹地上躺了下来，缩头缩脑的。狄娜趁机躲到了骆驼的背后，借此躲避风沙的狂吹猛袭。

一直到天完全黑下来之后，风暴才渐渐地平息下来。四周寂静如初，偶尔有几声风的啸声。狄娜从骆驼后面拱出身子，黄沙几乎掩埋了她。这时，狄娜开始体会到无垠的撒哈拉沙漠的险恶。在那祥和的表象和柔软的流沙下，又有多少不测的风云，它完全可以在一瞬间致人于死命，却又那么不动声色。多少人在这片广袤的沙漠中葬送了美好的生命，但沙漠的魅力就在于它的神秘莫测。

▲撒哈拉沙漠行路人

第二天又是一个晴朗的日子，湛蓝湛蓝的天空下是一片静寂的黄沙，仿佛昨夜什么也不曾发生过似的。狄娜在深知沙漠的无常之后，心里虽有一点儿小小的害怕，却没有丝毫退缩的意味。既然有人到过这里，她也能来；既然男人能走过这万里长沙，女人又有什么不能走过的呢?

太阳从东方露出脸儿。狄娜和杰克一行3人用完简单的早餐，开始了新一天的旅程。他们的第一个目的地是墨尔苏奎，杰克他们的任务也就是把狄娜平安地送到墨尔苏奎。

终于，狄娜站在高高的沙丘上看到了墨尔苏奎城的轮廓了。那是一座不大的城市，当然，所谓城市，并不是我们今天的概念，那里只有一些土垒的房子和用杂木、茅草搭起来的棚子；那里有树，有水，有牲畜，也有男人和女人。

在经历了孤寂的旅行和风沙的袭击后，狄娜对眼前的一切感到振奋。她庆幸自己的勇敢，没有在经历了那个灾难之夜后打道回府，不然，怎么能想象在荒漠之后还有绿洲。

未完成的撒哈拉沙漠之行

狄娜和她的护卫在墨尔苏奎住了一些日子后，开始安排未来的行程。

这一天，狄娜把杰克等人叫到她住宿的地方，对他们的护送表示了谢意，并付了酬金。

杰克他们走了，狄娜开始物色新的旅行伙伴。但是那些来回于欧洲与沙漠地区的商队不愿意和她结队而行，理由很简单，因为狄娜是个女人。狄娜是个意志坚强的女性，凡是她认为要做的事情，就要坚决做到底。她没有因为商队的拒绝而气馁，她决定向当地的土著寻求帮助。

这一天，狄娜来到一位多亚雷古族酋长的住处，向他说明了来意。

“尊敬的夫人，实在不是我不帮您的忙，只是我手下的人缺少装备，他们需要有足够的水和粮食，还有骆驼，这些都要花很多的钱啊!”

狄娜一听这话便明白酋长的用意。以狄娜的财产而言，酋长的这些要求根本不在话下，但眼下她却拿不出太多的钱财来满足酋长的贪欲。因为她带来的钱财在来墨尔苏奎的途中已经花了不少，她又给了杰克他们一笔钱，作为他们回荷兰的途中费用。

“酋长，如果是因为钱财的问题，那我可以告诉您，我身上带的已剩下不多，但请您相信，日后我一定会给你们双倍，甚至更多的报酬。”狄娜慷慨地向酋长许诺。

“夫人既然认为在金钱方面没有问题，我想我手下的人还是愿意为夫人效劳的。”酋长见目的已达到，也就不再坚持什么。

狄娜终于从墨尔苏奎出发，向南而下。3名多亚雷古人作为向导和护卫随她而行。在头两天的旅行中，大家相安无事。那几个多亚雷古人似乎都很勤劳，到夜晚宿营的时候，他们都很勤快地帮狄娜搬这搬那，其实是想窥视她所带的东西。

第三天清晨，太阳早早地露出了脸儿，3个多亚雷古人走进了狄娜的帐篷，其中一位满脸胡子的多亚雷古人用毫不客气的语气对狄娜说道：“夫人，我们大家都很辛苦，你应该把你的珠宝分给我们大家!”

“你怎么可以这么说话呢？你们所要的不是都给你们了吗？”狄娜感到有些意外。

“你给的东西都让酋长拿去了，我们可是没有捞到一点好处。既然我们3个跟你走了这么远的路，总不能没有一点好处吧！”多亚雷古人说道。

“可我现在也拿不出更多的东西给你们了。"狄娜耐着性子竭力劝说这几个多亚雷古人。

“那很简单，把你脖子上的项链拿下来，还有你所用的银制器皿统统交出来！”另一个多亚雷古人有些不耐烦了。

“银器可以给你们，但这条项链决不能给你们。”狄娜知道不满足这些多亚雷古人的贪婪之心是不行的，这些人可是什么事情都干得出来的。但要她交出项链办不到，因为这条项链的价值不仅仅在于值几个钱，那是她母亲在她出嫁时送给她的一份充满爱心的礼物，在鸡心坠子的里面，镶嵌着她母亲的相片，她时时刻刻都把它挂在胸前，思念着她那已经去世的母亲。

“银器我们要，那条项链我们也要，你所有的东西我们都要！”多亚雷古人蛮横地说。他们开始搜翻狄娜的箱子，企图从里面找到他们所需要的值钱的东西。

狄娜见无法阻止这帮多亚雷古人的野蛮行径，从褥子底下抽出一支大口径左轮手枪。多亚雷古人盯着黑洞洞的枪口，一下子全愣住了。他们知道欧洲火器的厉害，他们不愿成为枪下之鬼。

“好吧，我们走！”多亚雷古人最后悻悻地说。

看着多亚雷古人走出帐篷，狄娜赶紧收拾行李。她要尽快离开这个是非之地，逃离这些魔鬼般的多亚雷古人。当狄娜顶着炎炎赤日，牵着几峰骆驼，艰难地在沙丘上行进时，多亚雷古人悄悄地从沙丘背后袭来。

狄娜丝毫没有察觉，她对早上发生的事情仍然很气愤，全然没有心思观看四周的情况。突然间，狄娜觉得身子一沉，仿佛有什么东西拽了她一下，仰面一倒，便从驼峰上掉了下来。

狄娜定睛一看，那几个多亚雷古人紧紧地把她压在身下。她使劲地挣扎，但无济于事。渐渐地，狄娜失去了力气，被多亚雷古人给捆了个结实。多亚雷古人把骆驼上驮着的行李全部卸了下来，把所有的箱子、包袱都打开来，但里面除了一些书籍和狄娜换洗的衣服外，并没有太多的值钱货物。他们扔掉了所有的书籍、地图，把其他的据为己有。其中一个多亚雷古人忽然想起了什么，走到狄娜身边，一把扯下了她的项链。狄娜痛苦地闭上眼睛。

“你不要舍不得了，你永远也见不到这玩意了！”多亚雷古人“嘿嘿”地奸笑了两声，从腰间拔出一支锋利无比的短刀，摁住狄娜的手腕，慢慢地割了下去。

狄娜看着天，太阳依然耀眼，天空还是那么蓝湛湛的。狄娜被捆绑得动弹不得，手腕上的血汩汩而流，淌到沙中，立即被沙土吮吸干了，那一片黄沙被染成了红褐色。

狄娜悲惨地死去了，但她的精神却给后人以极大的鼓舞，在她之后，有很多人也踏上了征服沙漠的征程。

法国人的撒哈拉沙漠之旅

在征服撒哈拉沙漠的历史中，以法国征服历史最为鲜明，也最为抢眼，规模堪称浩大。开始于1880年的法国撒哈拉大沙漠远征，虽因多亚雷人的阻挠败北，但开始于1898年的第二次撒哈拉沙漠的远征则挫败了各种阻挠力量，最终成功穿越撒哈拉大沙漠。

远征队挺进沙漠

法国政府于1880年12月组织了一支阵容“强大”的撒哈拉大沙漠远征队，这支队伍共92人，包括10名士官、46名士兵和36名土著。他们将开往阿哈加尔东北部的广大地区，对那一方沙漠地域进行探查，向法国政府提供在当地建立基地的可行性报告。

这支队伍带上需要的骆驼和必需的物资从奥尔吉亚出发了。他们走入撒哈拉沙漠不久就发现了一个至关重要的问题，那就是要满足这支队伍的饮水越来越困难。

远征军开始从地中海南岸南下，经过比斯卡拉、瓦尔格拉和因沙拉，一路挺进。在沙漠中行军，饥饿与干渴经常折磨着这支队伍。当地的多亚雷古人不喜欢这支队伍，他们不提供水和食物以此让这些法国人知难而退。但是远征军的首领佛雷特斯上校不为所惧，坚持按计划好的路线向撒哈拉沙漠的腹地进军。

在多亚雷古人阻挠中败北

多亚雷古人决定向这些法国入侵者“开战”。他们预先埋好了自制的土雷，然后再在四周埋伏好，最后安排几个当地的牧民找到佛雷特斯上校的队伍，告诉这些正为水源而焦头烂额的人前面有一个天然的淡水泉眼。

佛雷特斯上校失去了往日的警惕，决定由自己带领一部分人马跟随牧民去找泉水，留下一部分士兵归第亚努中尉指挥，留守营地。当佛雷特斯上校一行人看到一泓清泉真的出现在眼前时，禁不住朝着泉水奔去。没想到，接连几声的巨响，使他们很快就明白中了埋伏。

在危急关头，身经百战的佛雷特斯上校迅速地指挥士兵根据沙丘的地势，布置好火力进行反击。

多亚雷古人很快被击退了，但他们并没有远离，而是继续找机会袭击佛雷特斯上校等人。在佛雷特斯上校的指挥下，一部分士兵冲出包围圈回到了营地。最终，这支远征军决定撤退。第亚努中尉带着残余的远征部队从南向北后撤。在他们越过沙漠的归途中，疲惫不堪的队伍不停地受到多亚雷古人的袭击。在阿哈加尔山脉以北的因沙拉地区附近，他们又遇到了多亚雷古人的袭击，第亚努中尉在战斗中被多亚雷古人的利刃刺穿了心脏，最后没有能够回到他的故乡去。

溃不成军的法国人不仅遭受着多亚雷古人的追杀，还被撒哈拉恶劣的气候和环境所害。在撒哈拉沙漠中旅行，就连健康人都无法抗拒那里高温、干旱、风暴等种种险恶的自然环境，伤病员就更不用说了。法国远征军中的伤员病号纷纷在回国的途中倒下了，最后，只有少数几个人回到了法国。

远征军再次踏上征途

19 世纪中后期，法国出现了一位新的探险家佛南·霍罗，他想跨越撒哈拉沙漠，并确立新的联络路线。

佛南·霍罗曾在 1868 ~ 1898 年数次到撒哈拉地区的中心地带探险旅行，积累了相当丰富的经验。他对撒哈拉沙漠有深刻的了解和独到的见识，因为他在撒哈拉沙漠中差不多行走了近两万千米。佛南·霍罗希望政府有朝一日能再次组织远征队，所以在此之前他先去进行探险。

1898 年是霍罗命运的转折点。法国国家地理学会推荐霍罗率领一支远征队到阿尔及利亚和苏丹之间的撒哈拉地区进行探险。对于佛雷特斯上校率领的远征军在撒哈拉沙漠遭到灭顶之灾的教训，法国政府记忆犹新，这次派出了更为强大的军队，对远征探险队进行护卫，拉米少校被指定为护卫队的指挥官。护卫队不仅携带了来福枪、机关枪，甚至还配备了轻量炮，使整个远征探险队几乎成了一支小规模的正规军队。

远征队终于出发了。当他们到达阿哈加尔山脉地区时，多亚雷古人再次纠集起来，但慑于法国远征队的强大的武器装备和战斗力量，多亚雷古人没有向法国远征队直接发动进攻。他们破坏了法国人行进途上的水源，拒绝向远征队提供食物，他们要把法国人困死在沙漠地区。

果然，在从塔西林阿杰到阿哈加尔山地的行进途中，因为缺水，远征队损失了上百峰的骆驼。跨越阿哈加尔地区后，骆驼全部死光了。为了不让多亚雷古人得到好处，远征军把携带的大量物品焚烧得一干二净，并把军用品埋藏起来。队员们则轻装上阵，继续前进。在饥饿和干渴的威胁下，他们还是到达了森地尔，完成了阿尔及利亚到苏丹之间的路程。远征队在森地尔稍事休整后，开始向东边的乍得湖出发了。

▲沙漠里的驼队

与波奴军队的较量

战斗还是不可避免地发生了。法国远征队在乍得湖附近的克塞里与波奴王国的军队相遭遇。波奴人不像多亚雷古人那样采取断水绝粮的办法退敌。他们发现大队的法国士兵开进了他们的领土，对这种侵略行径，波奴人果断进行了武装反击。在与波奴军队开战的过程中，拉米少校牺牲了，但最终，远征队也消灭了波奴军队。

拉米少校死后，佛南·霍罗率领着远征队继续南下，一直走到今天的喀麦隆、加蓬一带。从行军路线来看，这支法国远征队几乎由北向南地穿越了整个非洲地区，后来，他们乘船回到法国。

开辟沙漠征服新篇章

虽然，霍罗率领远征队成功穿越撒哈拉大沙漠，但他知道，如果想自由穿越撒哈拉大沙漠必须要制服多亚雷古人，他同时也知道，要完全打败多亚雷古人，是一件很不容易的事情。

1901 年，一位叫培拉宁的法国士官被派到撒哈拉的绿洲担任指挥官。他知道多亚雷古人历来和其他沙漠土著有很深的矛盾。他充分地利用了这一点，帮助沙漠土著组织了一支战斗部队——骆驼大部队。他训练骆驼大部队，提高沙漠土著的战斗能力，并在几场小战斗中获得了胜利。从此，骆驼大部队开始纵横于沙漠之中。

1902 年 5 月，骆驼大部队在一场决定性的战斗中摧毁了阿哈加尔地区的多亚雷古人的势力。在阿哈加尔山脉的提多之战中，多亚雷古人被彻底打败。

提多之战后，撒哈拉沙漠平静了很多，数年中没有再发生过战斗。人们自由地横越沙漠，促进了沙漠中交通网络的发展。1910 年，定期邮件从通布图经阿哈加尔山脉送往因沙拉、哥勒亚和阿尔及利亚。

中国人首次穿越撒哈拉沙漠

2001 年 10 月 14 日，中英撒哈拉沙漠环境科学考察队从我国新疆维吾尔自治区乌鲁木齐市出发穿越撒哈拉沙漠，考察队由中方一人、英方两人及美国地理杂志社五人组成。这是中国人首次参加穿越撒哈拉沙漠行动。

为开拓撒哈拉，沟通沙漠地区与外界的往来，培拉宁在执行确立沙漠航空路线的任务中献出了生命。

卡车和飞机的应用使人类对沙漠的征服更推进了一步，同时也预示了骆驼商队将成为历史。1922 年 12 月，法国的西多罗因卡车队从地中海出发，在次年 1 月抵达撒哈拉沙漠南边的通布图。可以说，西多罗因车队的成功，对法国人而言，是真正征服了撒哈拉沙漠。

"沙舟"征服撒哈拉

在征服世界上最大最险恶的非洲撒哈拉大荒漠的众多冒险家中，有人徒步，有人开车，有人骑摩托车，也有人骑骆驼，但用帆板这样的"沙舟"穿越撒哈拉大沙漠则绝对是个创举，可以说前无古人。事实证明，亚尔诺创造了一个奇迹，他靠着自己独创的沙漠工具"沙舟"奇迹般地完成了撒哈拉沙漠之旅。

破天荒的冒险壮举

1979年，法国33岁的亚尔诺·德·洛思耐别出心裁，为了不走探险前辈们已经走过的老路，为了创造新的探险纪录，专门设计了一种能在沙地上行驶的新型交通工具，它的形状有点像能在海滨穿行的帆板，一块装有4个小轮子的、2米长的窄木板，上面竖起一张可随意操纵的6平方米大的风帆。利用风力作为行驶的动力，就像帆板运动员站在帆板上，借助风力在浪花上滑行前进一样。亚尔诺把它叫作"沙舟"。

亚尔诺计划驾驶这简陋的沙舟，沿着濒临大西洋的西非海岸，从毛里塔尼亚的滨海城市努瓦迪布南下，凭借这一带强劲的东北信风，在撒哈拉大沙漠上滑行1100多千米，到达塞内加尔的首都达喀尔为止。为了保证远征的成功，他事先赶到西非摸清了当地的天气、潮汐、风和沙漠的情况。

一眼望不见边的撒哈拉大沙漠，显得死气沉沉。这一带濒临海滨，沙子洁白细小，混有被海风海浪卷上来的贝壳粉末。一开始，亚尔诺脚踩在窄窄的平木板上，身体微曲，根据风向操纵着那风帆，可谓是一帆风顺，"飘行"得相当顺利。但是不久"沙舟"就接二连三出现故障。亚尔诺没看清楚，事先也根本没料到，沿途沙地上长着一丛丛很矮小的带刺的荆棘，它们像是埋着的地雷，等到发现时，已经先后刺破爆炸了16个橡皮轮胎。

幸好旅程的前半段他不是单枪匹马，摄影师弗朗索瓦和毛里塔尼亚军队派出的两名军人陪伴着他，他们驾驶一辆越野车为亚尔诺的冒险远征保驾。轮胎每炸一个，大家帮着修补。晚上，大家一起睡在沙丘旁搭起的帐篷里。

▲撒哈拉沙漠"羊上树"景观

沙漠旅途凶险重重

由于出师不利，他们情绪很坏，弗朗索瓦愁眉苦脸，亚尔诺也没有睡好。沙漠中的昼夜气温相差很大，夜里天气特别冷。

第二天情况变得好起来。亚尔诺信心增强，离开了他的伙伴，独自在沙地上一气赶了131千米路。他为周围苍茫的荒野景色，为自己破天荒的冒险壮举而陶醉。在探险日记中他动情地写道："我到了一个处女地，这儿没有垃圾，没有噪音，没有人烟，却不使人寂寞。我变成自然的一分子，与她交谈，被她的魅力所倾倒。"

撒哈拉沙漠绝大部分地方没有道路，杳无人烟，陷进去很容易迷失方向。亚尔诺参照太阳的位置、风向和装在沙舟上的指南针，时时纠正前进的方向。

在沙漠行程中最怕遇上沙暴。一股股强烈的旋风从地面不断卷起尘沙和干土粒，在空中打转的飞沙走石，使白天也变得暗无天日。这时，尽管是紧闭着嘴巴，也会满嘴尘沙，尘沙会从鼻孔吸进去。亚尔诺在第三天就陷进了这样一场铺天盖地的沙暴中，整整几小时无法脱困。尾随的伙伴们花了很大的劲儿才从沙舟底下找到他，发现他用那块帆布把自己从头到脚遮盖得严严实实。

第四天的情况截然相反，几乎没风。必须借风才能行驶的沙舟，没有前进几步就停了下来。越野车已朝前开去，这天亚尔诺没有人陪同。晚上他把沙舟倒过来，将底板竖在沙丘上，利用风帆搭起一个敞开的临时帐篷。半夜2点钟左右，他又被一群豺的嗥叫声惊醒。豺的个儿虽不大，却比狼更凶残，他赶紧拿起充气用的气泵，把它们吓跑。

第六天，风仍然软弱无力，不能再等下去了。大部分时间他不得不拉着沙舟徒步前进。这一天，他终于到达毛里塔尼亚的首都努瓦克肖特，此刻他才走完一半路程。

极端的撒哈拉沙漠气候

撒哈拉沙漠北部是干旱副热带气候，南部是干旱热带气候。在这种气候的主宰下，撒哈拉沙漠常出现许多极端，有世界上最高的蒸发率，并且有一连好几年没降雨的纪录。气温在海拔高的地方可达到霜冻和冰冻地步，而在海拔低处可有世界上最热的天气。

胜利完成沙漠之旅

亚尔诺在努瓦克肖特休整一天。他消化不良，感觉身子不太舒服。尽管如此，到了第八天早上，他仍然带着5千克食粮、5瓶淡水、睡袋、匕首和备用帆、两个备用胎，总共20千克行李，继续乘风驾舟滑行在大沙漠上。

摄影师弗朗索瓦驾驶飞机，沿着海滩搜索了几个小时，竟然看不见亚尔诺的踪迹。第九天，亚尔诺依然没有音信。第十天，还是找不到亚尔诺的身影。弗朗索瓦沉不住气，准备想去外界请求救援了。谁料到第十一天，亚尔诺竟然出现在位于塞内加尔河北岸的罗索镇上。原来亚尔诺出发不久，由于虚弱晕了过去，苏醒时已是半夜。等待第二天天亮再赶路，然而天亮时风向又不对，他不得不改向朝东行驶，这就偏离了原定的路线。离罗索镇还有170千米路程，他打算天黑以前赶到。可是途中被一个警察拦住，经过解释，才说服他。后来轮胎又出故障。亚尔诺不能再浪费时间，他马不停蹄连夜赶路。这天晚上月光皎洁，沙舟行驶如飞，时速达到60千米左右，接近汽车的速度，所以在第十一天清晨抵达罗索。他稍事休息后又踏上征途，下午赶到出海口圣路易港的对岸。这时他已经行走了 846 千米，胜利指日可待。

第十三天，亚尔诺想尽快结束这次远征。他不顾当地居民的劝告，在涨潮时冒险搭上木筏抢渡塞内加尔河。河上风很大，突然一股上游涌来的激流席卷住木筏，把它迅速推向河口。亚尔诺眼看自己和他的沙舟就要被冲进外面的大西洋中，竭尽全力使木筏搁浅在沙洲上。几小时后，在当地的渔民帮助下，亚尔诺才脱离了困境。

离最终的目的地达喀尔只有 200 千米了，亚尔诺发疯般地向前疾驶。无论是海滩、沙丘还是风，似乎已不再找他的麻烦。他熟练地操纵着“小舟”，不到 6 个小时，赶完最后一段路程。成千上万的达喀尔居民惊讶地向他欢呼，向他祝贺。亚尔诺终于靠着自己独创的沙漠工具“沙舟”完成了撒哈拉沙漠之旅。

汤玛斯和菲力比的阿拉伯沙漠竞赛

探险的行程中常常会遇到多种无法预料，甚至人力无法抗衡的不可知危险，因此，探险并不是每个人都能进行的，菲力比终于完成了他的阿拉伯沙漠极其艰苦的探险旅行后，他只说了一句："外行人不能轻易地去尝试横越大沙漠，也不能轻易地冒这个险。"可见被称为"空虚的四分之一"的阿拉伯大沙漠的威力。

准备直接横越

阿拉伯沙漠位于北非撒哈拉沙漠的东缘部分，面积有65万平方公里，几乎占了阿拉伯半岛南部50%的土地，自然条件十分恶劣。这里的游牧民族也和阿拉伯地区的其他土著一样，对外族人怀有本能的仇视心理。因此，一直到1930年汤玛斯穿越这片沙漠之前，它还是阿拉伯唯一未被外人侵扰的地区。

▲一片黄沙的阿拉伯沙漠

1930年初，英国政府驻中东地区的两位高级官员贝特兰姆·汤玛斯和圣·约翰·菲力比突然心血来潮，相约比赛横越阿拉伯大沙漠。汤玛斯曾在伊拉克、多兰士、约旦等地服务，而菲力比则在伊拉克任职。

1930年12月10日，汤玛斯带着40名拉西提族的贝都因人组成的探险队从索法尔出发，开始了阿拉伯沙漠探险。探险队从索法尔的山脉向北跨越，再向西走过一个草原地带，然后向北前进。他们准备直接横越阿拉伯大沙漠到达波斯湾，再到卡塔尔半岛，全程估计约1120千米。

探险队在当地游牧民的指引下，找到了曾被称为"乌巴尔"的都市。据说这个都市就是《圣经》上所说的所罗门王的金银宝石的产地，但眼下已被厚厚的黄沙掩埋了。汤玛斯蹲在沙地上沉思了很久，他想象着连绵起伏的沙丘之下当年都市的繁华景象。那时候一定有大队的骆驼商队通过这里，有人来人往的商业街道，街道不一定很宽，却很繁荣，沿街摆着很多的银器、丝绸和香料，人们讨价还价地进行交易。但今天却什么都没有了，唯有这厚厚的黄沙。

遭遇罕见大风暴

从向那的水塘开始，探险队进入了阿拉伯沙漠的腹地。这里的沙地特别柔软，是那种流动性很大的流沙带。探险队走了半天，回头一看，实际上却没走出多远。一天只走20多千米。但汤玛斯对此并不气馁，他担心的倒是哈德拉茂北方的谢阿尔族经常出没在这一地区附近，担心遭到他们袭击。事情并没有汤玛斯想象中的严重，探险队只是和谢阿尔族的游牧者发生了几场不太严重的纠纷，没有升级为武装冲突。

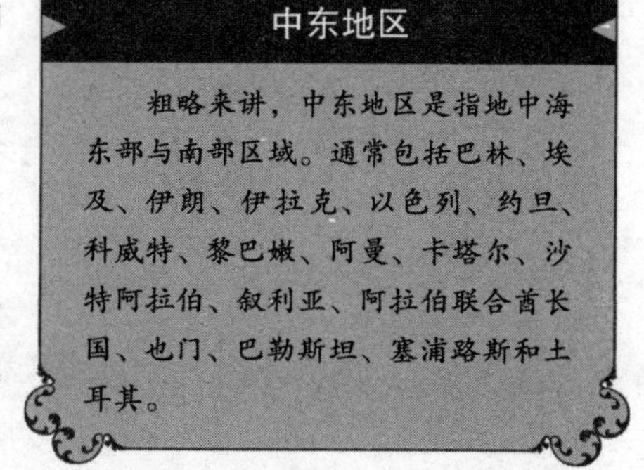

1931年1月，探险队来到巴奈扬附近。正当他们准备扎设营地的时候，天空突然暗了下来，汤玛斯情知不妙，大声吩咐手下收拾行李。众人忙不迭地往行囊里塞东西，有的则跑前跑后，企图把骆驼拢到一起，令它们卧倒。风越刮越大，夹杂着沙子，打得探险队的人睁不开眼，面颊生疼。

汤玛斯见东西已收拾完毕，赶紧卧倒在骆驼的后边。“沙漠之舟”完全没有了往日的精神和那种悠然自得的神情，紧闭着眼睛，把脑袋深深地埋在沙地里。转瞬间，天地间的一切都成了沙暴征服的对象。汤玛斯趴在沙地上，很快地就觉得要被沙子埋住了，耳边听到的是“嗖嗖”的狂风的呼啸。他无法睁开眼睛，只能暗暗祈祷。

不知过了多久，到天空完全暗下来的时候，暴风沙才渐渐地停息。汤玛斯抬头一看，整个沙漠都变了样，刚才那一波一浪的沙丘不见了，目光所及全是一览无余的平坦沙地。汤玛斯组织众人检查装备，发现探险队丢失了两峰骆驼和骆驼驮着的一些行李。

夜深人静，汤玛斯翻来覆去睡不着觉，突然，他发现自己的一个箱子不见了。那个箱子里有他的指南针和地图。在沙漠里丢失了地图和指南针，汤玛斯明白意味着什么。他没有声张，走到帐篷外，尽力使自己镇静下来，去考虑明天要做的事。

到达沙漠尽头——波斯湾

根据时间的推算和每天的旅行日记，汤玛斯知道他们已经快要走出沙漠了，大约再走130千米就可以抵达波斯湾。

第二天，为了尽快地走出沙漠，汤玛斯命令丢弃一些行装，以减轻骆驼的负担。到了下午，汤玛斯发现他们又回到了上午出发的地方，他们出发时丢弃的行李乱七八糟地躺在沙窝里，众人见状手脚冰凉，两腿迈不开步。

汤玛斯又是一宿未眠，一夜之间，他憔悴了许多，头发蓬乱，两眼迷离，脸庞蒙上了一层沙灰，眼圈发黑。

太阳升起来了。探险队又踏上了征途。

“快看，那是什么？”有人喊道。

汤玛斯放眼远眺，开始什么也没有看到，渐渐地他看到一匹白马在尽情地奔跑，那情景像是一个小城镇。马越跑越远，小镇却越来越清晰。

“海市蜃楼！”汤玛斯大喊一声，跳了起来，“我们有救了。”

汤玛斯欣喜若狂。尽管谁都知道，海市蜃楼只是一种虚幻的景象，这种幻景时常发生在海边或沙漠地区，它是光线经不同密度的空气层发生反射或折射，把远处景物显示在空中或地上。

熟悉物理学的汤玛斯断定，这一定是沙漠的空气和海边的空气相互挤压而产生的海市蜃楼，那边一定就是海边了。

“大家快上骆驼，把多余的东西统统扔掉，我们就要到波斯湾啦！”汤玛斯一边说一边爬上了骆驼。

“就要到了，大家走快点！”汤玛斯催促队员。

到了深夜，汤玛斯终于如愿以偿。他们真的到达了此行的目的地——波斯湾。

菲力比曲折的沙漠之旅

在贝特兰姆·汤玛斯阿拉伯大沙漠探险的同时，他的挑战对手圣·约翰·菲力比却没有那么幸运。开始，沙特阿拉伯政府拒绝了菲力比为横越大沙漠而申请的假期。这令菲力比非常失望，因为他已经知道汤玛斯要出发了。通过他人的帮助，菲力比的请求被批准了。他万分高兴地开始组织人马，准备他的大沙漠之行。他要从北面向南而行，向阿拉伯大沙漠挑战。就在出发前，他听到了汤玛斯成功地穿越阿拉伯大沙漠的消息，他明白自己无法成为第一个横越大沙漠的人了。但菲力比并不因此而放弃对阿拉伯沙漠的挑战。他改信了伊斯兰教，他的探险计划因此得到了沙特阿拉伯王朝的支持。尽管他对整个横越阿拉伯沙漠的计划不像汤玛斯那么周密，但他大可不必担心沙漠中的土著会对他有什么不利的举动。他有到过吉达、乌内沙、阿兹·史莱伊尔和哈德拉茂旅行的经验，他在沙漠地区生活的时间比汤玛斯更长。因此，菲力比暗下决心，他的阿拉伯沙漠之行要比汤玛斯时间更长、行程更远，至少在这方面要胜过汤玛斯。

1931 年初，菲力比的队伍从荷夫出发，先向东南方的卡塔尔半岛前进，再转向西南方的加布林绿洲，然后横越阿尔加福拉沙漠。当队伍到达向那的水塘时，他发现了汤玛斯走过的路线，于是他又决定走大沙漠西边的路线，到阿兹·史莱伊尔去。菲力比仗着他的庞大队伍有精良的装备和足够的骆驼，就这么在茫茫无际的阿拉伯大沙漠里游荡，他只有一个目标——他的沙漠之旅要远远超过汤玛斯。

这时的菲力比完全是一副阿拉伯人的打扮，他能够讲流利的阿拉伯语，熟诵《古兰经》，更重要的是，长期的沙漠生活使他练就了阿拉伯人的性格。他对沙漠中的干旱、酷热和饥渴已经习以为常，但负重的骆驼却支持不住了。菲力比决定抛弃一些可有可无的装备，很快菲力比的命令被执行下去。

队伍轻装上阵后，行进速度快了很多，基本上每天能走 60 多千米。有时候，他们只在途中休息 3 小时，这样一天下来，多的时候大约可以走 110 千米。

在众人的齐心协力下，菲力比终于完成了他的阿拉伯沙漠极其艰苦的探险旅行。

斯文赫定闯进塔克拉玛干沙漠

作为一位知名的探险家，斯文赫定在探险的过程中经历过的难关可以说数不胜数，他的名字，在他的祖国瑞典，不但路人皆知，而且为人们所热爱崇敬，与诺贝尔有齐名之誉，但这一次的塔克拉玛干沙漠探险险些让他长眠于干枯的河岸。

决定横贯大沙漠

塔克拉玛干沙漠又叫塔里木沙漠，位于我国新疆南部，是我国最大的沙漠，也是世界第二大沙漠。

在维吾尔语中，塔克拉玛干是“进去出不来”的意思，由此可见其自然条件的恶劣。塔克拉玛干沙漠东西长1000千米，南北宽400千米，面积约33万平方公里。在塔克拉玛干沙漠中，大约85%的部分是流沙，流沙之多居世界沙漠之冠，而且种类齐全，这一点连世界上最大的撒哈拉沙漠都不能与之相比。100多年来，虽然有过从南到北横穿的先例，但东西纵穿沙漠全境的记录却没有过。

▲塔克拉玛干沙漠

斯文赫定是举世闻名的超级探险家。1865年诞生于瑞典首都一个中产阶级家庭，当时的西方地理学界处在整个知识界向地图中的空白点宣战，征服极地的船队一支支驶出港湾，单枪匹马的无名之辈因为测绘了一条热带雨林中的河流或标明某个处女峰的海拔高度可以一夜间扬名天下的氛围下。这样的环境使斯文赫定对未知世界有一种执著的迷恋。所以，当19岁时（中学刚毕业）获悉有机会到遥远的巴库做家庭教师，他就毫不犹豫地踏上了离乡之路。工作结束后，他以所有的薪金为路费，到波斯及中东进行了首次考察旅行。

斯文赫定一生征服过无数难关，横贯塔克拉玛干大沙漠则是他探险生涯中最艰难的一次。

1893年，28岁的斯文海定离开家乡，开始了他的中亚之行。他从新疆的疏勒，顺着喀什噶尔河向东，然后沿叶尔羌河的河床向西南，于1893年3月19日到达塔克拉玛干沙漠北边的麦盖提，在那里着手横穿塔克拉玛干大沙漠的准备工作。

1895年，斯文赫定来到喀什救援在青藏高原失踪的一支法国探险队。著名的民族学家、社会学家路易·亨利·摩尔根断言打开人类文明之谜的钥匙在塔里木盆地，因

为塔里木盆地可能是人类最早的诞生地之一，而且沙漠边缘城镇麦盖提的居民中早就盛传着阴森可怖的故事：塔克拉玛干沙漠中有一座宝城，谁要拿了那里的金银财宝，就会中魔，在那里原地打转，怎么也走不出来，直到最后倒毙荒漠，留下一堆白骨……

沙漠中怎么会有金银财宝呢？难道说沙漠中真是人类最早的诞生地之一？

或许正是这些阴森恐怖而又神秘的传说激起了斯文赫定这个探险者的好奇心，他毅然决定闯进那片神秘的沙漠！

倒卧在和阗河岸

1895 年 4 月 10 日，这一天曾长久留在了麦盖提地方的拉吉里克村村民的记忆之中。清晨，斯文赫定的驼队离开了村长托克塔霍加的大院落。全村男女老少都来围观。他们普遍认为斯文赫定一行此去凶多吉少。

斯文赫定的驼队有八峰骆驼、两条狗、三只羊，还有够一行食用三四个月的粮食以及 6 支短枪，当然还有从气温表到测高仪一应科学仪器……可是，最重要的水却没有带够，而这却是致命的。

在穿越叶尔羌河与和阗河之间的广袤沙漠时，斯文赫定一行人不但没见到传说中的古城，反而屡遭挫折，几乎葬送了整个探险队，斯文赫定低估了沙漠的威力，高估了自己的运气。几天之后，他发现由于一个驼夫的疏忽，所带的水已经用光。在此后的行程，他们喝过人尿、骆驼尿、羊血，一切带水分的罐头与药品也是甘露。和阗河可望而不可即的河岸林带，成了斯文赫定的精神支柱。当斯文赫定最终挣扎着来到和阗河时，他才发现那实际上是个季节河。初夏的这一段河道干涸无水，这个意外使他几乎崩溃在干河的岸边。

1989 年，我国的一支科考队在塔克拉玛干大沙漠的纵深处路经了一道壮阔的干河，河边一具枯骨引起争论：他是谁？为什么会死在这个地方？当时科考队员曾推断，那是在沙漠中穿行的干渴已极的人，他认定在这里能够喝上水，靠顽强求生意志支撑，挣扎着来到河边却发现河床滴水全无，就彻底垮在了古岸。或许这也是 1895 年夏天斯文赫定在和阗河体验过的吧。

但幸运的是，在一个月圆之夜，斯文赫定意外发现干河对岸水波在折射月光。是幻觉？还是真实的存在？来到跟前斯文赫定还不敢相信自己已经得救，直到喝到了水，他才相信这不是幻觉。那是和阗河中游的一处水潭，全靠旺盛的泉水才保持在枯水期也不干涸。这就是著名的“天赐的水池”。此后，探险家斯坦因、瑞典科学家安博特都找到过这个水潭。

发现楼兰古城

斯文赫定以丧失了全部骆驼、牺牲了两个驼夫、放弃了绝大部分辎重的代价，获救于和阗河，从此沙漠有了一个别名“死亡之海”。斯文赫定则从灭顶之灾中获取了受用终身的教益。他遗失了两架相机和1800张底片。驼队辎重是古老绿洲塔瓦库勒村村民找到的。一年之后，斯文赫定拿回了已经让好奇的乡民拆成废铁的相机，而底片全部报废。

此后的探险途中，斯文赫定用铅笔速写代替照相，他一生留下了5000多幅画。他因缺水而没有成功穿越塔克拉玛干沙漠，结果在此后40年探险生涯中他牢牢记取这个教训，他的一大发明就是选择冬天携带冰块进入沙漠。塔克拉玛干沙漠的水含有盐碱，容易变质，而且不利于健康。在无边沙漠夺路而走，却将他引导到了一处处重要古城遗址：丹丹乌里克、喀拉墩、玛扎塔格戍堡……直到发现楼兰古城。

斯文赫定的提议

1933年10月21日，斯文赫定等受当时南京中央政府铁道部门委托，考察修建一条横贯中国的交通动脉的可行性。1933年夏天，斯文赫定提出了优先考虑新疆的问题，其具体措施，首先是修筑并维护好连接新疆的公路干线，进一步铺设通往亚洲腹地的铁路。这一提议受到了社会各界的肯定和认可。

向澳大利亚大陆沙漠挑战

澳大利亚大陆是一块未经开垦的处女地，多少年来，它桀骜不驯地面对世人，从不轻易地展示其真面目。为了挑战这块“低调”的沙漠地区，探险家们不畏艰险毅然展开了行动，虽然付出的代价很大，但最终还是征服了这块广袤的地区。

向无人区发起挑战

澳大利亚大陆是位于南半球大洋洲的一个大陆，面积约为770万平方千米，是世界上最小的大陆。澳大利亚大陆四面被海所包围，与南极大陆并列为世界上仅有的两块完全被海水所包围的大陆。18世纪殖民初期，探险者便开始陆陆续续地来到这块未经开垦的处女地，以图一展身手。

▲荒凉的澳大利亚大陆中部

1872年，澳大利亚当局试图在澳大利亚大陆架设一条从阿德莱德到达尔文港之间的南北大电线，这条南北大电线纵贯了整个澳大利亚。但直到这个时候，大电线以西绵延几千里的广大沙漠地区，对世人而言，仍然是一片空白。最终，著名探险家埃尔涅斯特·吉尔斯首先向这一无人区发起挑战。

1872年8月11日，吉尔斯开始了第一次向澳大利亚西部腹地探险，但很快便以饮水不足而告终。第二年的8月4日，吉尔斯组织了第二次探险活动。他的探险队由亚夫雷特·吉布森、威廉·迪特金斯和一位15岁的亚波利吉尼少年吉米·安德鲁斯4人组成。当他们走过维多利亚大沙漠时，吉尔斯发现，澳大利亚的沙漠不是常人所熟悉的“地毯式的沙漠”，它有许多人类无法攀越的沙岩山脉，并有热带丛林杂生其间。

随着行程的继续推进，吉尔斯发现沙漠中的地面越来越干燥，气温增高，行程变得愈来愈困难。

就这样吉尔斯一行四人缓慢地向前行军。几个月的时间过去了，吉尔斯希望探险有一个突破性的进展。1874年4月，他决定与吉布森同行，而让迪特金斯和安德鲁斯留在营地。4月20日，吉尔斯和吉布森带着4匹马和一星期的粮食、饮用水出发了。他们走了几天之后，由于粮食和饮用水的减少，他们放回了其中的两匹马。到安特马利山脉的时候，吉布森的马因为又累又饥又渴而倒地毙命。这样，就只剩下吉尔斯的一匹马了。吉尔斯知道凭目前的状况，两人是无法越过眼前这座大山的，因此决定和吉布森返回营地。为了保存体力，他们轮流骑着马前进。但走了不久，吉尔斯发现这种方式行进速度太慢，因为一个人骑马，另一个人步行，那马只能跟着人走。于是，吉尔斯命令吉布森："吉布森，我们这样走下去，看来是走不到大本营的，最后大家都得累死饿死。你带一些食物和水，骑着这匹马先回大本营，再让迪特金斯带些东西来接我。"

吉布森奉命独身驰马返回大本营，吉尔斯则开始了漫长孤独的徒步旅行。由于粮食和饮水的极度匮乏，再加上长时间的跋涉，吉尔斯感到全身肌肉麻木，脚下的沙地感觉一望无际，永远也走不到头，他无意识地一直朝前走着。有几次他差点昏倒，不知道过了多长时间，也不知道自己置身何处。白天，他躲在一些灌木丛里休息，入夜便开始徒步前进。就这样，吉尔斯靠着顽强的毅力，终于在一天晚上走完最后的路程，在拂晓时分抵达了营地。却发现，吉布森还没有返回。他知道吉布森一定是在酷热的沙漠中骑马走失了方向，不知所踪，极有可能凶多吉少。

为了纪念这位为挑战、探查澳大利亚沙漠的牺牲者，便将吉布森失踪的沙漠命名为"吉布森沙漠"。

1875年5月6日，不甘失败的吉尔斯再度出发，穿越了维多利亚大沙漠，并接受了吉布森沙漠的挑战，在1876年8月23日，成功地抵达皮克河。

澳大利亚沙漠

澳大利亚沙漠是澳大利亚最大的沙漠，也是世界第四大沙漠，位于澳大利亚的西南部，面积约155万平方公里。澳大利亚沙漠雨水稀少，干旱异常。夏季的最高温度可达50℃。由于缺少高大树木的阻挡，狂风终日从这片沙漠上空咆哮而过。

澳大利亚大陆沙漠被征服

当吉尔斯在澳大利亚西部腹地艰难跋涉时，澳大利亚另一位著名探险家约翰·佛雷斯特，也吹响了向澳大利亚西部这块广阔无垠的荒漠地带挑战的号角。

1874年3月，约翰·佛雷斯特带着一支探险队，从位于哈特曼·阿布罗尔霍斯对岸的哲拉尔郭出发，开始了澳大利亚西部的探险。在澳大利亚，此时刚过了如火的盛夏，是探险的黄金季节。佛雷斯特的探险队没有按照传统的探险路线由澳大利亚著名的电报线路向西而行，而是选择了一条全新的路线——沿海岸向东行进到电报线路。

几天以来，佛雷斯特探险队在荒漠里跋涉着。佛雷斯特担心的是粮食和饮水问题。尽管在出征之时，他已早有准备，带了尽可能多的粮食和饮用水，但随着时间的推移，佛雷斯特最担心的事情还是发生了，在他发现粮食将要耗尽的时候，沙漠依然没有尽头。时间日复一日地过去了，他们踏上了一片更为广阔的戈壁，这片戈壁属西澳大利亚沙漠地区，位于南纬25°~26°，是他们这次澳大利亚西部之旅最最艰苦的一段。在这段迢迢征途上，他们经过了一个又一个干涸的河谷和一系列的沙漠咸湖，却一直找不到可以饮用的水源。直到8月，澳大利亚的冬季降临之时，他们才进入吉布森沙漠和维多利亚大沙漠之间的沙漠带。在这里，他们又经受了一场新的考验，那不仅仅是沙漠里通常所见的缺乏食物和水，还有风沙和寒流。入冬后的沙漠，多数的时间里都是一副阴惨惨的模样。风很强劲，脚底的沙却很软，仿佛随时都有陷阱似的。一步一个窝，走起路来特别费劲，一天走下来全身散了架似的疼。佛雷斯特鼓励大家继续努力，不要倒下，胜利就在眼前。又经过了10多天的跋涉，探险队终于看到了马斯格雷夫山脉。尔后，他们又沿着阿尔伯加河的谷地向下游走去。一直到9月底，他们才到达皮克河，走到了贯穿澳大利亚的电报线路。

约翰·佛雷斯特探险队此次的探险是澳大利亚西部沙漠地区最后一次主要探险。就这样，从1872年起到1876年止，位于南纬20°~30°线之间的澳大利亚中部和西部十分广阔的沙漠地带终于被发现并被征服了。这个沙漠地带基本上可以划分为三大块：北部的大沙沙漠，中部的吉布森沙漠和南部的维多利亚大沙漠。

1891年，探险家林赛横越了澳大利亚南方的沙漠地带，测量了将近20万平方千米的未知土地。到1936年止，澳大利亚仍有一部分地区尚未开发，其中最著名的是令人闻而却步的辛普森沙漠。1936年，住在辛普森沙漠西边的农场主艾德蒙·克尔森，带着一位名叫彼得的土著少年和5峰骆驼，备了一个月的粮食和饮水出发了。16天之后，他们到了巴斯维尔，迎着众人怀疑的目光，他们展示了此行所拍摄的照片，证实了这个惊人的事实。至此，澳大利亚大陆的沙漠全部被征服了。

▲维多利亚大沙漠

史密斯打开西部新通道

杰德迪亚·斯特朗·史密斯对美国西部的开发作出不可估量的贡献。他率领他的伙伴到达了加利福尼亚，为人们打开了西部，改变了人们对北美洲的观念。更可贵的是，他留给了世人一种勇敢向前的精神。

传奇人物史密斯

19世纪上半叶，美国西部开发已扩及印第安纳州、俄亥俄州、伊利诺伊州、密苏里州与密苏里河下游、密西西比河。再往西去，留给当时人们的印象是一片充满了凶残的土人、密布着危险的山道和毫无生气的大沙漠。

恰好在这个时间，一个叫杰德迪亚·斯特朗·史密斯的美国人出现在历史舞台，他改变了人们对西部这片荒漠地带的看法。

▲广袤的美国西部

他身高182米，瘦长结实，上身衬衣的外面，穿着一件红色的羊毛背心，在外面套着一件鹿皮上衣，下身穿一件红色羊毛裤；头戴一顶羊毛帽，脚蹬一双鹿皮鞋；一头棕色的长发，掩盖着被灰熊撕裂的、从头顶到前额、又从眉毛到耳朵的一条伤疤。他的腰间带着手枪和弹药，插着一把单刃屠宰刀；左肩上背着一筒火药和满满一袋子弹。他就是传奇人物杰德迪亚·斯特朗·史密斯。

1799年，杰德迪亚·史密斯出生在纽约州萨斯奎哈纳山谷的一个古老的新英格兰家庭。他受过第一流的教育，精通希腊神话，念过许多有关美洲探险的书。他还是一个虔诚的、很有节制的卫理公会教徒，忠于家庭，不抽烟，不嚼烟草，不骂人，而且是一个绝对戒酒主义者。

在史密斯22岁那年，他在密苏里的民兵里担任上尉，并成为羊皮贸易公司的一名合伙人。经过短短几年的猎奇探险、贸易从商生涯，史密斯成为一个传奇性的人物。

结伴闯荒漠

1826年8月22日，在卡切山谷的一个贸易集散地，史密斯与15位几十年如一日地往返于狐狸和河狸出没的小径上的人汇集在一起，他们个个魁梧彪悍，饱经风霜。大部分人的装束与杰德迪亚·史密斯一样，只是戴的帽子有沙狸皮的、狐皮的、兔皮的，也有羊皮的。史密斯与这些人十分投缘，他们决定一起去大西南寻求河狸皮。

他们进入了人迹未至之地，行程十分艰难。史密斯骑着马远远地走在前面，一面探路，一面注视着有没有猎物或印第安人。就这样，3 个星期过去了，可他们几乎没有发现任何野兽的踪迹。这时，所带的牛肉干已快吃完了。这伙人对艰苦的条件是习以为常的，可是他们弄不明白，史密斯带着他们却越走越荒芜，这不免引起了牢骚和怨言。他们来到了离比弗河不远的一块光秃秃的地上，这里到处是红沙，红色的岩石裸露在外。此时，马匹已十分疲惫，个个耷拉着脑袋。有的马已累得站不住了，史密斯亲手开枪打死了快不行的马。

9 月中旬，他们找到了一个月来第一个可以畅饮的水源——圣克拉拉河，维尔京河的一个支流。人们与马群不约而同地扑入河中，尽情地痛饮。稍事休息后，他们顺着维尔京河又出发了，几天后他们来到了米德湖。在湖的南端另有一条由东而来，然后又突然折向西南的河，河水呈铁锈色，它就是著名的科罗拉多河。

自 8 月出发以来，史密斯和他的伙伴已经走了近 3 个月，一共才弄到 40 张河狸皮，折算下来，每个人只能分到 15 美元。这时牢骚与怨言此起彼伏，弥漫于整个队伍。史密斯力排众议，坚持此次的行程。在史密斯的坚持下，他们又出发了。

打开西部新通道

到 1826 年 10 月底，沿途的植物逐渐地多了起来，他们遇到了一伙印第安人。他们从印第安人那儿得到了给养。11 月初，史密斯一伙儿准备就绪重新上路了。不久，他们进入了一片沙漠地。沙子和岩石反射出刺眼难受的亮光，偶尔出现的海市蜃楼里的树木和大片清凉的水，更刺激了焦灼的心。人们找不到一点可以藏身的树阴。史密斯下令，人们在沙里挖坑，把自己齐脖子埋进沙里，以降温与保留体内的水分。

就这样，在史密斯卓越的领导下，这个特殊的探险队一个不少地来到了美丽富饶的圣贝纳迪诺山谷，从而成为从东面穿过落基山进入加利福尼亚的第一批人。

此时的加利福尼亚是墨西哥政府刚从西班牙手中夺过来的，是最边远的一个省份。加利福尼亚既担心来自海上的入侵，又要防备居住在俄勒冈的英国人的侵袭，还要时时注意阿拉斯加俄国人的魔爪。由于落基山脉和沙漠在东面构成了一道不可逾越的屏障，所以传统上认为东部世界是保险的。可是，现在这个令人放心的神话却破灭了。史密斯领着他的小分队创造了一个奇迹。

落基山脉

落基山脉又叫洛矶山脉，是美洲科迪勒拉山系在北美的主干，由许多小山脉组成，被称为北美洲的“脊骨”。落基山脉北至加拿大西部，南达美国西南部的得克萨斯州一带，几乎纵贯美国全境，南北纵贯 4500 多千米，北美几乎所有大河都源于落基山脉，是北美重要分水岭。

谢西格横穿阿拉伯沙漠

许多人（包括很多探险家）认为，利用动物和依赖自己双脚进行探险的旧式方法将要被淘汰。英国的威尔夫瑞德·帕垂克·谢西格便是位以新的姿态出现的探险家。

相机引来的麻烦

谢西格于1910年诞生在埃塞俄比亚的首都亚的斯亚贝巴，他的父亲是英国政府驻亚的斯亚贝巴的公使。1930年，谢西格被任命为格洛斯特公爵的埃塞俄比亚使节团的名誉成员，并成为苏丹的官员，第二次世界大战时期曾在中东地区服务，他对沙漠和沙漠地区的居民有着非常深刻的了解。战后，为了抑制沙漠地区蝗虫蔓延，他留了下来。为了调查西部沙地蝗虫蔓延情况及当地民情风俗，谢西格决心完成大沙漠的探险。

▲沙漠中前行的脚印

1947年，谢西格开始从哈德拉茂北边的曼瓦哈穿越阿拉伯沙漠，到达特乌维科山脉的阿兹·史莱伊尔，再绕道巴纳扬直插利瓦绿洲。第一阶段的旅程从曼瓦哈到阿兹·史莱伊尔，其间距离大约有640千米。谢西格走了16天，途中没有一个供水的地方，谢西格就靠自己所带的一点有限的饮用水，跨过了一望无际的大沙漠。

如果谢西格仅仅带一些食物、水、指南针和地图之类的东西上路，那他的麻烦恐怕还不会那么大。时代的进步，使得人们或多或少地打上了时代的烙印。谢西格带了一架沙地居民还不曾见过的照相机，他想通过这架相机，记录下阿拉伯沙漠地区的蝗虫灾害情况和那里的民风民俗。

在沙地的一个帐篷区，谢西格看到了游牧民族的女人与小孩，他忍不住端起相机拍起照来。这时，一个土著男子发现了谢西格，破口大骂并追了过来。

“你这个异教徒，你来这里干什么！你要把我们的灵魂收走？”

谢西格大吃一惊，见那男子一副气势汹汹的模样，知道事情不妙，抱起相机飞也似的逃了，边跑边大叫他的贝都因人卫队。卫队闻讯赶来，见谢西格一副狼狈相，忙问出了什么事，谢西格上气不接下气地往后面指了指，说：“有人追来了。”

卫队马上摆出决战的架势，但瞅了半天，只有一个男子追过来，手上没有拿武器，于是大家都松了口气。

“兄弟，你跑得那么急一定有急事吧？”卫队长向那人打了个招呼。

“是啊，大哥，刚才有个白人，拿了个家伙，把我女人的魂给勾走了。我得把他追回来。”那男子气喘吁吁地答道。

卫队长有些惊讶：“什么家伙那么厉害呀？”

“那是一个小盒子，‘啪’的一下就把魂给勾走了。”那男子正说着，发现了谢西格，就大叫大嚷起来，“快把我女人的魂还给我，不然她会死的！”

谢西格觉得好笑：“我没有勾她的魂呀，你叫我怎么还你？”

“你这恶贼，偷了人家的灵魂，还敢抵赖。”男子骂道。

队长转身问谢西格：“先生，你真的没有偷人家的灵魂么？”

“队长，你还不相信我么？你什么时候见过我偷人家的东西了？”谢西格耸了耸肩。

“就在那黑盒子里。”那男子指着谢西格的相机一口咬定说。

“你就拿出来给他看看吧。”队长劝道。

“里头可是什么也没有啊。”

谢西格无可奈何，只得打开照相机的后盖，并把胶卷也拉了出来。

“真是奇怪了。”那男子见盒子里头什么也没有，嘟嘟囔囔地说道。

“好了，兄弟，我说不会吧。我们这位先生可是好人哪！”队长说道。

探险队到达沙特阿拉伯的境内时，这架照相机再次给谢西格带来了麻烦。

“站住。”一声喝令，把谢西格给镇住了。他扭头一看，背后两个沙特阿拉伯军人，正用枪口对准着他。

“嘿，长官，这可不是开玩笑的。”谢西格说着，用手慢慢地拨开了对着他的枪口。

“你在这里照什么？是谁派你来的？”士兵喝问。

“我是抑制蝗虫协会的，在这里收集有关蝗虫的信息。”谢西格解释道。

“收集信息？”士兵满腹疑虑，“我看你不是个好东西，准是间谍。跟我们走一趟。”

谢西格被押到了指挥所，报告呈上去，罪名是间谍嫌疑犯，用相机拍摄军事要地。

菲力比当时已经是沙特阿拉伯的政府要员了。他知道这件事后非常不安，于是便向沙特阿拉伯国王请求释放谢西格，看在菲力比的面上，国王答应释放谢西格。

谢西格获释后，又到加布林、特鲁阿曼等地进行探险旅行。

结束阿拉伯沙漠探险

在谢西格横越阿拉伯大沙漠的同时，又有不少西方人争先到达那个地区。

美国政府在沙特阿拉伯政府的协助之下，就派遣科学考察队到汉志、内志和也门一带勘察。1932 年，他们在巴哈连发现了石油，于是在这一地区成立了阿拉伯—美国石油公司，并沿着波斯湾东部海岸成功地挖掘出大量石油。这些石油使得阿拉伯人意外地变成了大富翁。

石油的发现、采掘以及现代科学技术的输入，使阿拉伯游牧民族的生活方式日渐发生变化，几千年来过着传统游牧生活的贝都因人开始被石油公司所雇佣，不再在沙漠里流浪了。

谢西格觉得自己没必要在那里再待下去，于是决定离开阿拉伯地区。听说谢西格要走了，他往日的贝都因朋友都有些恋恋不舍，他们开着石油公司的卡车来到谢西格的住地，向他道别。谢西格为逝去的往昔落下了热泪。

1950 年，谢西格从波斯湾沿岸的阿兹·夏力卡机场乘飞机离开了阿拉伯。阿拉伯沙漠的探险活动就这样落下了帷幕。

只身跨越阿拉万到瓦拉塔地区

1983年，一位44岁的英国人用了19天的时间，只身跨越撒哈拉沙漠中尚无人征服的阿拉万到瓦拉塔地区。他为此付出的代价是减少了27公斤的体重，以至于朋友们都认不出他了，这人就是特德·爱德华兹。

为游历戈壁做准备

1979年的一天，由于工厂不景气而被解雇的炼钢工人特德·爱德华兹百无聊赖，踯躅街头。在书摊上他看中了一本书，叫《可怕的旷野》，作者是杰弗里·摩尔豪斯。杰弗里·摩尔豪斯在这本历险记中详尽地叙述了自己1972年带着一队骆驼在撒哈拉大沙漠中的惨败经历，特别提到了至今尚无人征服的沙漠险地——从马里的阿拉万到毛里塔尼亚的瓦拉塔地区。特德被书中的内容深深地吸引了，书中的故事又勾起了特德少年时代的梦想：有朝一日，要带着沙漠之舟游历戈壁荒野。

▲撒哈拉大沙漠中的秃山

特德·爱德华兹自从迷上了杰弗里·摩尔豪斯的历险记后，一门心思都扑在到沙漠去的问题上了。他开始收集从阿拉万到瓦拉塔地区的地图，特德从地图上看到，在这两处之间的广大沙漠地段是一片月牙形的大沙丘，叫阿克尔。为了学习驾驭骆驼，特德还特意去了突尼斯。

紧接下来的事情就是为筹措探险活动的经费而奔忙。特德计算，整个探险活动大约需要花费1500美元。这笔费用对于大亨们也许算不了什么，但对于特德这样一个失业的钢铁工人却是一道难题，连特德的朋友都怀疑他是否精神出了毛病。但他并不气馁，继续游说，最后，英国广播公司西北电视台的制片人阿历斯塔答应赞助特德，条件是以此拍摄一部探险纪录片，双方很快就谈好了条件。

1983年2月6日，阿历斯塔的三人摄制组在阿拉万和特德分手了，他们送给特德一部摄像机和录音机，并拍下了与特德生离死别的镜头，然后便去特德的目的地瓦拉塔静候他的佳音了。

特德从阿拉万出发的时候，当地的向导警告他说：“别走出阿克尔地区，否则3个小时之内你就尸骨难收！”特德对他们的善意表示了感谢。

沙漠中的人和骆驼

2月10日的黎明，天刚蒙蒙亮，趁着太阳升起前的一丝凉意，特德牵着他的两峰名叫“特拉德”和“佩吉”的骆驼向着目的地瓦拉塔出发了。第三天的夜里，当繁星挂上天空的时候，特德安顿好他的同行伙伴特拉德和佩吉，钻进了暖乎乎的睡袋。这种现代文明的产物令特德很快忘却了连日来旅行的疲乏，进入了梦乡。

漫漫长夜终于过去了。天明时分，特德钻出睡袋。“天哪!”特德呆住了，他发现水罐少了4个，在沙漠中旅行，水比金子还贵重，他已没有多余的备用水了，这是多么惨重的损失。

灾难接踵而来，第五天的夜里，一场沙漠里罕见的风暴袭击了特德。狂风怒吼，大雨倾盆。等到天亮时分，太阳照样升起，仿佛昨天夜里什么也没有发生过一样。特德高兴万分，这也许是一个好日子，至少今天不会那么热了。但一出帐篷，特德发现他的两峰骆驼又不见了，一部分行李也被骆驼驮跑了。特德在他的宿营地四周寻找了好几个小时，才在一个隐密的谷地里找到了被雨浇得湿透正在反刍的骆驼。

早上8点半，特德把特拉德和佩吉牵回了宿营地，收拾好行装，又继续他的探险旅程。

进入沙漠第七天，特德看到了沙漠中的第一棵树。特德极为兴奋，而“特拉德”和“佩吉”一见到柽柳树，立刻围着饱餐了一顿。

到了正午时光，太阳烤焦了沙漠，灼目晃眼的阳光令人难以容忍，两峰骆驼也有一些忍耐不住。无奈，特德只好走走停停，终于熬到了夕阳西下的时光，看到了远处沙丘上有几棵柽柳树。真是天无绝人之路!

在以后的日子里，特德的身体越来越虚弱了，天气又异常的闷热。为了避免被太阳灼伤皮肤，特德把自己裹在阿拉伯式的白色大袍里，还爬到了佩吉的鞍上。佩吉扭过头来看看趴在鞍上的特德，一动不动。特德急了，一甩手照着佩吉的屁股就是两鞭。佩吉被打疼了，一下子把跨在鞍上的特德重重地摔在地上。

特德恨死了佩吉，却也无可奈何，只能自认倒霉。他到柽柳树下包扎好伤口，又强撑着疲惫不堪的身躯艰难地前行了。

终于走出大峡谷

沙漠里的风是骇人的。特德在第十天的跋涉中遭到了狂风的袭击，幸好，离他不远的灌木丛救了他。

这天下午4点，特德迎来了一个值得庆祝的重要时刻，他终于完成了撒哈拉之行的一半，此时的特德又恢复了信心，在行李中找出一面大不列颠帝国的米字旗，又找了一根木棍做旗杆，把旗子插在了沙地上。

特德的高兴劲没有延续多久，又碰上了麻烦，几乎面临绝境。曾经把他掀下鞍子的佩吉又闯下了大祸，它那只粗壮的蹄子轻而易举地踏扁了特德的一个水罐。当特德听到那一声破裂声时，他一下子惊呆了，麻木了。特德从佩吉的蹄子下捡起那只破水罐，好半晌没吭气。最后的几滴水从裂开的罐底如珍珠般地滴落在沙地里，眨眼间就消失得无影无踪。

在西方人的眼中，13是个不吉利的数字。果然如此，这天的行程像是遇上了“鬼打墙”，特德在阿克尔的边缘几进几出，最后还是转出了阿克尔。

“别走出阿克尔地区，否则3小时之内你就尸骨难收!”阿拉万向导的警告像咒语一样令特德毛骨悚然。他知道走下去离阿克尔将愈来愈远。

死亡的恐惧笼罩着特德，但最令特德愤怒的是撒哈拉用无言击败了他的挑战。他拼命叫喊着，用最恶毒的词语诅咒撒哈拉，向茫茫无边的沙丘发泄着愤怒。

特德还是特德，他不甘心失败，一顿诅咒之后，他镇静了下来，作出了一个重大的决定：改道向阿默萨尔方向前进。因为继续朝瓦拉塔走的话，至少还要3天。在断水的情况下，特德坚持不了那么久，必将渴死无疑。而阿默萨尔是位于瓦拉塔西北的一个水井区，到那里只需两天时间。

特德已经虚弱得不得不经常停下来休息。天色渐暗，一对大乌鸦在离特德3米的地方凶恶地窥视着。这种沙漠凶禽专叼濒死的活人的眼珠作美味，它们认为特德就要虚脱了。特德见状不妙，大声喊叫：“我不会死！我不会死!!”以图赶走那两只恐怖的大乌鸦，但无济于事，它们仍然紧跟不舍。

走了两天，特德终于看到了3顶帐篷。他双膝一软，跪倒在沙丘上。游牧人告诉特德，这里离阿默萨尔很近，距瓦拉塔也只有30千米之遥。因为受沙漠铁矿的影响，两天来特德的行程偏离正确方向几乎有40°之多。

游牧人给了特德3.5公斤的饮用水。

“我们来到一座悬崖边上，300米之下，一个大峡谷通往远方。现在该做的就是找一条路下去，再走出这条峡谷。”

特德在他的回忆文章里，详细地叙说了他最后一段的探险经历。

“我顺着旁边一条山谷走进了那个峡谷，一个多小时走下来才发现，这是一条死胡同。我想翻山而过，但骆驼对此无能为力。我们只好返回谷地，在那里过了一夜。早晨，我们返回进入谷地的地方。为了寻条生路，我向上攀爬了30多米，放眼望去，只见群山连绵延亘没有尽头，一阵惊慌涌上我的心头。早餐，我不得不喝掉最后一点水。特拉德和佩吉在慢慢地衰竭。下午3点半，我的脚先投降了。佩吉在我的强求下呻吟着让我爬上了它的驼峰。此时，我能做的就剩下保持自己不掉下鞍子，任凭骆驼把我带向天涯海角了!”

终于，特德走出了大峡谷，他在佩吉的驼峰上恍恍惚惚地看到了一个充满生命的世界。一群骆驼正悠然自得地漫步在井边的水槽旁，一群人在向他善意地微笑。

“噢，亲爱的!”阿历斯塔张开双臂，向特德迎了过来。特德情不自禁地扑了过去，和阿历斯塔紧紧地拥抱在一起，电视台的摄像机摄下了这个激动人心的时刻。人们都为特德·爱德华兹闯过阿克尔的鬼门关而欢呼。

探秘恐怖新疆魔鬼城

那是一片恐怖的死亡之地，生命的禁区，遇险和死亡的事件从未间断过。当地人把它称为“魔鬼城”。一次极为普通的考察活动，竟然在新疆哈密的茫茫戈壁中发现了奇特的、规模浩大的雅丹地貌群。随着对一个个来自远古信息的解读，地理学家破译了魔鬼城沧海桑田的地质变迁，揭开了这片死亡之地的神秘面纱。

乍见“雅丹”地貌

1986年6月初的一天，哈密地理学会的刘志铭与同伴一行4人前往沙尔湖进行一次常规的野外考察活动，这样就必须穿越令人恐怖的魔鬼城那片死亡戈壁。

尽管他们有一辆吉普车代步并且携带了简单的地理定位仪器，但这无疑仍是一次冒险的旅程。

就在深入距离五堡乡20多千米外的戈壁腹地后不久，科考小组开始徒步进行一些地质考察，酷热的空气几乎令人窒息。

突然，什么东西强烈地吸引了他们的目光。在阳光的映照下，一座座辉煌壮观的庞然大物拔地而起，连接成片，好像地下浮出的城堡群一样。那里就是人们所说的“魔鬼城”。

▲雅丹地貌

科考小组发现魔鬼城水域痕迹，那里也许不是天生的死亡之城。

其实，这就是人们常说的“雅丹”地貌，它存在于世界上很多干旱地区，在中国则是新疆分布最多，而“雅丹”的名称就恰恰源于新疆这块土地。

20世纪初，中外学者联合进行罗布泊考察时，在其西北的古楼兰附近发现了一种奇特地貌。当他们向随行的维吾尔族向导询问名称时，向导称其为“雅尔当斯”，在维语中就是“具有陡壁的土丘”，后经辗转翻译，便变成中文的“雅丹”一词。

在魔鬼城发现生物遗迹

戈壁中的魔鬼城死一般的寂静，似乎扼杀了所有生命的呼吸，让人不得不相信这里从来都是死神的领地。然而，刘志铭却从这些雅丹土丘上注意到这样一些细节：不仅土丘的土质与戈壁的沙砾土壤截然不同，而且从土丘剖面上可以看出，都无一例外地拥有非常清晰的层理结构，不同层理间的土质也有所区别，这显然与戈壁荒漠的环境是反差极大的，这种差异也许在暗示着一种不同寻常的信息。

荒凉的戈壁深处竟然有大面积水域遗迹。有水自然会有生命的存在，魔鬼城就不是一座天生的死亡之城。事实上，哈密魔鬼城分布在已经消失的库如克果勒河床北侧长120多千米、宽30千米的广大范围内。如果这些巨大的雅丹土丘都是水域中的泥沙沉积，水域又是在何时因为何种原因绝迹的呢？

在这里发现了大量恐龙化石，地理学家推断魔鬼城曾经是一片森林。

由于这次偶然的发现，激发了刘志铭强烈的好奇心。一天，他来到一片还未曾勘探的雅丹区域。突然，他看到地面上随处散布着细小的像骨头棒一样的东西，而且数量非常之多，有的清晰地镶嵌在沙土之中。他再次仔细地查看，原来这竟然是一些骨头化石！

刘志铭于是提取了一些标本决定向专家求教。中国科学院新疆生态与地理研究所研究员赵兴有说："这个鸟类化石估计产生于侏罗纪时候，属于始祖鸟。"

哈密的戈壁荒漠在侏罗纪时期竟然有大量的始祖鸟生存！很显然，按照这样的情况推断，那时的魔鬼城绝不可能是现在的样子。

此后，人们又发现了一个位于魔鬼城南部南湖地区盛产怪石的地方。经过专家鉴定，那里的石头叫作硅化木，距今有1.2亿到1.4亿年的历史，是侏罗纪时期的历史遗存。大量硅化木的发现说明魔鬼城曾经拥有大片茂密的森林。

然而，此后发现的珊瑚化石推翻了专家的结论，魔鬼城难道曾是热带海洋？

就在已然确定魔鬼城是森林环绕内陆湖的古地理环境后，另一个意外的发现似乎又推翻了这个结论。一天，同样在南湖戈壁，刘志铭看到远处有些发亮的、像水反射一样的区域，他好奇地走了过去，原来那里是几座石灰岩山，然而正是这几座石山，又暴露出一段不为人知的秘密。

刘志铭首先发现了一些表面呈孔状的石头，这立刻引起了他的兴趣。他有意识地把随身所带的饮用水泼向石壁，上面马上清晰地显现出许多一块块像野山蜂的蜂房一样的图案，而且中心还有放射纹。根据过去的经验，他几乎可以肯定，这些带有图案的石块就是蜂房状的珊瑚化石。

但是，依据珊瑚的生活习性判断，它们应该是生活在水深不超过200米、水温在18摄氏度以上的热带浅海域中。

刘志铭的推测显然是有根据的，但让他想不明白的是，过去推断侏罗纪时期，整个魔鬼城所在的哈密盆地甚至新疆都是内陆湖盆，森林分布其间，而珊瑚则是热带浅海生物，它生存的环境应该是热带海洋，这是完全不同的两个概念。

还原魔鬼城原貌

诡异神秘的魔鬼城原来竟是一个有着鲜活生命的世界。然而，另一个惊人的发现即将到来，既然众多的动植物都在这茫茫戈壁上的魔鬼城中留下了生命的印记，那么，人类的足迹会不会也曾留在这里呢？如果真有的话，又会是怎样的一段历史呢？

刘志铭的推断并没有错，后经科学考察和专家的艰苦研究，魔鬼城的真相终于大白于天下了。原来，二叠纪时期，新疆包括西北地区很多地方都是海洋环境，包括昆仑山、天山以及北面的阿尔泰山都不太高。到三叠纪末期，出现了一次比较强烈的构造运动，包括天山、觉洛塔克山、昆仑山在内的山有了一次抬升，哈密盆地相对来说也有了抬升，但升得不太高，还属于盆地。这个时候，海水基本上退出。到三叠纪，海水变成了大型的内陆湖泊。

到距今 1.4 亿年到 1.2 亿年的侏罗纪时期，哈密盆地从地理到气候都非常湿润，大型动植物开始形成。

到白垩纪时，哈密盆地气候、水热条件都不如侏罗纪那时好。盆地虽然整体是下降的，但是局部还是有抬升。

时间一直推进到 4500 万年前的第三纪，哈密依然是一个湖盆。而喜马拉雅构造运动爆发，天山、昆仑山、青藏高原抬升到很高的程度，印度洋湿润气流被隔绝了，哈密盆地虽然仍是湖盆，但动植物却已经并不茂盛了。

就在距今二三百万年的第四纪，不曾预期的又一次巨变发生了。

第四纪冰期来临，包括天山、昆仑山，冰川基本上都可以达到山麓地带。到了减冰期，冰川消融形成洪水，把细的沙泥搬运到盆地里面，也就是现在魔鬼城的范围内。而这时的哈密盆地局部的气候已经变得异常干旱，湖盆渐渐干涸。

在两亿多年的地质变迁中，哈密盆地经历了由海盆到湖盆、湖盆到陆盆的沧桑巨变。80 万年间的风沙雕琢，造就了今天的魔鬼城。

刘雨田勇闯塔克拉玛干

1988 年 1 月 27 日，一个普通的中国公民刘雨田历时 70 天，只身一人徒步穿越了塔克拉玛干大沙漠，他完成的从于田到沙雅的最宽线路的探险旅行，成为旷古绝今的壮举。

刘雨田慷慨走进沙漠

偌大的中国版图上只有塔克拉玛干是一片空白，在西部边疆开了个大大的天窗，用密密麻麻的小点点，标示这里是片不毛之地。这片大沙漠沉睡得太久了，千百年来，一直是个谜。斯文·赫定虽然两次进入塔克拉玛干，但他都没有真正进入到沙漠的腹地，他在《亚洲腹地探险记》中写道："这不是生物所能插足的地方，而是死亡的大海，可怕的死亡大海!"塔克拉玛干的"死亡之海"一称就是这样来的。

▲探险家刘雨田

1987 年 4 月 10 日，一个特殊的日子。刘雨田身穿一套白色的旅行服，肩披一块缀满金线的绛红色锦缎，头上还缠着白布，俨然一副沙漠王子的模样。他站在荒原上，久久地注视着远方波涛起伏的沙海，思绪万千。

于田，雨田，这是一种巧合吗？刘雨田似乎感到一种不可言传的暗喻。

他蹲下身来，用白纸做了 9 只酒杯，斟满了酒。

"神秘的大漠之王，我将投入你的怀抱。请原谅，我惊扰了你的宁静。"

刘雨田说罢，拿起洁白的酒杯，把那醇香的酒洒入大漠，完成他的祭奠仪式。

沙漠中抢救着火的胡杨树

刘雨田的大漠之行是艰难的。他没有骆驼，没有各种仪器，没有伙伴，就这么一个人，带着 140 公斤重的行李出发了。他不能背起所有的东西，于是一趟一趟来回地走着，往返两次拖他的行李，也就是说，人家走一个单程，刘雨田得走好几个来回。他实在走得太累、太辛苦了。

塔克拉玛干这苍凉无边的洪荒大漠，在边缘地带间或有星星点点的胡杨树和散散落落的柽柳树，给这波涛起伏的沙海带来一些生机。但越往里走，就越显出一派死亡的寂静，连枯死发黑的胡杨树也没有了。这里只有沙漠，黄色闪亮的沙漠，波澜壮阔的沙漠，漫无边际的沙漠。

塔克拉玛干是酷热的，白天地表温度高达68℃，令人难以忍受。在这单色调的大沙漠里，既看不到人，也望不见鸟儿，仿佛从来没有过生物，只有死亡之光在四处闪烁，满眼都是高大回旋的沙岭，奇形怪状的沙丘，连绵不绝。夜晚，皓月当空，广袤的沙漠洒着皎洁的银光。但没有虫儿的啁鸣，也没有树叶在晚风吹拂下的沙沙摇动声。刘雨田双手抱膝，仰望着天上的星星，想到了自己的孩子。

这一夜，刘雨田睡得好香好香。一觉醒来，刘雨田发现一棵胡杨树着了火，他像触了电似地跳了起来，挥舞着衣服拼命地扑打着，不顾一切地把水壶里的水淋洒在树身上。在这没有水源、荒无人迹的“死亡之海”中，一滴水就意味着一次生命，但刘雨田却把死亡留给了自己，也不愿意看到另一个生命受到伤害。

火终于熄灭了。刘雨田“扑”地一下跪在了胡杨树前，涕泪俱下，他死命地捶打着黄色的沙地，哽咽地说：“我是多么希望你能够蓬勃地撑起一个硕大无比的树冠呀，骄傲地招展在大漠的天空之下，让这黄沙成为绿洲。可是，现在你却遍体鳞伤……”

当大漠重归宁静的时候，那灿烂的朝阳，那有着不可抑制的强悍意志的万物之主，正缓缓地升起，给整个沙漠抹上了一层淡淡的橘红。刘雨田又开始了他的挑战。

与死神的搏斗中奇迹生存

当刘雨田向塔克拉玛干沙漠挑战的时候，死神也开始向他挑战。他所携带的水已经用去大半，身上现出一条条丹毒流窜的红线，他知道走下去无异于一步步走向死亡。以刘雨田的个性而言，他完全可能以死相试，用自己的躯体表明自己的意志。但现在他却不能，他答应过几家出版社，为他们写长城行，写塔克拉玛干行。他还肩负着那些关心他的人们的厚望，他不能够死。

连日来，刘雨田明显地感到体力越来越不支了，更糟糕的是他迷失了方向，不知道自己的确切位置。

我是谁？我在哪里？我在干什么？刘雨田不能回答。所有的一切对于他来说，已经失去了意义。他知道自己的体力就要耗尽，于是决定放弃行囊。

▲徒步行走于沙漠中的刘雨田

那里头有记载着他向塔克拉玛干挑战的日记，有拍摄的沙漠景象的胶卷，甚至包括那架相机。他只带上那半壶的水，这就是他生命的全部。

很快地，他连水也喝完了。为了生存，刘雨田甚至接了自己的尿，只是刚端到嘴边，他又泼掉了。他感到好困惑，自己怎么会落到这般田地？这一切究竟是为什么？我还是人吗？刘雨田想到这里潸然泪下，他为自己而哭泣。良久，他终于慢慢地蹲下身子，再慢慢地拾起那只口杯，接了自己的尿，喝了下去。

从此，他见什么吃什么。胡杨叶他捋下来吃，树皮也扒下来吮吸一下想象中的水分，甚至连树底下、灌木丛中的苍蝇、蜘蛛、蜥蜴和一些不知名的小虫子，也成了他不可多得的美味佳肴。

再后来，刘雨田跌入了一种半昏迷状态。他的行进常常处于无意识之中，不得已，他只能躺下休息一下。休息之后，他的脑子稍稍有些清醒，这时他的心境是质朴而纯真的。他想起了慈祥的母亲和那香喷喷的玉米粥……

刘雨田已经走不动了。他只能艰难地往前爬，爬不动了，休息一下再爬。不知道是第几天了，突然，他嗅到了一种湿腥味儿，便拼了命地往前，奇迹终于出现了：克里雅河仿佛是从天空中延伸下来的，闪烁着亮光，挟着一股凉气蜿蜒飘来。

刘雨田看到了生命之泉，挣扎着站起来往前跑，跌倒了再爬起来，踉跄着再跑……

他得救了。这次探险是他一生中最难忘的经历。

第六章　人类的探险走向南极

南极被人们称为“第七大陆”，是地球上最后一个被发现、唯一没有土著人居住的大陆。一直以来，她用极其恶劣的自然环境，为自己蒙上了一层神秘的面纱，将人类远远地拒之在门外。但是，人类与生具有的好奇心和征服欲却促使人类不断地试图去揭开她那神秘的面纱，哪怕是付出生命的代价也在所不惜。于是，迈向南极的脚步不可阻挡地开始了。

南方“未知大陆”的探险

虽然早在公元前2世纪就存在南方“未知大陆”的假想，但实际去探索还是在十五世纪后半期才开始，十五世纪后半期，由于人类的航海技术得到了很大的发展，航海技能得到了很大的提高，因此，寻找传说中的南方“大陆”成为可能。对南方“未知大陆”的寻找导致了很多有价值的发现。

1520年11月麦哲伦探险队发现篝火通明的火地岛和1544年7月雷切斯发现黑人居住的新几内亚之后，人们似乎证明了南方“未知大陆”存在的假想。西班牙人企图穿过太平洋南部水域以建立被它占领的秘鲁和菲律宾之间的直接联系，于是组织了一系列探险队，从秘鲁出发，到太平洋南部探索“未知大陆”。

1567年1月，明达尼亚率探险队从秘鲁去太平洋进行探险，次年2月7日，他们发现了一片黑人村庄陆地，便认为是在“未知大陆”上发现了奥菲尔之地。

1578年，英国女王伊丽莎白派遣弗朗西斯·德雷克去寻找南方大陆。德雷克原是海盗，勇敢、慓悍，是个无所畏惧的人物，1月12日，指挥他的船队——“金鹿”号、“玛利方特”号、“伊丽莎白”号驶离了普利茅斯港。一个月后，他们便来到了麦哲伦海峡。

火地岛

火地岛位于南美洲的最南端，面积约48700平方公里，主岛略呈三角形，西部和南部山地为安第斯山脉余脉，地面崎岖，海拔1500～2000米，最高峰约甘山2469米。东部和北部为平缓低地，海拔180～600米，多冰川湖和沼泽湿地。山区多森林，低地为丛生草原。

这是英国人第一次来到这里，所有的船员都异常兴奋。德雷克命令张灯结彩，鸣放礼炮。船只循着海峡迂回曲折地前进。9月6日，他们驶出海峡。正当他们弹冠相庆时，猛烈的风暴呼啸而来。强风夹着雨水、冰雹和浓雾，海面掀起大山般的巨浪，使船只顿时失去了控制。不久，“玛利方特”号被大海吞没了，“伊丽莎白’号侥幸地驶回了海峡，而旗舰“金鹿”号则被吹得无影无踪。

风暴持续了一个多月。“伊丽莎白”号始终找不到其他船只，于是船长温特判断，其他船已葬身鱼腹，因而决定放弃远征，掉头返航。

但“金鹿”号并未沉没，这一叶孤舟一直在大浪里挣扎，被狂风吹向南方。到10月28日，暴风雨骤然停息之后，船上的人发觉“金鹿”号已漂近一群稀稀落落的岛屿，而在岛屿的南方则伸展着无边无际的汪洋大海。

面对着辽阔的大海，德雷克立刻意识到，这是个巨大的发现。因为自麦哲伦以来，人们一直以为海峡南面的火地岛是延伸到南方大陆的一部分。而目前的事实表明，它只不过是一群岛屿而已。这些岛屿是南部美洲的最南端，再往南并无陆地，只有大西洋和太平洋的海水在此汇合。

德雷克召集了船员，向他们宣布他的判断，并预言了传说中的澳斯特拉利斯地是不存在的。但他很谨慎，想了一下后又补充了一句：如果它真的存在，也一定是在寒冷的地平线外很南的地方。

▲弗朗西斯·德雷克

德雷克登上海岸扑倒在土地上，亲吻着岩石，然后对部下说："我们已来到了世界上已知陆地的最南端，并且比世界上任何人都走得更南。"接着他下令"金鹿"号向北航行。他想寻找美洲北端的大西洋和太平洋会合点。但3个星期后，极度的寒冷和浓密的大雾严重阻碍着他们，而且海岸似乎不断向西北延伸，好像一直通往亚洲。当他看到从北涌来的浮冰之后，他才让"金鹿"号掉头往南，在气候宜人的海岸边休整。这时，他的头脑里又闪现环球航行的想法，就毫不犹豫地驾船向西驶去……经菲律宾，穿马六甲海峡，渡印度洋，绕好望角，过佛得角群岛。1580年的9月26日，他们终于回到了出发时的港口——普利茅斯。这样，他们在海上度过了两年10个月。

英国女王伊丽莎白为表彰德雷克的功绩，赐予他一把镀金的宝剑，并破格封海盗出身的他为爵士。而人们为了纪念他的发现，把南美南端与南极半岛之间的通道称为"德雷克"海峡。

荷兰人对澳大利亚的发现做出了重大的贡献。1605年11月，荷兰东印度公司派遣威廉·扬逊乘航船"捷菲根"号朝"未知大陆"方向挺进。这个人的名字在发现史册上是以"扬茨"出现的。扬茨沿澳大利亚海岸线一直航行到南纬14°，1606年6月抵达一个海角。扬茨认为，新几内亚是"未知大陆"北部的一个半岛，而南部则可能一直伸延到南极地带。当然他不知道西班牙人托雷斯以自己航行实践业已证明了新几内亚仅是一个海岛。扬茨航行后的十几年里，荷兰的许多资本家在前往巴达维亚或离开这座城市的航途中，接连不断地发现了新荷兰（澳大利亚）的北部、西部和南部大部分沿岸地带。

1605年12月，基洛斯指挥3艘帆船从秘鲁出发，沿南纬20°线航行，发现了土阿莫土群岛和"千真万确的未知大陆"。他杜撰了一系列报告，花言巧语地吹嘘新发现的"未知大陆"，但实际上，他发现的是新赫布里底群岛。

英国的罗德任尔·布德斯，在1708～1711年期间领导了一次半军事半海盗式的探险，尽管他没作出任何地理发现，但撰写的《1708～1711年的环球航行》一书却引人入胜。书里有这样一个故事：一个名叫塞尔盖尔克的水兵，在一个荒无人烟的海岛上，只身一人度过四年零四个月的漫长岁月。事情的原委是，塞尔盖尔克在1704年与船长发生口角，被送到人烟绝迹的胡安—费尔南德斯岛上。1709 年，当布德斯把他救出来时，他身上穿的是野山羊皮。他与世隔绝之后变成了一个野人，几乎连话也不会说了。作家丹尼尔·笛福在这本书的强烈影响下，创作了一本举世闻名的长篇小说——《鲁滨逊漂流记》。

▲宽阔的“德雷克”海峡

英国海盗威廉·丹皮尔进行了多次航海冒险，地理发现成就卓著。1688 年年初，他驾船航抵南纬 16°31——澳大利亚的西北部，登上海岸并深入到腹地考察，但他无法确认新发现的是一个海岛，还是一片大陆。后来，他航行到印度尼西亚，于 1691 年回到伦敦，从而完成了一次伟大的环球航行。1697 年出版了他编写的《新的环球航行记》，使这位海盗一跃成了受人尊敬的作家了。

荷兰西印度公司在 1721 年派出了一支强大的探险队，去寻找南方“未知大陆”，罗赫文担任 3 艘船的指挥官。1722 年初，罗赫文绕过合恩角朝西北方向航进，在 4 月基督教复活节的第一天，他在离智利海岸约 1500 海里的洋面上发现一个多山孤岛，所以他把这个岛命名为复活节岛。

法国为了在热带海洋卷土重来，进行殖民扩张，于 1766 年组织了一个探险队，布干维尔被任命为探险队队长。他从圣马洛启航，经过麦哲伦海峡驶入太平洋，到萨摩亚群岛，绕过新几内亚东南部时，发现了由许多珊瑚岛和小海岛组成的群岛，他命名为路易西亚德群岛，以纪念法国国王路易十五。布干维尔还发现了所罗门群岛的两个大岛。9 月，布干维尔航抵巴达维亚，后又转航到毛里求斯，绕过好望角驶入大西洋，于 1769 年 2 月回国，从而结束了法国的首次环球航行。布干维尔著的《1766 ~ 1769 年的环球航行》一书，在 1771 ~ 1772 年间出版，并被译成多种文字，在欧洲多次出版，广为发行。

库克船长三次探险南太平洋

詹姆斯·库克是英国的一位探险家、航海家和制图学家。1768～1779年，他进行了三次探险航行。通过这些探险考察，他给人们关于大洋，特别是太平洋的地理学知识增添了新的内容。他还被认为在通过改善船员的饮食，包括增加水果和蔬菜等来预防长期航行中出现的坏血病方面也有所贡献。库克船长在太平洋和南极洲的伟大的航行为世界科学发展作出了巨大的贡献，同时他也是第一位绘制澳大利亚东海岸海图的人。在人们的记忆中，库克船长是“水手中的水手”，在探险史上，还没有哪个人可与他的成就相媲美，世界地图将永远带着他的印记。

库克船长

库克于1728年10月27日出生于英国约克郡的一个贫苦农民家庭里。18岁时，他在一家船主那里找到一份工作并且到波罗的海作了几次航行。当英法战争爆发时，他作为一名强壮的水手应征到皇家海军服役。不到一个月他被提升为大副，四年之后升为船长。1759年，他被授权指挥一艘舰船参加了圣劳伦斯河上的战斗。1763年，战争结束之后，库克作为纵帆船“格伦维尔”号的船长承担了新西兰、拉布拉多和新斯科舍沿岸的调查工作。在四年多的时间里他取得了许多重要成果，这些成果后来由英国政府予以发表。

库克成长的年代，正是西方探险高潮迭起的时期。1767年发现了塔希提岛的沃利斯探险队宣称，他们曾在太平洋上的落日余辉中瞥见过南边大陆的群山，这一发现震动了整个欧洲。英国政府对沃利斯探险队的这一发现表示出了极大的兴趣，为了赶在别国之前抢先发现和占领这块大陆，扩大英帝国之版图，英国政府选派库克出海远航，寻找这个带有神奇色彩的南方大陆。

▲库克船长

发现澳大利亚和新西兰

1768年8月26日，库克率领“奋进”号启航去调查太平洋中维纳斯航道并考察该海区的新岛屿。陪伴他的有一名天文学家，两名植物学家和一名擅长博物学的画家。他先向南航行，后向西转弯，绕过好望角，于1769年4月13日到达塔希提岛。

接着库克下命起航向南驶去，他们花了一个月时间通过了一群岛屿，这些岛屿间水面很窄，“奋进”号不得不绕来绕去，费了一个多月时间。库克把这一群岛命名为社会群岛。尽管绕过了社会群岛，然而南方大陆依然踪影全无。8月上旬一过，天气开始变冷了，“奋进”号继续向南航行。到了11月初，“奋进”号已通过了南纬40°，然而南方大陆仍然没有发现。这时天气越来越坏，海上风浪也愈来愈大，这对“奋进”号造成了很大的威胁，库克心里很清楚：如果继续南行，后果不堪设想，于是他下令改为向西航行。又过了一个月，他们看到洋面上漂浮着海草和木头，海鸟也成群地在天空中飞翔，显然他们前面即将出现一片陆地。库克根据地理位置很快判断出，这就是荷兰探险家在一个世纪前发现的新西兰。

库克在岸上只作了短暂的停留，并作了几天的考察。他发现这里不大可能是南方大陆的延伸部分，于是决定继续南行。这样“奋进”号又一次驶过了南纬40°；然而仍未发现这里有什么南方大陆。于是库克下令改为向北航行，最后驶到了新西兰的北角。在新西兰北角，探险队稍作休整和补足淡水后继续前进，并于12月下旬绕过了北角。

海上天气开始变坏了，狂风大作，巨浪滔天，船行十分困难。“奋进”号在波浪中不断地剧烈抖动着前进，终于抵达了新西兰的西海岸。为了绘制好这一地区的海岸线图，库克不管风浪如何险恶，仍然迎着风浪向南探索。他坚持按自己测量的结果来绘制每一英里的海岸线。随着“奋进”号的前进，渐渐地，地图上的新西兰外形越来越不像是一片大陆，而更像是一个弯刀状的岛屿。而“奋进”号则按逆时针方向围绕着这个岛屿航行。

1770年1月14日，“奋进”号掉头向东，完成了一个圆形航线。库克忽然发现了一个很宽很深的海峡，并有一片碧绿的多山的陆地在向南边延伸。他感到很惊讶，这显然表明新西兰不是单一的岛，而是两个岛。但不久“奋进”号就遇到了一个小障碍，船上的帆具坏了，船速也慢了下来。库克下令把“奋进”号开进一个被他命名为夏洛特皇后湾的小港内停泊整修。这个避风港内到处鸟语花香，清泉淙淙，遍地长满了野芹和抗坏血病的药草。库克见了，满心欢喜，他立即宣布夏洛特皇后湾为英国所有。

▲与土著人的战斗场景

在夏洛特皇后湾休整了几天后，“奋进”号又扬帆向东，紧接着又穿过了一个狭长的大海峡，这个海峡就是现在的库克海峡。“奋进”号朝南按顺时针方向绕新西兰的其余部分继续航行。库克想弄清楚新西兰的确切形状到底是什么样，结果他完成了一个8字形的海岸航行线。1770年3月底，库克再次回到了夏洛特皇后湾，他画出了第一张清晰的新西兰群岛图。这张图线条明朗，极为准确，为后来许多航海家所称道。

库克感到极为失望的是，整个航行过程中，始终未找到南方大陆。但19天之后，海平线上隐约露出了陆地的阴影。船员们顿时激动起来，因为他们又来到了一块新的大陆。为了找到一个好的海湾停泊“奋进“号船，库克下令继续沿澳大利亚海岸向北航行。他们欣喜地看到陆上翠色喜人，显然这个新大陆是一块富饶的土地，而并不像荷兰人所说得那样荒凉。

到了5月下旬，“奋进“号进入了太平洋上最大的暗礁区——大堡礁。这里的暗礁星罗棋布，随处可见浅滩和刀山似的珊瑚群；这个暗礁区沿着澳大利亚东北部的昆士兰热带海岸延伸了1000多英里。“奋进”号进入这片暗礁区后，在一个巨大的珊瑚礁上搁浅了。库克命令船员合力起锚，终于摆脱困境。

8月21日，他们抵达了澳大利亚的北端约克角。库克高超的航海技术在这里得到了出色的发挥。约克角已很接近东南亚了，库克决定由这里通过托里斯海峡到东印度群岛去，很快他们便抵达了荷属港口巴塔维亚（即今之雅加达）。船员们很不适应这里潮热的气候，一场瘟疫在船员中流行起来，一下子便死去了73人。库克悲痛不已，赶快返航回国。1771年7月13日，“奋进”号经过了3年的远航终于回到了英国。这次航海，他们给世界地图增加了5000余英里的海岸线，这个成绩是辉煌的。

库克与夏威夷群岛

1776年7月，库克船长第三次赴太平洋探险，这次库克发现了美丽的夏威夷群岛，库克把夏威夷群岛标示在了地图上，也因此掀开了夏威夷在世界历史上的第一页。库克船长虽命丧夏威夷，但库克船长却给夏威夷带了历史，社会和文明，1778年1月18日成为了夏威夷的纪念日，在库克船长当年被抛棺的海域附近的海岸上，夏威夷人建起了一座雄伟的库克船长纪念碑。如今在新西兰北岛和南岛间的海峡依然用库克的名字命名，称为库克海峡，在南太平洋的一个群岛还叫库克群岛。

探索北冰洋和南太平洋中的岛屿

在1772年7月13日，库克再次从英格兰启航。这次他反方向，由西向东南下绕过非洲的好望角，穿过南极圈，到达新西兰。接着他花了很多时间一一探索南太平洋中由澳大利亚、新西兰、夏威夷三点连成三角形中间的岛屿，包括复活节岛、汤加、新赫布里底群岛、新喀里多尼亚和诺福克岛。然后经南美、大西洋，在1775返回英国。此次回国晋升上校，同时被选入英国皇家学会，他所写关于预防坏血病的论文获得学会颁予金质勋章。

1776年7月12日，库克第三次也是最后一次从英格兰启航，这次的目标是考察北太平洋和寻找绕过北美洲到大西洋的航道。绕过好望角之后，库克横渡印度洋到达新西兰，从那里又航行到塔希提岛，后来他们继续航行。在圣诞节前夜他们看到了一个岛屿。这个岛屿他命名为“圣诞节岛”。进一步向北航行，他发现了夏威夷群岛。

1778年2月他往东抵达了北美洲的俄勒冈海岸，并朝北探索北冰洋。据说他们经过了白令海与白令海峡，但无法横越北冰洋，只好南下回到了夏威夷，恰巧当地人在庆祝马卡希基节日，库克被认为是神明拉农，顶礼膜拜，当地妇女给水手提供免费的服务，不久一位船员去世，土著们了解到库克并非神明，之前虔诚狂热的信仰遭到沉重的打击，转成为愤怒。

2 月 14 日，双方爆发混战，库克在夏威夷的凯阿拉凯库亚湾被乱棍打死，尸体惨遭肢解，共有 4 名水手和 17 个夏威夷人在这次混战中丧生。库克船长的遗骸被葬于凯阿拉凯库亚湾的海底。几天后，库克船队的人展开疯狂的复仇行动，岛上的土著人几乎被赶尽杀绝。1780 年 10 月 4 日，库克船队才回到英国。

别林斯高晋发现彼得一世岛和亚历山大一世岛

1819 年 7 月，别林斯高晋和助手指挥“东方”号和“和平”号两只单桅船离开俄国，完成了环南极的伟大航程，先后 6 次穿过南极圈，最南到达南纬 69°25′处。由于无法通过的浮冰及阴云弥漫的海面，使他们最终没能到达南极大陆，只发现了现在的彼得一世岛和亚历山大一世岛。

库克错过发现南极大陆的机会

在 2000 多年前，古希腊科学家亚里斯多德便推断出，地球北半球有大片陆地，为与之平衡，南半球也应当有一块大陆。而且，为了避免地球“头重脚轻”，造成大头（北极）朝下的难堪局面，北极点一带应当是一片比较轻的海洋。

18 世纪以来，人类为了寻找南极大陆，探索它的奥秘，不畏艰险、络绎不绝，涉足南极探险和科学考察。

1772 ~ 1775 年间，英国航海家库克，组织了一个探险队，决心去寻找这个神秘的“南方大陆”。他率领两艘帆船，进入南太平洋探险。曾三次冲破风暴的阻挠和浮冰的封锁，越过南温带和南寒带的分界，进入南极圈，直至南纬 70°10′的海域，但在离南极大陆还有 250 公里的地方，由于流水的阻碍，两艘帆船只能在南大洋上绕着南极大陆迂回曲折地航行，使库克失去了发现南极大陆的机会。

1775 年 3 月，库克回到好望角时，以极度失望的心情在报告中写道：“我在极度困难中完成了这次高纬度的航行，我证明那儿绝对没有大陆的存在，即使有的话，那也是极小极小的、覆盖着冰雪的、人类无法到达的地方。我建议停止对南极大陆的寻找。”

库克作出南极没有任何大陆的错误结论，导致以后几十年几乎没有人再到南极海域进行“毫无希望”的探险航行。然而，也有不少人并不相信库克的论点，他们认为，如果以南极为圆心，以 2000 公里为半径画圆，直径就是 4000 公里，在如此大的范围内怎么能轻易断定没有陆地呢？于是，俄国探险家费边 · 别林斯高晋，最先开始了探索南大洋和南极陆地的壮举。

发现了南极大陆

1819 年 7 月，沙俄派出两艘航海帆船，在海军中校别林斯高晋的率领下，从彼得堡出发，登上南极大陆探险的征途。按照亚历山大一世提出的极地航行计划，远洋探险的主要目标是“尽量接近南极点”，并到库克没有到过的海峡寻找未知的陆地，只有在碰到不可克服的困难才可放弃这种寻找。

船队在1819年11月底，也就是南半球夏季即将开始之际，稍事休息后继续向南航行。不久船队就驶入南纬40°的辐合带，遇上了汹涛恶浪的袭击，经受了第一次严峻的考验。12月，正是南半球的盛夏，可是，天空下着鹅毛大雪，海上漂流着一座座冰山，又遇上了极其恶劣的浓雾天气，海面上到处都是云山雾海，一片灰暗，他们时刻担心碰上冰山，将会船毁人亡。

到1820年1月中旬，他们终于进入南极圈。不久，看到海水的颜色有了变化，头上盘旋着飞鸟，这里离陆地不会很远了。两艘帆船继续航行，来到了距南极大陆只有20公里的海域，新大陆就在眼前。可是，天不作美，突然暴风雪来临，巨大的冰山又封住了他们的去路，帆船在南极附近徘徊了好久，冬季也快要来临，他们只得返回，在澳大利亚的悉尼过冬。

1821年1月，别林斯高晋率领两艘帆船又越过了南极圈，发现了“彼得一世岛”和南极第一大岛——“亚历山大一世岛”。据说，这些岛屿的发现，还多亏了船上的一位厨师。在探险途中，水手们捉到一只企鹅，就把它宰了，不料，烹调它的厨师在企鹅的嗉囊里见到了一颗石子，这引起了科学家的注意。这颗石子是从哪里来的呢？它的潜水本领不大，不可能从很深的海底衔上来，唯一的可能是附近就有陆地。这一偶然的发现，给屡遭挫折的别林斯高晋以极大的鼓舞。1821年1月10日，别林斯高晋的船队开进了现在的别林斯高晋海，他们终于看见了一块高出海面的陆地！他们把这块陆地命名为“彼得一世岛”。不幸的是，海面冰况严重，探险队仅能到达离岛19公里的地方，他们沿着冰缘继续航行，7天后又发现了另一块陆地，也就是“亚历山大一世岛”。“亚历山大一世岛”实际上是一个由冰架与南极半岛相连的岛，可是，当时俄国探险队不敢断定自己“发现了南极大陆”。

谁最先发现南极大陆

当历史进入了19世纪，沙皇俄国以世界强国的面貌出现在世界上，亚历山大一世进军西伯利亚成功后，便从全球战略出发，1819年同时派出两支船队分别向北极和南极进发，又一次掀开南极探险的新一页。由船长别林斯高晋海军中校率队，开始了人类历史上第二次环南大洋航程。与此同时，英国和美国的两支捕猎海豹的船队也在往南极进发，但他们没有作环绕南极的航行，只在南极半岛地区进行考察，因他们的航行路线都非常接近南极半岛，以至于后来产生了谁最先发现南极半岛之争。

威德尔打破库克南航的纪录

库克第二次航行之后几乎半个世纪里，没有一个航海家向南比他航行得更远。直到1823年，英国的猎捕船船长詹姆斯·威德尔乘着两艘航船在冰海航行顺利的情况下，从南乔治亚岛出发行进到南纬74°15′，比库克所创造的纪录还多3°。

猎捕失败

由于库克船长在探险报告中特别提到，在南极圈附近海域存在大量的海豹和鲸鱼，于是英国、美国、俄国、法国和其他一些国家的捕猎船纷纷前往南大洋捕猎。英国捕猎船“美人”号船长詹姆斯·威德尔就是其中一个，他曾率领两艘小船到达“魔海”。

一提起“魔海”，人们自然会想到大西洋上的百慕大“魔鬼三角”，这片凶恶的魔海，不知吞噬了多少舰船和飞机。它的魔法究竟是一种什么力量，科学家们众说纷纭，至今还是一个不解之谜。然而在南极，也有一个“魔海”，这个“魔海”虽然不像百慕大三角那么贪婪地吞噬舰船和飞机，但它的魔力足以令许多探险家视为畏途，这就是威德尔海。

▲南极企鹅

威德尔海是南极的边缘海，南大西洋的一部分。它位于南极半岛与科茨地之间，最南端达南纬83°，北达南纬70°至77°，宽度在550千米以上。它因1823年英国探险家威德尔首先到达于此而得名。

威德尔出身于英格兰的一个牧羊人家庭，由于生性好动，就跑到海港当了一名水手，34岁时成了猎捕海豹船的船长，1921年，他在南极海捕获了不少海豹，发了一笔小财。

1822年，威德尔再度驾船驶向南大洋，希望能有更大的收获，可他在出航时已经喝得酩酊大醉，登陆休整时更是长醉不醒，手下的船员痛饮狂欢。手下多次劝说他早点启航，以免错过猎捕季节，但他总是不置可否。直到1823年初，威德尔才起锚急急忙忙向东南航行。

南大洋的劲风冷得令人难以忍受，看来南半球的冬季已经逼近了。更糟糕的是，海豹猎捕场除了密布的流冰外，见不到一只海豹。威德尔决定沿着西经30°向南航行，到南桑威奇群岛西南寻找海豹的栖息地。可越向南航行，流冰越多，绿色的海水变成恐怖的深蓝，这里连海豹的影子都没有看到。

奉“旨”南行

“美人”号在大风雪中开开停停，远处传来了冰山爆裂的巨响，使人不寒而栗。船员们已经失去了信心，一场叛乱迫在眉睫。

面对众叛亲离的局面，威德尔一筹莫展，每天只能喝闷酒。这时，他的一个手下向他献计，威德尔采纳了这条妙计。他把全体船员召集到甲板上，从怀里掏出一张羊皮纸，递给站在旁边的手下，让他宣读。手下庄严地宣读道：“兹命令威德尔率‘美人’号驶向南极，以完成大不列颠国王的光荣使命。”船员们听完后，面面相觑，看到伊丽莎白女王的签名时，谁也不敢违抗这项命令。

这时，非常奇怪的事情发生了，原先阴霾的天空出现了金灿灿的太阳，海面上的流冰也慢慢向两边漂移，形成一条无冰水道。威德尔见状大喜，大喊一声：“全速前进，这是上帝的旨意！”

▲威德尔海上的大冰原

船员们见到这种情形，顿时精神大振，迅速各就各位，驾船从水道中向南航行。由于海冰异乎寻常的少，威德尔一路畅通，南下的航程比当时任何人都要远。

返航前，威德尔反复测量水温，直到温度计破损为止。他们在冰上挂起英国国旗，同时轰响礼炮，以庆祝他们南大洋航行的新记录：南纬74°15′，这比当年库克船长南极之行更接近南极点380公里。

威德尔此行虽然没有猎捕到一只海豹，但归国后却受到英雄般的欢迎。他凭借假诏书闯过的广阔海域，位于南极半岛和科茨地之间，威德尔当时曾起名为乔治四世海，直到1900年地理学家卡尔才提议以首先到此的威德尔之名命名为“威德尔海”，这个威德尔海由于严寒、风暴和冰山，险象环生，又称为“魔海”。

罗斯寻找南磁极

詹姆斯·克拉克·罗斯，约翰·罗斯的侄子，是一名航行于北冰洋经验丰富的海员。他曾跟他的叔叔前往北极地区，并到达了北磁极。罗斯有着丰富的地球磁场方面的知识，因此被选派率领探险队于1839年启程去寻找南磁极。为了抵御浮冰，他的两艘船“埃里伯斯”号和“无畏”号被特别加固了。1841年1月5日，罗斯的船不畏困难，强行驶进新西兰以南的南极冰洋。他们破冰开辟出一条通到外海的航道，该航道成为首批通到外海的航道，两艘船成为首批通过大片浮冰海船只。该海域后来被命名为罗斯海。

抵达罗斯海

罗斯在1839年9月奉海军部的命令从英国起航，他统率着女王陛下的两艘帆船——370吨的“埃里伯斯”号和340吨的“无畏”号。他的最终目标是南磁极。

▲罗斯海

船队在1840年8月抵达澳大利亚塔斯马尼亚的霍巴特港，这时他听说了前一年夏天杜蒙特·达尔维尔率领法国探险队和查尔斯·威尔克斯率领美国探险队来过的消息。前者曾到达阿德利地，并发现在它的西边有长达60英里的冰崖绝壁。他带回来的一只鸟蛋被证明是帝企鹅的蛋。

所有这些发现都是在南极圈的纬度附近获得的，而这些地点大都位于澳大利亚以南的某个地方。罗斯认为，英国在探索南极方面与探索北极一样，走在了世界的前列，他当即做出一个决定，为了不被其他人的发现所干扰，他选择从更靠近东边的位置向南进发，以便在可能的情况下直抵磁极。

他朝南极的方向在一无所知的大海里前进，在穿过了大面积的浮冰抵达所谓的磁极之后，他继续按罗盘上的方向在风力允许的情况下向南行进。1841年1月11日，在南纬71°15′处，他看到了萨宾山白色的顶峰，并且在此后不久又发现了阿代尔角。他在抵达磁极之后又找到了陆地，伴随着这些喜悦他转头向真正的南方航行，进入了现在被叫作罗斯海的水域。

打破威德尔纪录

罗斯花了很多时间沿着海岸线航行，在船队的右侧是连绵的山脉，左侧是罗斯海。

他发现并命名了一连串的高山，这些山峰把大海同南极高原隔离开来。1 月 27 日是一个有着非常适宜的轻风的晴朗日子，他站在船头向着前一天中午时分发现的陆地靠近，这个地方后来被称作高地岛。

罗斯从克罗泽角出发又前进了 250 英里，这才到达了以“无畏”号指挥官命名的罗斯岛最东端。在返航的路上他注意到罗斯岛与西边的高山之间有一条峡谷。2 月 16 日凌晨两点半，他发现了埃里伯斯火山。

当天中午时分，他看到了埃里伯斯火山异常猛烈喷发，浓烟和火焰升到了一望无际的高空。午夜过后不久，从东方刮过来一阵微风，船队起满帆向南航行，一直到凌晨 4 点才转向。船队又花了一个小时才探明了埃里伯斯火山与大陆之间的整个海湾。它现在被称作麦克默多海峡。

起初罗斯错误地认为埃里伯斯火山与整个大陆连成一体，当时船队似乎离埃里伯斯西南的哈特岬半岛非常遥远。那时他还有可能看到过大陆东方的明纳布拉夫，在两者之间还有白岛、黑岛和棕岛，人们会自然而然地把这一连串岛屿看作是一片连在一起的陆地。

罗斯继续穿过浮冰进入了深不可测的大海。他在这段旅途中经过了数百英里山峦起伏的海岸。整个探险工作于 1842 年完成，这次罗斯到达的纬度比威德尔高出 4 度。探险中的科学考察也同样值得称道。南磁极被比较精确地定位，虽然罗斯因为无法实现在磁极和地球的南极点树起自己国家的旗帜而遗憾。

罗斯为了取得地理学和科学考察上的准确性而付出了极大的辛劳，他记录下的气象、水温、水深测量数据，以及他在跨越大洋时的生活记录不但极为罕见，而且还非常真实。

罗斯冰架

罗斯冰架是一个巨大的三角形冰筏，几乎塞满了南极洲海岸的一个海湾。它宽约 800 公里，向内陆方向深入约 970 公里，是最大的浮冰，其面积和法国相当。该冰架是英国船长罗斯爵士于 1840 年在一次定位南磁极的考察活动中发现的。他们在坚冰中寻觅途径，来到外海时便碰见一座直立的、高出海面五、六十米的冰崖。该冰崖挡住了他们的去路。1911 年挪威和英国两个国家的探险队竞赛最先到达南极，罗斯冰架是此举的起点。阿蒙森率队从鲸湾出发，而斯科特则从罗斯岛出发。冰架在罗斯岛与大陆连接，离南极约 100 公里远。结果阿蒙森获胜，他比斯科特先一个月到达南极。

阿蒙森到达南极点

1831 年，北磁极被发现后，德国大数学家卡尔·高斯预言：在地球的南端，也应该存在着与北磁极相对应的南磁极。从 1838 年到 1843 年，法国、美国、英国先后派出探险队前往南极，试图找到南磁极，但都以失败而告终。1909 年 1 月，英国沙克尔顿率领的探险队找到了位于南纬 72°15′的南磁极。于是，南极点又成为探险家们试图征服的新目标。最早发现并到达南极点的，是挪威探险家阿蒙森。

开展征服南极点的竞赛

挪威的两位伟大极地探险家南森和阿蒙森生活在同一个时代，是历史的巧合之一。阿蒙森 1872 年出生于挪威南部的萨普斯堡，比南森年轻 11 岁。他放弃了原来计划的医生职业，决定献身于极地研究。作为一名合格的海员，他曾经在一艘航行于北极海域的商船上工作过。后来，他以大副的身份参加了 1897 年“贝尔吉克号”在南极首次越冬的探险。在以往航行中获得的经验，为阿蒙森提供了充足的信心。他决定挑战困扰航海家达 300 年之久的“西北航线”。1903 ~ 1906 年乘单桅帆船第一次通过西北航道（从大西洋西北经北冰洋到太平洋），并发现北磁极。在获悉有人成功到达北极后，积极准备探险南极。

▲阿蒙森和他的雪橇

1910 年 6 月，阿蒙森获悉英国人斯科特率领一支探险队，正启程前往南极寻找南极点。这个消息使阿蒙森震惊，北极点被人捷足先登了，但南极点还是块处女地。阿蒙森决定和斯科特展开征服南极点的竞赛。

1911 年 1 月，挪威人阿蒙森乘着“前进”号船，经过半年多的航行，来到了南极洲的鲸湾。阿蒙森在那里建立了基地，准备度过六个月漫长的冬季。同时，阿蒙森也着手南极探险的准备工作，他率领三名队员，带着充足的食物，分乘三辆雪橇。从南纬 80 度起，每隔 100 公里建立一个食品仓库，里面放置了海豹肉、黄油、煤油和火柴等必需品，仓库用冰雪堆成一座小山，小山上再插一面挪威国旗。这样，在茫茫雪地上，很远就能发现仓库的位置。阿蒙森一共建立了三座食品仓库。

当阿蒙森回到鲸湾的时候，英国人斯科特率领的探险队也到了，两个竞争对手进行了友好的互访。阿蒙森看到斯科特带的西伯利亚小马和摩托雪橇，而他自己率领

100 多条爱斯基摩狗组成的雪橇队探险，阿蒙森坚信，爱斯基摩大狗有着比西伯利亚小马更惊人的耐寒能力，后来的事实也证明了这一点。

南极的冬天就要到了，“前进”号载着主力队员开往新西兰，他们在那儿度过了南半球的冬天。

找到南极点

五个多月过去了，南极的夏天到，这正是南极探险的好季节。1911 年 10 月 19 日，阿蒙森和四个伙伴一起，带着 52 只狗，驾着雪橇向南极点正式进军。一开始，他们进展神速，但越逼近南极点道路越艰难。11 月 15 日，他们终于登上了布满冰川的南极高原，第一次看到了裸露着的红褐色的岩石。

在到达南纬 85°时，出现在他面前的是连绵起伏的南极高原。阿蒙森下令，把较为瘦弱的 24 条狗杀掉，用 18 条强壮的狗牵拉 3 辆雪橇，带足 60 天的粮食，轻装上路。这时，南极地区天气异常恶劣。暴风雪连续刮了五天五夜，为了抢先赶到南极，阿蒙森他们顶风冒雪，艰难地前进。

12 月 13 日，阿蒙森从测量器上看到他们已经到达南纬 89°45′，他掩饰不住内心的激动，向队员们大声宣布：“大家注意，我们现在距离南极点已经非常近，再往前走一段，我们就成功了！今晚大家好好休息，保持体力！”

第二天，探险队向南前进了几十公里，阿蒙森突然兴奋地大叫起来：“到了，到了，就在这儿！”他们终于找到了南极点——南纬 90°，海拔 3360 米。

他们在南极点整整考察了四天，队员们都沉醉在成功的喜悦之中。离开南极点之前，他们在挪威国旗下的帐篷里留下了两封信，一封给挪威国王，另一封给正在行进中的斯科特——请他将信转送给挪威国王。谨慎的阿蒙森知道，他们虽然成功了，但返回营地的征途仍然充满了艰险，他必须做好遇难的准备。

不过，命运似乎特别垂青阿蒙森，1912 年 1 月 25 日，他们安全返回“先锋者之家”。在过去的 99 天时间里，他们走过了 3000 公里的艰苦路程，取得了首次发现南极点的巨大成功。五天后，全体探险队员乘坐“先锋”号踏上了归途，半年后安全返回挪威，受到了前所未有的热烈欢迎。

阿蒙森之死

征服南极点后，阿蒙森又开始了一项新的挑战：在空中探索北冰洋。他和探险队于 1925 年乘坐水上飞机冒险远征。飞机在北纬 88°被迫在冰上着陆。但探险队成功地使其中一架飞机重新起飞。第二年，阿蒙森又和意大利人诺比尔共同领导了从斯瓦尔巴德群岛乘飞艇飞越北极前往阿拉斯加的探险飞行。这些探险家飞越了此前人所未知的地域，填补了世界地图上最后一个空白点，白色的荒原。两年后，当诺比尔乘坐飞艇进行第二次北极飞行时，探险队失踪。阿蒙森参加了前往寻找飞艇的搜救队，在这次搜救行动中，这位伟大的探险天才再也没有回来。

斯科特到达南极点

罗伯特·弗肯·斯科特是英国皇家海军军官，原先他既不是探险家，也不是航海家，而是一个研究鱼雷的军事专家。斯科特攀登南极点的行动虽比挪威探险家阿蒙森约早两个月，但他却是在阿蒙森摘取攀登南极点桂冠的第34天，才到达南极点，他的经历及后果与阿蒙森相比有着天壤之别。虽然他到达南极点的时间比阿蒙森晚，但却是世界公认的最伟大的南极探险家。

南极点挺进

1910年6月，斯科特率领的英国探险队乘“新大陆”号离开欧洲。1911年6月6日，斯科特在麦克默多海峡安营扎寨，等待南极夏季的到来。10月下旬，当阿蒙森已经从罗斯冰障的鲸湾向南极点冲刺时，斯科特一行却迟迟不能向目的地进军。因为天气太坏，虽值夏季但风暴不止，有几个队员病倒了，所以直到10月底，斯科特便决定向南极点进发。

1911年11月1日，斯科特的探险队从营地出发。每天冒着呼啸的风雪，越过冰障，翻过冰川，登上冰原，历尽千辛万苦。当他们来到距极点250公里的地方时，斯科特决定留下其他人，他本人和37岁的海员埃文斯、32岁的奥茨陆军上校、28岁的鲍尔斯海军上尉，继续向南极点挺进。

1912年初，应该是南极夏季最高气温的时候了，可是意外的坏天气却不断困扰着斯科特一行，他们遇到了“平生见到的最大的暴风雪”，令人寸步难行，他们只得加长每天行军的时间，全力以赴向终点突击。

1912年1月16日，斯科特他们忍着暴风雪、饥饿和冻伤的折磨，以惊人的毅力终于登临南极点。但正当他们欢庆胜利的时候，突然发现了阿蒙森留下的帐篷和给挪威国王哈康及斯科特本人的信。阿蒙森先于他们到达南极点，对斯科特来说简直是晴天霹雳，一下子把他们从欢乐的极点推到了惨痛的极点。

▲斯科特南极征途

“历尽千辛万苦，无尽的痛苦烦恼，风餐露宿，这一切究竟为了什么？还不是为了梦想，可现在这些梦想全完了。”斯科特在他的日记中写道，“这里看不到任何东西，和前几天令人毛骨悚然的单调没有任何区别。”这就是罗伯特·斯科特关于极点的描写。他们怏怏不乐地在阿蒙森的胜利旗帜旁边插上一面姗姗来迟的联合王国的国旗，然后离开了这块辜负了他们雄心壮志的伤心地。怀着沮丧和不祥的预感，斯科特在日记中写道：“回去的路使我感到非常可怕。”没有任何光彩，在他们的内心深处，与其说盼望着回家，毋宁说更害怕回家。

斯科特的厄运

斯科特清楚地意识到，队伍必须立刻回返。他们在南极点待了两天，于1月18日踏上回程。

回来的路程危险倍增，他们的脚早已冻烂。食物愈来愈少，一天只能吃一顿热餐，由于热量不够，他们的身体非常虚弱。一天，他们中最身强力壮的埃文斯突然精神失常，由于摔了一跤或者由于巨大的痛苦。2月17日夜里1点钟，这位不幸的英国海军军士死去了。只有4个人了！

接着他们中间的劳伦斯·奥茨冻掉了脚趾，在用脚板行走。中午的气温也只有零下40摄氏度。奥茨感觉到自己越来越成为负担，于是向负责科学研究的威尔逊要了10片吗啡，以便在必要时结束自己，他要求大家将他留在睡袋里，被坚决拒绝，尽管这样做可以减轻大家的负担。病人只好用冻伤了的双腿踉踉跄跄地一直走到夜宿营地。清早起来，外面是狂吼怒号的暴风雪，奥茨突然站起来，说：“我要到外边走走，可能要多待一些时候。”大家不禁战栗起来，谁都明白到外面去走一圈意味着什么。但谁也不敢阻拦，大家只是怀着敬畏的心情，看着这个英国皇家禁卫军骑兵上尉英勇地向死神走去。只有3个疲惫、羸弱的人了！

▲斯科特前往南极的探险船

在距离下一个补给营地只有17公里时，遇到连续不停的暴风雪，饥饿和寒冷最后战胜了这些勇敢的南极探险家。3月29日，斯科特写下最后一篇日记，他说：“我现在也没有什么更好的办法。我们将坚持到底，但我们越来越虚弱，结局已不远了。说来很可惜，但恐怕我已不能再记日记了。”斯科特用僵硬不听使唤的手签了名，并作了最后一句补充：“看在上帝的面上，务请照顾我们的家人。”

过了不到一年，后方搜索队在斯科特蒙难处找到了保存在睡袋中的3具完好的尸体，并就地掩埋，墓上矗立着用滑雪杖做的十字架。

沙克尔顿屡次探险南极

在早期征服南极的竞争中，有一个人与阿蒙森和斯科特齐名，他就是沙克尔顿。1909年初，英国探险家沙克尔顿就曾率领着他的探险队挺进到南纬88°23′的南极高原，由于供给不足和队员健康状况恶化，离南极极点只有156公里时，他选择了折返，与人类首次踏上南极极点这一历史荣耀擦肩而过。这一桂冠在1911年底和1912年初，先后由挪威探险家阿蒙森和英国探险家斯科特摘得。1914年，沙克尔顿又准备徒步横穿南极大陆。不幸的是，这次南极破冰之旅，千难万险，九死一生，最终未能实现他横穿南极大陆的愿望。

随斯科特探险

1899年，沙克尔顿加入皇家地理学会。1900年皇家地理学会和另外一个科学团体皇家学会决定英国出资组建一个国家南极探险队，沙克尔顿申请加入。1901年初他被录取。探险队由罗伯特·斯科特领导，南极探险船为“发现号”。1901年7月23日，“发现号”启程，船上共有38人，沙克尔顿在船上协助科学家进行科学实验，他还能鼓舞船员士气，并发明各种新东西供大家消遣，他甚至编了一份船上出版物《南极时报》。出发后的第二年，“发现号”到达麦克默多海峡。

1902年11月，沙克尔顿又随罗伯特·斯科特去征服南极点，由于他们的南极探险经验不足，以为个人毅力可以克服种种困难。他们使用了狗，但却不能熟练地驾驭它们。出发后到了圣诞节，3人都出现了坏血病的症状。最后他们被迫在那一年的最后一天返回。这时他们距离南极850多公里。

寻找南极点

1907年，沙克尔顿自己组织并领导了英国南极探险队，这次行程受到了英国皇室的注意，国王和皇后接见了沙克尔顿，皇后赠给他一面英国国旗，让他插在南极。

▲沙克尔顿在罗斯岛的营地

探险船“猎人号”出发后到达南极海岸，船员们在南极海岸建起了营地。沙克尔顿把营地变成了一个温暖的家。沙克尔顿和他的3个伙伴于1908年11月3日出发向南极挺进，到了11月26日，他们已经打破了“发现号”探险的纪录了。

由于当年和斯科特的南极探险使用了狗运输没有成功，沙克尔顿这次使用了一种中国东北种的小马来运输，结果证明是不成功的。在挺进南极的过程中，最后4匹小马掉进了一冰窟窿里，还差点把一个伙伴也拽进去

1909年1月9日，他们向南极作最后的冲刺，最后把皇后赠的国旗插在南纬88°23′，此地距南极只有156公里。大家已经筋疲力尽，他们4人不得不日夜兼程往回赶，以便在饿死前赶回船上。4人都染上了严重的痢疾。为防止船等不及他们而开走，沙克尔顿和另一个较强壮的伙伴先出发，把另两个人留在一个储备丰富的补给站。出发的伙伴在3月1日获救。刚上船的沙克尔顿坚持亲自带队去接人，两天后他们带着两个掉队者回到船上。

横跨南极大陆

1914年，雄心勃勃的沙克尔顿没有放弃，他希望在南极创造出另一个人类第一：徒步横穿南极大陆。他的执著为他赢得了捐款，也给他带来了28名志同道合者。

“持久号”于1914年8月1日从伦敦出发。事实上，这次又没成功。在行进过程中，浮冰将“持久号”团团围住，使它寸步难行。沙克尔顿和船员不得不把船搬到浮冰上，在10个月后于1915年11月船沉入海底。

此时，沙克尔顿只有一个愿望：把全体船员一个不少地活着带回去。在随后的5个月里，他们28人登上了一块巨大的浮冰，这块浮冰随着时间的推移不断的碎裂，并慢慢地变小了。1916年4月9日，浮冰彻底碎裂了，3艘来自“持久号”的救生船被迅速推到海上。在海上经历了7昼夜的危险之后，他们登上了荒无人烟的大象岛。

最后的探险

沙克尔顿又进行了一次极地探险，此次探险的目标是环游南极洲以绘制其海岸线图。探险船“探索号”于1921年9月18日离开英国。探险船于1922年1月4日到达南乔治亚岛，1月5日凌晨，沙克尔顿因心脏病发作去世。

他们没有坐以待毙，沙克尔顿随后和另外5个人乘上最大的救生艇，横渡大约800英里，来到了南乔治亚岛，这一史诗般的航行在气候极端恶劣的海上持续了16天。上岸后，沙克尔顿不得不徒步翻越南乔治亚山脉，去寻找捕鲸站以寻求帮助。

1916年5月20日下午3点，沙克尔顿和他的两个伙伴挣扎着走到最近的一个捕鲸站。在晚餐时分，挪威捕鲸人向他们表示了敬意。到达捕鲸站的3天后，他们登上了一艘捕鲸船，开始了解救围困在大象岛上的同伴的行动。在8月30日，经过第4次的尝试，他终于找到了一条从浮冰上穿过的路，发现他的22个同伴都安然无恙地留在岛上。每个人都从南极获救了。

伯德的三次南极考察

不言而喻，对南极的航空考察开辟了南极探险的新视野。二十世纪 20 年代以后，开始使用飞机对南极进行航空考察。飞机的使用不仅改善了探险的条件，同时也使考察范围大大地扩展了。人们这才渐渐地认识了南极的真实面貌。

南极航空探险的利弊

在南极大陆上空飞行有一定的危险性。极端的寒冷经常使飞机的设备失灵，机油有可能在着陆时冻结。着陆也很困难，南极夏季阳光从白色地面上反射，分外耀眼，常使驾驶员形成一种错觉。结果，有的地方，在空中看起来很平滑，但它很可能是迷惑人的雪脊，在雪脊上着陆是很危险的。迅速上升的南极雾或暴风雪，在几秒钟内能使驾驶员悬浮在“牛奶的世界”里，这就是南极特有的危险天气——乳白色天空，这种现象一出现，就使能见度等于零，甚至你伸出手去，都看不清五指，何况空中的驾驶员，东西南北，甚至上下都无法辨认。遇到这种天气，出事的概率很高。

▲直升飞机在南极上空飞行

在南极上空飞行，对导航也是严峻的考验，磁罗经在南极洲没有用，道理很简单，在南极点没有东西南北之分，四面八方都是北。南极的风驰名全球，曾记录有 90 米/秒的强烈风暴（相当于 12 级台风的 3 倍），当然，这种天气飞机无法飞行。由于南极上空瞬息万变，飞机起飞时无风或小风，但一会儿遇上大风是常有的事。风能把飞机吹离航线，因此，驾驶员不得不使用航位推算法和目测来导航。

虽然，在南极大陆飞行有着种种的不利之处，但好处也是显而易见的。从地面上能够看到的范围只有约 5 千米宽的长条。地面探险家绘图的精度取决于草图和偶尔的照片。但是，地面以上 600 米处飞机驾驶员，能够看到 96 千米以远的范围。使用好的航空照相机和准确的地面控制站，能沿飞行路线测绘 192 千米宽的带状区域。如果飞机飞到 1525 米的高度，那么，驾驶员就能在航线的任何一边发现 149 千米宽的新陆地。

乘飞机对南极大陆进行广泛的航空测量，这在 20 世纪 20 年代，算得上是一个伟大的创举。

第一次南极考察

二十世纪以前的南极探险活动，尽管听起来非常惊险，但是无论在规模上，还是在取得的成果上，都是十分有限的。没有先进的技术装备，在艰苦的环境中，只能靠人的冒险精神和无比的毅力才完成了一次次的探险活动。二十世纪二十年代以后开始使用飞机对南极进行考察给南极科考带来了新的变化。

第一次用飞机和其他新设备对南极进行考察的，是1928年到1930年的美国南极探险队，参加人员有六十多人，为首的是美国海军上将里查德·E·伯德。

伯德曾在1926年5月9日与驾驶员弗洛伊德·贝内特一起，成功地飞越过北极点。尔后，在一次宴会上，他对探险家阿蒙森说，他要飞越南极点。阿蒙森说："一项重要的工作，是应该完成的，你的想法很对。"

1928年的晚些时候，伯德正式宣布飞越南极洲的计划。10月11日，伯德率领一支由两艘远洋舰、4架飞机、雪上运输车和50名队员组成的庞大的美国探险队，从旧金山出发，经过赤道，驶向南大洋，于同年年底到达罗斯冰障。这次探险的任务，包括探测毛德皇后山脉的地质情况，弄清现在的玛丽伯德地以东的地形地貌，精确测定鲸湾和飞越南极点的空中探险。

伯德一行在鲸湾附近建立了基地，取名为小美国。

1929年11月29日，伯德率领驾驶员巴尔肯、副驾驶员哈罗德·琼、摄影师阿什利·麦金利一行从小美国基地起飞，开始时，能够拍摄下面山脉的照片，但不久就陷入了严重的困境。飞机只有升高到3000米以上的高度，才可以避免撞到极地高原山峰的危险。于是，伯德命令随行人员扔下110千克的食品，以便减轻飞机的重量，结果飞机爬到超过山峰120米的高度，才安全进入极地高原上空，不久就到达南极点。

罗斯冰障

罗斯冰障是南极洲罗斯陆缘冰的前缘部分。冰障平均高出海面为20～50米，东西长约950千米。其特征是：冰壁下部被海水融化量和表面每年增加量几近相等，表面的位置与高度几乎不变。

伯德回忆说："我们在阿蒙森于1911年12月14日停留过的地方，也就是34天后斯科特待过和读阿蒙森留给他的便条的地方的上空，停留了几秒钟……那里现在没有那种场面的任何标志；只有荒凉寂寞的雪野，回荡着我们飞机发动机的声音。"

第二次南极考察

1933年～1935年，伯德组织领导了第二次南极考察，其目的在于扩大第一次考察的成果。

这次考察队规模比第一次大，全队成员共计120人，包括各学科专家、学者，配备了4架飞机，加上第一次考察时留在小美国基地的两架，共有6架，其中一架是直升飞机，另外，还有6台拖拉机、150只爱斯基摩狗和够用15个月的食品及燃料。

1934年伯德重返鲸湾，重建了基地。从这里出发，往东和往西地考察飞行，测绘和扩大了早期发现的区域。这次考察发现了罗斯冰架上隐藏一冰高地，把它命名为罗斯福岛。伯德第二次考察飞行航程共计3.1万千米，测绘面积达116万平方公里。在地面上，靠拖拉机牵引，一共行进了2100千米。科学家们观测了宇宙射线和高空气象现象，用回声测深法勘测了冰层厚度，从而断定大陆冰盖和罗斯冰障的大部分是在地面以上，罗斯海与威德尔海并不连通。

伯德这次考察的目标之一，是在南极内陆连续进行整个南极冬季的气象观测。因为以前在岸边考察的每支考察队，都深受内陆发生的恶劣天气折磨之苦而没有获得相应的科学数据。

1934年3月，陆上拖拉机拖着伯德建立“前进基地”的队员向内陆挺进。由于天气条件和其他问题，迫使他们仅在离基地160千米处，建立了他们的营地。由于冬天逼近，营建时间短，结果新建的前进基地比原计划要小得多。伯德决定独自一人在地面以下建的2.7米宽、3.9米长的冰屋里过冬。

伯德独自一人在“冰晶宫”中住了6周后，开始感到有些不舒服，两眼发疼，看不清字样，头也有点晕。起初，他并不大介意，但后来就有些吃不消了。他反复找原因，可能是煤气在作怪。他仔细地检查了炉子，发现烟筒接头不严，而且烟囱出口被雪堵塞，经过修理之后，情况有些好转，但是，来自发电机的烟（含有一氧化碳）一再与他作对，几经修理，都无济于事。他开始周期性地失去知觉，也吃不下东西。但是，伯德是一位意志顽强的人，尽管他随时都可以与基地进行无线电联系，可他始终没把自己危险的处境告诉他们，而且还坚持着做气象记录。因为他不想叫人们冒着南极极夜的危险来援救他。最后，是他发给基地的莫名其妙的电报引起了人们的警觉。基地马上派出3人救护队，乘拖拉机摸黑行走了一个多月，在8月10日才找到伯德住的地下冰屋。在3名救护人员的护理下，伯德逐渐地恢复了健康，他们3人和伯德一起在这个小屋里住了两个月，待南极极夜过去才离开这里回到小美国基地。

第三次南极考察

1939～1941年期间，在美国政府的支持下，伯德领导了第三次南极考察。值得注意的是，这次考察使用了一种独特的科学考察机械，名叫“雪上旅行者”，它长16.75米，宽6米，高4.5米，满载时重33.5吨，安装有直径3米的轮子，每个重3吨。该机械用柴油发电，顶上装一架小型的用于侦察的飞机，里面有生活住处、实验室、机械间，甚至暗室。它可携带行走8000千米用的燃料，飞机用的汽油和够4人用一年的食品。它实际上是一个小型的可移动的营地，用它到达南极点希望很大。但是，令人遗憾的是，“雪上旅行者”向南极点只前进了5千米，因遇到1.6米高的雪脊，轮子就陷入雪中不动了。

尽管这样，伯德的第三次考察还是成功的。他使用了两个基地，一个是赛普尔领导的小美国三号（西基地），另一个是布莱克领导的斯托宁顿岛（东基地）。他直接或间接负责的测绘区域，比其他任何南极探险家都大。考察队从东西基地进行了远距离的航空测量，三次飞过阿蒙森海，从而确定了埃尔斯沃思高地和沃尔格林海岸的位置。雪橇队到达了西南面的乔治六世海峡和威德尔海西南沿岸，进行了科学考察。在两个基地上，均进行了综合学科的科学考察。

中国的南极探险活动

我国极地科学考察活动始于20世纪80年代初。1980年1月，我国首次派出两名科学家赴澳大利亚的南极凯西站，参加澳大利亚组织的南极考察活动，从而揭开了中国极地考察事业的序幕。

蒋加伦南极遇险

20世纪80年代，我国开始了对极地的探险和考察，最早踏上南极洲的中国人是董兆乾和张青松。他们在1979年应澳大利亚南极局的邀请，作为科研工作者，访问了该国在南极的莫森站。第二年，他们再次受到邀请奔赴南极。在这次与澳大利亚的联合考察中，张青松成为中国在南极越冬的第一人，而董兆乾则首次代表中国历险冰海，闯荡南大洋。

1980～1983年，中国走向南极的约有32人，如谢自楚、位梦华、罗钰如……其中，蒋加伦可以算是其中最有戏剧意义的人物了。

蒋加伦是个生物学家，他是1982年10月到达澳大利亚在南极的戴维斯站——在中国南极考察艰难的起步中，澳大利亚是第一个伸出友好之手的国家，他是去做沿海水域浮游生物分布研究的。第二年2月3日，他与澳大利亚的伯克博士驾着小艇到9千米外的爱丽丝湾去调查，由于艇小浪大，不慎落入海中。伯克身强力壮，很快游到了岸边，而他站起来回头一看，蒋加伦还在冰凉的海水中折腾。小艇的落水点距岸仅30米。蒋加伦本来善于游泳，但由于冷冻和紧张竟然伸不开手脚。后来好不容易爬上一块浮冰，想从浮冰上走到岸边，但僵直的腿失去了往日的灵便，又一个跟头摔进海里。伯克见状立刻再次下水把他拉了上来。

张青松

张青松是中国科学院地理研究所研究员，是最早登陆南极大陆考察的两位中国科学家之一。1980年1月至3月，张青松和董兆乾被派往澳大利亚南极凯西站度夏考察。在凯西站，他们进行了综合考察，采集了南极样品，拍摄了大量照片。1980～1981年，张青松再赴南极大陆，前往澳大利亚的戴维斯站越冬考察，成为中国第一位在南极越冬的科学家。1984年～1985年，张青松参加了中国南极长城站的选址和建设，担任科考队副队长和长城站副站长。

这时他们所有的东西都失去了，无法与戴维斯站联系，所以只能等待救援——预定下午4点会有直升机来接他们回去。这就是说，他们得在冰原上坚持6个小时，才能获救。伯克开始跑步，而蒋加伦则反复运动麻木的四肢，撑爬起来，倒下去，倒下去再爬起来，同时做中华传统的气功，以维持生命。

等到直升机准时到达的时候，蒋加伦的体温已降到30℃。他完全冻僵了，但神智还清醒。经过抢救，蒋加伦恢复了健康，并且按照原计划在戴维斯站越冬考察。南极遇险，对世界各国来说算不得一件大的新闻，但蒋加伦落水受难的消息传到国内，牵动了无数民众的心。他归国之后遇到了极其壮观的欢迎场面，这场面反映了当时中国人对陌生的南极的热切关注。

▲蒋加伦在南极考察时的工作照

金庆民发现南极铁矿

1983年，应新西兰的邀请，李华梅有幸地成为第一个登上南极大陆的中国妇女。

她之后第二批去南极的中国妇女是王先兰和谢又予。她们作为中国南极考察二次队的成员，到达了“长城”站。王先兰的科学考察结果是在乔治岛的海滩里发现自然金富集的现象。正因为此，她于1990年又去了一次乔治岛，进一步调查了“长城站”附近的海滩。接着去南极的中国妇女是金庆民，她开始是作为三次队的考察队员，在“长城站”作了些野外的地质考察，而后则在1988年，参加了中美联合登山队，攀登了南极的文森峰。虽然她最后并未登上顶峰，但却由于她在文森峰的山坡上发现了铁矿，一时成为新闻人物。

文森峰位于西经85°25′，南纬78°35′，主峰海拔5140米，攀登高度为3500米。由于山峰峻峭，冰雪难以滞留，所以裸岩面积较大，地质构造也较为清晰，被称为南极大陆地质考察的“风水宝地”。

1988年11月27日，金庆民与中美联合登山队的其他队员一起乘机到达了文森峰下的基地。她是该登山队的唯一女性，因此分外引人注目。1月28日，登山队队长麦克下令朝文森峰的一号营地进发。上午天高云淡，是少有的好天气。但到下午，他们刚开始在一号营地搭帐篷，天色突然变阴，接着狂风卷起漫天的飞雪，劈头盖脸从天而降。到午夜十分，暴风雪又倏地平息了。

第二天，他们开始向二号营地攀登。金庆民没走几步就力不从心了，她已经50岁出头，体力早不似年轻的时候，再加上头天在朝一号营地行进的途中，脚踝扭伤，又红又肿，走一步都感到揪心的疼，但金庆民还在咬牙坚持。看她步履蹒跚的样子，美国队员劝她休息，她不肯，继续慢慢地跟着走。后来在登山队队员的劝说下才停了下来。

金庆民独自一人留在了一号营地，但她并没有闲下来。当队友们的身影消失在远方时，她立即背上了地质包，走出帐篷去作野外考察。她到了一面冰坡，冰坡上头是一道裸露的山脊。她爬了几次，40°陡的坡面滑得像面镜子，累得汗流浃背，还是没有爬到那道山脊。她回到了帐篷，稍稍打了一个盹，又走了出去。此时的南极正处于极昼时期，她在当天的23时终于到达山脊。她边爬，边测量岩层，绘制地质剖面。突然她发现山脊的一端是厚厚的赭红色的岩层——赤铁矿层。她爬过去，做好记录后，又从地质包里取出一面小小的五星红旗，插在那矿层的露头上，然后取出相机，拍了不少照片。

12月3日凌晨2时，她回到帐篷，开始整理她的岩矿标本。这时候，登山队也胜利地登上文森峰顶回来了。他们相互交换成果与感受，都感到无比的幸福。

▲暴风雪中的金庆民

由西向东横穿南极大陆

1986年11月，在美国纽约，法国探险家路易·艾蒂安与美国探险家威尔·斯迪戈聚在了一起，他们初步商定了一个别出心裁的探险方案：美国、苏联、中国、法国、日本、英国各派遣一名队员，共同参加1989年的徒步横穿南极的行动，其横穿路线为南极半岛——文森峰——南极点的阿蒙森·斯科特站——东南极高原——苏联的东方站，终点为苏联的和平站。

1989年7月25日，六国横穿队按计划来到乔治岛。这六位来自不同国家的探险队员是：美国的斯迪戈，法国的艾蒂安、苏联的维克多·波亚尔斯基、中国的秦大河、日本的舟津桂三，英国的杰弗·萨默尔。斯迪戈担任队长。同他们一起参加探险的，还有41条爱斯基摩狗，它们将是这次徒步探险的得力助手。当天，队员们下榻在中国的“长城站”。

7月28日，徒步横穿队从南极半岛拉尔森冰架北端的海豹冰原驾着雪橇正式踏上征程。从此，揭开了南极探险史的新的一页，开始了人类有史以来第一次由西向东横穿南极大陆的壮举，而以往的南极横穿活动是由南到北，相对距离要短，并且使用的是电动雪橇。

探险队们的出师并不顺利。他们计划每天走10小时，每小时5千米，但由于队员们暂时不适应滑雪板，所以行进速度非常缓慢。尤其是秦大河，别说滑雪，甚至连滑雪板都没见过，每天只好徒步跟着雪橇小跑，再加上他视力不好，戴了副近视镜也时常被冰裂绊跤。所以他们头6天才走了100千米。

到了8月4日，他们遭到了暴风雪的袭击，他们为此不得不休息了两天。风雪过后，他们继续前进。但好景不长，只走了一天，狗拉着雪橇在下一个冰坡时，速度失控而把两架雪橇翻倒，其中一架主梁断裂，他们又耽误了一天的行期。

这时，秦大河已经学会了滑雪，虽然还不是太熟练，但毕竟能跟得上队伍了，所以行进速度明显加快。8月11日，他们前进了24千米，13日则达28千米，而在这之前的12日，他们跨过了南极圈。到了这里之后，环境更加险恶，沿途都是难以预测的冰融洞。冰融洞表面看不出来，与冰原无异，其实仅是一层薄冰覆住下面的空洞。这些洞有的深达四五十米。因此他们用绳把人串在一起，小心翼翼地前进。8 月 25 日，3 条拉雪橇的狗掉进了冰洞，在半空中大吠大叫。人们赶去把其中两条拖了上来，而另一条则在挣扎中套绳脱落，掉到十几米深的洞底，依旧狂吠不已。艾蒂安靠绳索下去，把它拖了上来。

▲国际横穿南极探险队在途中

8 月 26 日，他们到了预定的物资补给点，但他们寻了一整天，也没发现任何标志。最后他们确认，补给点已被暴风雪埋在 3 米深的雪下，根本无法取到，于是继续前进。

过了融冰洞区，他们就沿斜坡向海拔 5000 米的梅依豪森冰川挺进。8 月 29 日，没有风，雾却很重，能见度极差。到 9 月 1 日，他们被暴风雪再度困住了。待 4 日天气稍好，就加速前进，到了 9 月 5 日，他们登上了梅依豪森冰川的顶部。此时他们随带的食品已经匮乏了，冒着刮起的风雪寻找补给点，但是这个补给点依旧无影踪，看来又是被大雪“吞”掉了。幸好无线电联络还算通畅，6 个小时后他们呼来了一架水牛式飞机，运来了救急的给养。

从梅依豪森冰川顶往后的路，地势平坦，坚冰结实，颇适于雪橇滑行，但暴风雪却接连不断。他们从 9 月 6 日起一直躲在帐篷里，直到 9 月 12 日天才放晴。13 日，大雾复起，他们走着走着突然发现失去了联系。走在最前头的秦大河和英国人萨默尔感到情况有异，立刻停了下来。他们取出绳子拴住秦大河的腰，让他尽绳长所及，以站立不动的萨默尔为圆心，作环行圆周运动。待到秦大河终于在茫茫白雾中撞上了苏联人波亚尔斯基时，才算松了一口气。接着他们像登山队员一样摸着绳子向前走。到 14 日，他们到了新的补给点，非常幸运的是，这回补给点没有被大雪完全掩埋。

9 月 16 日，他们行进得很顺利，也许是掉以轻心了。两架雪橇突然带着 4 个人沿陡坡以飞行速度下滑，瞬间便掉入 300 米深的谷底。只有秦大河和萨默尔及时采取措施才避免掉进谷底。好在谷底积雪松软，人和狗都安然无恙。以往的几次教训使他们想出了个新法，用绳子把 3 架雪橇连在一起，这样既可防止掉队，又可免于滑落。但是狗却把串联的绳子咬成几截，他们只好作罢。

9 月 24 日，是他们徒步行走的第 60 天，至此，他们已徒步行走超过 900 千米的行程。天气时好时坏，他们不停地往前走。到了 10 月 31 日，他们来到了文森峰脚下，这时他们已经前进了 1500 千米。

11 月 7 日是横穿队的吉祥日，这天阳光少见的明媚。昨天他们创造了日行 47 千米的最高纪录，今日他们又走了 47 千米到了帕特里特山大本营。该大本营有几间装供暖设备的房子，还装备了大型无线电通讯设施。帕特里特山大本营是他们奔赴南极点的唯一的休整点。他们在这里休息了3天，洗澡、拼命地吃喝和睡觉。10日上午9时，他们再度出发。以往的历程已经锻炼了他们，他们不再忧心忡忡，而是信心百倍。他们每天的行进速度很可观，不少于32千米。21日，他们开始进入斯尔山脉，地势骤然升高。到中午，他们的右侧发出一声巨响，一座约50米高的冰川崩裂，无数冰块飞泻而下。他们连忙驱狗向左侧的山坡猛逃。25日，他们到了最后一个补给点。但由于周围冰崩不断，他们没有休息，只是往雪橇上装了些食品，就继续前行。27日，他们到了南极高原的脚下，在这儿，海拔从900米直升到3000米。他们找了一个没有危险的地方扎下帐篷，睡了两天，养精蓄锐后开始向上攀登。

12月12日凌晨3时，六国横穿南极大陆探险队终于到达了南极点。这是继阿蒙森后人类又一次以狗拉雪橇的方式来到这里。

首位徒步登上南极点的中国人

15日下午，横穿队开路踏上征途的第二阶段。也许他们还留恋阿蒙森——斯科特站的舒适生活，所以行动缓慢，只走了5千米。从16日起，才恢复了正常，这天走了38千米。他们现在行进在不可接近区。所谓不可接近区是因为该区域离海的距离同样远，不是前往南极点的捷径，所以迄今为止还没有人徒步涉足过。但不久他们发现，路并不比以前的难走，相反平坦得多，最大的困难是严寒。虽值南极的盛夏，但气温依旧在零下26℃。这样的严寒耗费了他们极大的能量，以致人均体重下降了4.5千克。

12月26日，他们度过了一个简单的圣诞节，然后向着下一个目标——苏联“东方站”前进。虽然路面状况开始转坏，还有许多冰沟，但他们的速度还是保持在日行40千米左右。1990年元旦，他们也没因为是节日而停止走路。1月8日，他们感到疲惫不堪，决定休息一天，“大力神”飞机及时给他们运来了补给品。到目前为止，横穿队已离开南极点850千米，距“东方站”还有330千米。

他们现在一步步地接近“东方站”了。可是任凭他们怎样着急，无线电通讯怎么也与“东方站”联系不上。他们甚至让美国方面电告莫斯科，希望得到“东方站”的准确地理坐标，但依旧毫无结果。苏联队员波亚尔斯基的情绪激动，他一马当先，走在最前面替其他队员和狗引路开道。

气温开始降低了，已经达到零下31℃了。据“东方站”的资料记录，该地区曾到达过零下129℃。他们必须及早行动。17日，他们只走了30千米。照他们掌握的情况看，“东方站”就在他们四周8千米范围内，但如果没有得到“东方站”的信号，他们就会和它失之交臂。于是他们又急切向后方发报，横穿队的法国总部得知此消息后，立刻与列宁格勒的苏联极地研究所联系。极地研究所马上电传给“东方站”，这样困难就迎刃而解，横穿队按计划于18日到达“东方站”。该站有40名苏联科学家，他们热情好客，特地为横穿队组织了一次小型晚会。

22日，横穿队离开“东方站”，踏上最后的约1380千米的路程。途中积雪很厚，气温也继续下降，好在前天有一辆极地拖拉机从“东方站”去“和平站”拉给养，把路面压得平整结实，恰好给他们开了路，所以他们的行进速度惊人，在23日，居然创造了日行55千米的纪录。2月4日，他们到了“青年站”，它也是苏联的考察站，但由于隆冬逼近，里面的人员都撤走了，只给他们留下了补给品。他们休息了一天，接着开始了最后的冲刺……

▲秦大河等人成功到达南极

3月1日，他们遇到了罕见的暴风雪，于是赶紧扎起帐篷躲避。此时他们离最后的终点“和平站”只有20千米的路程。暴风雪到第二天仍未停息。3月3日20时左右，他们终于走完了地球上最难走的6300千米的路程，到达终点——苏联的“和平站”。苏联队员波亚尔斯基跑在最前头，紧跟在他后面的是斯迪戈，再后依次是萨默尔、艾蒂安、舟津桂三和秦大河。当斯迪戈和艾蒂安一走过苏联科学家用布条做的终点线时，便紧紧拥抱在一起，再也按捺不住内心的激动，失声大哭——1986年的梦终于实现！

此时的秦大河也热泪盈眶，说实在，他参加横穿队之时，根本没打算活着回去。现在他活下来了，自始至终代表着中华民族参与并完成了这次史无前例、世界瞩目的伟大壮举。而他自己也成了中国第一个徒步登上南极点的人，第一个由西向东横越南极大陆的人。

在南极的勘探和生活

南极被人们称为第七大陆，是地球上最后一个被发现、唯一没有土著人居住的大陆。人类对南极的发现只有短短的几十年，至于勘探还刚刚起步。因此，对于在这样一个无论是气候，还是周围的环境与人类久居的地方有着较大差异的南极进行科考并居住，具有很大的挑战性。

闪烁在极夜中的灯光

南极的自然环境是严酷的，到处都是一片白茫茫的雪原，风几乎无时无刻不在吼叫着，气温经常降到零下60以下。英国的探险家斯科特到达南极极点的时候，在日记上写下了这样一句话："天啊，这是多么可怕的地方啊！"可以说，在南极大陆的任何地方，如果没有特殊的装备和住房的话，人类是不能生存下来的。

▲南极雪原

那些捕捉海豹和鲸的人是最早到达南极四周海区活动的人。他们都在南半球的春季来到这里，经过紧张的夏季捕捞活动，到了秋季，就要赶紧扬帆北去。因为他们知道，只要冬季一到，南极附近海面上就会被厚厚的浮冰拥挤着，一不留神，就有连人带船都要被冻在海里的危险。除了这些，最使他们恐惧的是漫长的极夜。在这漆黑的极夜里，究竟会发生什么谁也不能预料得到。很难想象，在完全没有阳光的漫长日子里，人们该怎样生活。

1899年，挪威人博尔赫格列文克准备尝试一下在南极度过长夜漫漫的冬季的滋味。于是，他率领9个同伴，乘坐一艘帆船，在罗斯海西侧登陆，在荒凉的海滩上建起了简易的木棚。在漫漫极夜里，人类点燃的暗淡的烛光第一次闪亮在南极大陆。

赫格列文克等人在南极大陆上逗留了将近一年的时间。期间，除了一位动物学家不幸去世以外，其余的人都没有发生意外。第一次在南极过冬竟然如此顺利完全出乎了人的意料。

博尔赫格列文克率领的是一支科学考察队。在过冬期间，他们一直坚持气象、地磁等方面的观测，对南极极夜酷寒、多风的天气都做了详细的记录，为人们了解南极的冬夜提供了第一批科学资料。然而，他们最大的贡献还是这次活动的本身，这实际上是在告诉人们和自然界：南极的冬夜并不太可怕。

他们此行之后不久，那些热衷于南极探险的人们就开始蜂拥探险南极了。

科学发展到了今天，当前在南极过冬度过极夜的条件远远比一百多年前的情况要好得多了。科学站的房屋不仅宽敞，而且具有很强的抗风、保暖能力。对于极夜的黑暗，充足的电力供应已经能够远远地将它们驱散开去，使各项观测实验工作可以照常进行。

有时候，人们还用太阳灯照射身体，弥补了长期不见太阳的不足。

尽管条件有了很大的改善，极夜里的生活毕竟还是十分艰苦、十分乏味的。

南极的极昼和极夜

在南极洲的高纬度地区，那里没有“日出而作，日落而息”的生活节律，没有一天24小时的昼夜更替。昼夜交替出现的时间是随着纬度的升高而改变的，纬度越高，极昼和极夜的时间就越长。在南纬90°，即南极点上，昼夜交替的时间各为半年。

时时刻刻的严寒威胁

对于在南极生活的人类来说，其最大的威胁莫过于严寒，严寒给工作带来许多意外的困难。

在南极，如果把一桶汽油放在外面的话，第二天汽油就会变成“冰”，只有将它加热融化才能用。而在南极飞行的飞机，行驶在冰原上的牵引车，在开动前也都要事先预热才行。

对于放在房屋过道里的汽油，使用的时候也必须小心才行。如果不小心让它们溅到手上、脸上，很可能会造成严重的冻伤。这是因为汽油的冰点在零下50℃到零下130℃之间，哪怕是还没有结冰，其温度也是十分低的。另外低温还会使各种机件失灵，使金属材料变脆。在露天工作的时候，不能让机械手表暴露在空气中，因为低温能使手表里的机油凝固，很快就会停下来。

在通常情况下，雪是润滑的，但是在南极如此低温的情况下，雪也会失去它的特性，变得像沙子一样地粗糙。这样，雪橇、滑雪板滑行的时候，也就不像在其他大陆的雪地上那样快速。

南极的低温给在那里生活的人们带来了极大的威胁。如果人类在室外工作，不管身体的哪一部位暴露出来，就会被冻伤，尤其是耳朵、鼻子、面颊、手指和脚趾等离心脏比较远的地方更容易受到伤害。人最初被冻伤后，皮肤出现黄色或者其他颜色的斑状，接着渐渐变紫，肿起水泡，以致整个组织坏死。

▲南极极昼

在过度疲劳或饮食不足的情况下，特别当身体感觉不大舒服的时候，如果外出活动，往往会造成全身冻僵，皮肤青白、嘴唇和四肢青紫，甚至失去知觉，不及时抢救，就会有生命危险。

身上的衣服如果被弄湿了，那么冻伤的危险性就更大了。许多在南极工作的人们，常因为手套里或皮靴里的汗不能蒸发出去，因为潮湿而冻伤了手脚。就是在室内，由于睡袋里的温度高，室内温度低，也会使睡在睡袋里的人们感到潮湿难忍。

为了抵抗严寒，在南极工作的人们必须吃脂肪含量高的食物，来补充热量的消耗。有人曾经在极地做过一个有趣的实验：一个人主要吃肉饼，一个人主要吃饼干，一个人各吃一半，到了第二个星期以后，第一个人和第三个人的健康状况良好，第二个人因为主要吃含热量较低的饼干，一再冻伤。

多变天气带来的困扰

在南极，变幻莫测的天气也给工作带来极大的困难。即使在南极的夏天，风暴也常常突然到来，把正在野外工作的人们困在现场，几天不能返回营地。有时候，探险队看见天气晴朗，风和日丽，就打算深入南极进行考察。可是，正当他们准备出发时，突然狂风从大陆内地吹来，天空骤然变暗，暴风雪铺天盖地而来，原定的考察计划只好中止。

在南极，常常出现的“乳白天空”对科学考察的人员也是一种威胁：狂风卷起满天冰晶，太阳光透过冰晶，反复地反射和折射，形成了日晕现象。有时候，冰晶使天空变成白茫茫一片，看不见远山，看不见地平线，甚至对面看不见人。行进中的考察队员就会迷失方向；开着牵引车的拖拉机手可能把车开翻；在空中飞行的飞机，由于无法靠地物辨别是上升还是下降，可能弄得机毁人亡。所以，南极的科学考察队员们一般不单独外出。出去的时候，都要作好在野外露宿的各种准备：带上几天的食物，简易的防寒帐篷，还必须带上无线电收发报机，万一发生意外能跟基地取得联系。

即使人们不外出，躲在营房里，南极的天气也使人不得安宁。一夜的暴风雪就可以把整个营地埋在一片雪海之中，房门被堵塞了，为了到外边去进行观测，人们不得不全体动员，出动所有的扫雪车、推雪机进行清扫工作，有时候忙碌一整天才能搞干净。

来自冰裂缝的危险

在南极广袤无边的冰盖上，深不可测的裂隙和洞穴随处都可能碰到。这些裂隙有的很长，长达几十千米，有的很宽，足足有一幢楼的高度。更让人心惊的是，这些裂隙常常被薄而松软的表层雪覆盖着，使人们很难发现。如果踩在上面，一下子就会跌进冰的深渊。有时候，挂着十几只狗的雪橇和大型的拖拉机，也同样会陷落到冰裂缝中。

▲南极炫目的阳光

冰裂缝主要分布在南极大陆边缘的冰川

地带。在冰架和冰舌的前缘还有一种海豹啃开的冰洞，如果不注意碰上了它，很有可能掉进冰冷的海水。

为了避免这些危险的发生，在南极工作的考察队员，走在危险地区的时候，都要用绳子互相联结起来。这样，当一人失足的时候，其他队员可以靠连结的绳索把他从死亡线上拉回来。

另外，还有一种战胜裂隙的有力武器，就是绑在脚上的长长的滑雪板。早期到南极探险的人员，在许多次危急关头，往往是这种很普通的滑雪板将他们从死亡的边缘拉回来。现在，虽然飞机和拖拉机可以帮助人们完成艰苦的极地行军，但是在短途旅行中滑雪板还是不可缺少的交通工具。

在冰架或冰舌边缘活动，或者轮船停靠在冰架边缘卸货的时候，即使没有裂隙也要小心。因为，海冰和陆缘冰随时可能裂开，把人或货物带到海洋里去。1957 年，苏联的大型考察船“鄂毕”号正靠在海岸旁的陆缘冰边上卸货。突然狂风大作，结果堆满物资、器材的陆缘冰被海浪冲开，变成了浮冰，向深海漂去。这次事故，使苏联考察队损失了一架飞机、一些拖拉机、拖货的雪橇和大量物资。

第七章　人类的探险走向北极

北极地区是指北纬66°34′北极圈以内的地区。北极地区终年寒冷，人烟稀少，是世界上人口最稀少的地区之一。多数历史学家认为，人类将目光投向北极，最早是从古希腊开始的。相传，有一个叫毕则亚斯的希腊人早在2000多年以前就勇敢地扯起风帆，开始了文明人类有史以来第一次向北极的冲击。他大约用了6年的时间完成了这次航行，最北到达了冰岛，也可能进入了北极圈。

新时期的北极探险更多带有科学考察的性质，一轮又一轮的科学考察活动渗透到北极探险活动之中。

冰岛的发现与征服

在人类早期的对北极的探险活动中，诺曼人曾扮演了一个重要的角色。诺曼人彪悍，不善农业，却擅长航海。他们经常乘张帆快船向外掠夺，来去无踪，侵吞成性，在历史上被称为“北欧海盗”。冰岛就是这群侵吞成性的诺曼人无意间发现的，对冰岛的探险和征服由此开始。

冰岛的首次发现

诺曼人属于8～11世纪自北欧日德兰半岛和斯堪的纳维亚半岛等原住地向欧洲大陆各国进行掠夺性和商业性远征的日耳曼人。诺曼人彪悍，不善农业，却擅长航海。他们的军事首领经常率领部落乘张帆快船向外掠夺，来去无踪，侵吞成性，因此在历史上被称为“北欧海盗”。

▲诺曼人喜爱冒险，常侵略四处

诺曼人的侵略以及把战利品带回斯堪的纳维亚半岛，并未使这个发端于贫瘠峡湾地区的民族生活有永久的改善，他们渴望寻找新的迁徙地以过安居乐业的日子。

冰岛西隔丹麦海峡与格陵兰岛相望，东临挪威海，北面格陵兰海，南界大西洋。最早登上冰岛的人是被称为“北欧海盗”的挪威人纳特多德。公元860年，他由于犯了杀人罪，无处安身，便约同几个伙伴干起了海上抢劫的行当。有一次，他们被巨大风暴刮得远离了航线。当风停云开之时，眼前出现了一片陆地。他们登上了海岸，满目是凄惨冷漠的原野和峥嵘荒凉的山峦。他们被这可怕的景象吓坏了，急忙返回船上。这时天空飘起了鹅毛大雪，于是，他就给这个岛取名为雪岛。

大约在相同的时间，一位名叫加达·斯拉瓦松的瑞典人也是因为海上风暴被刮到了这片陆地。他登陆的地点在纳特多德登陆点以南约93千米的地方。但加达并没有立即返航，而是带着全船人员紧贴海岸向西南航行。他们绕过一堵极高的冰墙和一条延伸数千米的大冰川，来到了一个火山区。火山闪着红光，喷着浓烟，而在岸边的岩礁上，栖居着无数的海鸟。

就在这片新土地的峭壁之上，加达搭了一个小棚子，度过了寒冷的冬天。第二年春他们才驾船回乡。

冰岛名称的由来

纳特多德和加达的冒险经历，在诺曼人中间流传很广。一两年后，挪威人弗洛基·维尔格达松带着全家人连同家具、牲畜驶向雪岛，打算在雪岛定居下来。他在甲板上养了3只大渡鸦，他把这些渡鸦看作神鸟，想靠它们来指引航向。离开法罗群岛不久，他就放出了第一只渡鸦，渡鸦在空中盘旋了一圈，就笔直飞回法罗群岛。船又航行了几天，他放出了第二只渡鸦。它在天空转了几圈，又回到了船上。船继续向前，他放出了第三只渡鸦。这次，渡鸦毫不犹豫向西飞去。弗洛基紧随在它后面航行，这样他就来到了雪岛。

> **冰 岛**
>
> 冰岛有“火山岛”、“雾岛”“冰封的土地”、“冰与火之岛”之称，面积约面积为10.3万平方公里。冰岛多喷泉、瀑布、湖泊和湍急河流，最大河流为锡尤尔骚河，长227千米。冰岛属寒温带海洋性气候，变化无常。因受北大西洋暖流影响，较同纬度的其他地方温和。夏季日照长，冬季日照极短。秋季和冬初可见极光。

弗洛基进行了一次环岛航行，最后来到西北面的一个大海湾安顿下来，这个海湾后来被叫作布雷迪峡湾。海湾里有大量的鳟鱼、鳕鱼和海豹，海滩上长满了青草，为此他养的牛长得膘肥体壮。弗洛基勤奋地打猎捕鱼，但他忘记了为牲口准备过冬的干草。寒冬来了，他的牛纷纷倒毙。第二年夏末，他只好启程回挪威，哪知途中却遇上了风暴，使他没法绕过南面的海峡。于是，他又停了下来，在一个破旧的茅舍里度过了漫长而严寒的冬天。直到第三年，他才回到故乡。这时，他已一贫如洗了。出于对那个岛的诅咒，他把它改称为冰岛，这名字一直沿用至今。

冰岛的第一代居民

在冰岛的早期移民中，有一对兄弟，他们也是挪威人。哥哥叫英高尔·阿拉森，弟弟叫约利夫·若特玛森。他们由于卷入一场世仇争斗，杀了人，被罚以重金，因此决定前往“渡鸦弗洛基”的传说之地。他们驾驶着一艘大船，顺利到达了冰岛，并在那里度过了一个冬天。返航时，他们都认为这片土地非常富饶，准备将来到此长期定居。

但他们所选择的冰岛，是一块荒瘠和肥沃对比非常悬殊的土地，只有海岸一带适于当时人居住，而内地则是赤裸的熔岩和寒冷的冰河，并不是移民的好地方。他们并没看清这一点，心里洋溢着幻想。兄弟俩作了分工：英高尔负责处理资金等事务，弟弟约利夫则到爱尔兰的北欧海盗聚居地购买奴隶。

第二年春天，他们准备就绪，便驾着两条船来到了冰岛。为了选择合适的定居点，兄弟俩按照诺曼人古老的习俗，把刻有图案的木板扔到海里，由它在前面引路，船只紧紧跟随。如果木板在什么地方被搁住，那么那地方就是他们的新家园。

木板迅速向西漂去，兄弟俩各自驾着船尾随着航行。不久，驶在后面的弟弟约利夫不耐烦了，他只航行了130千米便上了岸，并盖起了房子——直到今天，这些房子的废墟仍然静悄悄地挺立在闪烁的碎石之中。春天来了，他辛勤地耕地播种。但他只有一头公牛，不够用，不得不让爱尔兰奴隶套上牛轭和牛一起拉犁。这些爱尔兰奴隶把这看作是奇耻大辱，他们偷偷把牛宰掉，并向约利夫谎报牛被棕熊吃掉了。约利夫信以为真，与同伴分头去寻找在冰岛根本不存在的棕熊。奴隶们在森林里把他们全都杀了，然后回到营地，把财物洗劫一空，跳上船，逃到外围的小岛上躲了起来。

再说，哥哥英高尔在一个暴风夜失去了跟随的目标，木板不见了。他驾着船到处寻找木板，碰巧来到了这儿，意外地发现倒毙在地上的弟弟约利夫。他找到了爱尔兰奴隶的藏身地，把他们全部杀了，随后继续寻觅那块木板。他来到了一道碧净的河湾。河湾的景观非常奇特，它像一条醒目的分界线，河的一边绿草如茵，而另一边却是毛骨悚然的熔岩荒滩。英高尔派出两个人去看看是否有木板，奇迹般的，木板居然就漂到这里搁住了。这地方可能是冰岛上最为凄凉的地方，地面上盖满了火山灰，港湾里全是怪味的烟尘。他们悲伤地惊呼：“呵，老天，我们多么不幸！我们走遍了新土地的每个地方，最后却落到这个被神灵遗弃的角落。”但英高尔相信这是神的旨意，他就在木板搁浅的海岸上盖起了房子，接着又在那里圈占了3430平方千米的土地，度过了他的余生。他打猎、种庄稼、养牲畜，后来繁衍了一个大家族。这个大家族成了冰岛的第一个朝代，也就是北极地区第一个朝代。

▲如今的雷克雅未克

需要说明的是，英高尔最早居住的地方就是现在的雷克雅未克，冰岛共和国的首都。

格陵兰的发现与垦殖

格陵兰也是诺曼人无意间发现的。发现有的时候来之容易，但要将其征服，并且垦殖为一个理想的家园，却往往要花费很多心血，期间可能还要经历种种难以预料的危险。格陵兰岛的发现和垦殖就经历了这样一个过程。

登陆“绿色的大地”

900 年，一位名叫冈贝伦的诺曼人乘船从挪威出发，想前往冰岛，但被强风吹离了航线，只得向西前进。不久，他看到一片陌生的土地，但那令人惊骇的洪荒景象吓着了他，所以他并没有登陆，而是掉头东返，几经周折才到了冰岛。于是在冰岛人中间，开始流传关于那片未知土地的故事。不过前往那片土地的航程太危险了，冈贝伦所叙述的流冰和浓雾，冷却了他们的冒险热情。直到 80 年后，才有几个挪威人出于无奈尝试前往那一片土地。

这一次航行是由一名北欧海盗船长率领的。由于他有一把火一般的红胡子，所以都称他为“红胡子”埃里克。

982 年，“红胡子”埃里克在海上漂泊，他向西直驶，终于见到了一块陆地。他沿着海岸转了一大圈，确定这是个巨大的岛屿，就登陆上岸，发现草原上散布着松树和柳树，那里夏天暖和，适于植物生长，在浅湾和内港，到处都有海豹在嬉戏，鲸鱼在游弋。他欣喜若狂，于是把该岛命名为格陵兰，意思是“绿色的大地”。

首批拓荒者的下场

“红胡子”埃里克返回冰岛，到处讲述格陵兰岛的美丽富饶。到了 985 年，埃里克带了一队想要到格陵兰定居的移民到达了该地。

他们在岛上安了家，建起了许许多多 30 米长的房子和谷仓。这片居住地后来被称为“东开拓地”，也就是尤里亚尼合浦，当时成了一个相当繁华的地方，有近 200 座农场和一些教会及修道院。“红胡子”埃里克顺理成章地成为“东开拓地”的首领。不久，另一个移民团体也来到了格陵兰，但“红胡子”埃里克并不欢迎他们在此垦殖。他们只好沿着海岸继续往西走，最后在格特合浦峡湾建立了“西开拓地”。紧接着每一个夏天，移民们都不断地朝这两个开拓地拥来。这时，他

格陵兰岛

格陵兰岛属于世界第一大岛，位于北美洲东北部。全岛约 4/5 的面积在北极圈以内。海岸线长 4.4 万千米。年平均气温在 0 ℃以下，最低时可达 −70 ℃。

们突然发现了一些不速之客，这些不速之客具有青铜色的皮肤，矮小而粗壮，操着完全不同的语言，这就是生活在北极地区的爱斯基摩人，显然他们才是格陵兰的最早居民。

格陵兰的北欧移民们很快与爱斯基摩人进行交易，他们以玉米和铁器换取爱斯基摩人的海象牙、白熊及海豹的皮毛。然而，交易经常引起争执，接下来北欧人开始袭击爱斯基摩人。

在这以后的300多年里，格陵兰岛上的十几座教堂一直向罗马主教进贡。但到15世纪初，这种进贡突然间中断了，格陵兰殖民地也从此杳无音讯了。究其原因可能是当时全球气温的逐渐降低，冰盖的面积越来越大，全部拓荒者因无法适应而死亡。但据考古学家的资料，在今天发现的拓荒者的遗骸上，明显有杀戮的痕迹，因此他们很可能是在与爱斯基摩人的战争中灭绝的，而饥寒仅是全体失踪的第二个原因。

白令找到阿拉斯加

18世纪20年代，地理大发现的时代已接近尾声，但人们对于亚洲东北部和北美西北角是否相连仍不是十分清楚。探险家们为了考察北美洲与亚洲之间的那片未知的神秘世界，前赴后继，最为悲壮的是俄罗斯探险家维特斯·白令，他曾两次探险到白令海域，并为此付出了生命的代价。

第一次探险

因为严酷的气候，阿拉斯加差不多是最后一个被欧洲人绘入版图的地方。它的发现得益于彼得大帝的临终遗愿，这位雄心勃勃的帝王已将疆土扩张到了堪察加半岛，整个西伯利亚尽入俄国版图。但是，这块大陆延伸到什么地方？是否与美洲大陆相连？俄国还有多少扩张的余地？他需要一个人帮他解开答案。这个幸运的差使落在了热爱冒险的维特斯·白令身上。

▲维特斯·白令

白令出生于丹麦一个清贫的家庭，从小就对大海充满了幻想。此时，他正在俄国海军服役，已经44岁了。根据彼得一世的指令，他必须带领船队沿着堪察加的海岸线向北航行，以期寻找到与美洲接壤的那块陆地，而且要亲自登陆，并把那条陆岸线标在地图上，然后才能返回。

1725年2月5日，白令奉俄国彼得大帝之命，率领250多名探险队员从圣彼得堡出发，花了两年的时间穿越人迹罕至的大西伯利亚地区到达鄂霍茨克。

1728年7月13日，探险船载着探险队员们在欢呼声中滑过航道，冲向渴望已久的海洋。到了8月份，强劲的西风夹杂着暴雨和浓雾，开始频频光顾白令的船队。8月16日，他们已经来到北纬67°18′，西经163°7′，这是白令此次探险所到达的最北端。迷茫的浓雾使他们辨不清周围的景物，白令下令返航。遗憾的是，当时正值大雾弥漫，白令没能从那里看到相距仅80公里的北美大陆。

考察船穿过白令海峡继续向南驶去，不久抵达圣劳伦斯岛，进入太平洋水域。在今天的世界地图上可以清楚地看到，把北美洲与亚洲分开的那条窄窄的水道，鲜明地标示着“白令海峡”。白令的考察船9月2日到了堪察加半岛，翌年夏天，按沙皇的指令在堪察加半岛的东岸进行了考察，获得了大量宝贵的资料。

1730 年 3 月，白令回到了阔别五年的圣彼得堡。没有鲜花，没有掌声，白令深深地感叹世态炎凉，并期待着能再次扬帆出海，了却那未尽的心愿。

第二次探险

1733 年，白令再次受沙皇派遣对俄国东部海域进行探险考察。年初，庞大的探险队伍分批离开圣彼得堡。3 月 8 日，白令直接率领的 600 名人员开始向西伯利亚的河川和沼泽冻土带进发。一路上，黑蝇嗡嗡扑面，咬得人无片刻安宁，四野苍茫，寒气袭人，路途上人员和马匹随时都有陷进沼泽中去的危险。探险队经过勒拿河上的老城雅库茨克，1738 年夏天到达沿海的鄂木次克。在这里，白令用了两年时间特制了两艘长约 24 米的木帆船“圣彼得”号和“圣保罗”号，从此开始了正式的海上探险。

白令把船队开进阿瓦查湾，在一个叫彼得罗巴甫洛夫卡的小村子度过了 1740 年的冬天，在第二年的 6 月 4 日启航。两只船前后相随，相互以旗语和鸣炮保持联络，距离近时则用喇叭相互喊话。海上突然起了大雾，两只船在大雾中周旋了好一阵子，最后还是由于无法联络而失散了。白令在海上探寻了好几天，也没找到“圣保罗”号。

白令的“圣彼得”号单独在浓雾中航行，它继续向东北方向驶去。后来云消雾散了，船员们高兴地看到远处阿拉斯加的圣厄来阿斯山，他们激动万分，在甲板上欢呼雀跃，目的地就要到了。

9 月，坏血病开始在船员中蔓延，白令下令返航。返航途中遇到了坏天气，船只都无力控制，只得任其在茫茫的大海上随波逐流，时东时西，忽南忽北，后来船只竟然漂至岸边，这种漫无方向的漂流才算结束了。探险队被困在一个严寒荒凉的地方，他们只能在这里安顿下来。白天他们在附近的小溪里汲回淡水，用棍子打回几只松鸡，偶尔赶上好运还能捕到几只海獭，以此艰难度日。

即使如此勉强支撑，情况也越来越糟，船员纷纷病倒，不断有人死去。白令早已衰弱得无法站立。这一年的 12 月 8 日早晨，心力交瘁的白令死在了这个小岛上，剩下的船员于第二年返回。

巴伦支开拓通过北冰洋的欧亚东北航道

16 世纪下半叶英国人致力于寻找通往亚洲的通道。以水手和商人而闻名的荷兰一直饶有兴趣地关注着英国人的一举一动，并步其后尘，热衷于寻找从大西洋向北穿越北极通往亚洲的航道。在众多的航行中最著名的航行是与威廉·巴伦支这个名字分不开的，他是人类历史上最伟大的北极航海家之一。他曾在 1594 年、1595 年和 1596 年 3 次试航。虽然每次都进入了北冰洋，但前两次航行，他都被冰块所阻而被迫折返，但在第三次具有历史意义的航行中，他们不仅发现了斯瓦尔巴群岛，而且到达了北纬 79°30′的地方，创造了人类北进的最新纪录。

两次北极探险

1594 年 6 月，荷兰派出了一支由四艘船组成的探险队向北方进发。探险队的第一艘船是由阿姆斯特丹人巴伦支指挥的。船不大，是一艘快艇。

在基利金岛附近（科拉河河口旁），这支探险队兵分两路。两艘船朝正东方挺进，航船行进到亚马尔半岛西岸的沙拉波夫沙州附近（位于北纬 71°）。巴伦支从基利金岛出发，带领两艘船向东北航进，以便绕过新地岛的北部海角。他预测，在这个海角之外一定能够找到一片无冰的海域。7 月 4 日，他看到了朗厄内斯角（长角）。巴伦支驾船沿新地岛海岸向北继续航行，他发现了阿德米拉尔捷伊斯特沃岛。在此以后，他又穿过了一条把这个岛与新地岛分开的海峡。在北纬 75°54′附近的一个岛屿旁，这些荷兰人发现了一条俄国船的遗骸。此后，他在北纬 76°附近的水区又从十字架岛的一旁驶过。荷兰人在这个海区第一次看到了海豹的栖息地和白熊。

7 月 13 日，他们遇到了大量的巨冰，因此航船向北推进的速度非常缓慢。在大雾弥漫的天气里，他们行进到一片冰原，但是他们对其表面一点也看不清。这时，巴伦支测定了一下纬度，他现在已经航行到北纬 77° 15′。在 16 世纪里，没有一个西欧的航海家曾经向北行进到这么远的海区。为了穿过冰区，他的航船迂回航行了整整两个星期。7 月 29 日，巴伦支在北纬 77°附近发现了新地岛最北部的一个海角，他把这个海角命名为冰角。船员们再不想继续航行了，于是巴伦

▲巴伦支越冬的小屋

支决定返航。9 月，这支探险队的全部船只回到了荷兰。

第一次远征激起了荷兰议会的兴趣，于 1595 年议会出面派遣远征队，目的是不仅要找到新航道，而且要出售不同的荷兰商品。这样，1595 年 6 月 18 日，7 艘帆船从阿姆斯特丹出发，绕过斯堪的纳维亚半岛，到达瓦加奇岛，但是逆风和浮冰使他们无法通过喀拉海，荷兰人只好打道回府。

第三次北极探险

1596 年 5 月 10 日，在阿姆斯特丹商人们的帮助下，巴伦支指挥着三艘船又开始了第三次探险。这次他大胆地设想：通过北极前往东亚。他朝正北航行，一个月后发现了一个岛，因为在岛上看见了一头北极熊，因此将其命名为熊岛。熊岛其实并不是北极熊的聚居地，除少量北极狐外也无其他种类的动物，岛上植被以苔藓和地衣为主。

6 月 19 日，水手们再次看到了陆地（西斯匹次卑尔根群岛），沿着其西侧航行，直到北纬 79°30′。巴伦支误把西斯匹次卑尔根群岛认为是格陵兰的一部分。巴伦支最后几乎到达了北极圈，是完成这一壮举的第一个欧洲人。

在熊岛附近，三艘船被浮冰分开，巴伦支在寻找另外两艘船时，航行到新地岛，这次他成功地绕过新地岛的最北端，准备前往瓦加奇岛。然而不幸的是，巴伦支的船被浮冰撞毁，他和水手们被困在新地岛，被迫成为第一批在北极越冬的欧洲人。

巴伦支和水手们盖了一间木棚，并掘洞来过冬。陋室中央所生的火抵挡不住北极的严寒，穿在身上的衣服背部都结了冰。他们不得不设法宰杀北极熊和海象来充饥，但他们的食物储备很快耗尽了。当时的天气非常寒冷，他们只有把手指头伸进嘴里才能保持温暖，但只要手指一露出来立刻就冻成冰棍。他们还经常受到北极熊的袭击。探险家们有 3 个月没有看到太阳。第二年春天来临后，他们决定修复两艘海难时抢下来的救生小船来逃命。

1597 年 6 月，十几名幸存者通过了一段冰海，在新地岛南端遇到了俄国人，幸运地获救。巴伦支在返回荷兰的航程中去世。

巴伦支的信

1597 年春天，巴伦支已经病入膏肓。临死之前他写了 3 封信，把一封放在他们越冬住房的烟囱里，另外两封分开交给同伴，以备万一遭到不测，能有一点文字记录流传于世。1597 年 6 月 20 日，巴伦支死在一块漂浮的冰块上，那时他刚 37 岁。两个多世纪之后，直到 1871 年，一个挪威航海家又来到巴伦支当年越冬的地方，并从烟囱里找出了那封信。巴伦支的航行不仅有详细的文字记载，而且他沿途还绘制了极为准确的海图，为后来的探险家提供了重要的依据。

北极探险史上最大的悲剧

在征服北极的征途中，富兰克林事件成了历史悬念。一个半世纪过去了，人们对于这一事件仍然迷惑不解。因为，129 名身强力壮的汉子，携带着足够 3 年以上食用的装备和物资，却一去不复返，并且无一生还，即使是在 19 世纪，如此惨烈的结局仍然是难以解释的。

神秘失踪

拿破仑战争结束后，英国在战争中发展起来的军舰和海军暂时无用武之地，于是，大英帝国海军部决定重新开始对北极地区的调查和探索，以显示自己在海上的霸主地位，并趁机扩大大英帝国的版图。为了鼓励新的探险，英国政府决定设立两项巨奖：2 万英镑奖励第一个打通西北航线的人，5 千英镑奖励第一艘到达北纬 89°的船只。

▲约翰·富兰克林爵士

1844 年，英国海军部派出了两艘船，它们不仅装备有当时最先进的蒸汽机螺旋桨推进器，必要时可将螺旋桨缩进船体之内，以便于清理冰块，而且还装备了前所未有的可以供暖的热水管系统。为了万无一失，经过精心挑选，确定由具有丰富的北极航行经验的约翰·富兰克林爵士来指挥这次意义重大的探险，并给他选派了一个最有力、最干练的助手班子。

1845 年 5 月 19 日，富兰克林率两艘船只共 129 名船员，沿泰晤士河顺流而下。到 7 月下旬，有些捕鲸者还在北极海域看到了富兰克林的船队，但是，自那以后，他们便消失得无影无踪，与外界永远失去了联系。

全面搜救

从 1848 年后的十几年里，共有 40 多个救援队进入北极地区，其中有 6 支队伍从陆上进入美洲北极，34 支队伍从水路进入北极地区的各个岛屿之间，展开大面积搜索。

1854 年，克里木战争爆发，吸引了公众的注意力，人们对富兰克林命运的关注渐渐地淡漠下去了。这年 3 月，海军部将富兰克林等 129 人的名单从海军人员名单中删除了，他们认为，这些人肯定都已经死去。

但是，富兰克林的妻子对此却提出了抗议，因为她坚信，自己的丈夫还活着，坚决要求海军部继续努力。遭到拒绝之后，她倾其所有，买了一条蒸汽轮船“狐狸”号于1857年再次进入北极地区搜索。

1859年5月，搜救队终于到达大鱼河地区，只见那里尸骨成堆，遗物遍地，从枪支到设备，从餐具到衣服，散落在雪地上。有的尸骨已被肢解，七零八落，而有的还相当完好，穿着整齐的制服。那情景令人毛骨悚然，阴森恐怖。后来，有人在附近发现了一个用沙石堆成的土堆，从里面挖出了富兰克林探险队所留下的唯一一张纸条，写于1847年5月28日和1848年4月25日。其中，一段文字明确地记载了富兰克林爵士已于1847年6月11日死去。

失踪真相

1859年，一个叫利波尔德·麦克林托克的船长在距布西亚半岛不远的威廉国王岛上发现了一条当年探险船上使用的救生艇，艇中装有死人骨骼。而且，在救生艇附近，麦克林托克发现破碎的尸骨散落在四周。

麦克林托克注意到一件不寻常的事情：这群走投无路的水手拖着小艇逃难时，在艇中塞进了半吨多重的奇怪货物：茶叶、银制刀、叉和匙、瓷器餐具、衣物、工具、猎枪和弹药，偏偏没有探险船上储存的饼干或其他配给食品，都是些不能吃的东西——除非把人体也算进去。

把搜集到的所有证据拼凑起来后，人们可以清楚地看出，富兰克林探险队悲剧的过程大约是这样的：1845年7月以后，探险工作进展得似乎很顺利，他们曾发现了大片无冰的水域，往北航行达北纬77°。但因任务是往西，所以便停止前进而掉头往西，沿途考察了陆地沿岸，并在比奇岛建起了越冬基地，度过了第一个冬天，其间有3个人死去，尸体就埋在比奇岛上。

在第一个工作季节就取得了如此大的成绩，这是以前任何考察都无法比拟的。但他们显然并不满足于现状，而是继续追求着更加远大的目标。在短暂的北极夏天里，他们趁再次被冻住之前的时机，又行驶了350公里。1846年9月，探险船在布西亚半岛西边冻住，直到1847年的6月。可是，在这一年的夏天，浮冰没有像预期的那样解冻，于是，探险队陷在冰窟中无法动弹了。更糟的是，所携带的食品有一半已霉烂变质，无法食用。他们曾希望，船只可以和浮冰一起往西漂流而自动进入太平洋，后来却失望地发现，这纯粹是一种幻想，实际上是不可能的，只有眼睁睁地在绝望中走向死亡。

诺登舍尔德首次开辟了横贯北冰洋的黄金航道

富兰克林的悲剧之后，人们对西北航线一度失去了热情，英国和美国的注意力主要转向对北极诸岛屿的地理考察和争相到达北极点的竞争。但对东北航线，人们并未忘记。随着欧亚大陆以北一系列岛屿的相继发现，如何打通东北航线的轮廓似乎也就愈来愈清楚了。最后，这一殊荣终于落到了诺登舍尔德身上，是他首次开辟了横贯北冰洋的黄金航道，在人类探险史上谱写了光辉的一页。

试航到叶尼塞河入口处

1831 年，诺登舍尔德出生在芬兰，其父是一个非常有名的科学家。那时候，芬兰还是俄国的一部分。当他 20 多岁时，由于激进的活动而被驱逐，被迫移居到斯德哥尔摩，成为瑞典人，并开始对北极感兴趣，后来成为诺登舍尔德男爵。

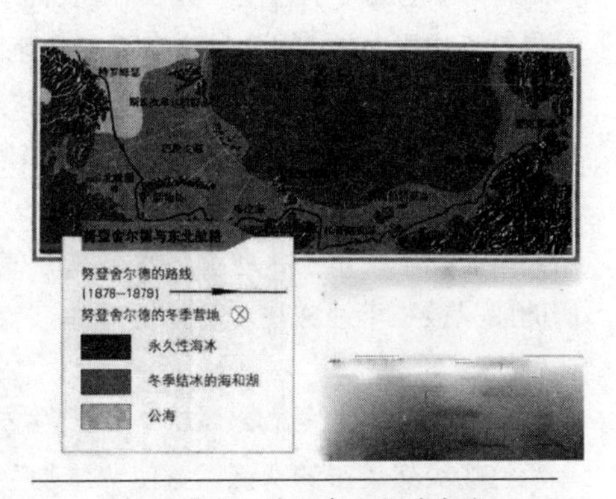

▲诺登舍尔德的东北航道线路

1858 年，诺登舍尔德第一次参加北极探险，前往巴伦支海和格陵兰海之间的西斯匹次卑尔根群岛进行极地勘察。10 年后，他率领一支北极探险队到达北纬 81°41′的地方，是当时航海家所能到达的极北点。初次的胜利，使他对打通东北航线的信心倍增。

瑞典有个富商叫奥斯卡·迪克森，他深知开拓东北航道的商业价值，不惜掷千金，多次赞助诺登舍尔德的探险活动。在他的财力支持下，1875 年，诺登舍尔德乘着迪克森的大型新帆船一举穿过喀拉海，停泊在叶尼塞河入海口的小岛附近，发现对岸有个深水避风良港，就用迪克森的姓氏命名小岛和港口。翌年，他利用俄国商人的资金租了一艘蒸汽轮船，首次把一批外国货物运到叶尼塞河入口处。这在历史上是破天荒的重要事件，因为又把航道向东方推进了一大段。

“维加”号被冻结

1878 年 7 月 4 日，天高云淡，微风吹拂。“维加”号蒸汽船在哥德堡港的一片欢呼声中，鸣笛启航了。诺登舍尔德正值年富力壮之时，此时离他首次北极探险已隔了整整20年。

诺登舍尔德对这次航程进行了周密的策划，设想了各种可能出现的情况及其对策。他充分意识到了孤船远航的危险性，让一艘较小的“勒拿”号在途中的尤戈尔海峡接应同行。两船会合之后，在几艘运煤补给船的尾随下抵达迪克森港。

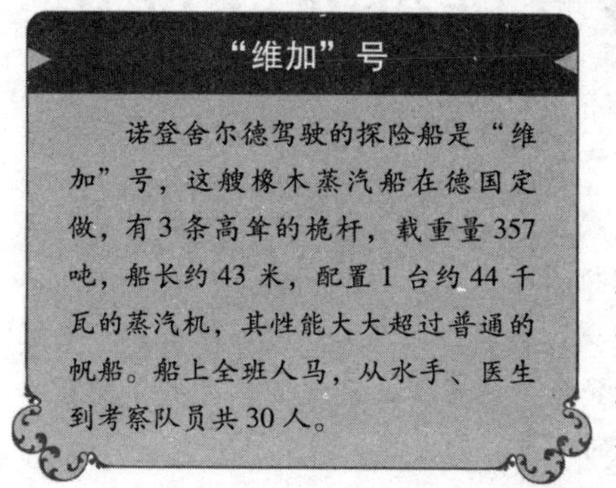

“维加”号

诺登舍尔德驾驶的探险船是“维加”号，这艘橡木蒸汽船在德国定做，有3条高耸的桅杆，载重量357吨，船长约43米，配置1台约44千瓦的蒸汽机，其性能大大超过普通的帆船。船上全班人马，从水手、医生到考察队员共30人。

8月10日，“维加”号和“勒拿”号姐妹船又从迪克森港双双起锚东行，补给船这次全部留下。8月下旬，他们顺利地绕过亚洲的最北端——切留斯金角。经过数天的暴风雪袭击，仿佛老天爷也被他们的真诚所感动，天空一片晴朗。西北风吹送着扬帆挺进的航船，沿着泰梅尔半岛东南海岸线很快便到了勒拿河入海口。“勒拿”号由于航速较慢，使“维加”号也放慢了速度。为了在封冻期之前冲出白令海峡，成了包袱的“勒拿”号只得就地留下。“维加”号决定孤船全速前进，铤而走险。

起先似乎一切都很顺利，西伯利亚海岸在他们的视野中徐徐地往西移去，到9月初，他们已经进入了楚科奇海，胜利在望，似乎已经望见了太平洋那浩瀚无冰的水域。然而，天气像是故意跟他们作对似的，9月28日，离白令海峡当年库克船长到过的北角只有193.1公里了，寒流突然袭来，气温骤然下降，广阔的海面很快结冻冰封，他们的船只被牢牢地冻住，动弹不得。

打通东北航线

这场突然袭来的寒流，竟使“维加”号全体船员承受了长达9个多月的漫长等待而望洋兴叹。北极熊在“维加”号周围四处出没，死亡也时时威胁着探险队员。狂暴的风雪要把“维加”号撕得粉碎，思乡心情吞噬着人们的心灵。就到白令海峡了！船员无不扼腕长叹。

附近就是楚科奇半岛。楚科奇在当地人那里意指“很多的鹿”。那里真是个野鹿成群的地方，海豹之类的海兽也不少。凭着节衣缩食、精打细算、狩猎为生，他们总算度过了种种难言的煎熬，终于盼到了解冻的日子。

1879年7月18日，“维加”号在船员们的欢呼声中张帆起锚了。橡木蒸汽船缓缓地推开飘浮的冰块，不可阻挡地驰向白令海峡。“维加”号顺利地行进在白令海峡，隆隆的礼炮声惊起了成群的海鸟。“维加”号终于打通了北冰洋航道！

1879年9月2日，“维加”号抵达日本横滨。然后取道中国广州、斯里兰卡，穿越苏伊士运河和直布罗陀海峡，于1880年4月24日胜利地回到瑞典斯德哥尔摩，受到了万人空巷的热烈祝捷。

对北极中心区的探险

1823 年，斯科斯比出版了《北部猎鲸区的旅行日记》，这是地理学经典著作之一。这本书断言：北极周围是一层很厚的冰雪，只有乘雪橇才能到达北极点。在这个想法的启示下，1827 年 6 月，英国的威廉·帕里、詹姆士·罗斯和弗伦西斯·克洛泽耶分乘两架雪橇船从西斯匹茨卑尔根岛出发，穿过海上的冰山群，到达北纬 82°45′以北地区，刷新了向北探险最远的世界纪录。

人类首次乘雪橇到达北极

威廉·帕里在加拿大北极群岛的探险取得了一系列重大的发现，他想继续深入，于是，他向英国海军部建议组建一个乘雪橇前往北极的探险队，这个建议立即就被批准了。帕里雪橇探险队把出发地选定在西斯匹次卑尔根岛西部海岸边的一个地点（北纬 78°55′、东经 16°53′）。

1827 年 6 月 21 日，帕里与弗伦西斯·克洛泽耶和詹姆斯·罗斯带上了够 10 个星期食用的粮食，分乘两架雪橇船启程了。他们克服了重重艰难险阻，穿过了浮游在海面上的巨大冰山群。他们在北纬 81°12′以外的海区，除了看到斯科斯比早先指出的一些不动的冰块外，还看到了大片大片的浮游冰原，冰原与冰原之间还有宽阔的水区。帕里一行继续向北挺进，有时在冰面上行走，有时乘船航行。

6 月 23 日，帕里三个人已经走到北纬 82°45′的海区。他们沿着一块巨大的冰原继续向北行进，过了三天，帕里突然发现，那里的冰已经向南漂游，于是他十分满意地指出，他的这次旅行已经刷新了“世界纪录”。这时他调转船头向南航行，于同年 8 月 19 日平安无恙地返回基地，往返共用了 7 个星期时间。

这是人类史上首次乘雪橇到达北极之行。一些有见识的北极学者根据帕里的实践作出了一个正确无误的结论：在当时的技术水平条件下，这种方法也不是唯一能够抵达北极的方法。尽管如此，过了半个世纪以后，阿尔贝尔特·马尔盖姆同样用这种方法行进到离北极极点只有 35 海里的地点。

威廉·帕里寻找西北航道

1819 年为探寻西北航道，威廉·帕里率“赫克拉号”和“格里珀号”两艘军舰首次去北极区航海探险，他从格陵兰西行，向北冰洋驶了大半航程，于 1820 年到达梅尔维尔岛。这比以前任何远征队的行程都要远。这次旅行他到达了巴芬湾、巴罗海峡、里根特海湾、梅尔维尔海峡、麦克卢尔湾和韦林顿海峡。这次探险，威廉·帕里虽然没能成功地寻找到西北航道，但他绘制了很有价值的北极海岸线路图。

对北极海洋的搜寻

1852 年，英国人爱德华·英格尔菲尔德受富兰克林遗孀的委托，探察了巴芬湾的北部海区，他把格陵兰岛的西北部约 1000 千米的海岸线标到了地图上（英格尔菲尔德湾和英格尔菲尔德地），并完成了对史密斯海峡的发现和考察工作，在此之后，他还在那条海峡之外看见了“一条通往北方的宽敞的海道以及一片一望无际的海洋，看来，这片海洋上是没有冰雪的”。

第二年，即 1853 年，美国人埃利萨·肯特·凯因乘一艘不大的二桅船同样深入到这个海区，但是这艘船在北纬 78°37′的凯因海区被冰封冻了，它在那里停留了将近两年时间。在此期间，凯因和他的同伴们在爱斯基摩人向导汉斯·希德里克的协助下，乘雪橇考察了凯因海的沿岸地区。在此同时，希德里克于 1854 年夏季在北部还发现了一条没有冰封的海峡入口。

1860～1861 年，美国医生伊萨克·伊兹拉依尔·海斯（曾是觊因的同伴）与希德里克一起在凯因海区度过了一个严冬，然后伊兹拉依尔在希德里克的帮助下乘雪橇穿过了人们未曾查探过的肯尼迪海峡，行进到北纬 81°35′的海区，并在那里看见了“灰暗的天空和一片带着颜色的水区”，就是说，这是一片辽阔的水域。海斯在此完全确信，这是一个大海，所以把它称为“辽阔的北极海洋”。

1871 年，查尔兹·弗伦西斯·霍尔带领了一个美国探险队乘波利亚里斯号蒸汽航船去探索“辽阔的北极海洋”。他在格陵兰把 8 个爱斯基摩人带上了船，其中包括希德里克和希德里克的妻子以及三个孩子。霍尔没有费很大的气力就使航船渡过了肯尼迪海峡，并驶进了霍尔海区。他在霍尔海区以外的地方发现了罗布森海峡，穿过罗布森海峡之后，在人类航海史上首次驶进了林肯海的海域。

波利亚里斯号航船在这个新发现的海洋上行进了三天时间，一直航行到这艘船在北纬 82°11′处遇到坚冰群为止，这是 1871 年 9 月 4 日的事。航船完全可以通过这片坚冰群，但是霍尔由于种种原因，调转船头向南驶去了。他们不得不在霍尔海上越冬，在越冬期间，霍尔全身瘫痪，于 1871 年 11 月 8 日病逝。这次越冬基本上是顺利的。

1872 年 8 月 12 日，周围的冰层刚刚解冻，波利亚里斯号航船立即启航向南驶去，它刚一穿过肯尼迪海峡，立即在凯因海上被向南漂游的冰块群包围了，这个冰块群把波利亚里斯号航船推向史密斯海峡，此后航船穿过了这条海峡，进入巴芬湾的北部海区。

同年 10 月 16 日夜晚，海上发生了一场猛烈的风暴。在北纬 77°35 的海面上，巨浪把这艘船高高抬起，然后把船舷的一侧搁置到一块巨冰上。船员们迅速把两只小船搬到这块巨冰上，人们张皇失措地把行李、衣物、武器和粮食乱掷到小船上。突然间，这块巨冰裂开了，波利亚里斯船连同一部分船员倒栽葱地跌入水中，沉没在黑暗的深渊里。这是一个相当大的冰原，面积约有 1 平方千米。它不停地向南漂游。冬季来到了，这块巨冰成了这些美国人越冬的安全地点。爱斯基摩人用冻结的冰板在这块巨冰上垒起了几座小屋，使人们能度过这个严冬。食品的储备量并不十分充足，但是爱斯基摩人猎获了一些海豹，因此人们不仅有肉吃，而且还有了烤火的“燃料”。尽管如此，他们还不得不把一条小船劈开当柴烧了。1873 年 4 月，当这块巨冰从巴芬湾穿过台维斯海峡漂向大西洋时，它的边缘冰已经破裂了，它的面积较之前大为缩小了。等这块冰已经完全瓦解的时候，剩下的这 19 个人拥挤在一条小船上，但是他们很快在另一块冰上找到了一个暂时的居住地，然而第二块冰同样很快地断裂成碎块了，他们又找到了第三块冰栖身。就这样，他们反复数次，来回折腾。他们的粮食已经耗尽了，又没有燃料，潮湿的衣服一点也不能御寒。幸运的是，4 月底，已经濒临死亡边缘的他们被一艘捕鲸船在北纬 53°35′的海面上发现了，他们得救了。波利亚里斯号航船的这 19 个残存者在冰海上漂游了六个半月的时间，他们的直线行程有 2600 余千米。这些人经历了人间的艰辛和苦难，受尽了难以忍受的惊惶和忧虑，最后的一个月，他们还饱尝了饥饿和寒冷的痛苦，但是他们总算活下来了。

北极难以到达

1875 年，英国组建了一个拥有两艘航船的庞大的极地探险队。乔治·斯特隆格·纳尔斯是这个探险队的组织者。乔治·斯特隆格·纳尔斯曾担任过著名的海洋地理考察船“切尔令杰尔”号的指挥官，具有丰富的航海经验，为了组建这个探险队，英国政府把他从香港召回伦敦。1875 年 7 ~ 8 月间，纳尔斯的两艘船没有费多大气力就航行到肯尼迪海峡的入口处，并在这条海峡附近的陆岸建起了一个越冬地。纳尔斯乘“阿列尔特”号航船于 9 月 1 日穿过了罗布森海峡，驶进了林肯海，他们在林肯海上一直航进到北纬 82°24′的水区，这是当时人们乘船驶近北极的创新记录。

9 月 1 日这天，“阿列尔特”号航船被冰封冻在埃尔斯米尔岛的东北部海岸边。尽管这里的冬季气温低至零下 59℃，但是这些探险者却平安地度过了一个严冬。探险队的彼列姆·奥尔德里奇带领了一个雪橇分队向西行进，发现了埃尔斯米尔岛北部长约 300 千米的海岸线（至阿勒特角），及滨海的切林杰尔山脉，并将这些发现标入地图。向东行进的另一个探险分队发现了许多“陆地”（半岛）和格陵兰北部的一些岛屿，这个探险分队一直行进到纳尔斯之地。这样，他们考察了林肯海的西部和南部沿岸地区，并把它们标入地图。

▲北极浮冰

1876 年 4 月 3 日，马尔盖姆带领一支庞大的雪橇探险队向北进发，这支探险队乘 7

架雪橇，乘员共有50余人。他们向北推进的速度十分缓慢，因为沿途冰山纵横，积雪甚深，有时他们不得不在厚约一米半的雪层上前进，加之天气阴沉，气温极低。5月12日，马尔盖姆行进到北纬83°20′处，这时一个队员死亡了。除了马尔盖姆和奥尔德里奇外，所有的队员都染上了坏血病。马尔盖姆派了一个有病的军官前去“阿列尔特”号航船停泊地报告分队处于困境的情况，这个军官直至6月8日才行进到目的地。纳尔斯带领了一支救援队及时赶到了，他指挥分队人员按期返回船上。由于坏血症继续蔓延，又死去了三个队员。这时，探险队的粮食已经耗尽，纳尔斯不得不决定后撤。8月，“阿列尔特”号航船克服了重重困难后驶抵肯尼迪海峡，1876年9月底，这两艘船终于回到了爱尔兰。纳尔斯匆忙地作出了一个结论——他在发往伦敦的第一份电报里说：“北极难以到达！”

南森证实北极是海洋

进入19世纪之后，人们知道了许多关于北极圈的知识，一批又一批的探险家们掀起了向地球北极冲刺的热潮。尽管这些探险家们取得了许多关于北极的实地考察资料，但对北极究竟是大陆还是海洋这个最基本的问题却无法定论。加拿大探险家帕里是乘雪橇探险北极的，所以在他眼里，北极是块陆地；而美国人霍尔却是乘船进军北极的，他当然认为北极不是陆地，而是海洋。北极是沧海，还是桑田？解答这个问题的是挪威的探险家弗里德约夫·南森。

探险准备

弗里德约夫·南森，出生在挪威奥斯陆附近的一个富有家庭里。年轻时攻读动物学，曾任过挪威卑尔根博物馆馆长。1888年~1889年他勇敢地完成了横跨世界第一大岛格陵兰的探险壮举，成为人类有史以来第一个成功横跨格陵兰冰原的探险家。

▲南　森

在探险格陵兰取得成功之后，他有了充分的在极地附近生活的经验，同时也赢得了上至国王下至普通百姓的支持，趁此时机，南森在1890年2月向伦敦地理学会提出了自己的建议——专门建造一只船，让其在西伯利亚的海面上封冻，然后向北漂移越过北极，这个航程约需2~5年。这一建议提出后遭到许多人的讥讽，认为他是拿自己的生命开玩笑，但由于南森在格陵兰探险中的神奇经历，还是有广大公众对他寄予厚望，于是他们纷纷解囊资助这次探险。当时挪威政府提供了大部分资金，公众捐助占三分之一多，甚至国王奥斯陆也为此捐款，这样一来资金问题很容易就解决了。

当时破冰船还没有问世，如何设计一条适合在冰海中航行的船就成了关键的问题。为此，南森苦心钻研，反复琢磨，终于设计并造出了一条特殊的北极考察船，取名为“前进”号。它长38米，重402米，三桅纵帆，船壳内用木头，外层用铁皮加固。船的形状比较奇怪，船头、船尾和龙骨都做成流线型，船底呈半圆形。按照南森的说法，只有这样的船才适合极地航行，当冰块压过来时，船就会像鳗鱼一样挣脱浮冰的怀抱，并不会被冰压碎。

向北极区航行

1893 年 6 月 24 日，南森带着 12 个同伴从奥斯陆启程向北冰洋进发，船上装载了足够使用 5 年的供应品和够用 8 年的燃料。当时前往观礼的人成千上万，人们都把发现北极的希望寄托在它的身上。

经过约一个月的航行，“前进”号已从挪威的最北端绕过，驶上北极海域，一路上战逆风，劈恶浪，不停地向东驶去，在浮冰群中迂回了几个星期后，然后转向北极驶去。不久后，在远处海平线上透过海雾隐约地显出一条细长而致密的冰缘。南森从浮冰群中找到一个缺口，命令把船头朝向冰堆驶去，关掉发动机，似观动静，这是考验“前进”号的时刻。

9 月 24 日，“前进”号已被厚厚的冰块围住了，浮冰之间夹有能迅速冰冻的融冰浆，处在其间的“前进”号随时都有被挤破的危险。浮冰块几乎每天都以这种方式来拜访“前进”号。船边累积的冰堆几乎触及了桅顶，“前进”号就像是行进在冰的峡谷之中。

“前进号”缓慢而艰难地行进，有时候甚至不知道它究竟有没有移动，探险队员们只有耐心等待洋流把他们漂送到北极，他们安下心来读书，唱歌、打牌；天气晴好时则到冰上打猎，捕捉北极熊。他们根本不像是探险，而更像旅游，路上的每一个美丽的去处都让他们惊叹不已，尤其是美丽壮观的北极光，更令他们神往不已。在船被封冻期间，船员们的主要工作还是认真地进行各项考察项目。每四小时就记录一次天气数据，隔一天进行一次天文观测，他们还测量海洋的温度，盐度、深度和洋流，从海底挖取样品，仔细测绘“前进”号航线。

朝北极步行前进

随着前进号缓慢地移动，日子一天一天地过去，他们就这样漂流了一年多。1895 年 3 月，“前进”号已经漂流到北纬 84° 的海域。遗憾的是，船再也不能向北漂流了。南森为此忐忑不安，于是他向船员们提出这样一个大胆的想法，由他带一个助手离开“前进”号，用冰屐、滑雪鞋、狗拉雪橇和兽皮船从冰上直奔北极，然后再从北极向南走，其余的探险队员留在原地。他的计划得到大家的赞同，好几个人自愿要求陪同南森前进，南森最后只选定了一个预备役海军军官约翰逊做助手。

> **北极光**
>
> “北极光在天穹下抖动着银光闪闪的面纱：一会儿呈黄色，一会儿呈绿色，一会儿又变成红色，时而舒展，时而收缩，变幻无穷；继而劈开成一条条白银似的多褶的波带，其上闪耀着道道波光，接着又光华全消。不久，天顶上可见微光闪烁，像几朵火苗摇曳，继而一道金光从地平线冲天而上，逐渐融入月色中……”这段关于北极光的文字描写来自探险家南森的日记。

3 月 14 日，南森和约翰逊离开“前进”号，在一望无际、似乎可以一直通到北极的平坦的冰原上疾驰。最初几天，他们前进的速度很快，如果保持这个速度，不久即可大功告成。然而好景不长，他们很快就陷入了由无数冰脊组成的迷宫。一堆堆冰砾布满了冰脊之间的通道，雪橇经常翻车，不得不花大力气把它们扶起来，甚至有时还要抬着它们翻越冰包，狗拉着沉重的雪橇翻越高耸的冰脊显得特别吃力，他们只得从雪橇上下来帮狗一起拉，在这连绵不断的冰石流中前进，连神话中的巨人也会被累垮，他们经常在滑行中睡着，脑袋一沉，猛地撞在自己的滑雪鞋上才被惊醒。

他们步履艰难地前进着，4 月 8 日，他们到达了北纬 86°13′的地方，这里距离北极已不到 400 公里了。可是冰山挡住了他们的去路，无法逾越，只好带着遗憾返回。南森回头向北极方向深情地看了一眼，嘴里喃喃地自言自语：“不知什么时候还能再来一趟。”他的愿望被后来美国一个探险家皮尔里实现了，但那已经是十几年后的事了。

死里逃生

在回去的路途上，他们时而驾雪橇奔驰在冰原上，时而划着兽皮船漂流在冰海中。每当他们看到面前的冰原是一个杂陈着无数冰脊、冰巷、冰砾和巨冰块的走不通的迷宫时，他们的心都凉了，认为看到的是无数突然冻了的巨浪，看起来除非是插上翅膀才可以前进，值得庆幸的是最后总还是能找到一条路。

时间进入 5、6 月，北极区短暂的春天开始了，随着午夜的太阳在天上越升越高，气温也越来越高，可是麻烦却越来越多，覆盖在冰上的新雪由于气温升高都化为深可及膝的雪浆，使行进更加艰难。在缓慢移动的冰块之间，有时会出现数英里长的裂缝，继之又冻结成冰，它的厚度不足以支持雪橇的重量，却能把兽皮船割成碎片，他们只有望之兴叹，无可奈何地绕道而行。

食物逐渐缺乏了，饿狗开始啃吃所有能吃的东西，南森只好把一些弱狗杀掉，给其余的狗充饥。不久出现了一些好的征兆，有时可以在冰上发现北极熊的足迹，甚至还可以打死一头北极熊来补充食物储备。

寒冷、饥饿、恐惧，就这样，南森和约翰逊在荒无人烟、冰天雪地的北极度过了一年多的时间。

1896 年 7 月，衣衫褴褛、疲惫不堪的南森和约翰逊正行走在冰原上。忽然，约翰逊拉住了南森，有些紧张地说：“听！那是什么声音?”南森侧耳倾听。“是狗叫声?不可能!”南森也开始激动不安起来。只见远处果真出现两只狗的身影，接着又出现了一个人影……

“杰克逊！杰克逊!”南森激动不已，狂奔着迎了上去。来人惊诧地看着这两个突然冒出来，而且会说话的“怪物”，有些不知所措。“我是南森啊，挪威的南森。咱们在伦敦地理学会上认识的，还记得吗?”

杰克逊几乎不敢相信，站在眼前的这位就是当年在地理学会上一语惊人、年轻气盛的南森！原来，这位杰克逊是英国的探险家，他也是到极地来考察的。不久，有一艘给杰克逊送给养的船来到这里，南森和约翰逊搭乘这艘船踏上了归程。

1896 年 8 月，南森和约翰逊奇迹般地回到了挪威。更让人惊奇的是，一个星期后，“前进”号也安全地返航。这时，距出发时间已有 3 年零两个月了！

在北极漂流过程中，南森搜集了大量的资料，在人类历史上第一次用不可辩驳的事实证实了北极不是陆地，而是冰雪漂浮的海洋。

皮尔里到达北极点

北极探险早在15世纪就开始了，400多年间，500余名探险家倒在了通往北极的征途上。然而，艰难险阻挡不住人们探索世界未知领域的决心和勇气，探险家们还是前仆后继，他们到达的地点距离北极点也越来越近。这些探险队在进入北极圈后，都未能战胜困难，找到北极点。直到1909年9月5日，美国探险家、海军上将皮尔里向全世界宣布，他于1909年4月6日踏上了北极点，在那万年冰峰上留下了人类的第一个脚印。

两次失败的北极探险

皮尔里原先是位工程师，后来参加了海军。他一直对极地探险怀着浓厚的兴趣，并广泛涉猎前人留下的探险记录，立志有朝一日，一定要踏上北极点。

▲美国探险家、海军上将皮尔里

为了实现征服北极的夙愿，皮尔里进行了多年的准备。皮尔里首先两次横穿冰雪覆盖的格陵兰岛，以获得极地探险经验。1900年，皮尔里到达格陵兰岛最北端。皮尔里从北极探险家的探险历程中，了解到要想取得成功，首先要获得丰富的极地生活经验。于是，1886年，皮尔里来到格陵兰西部的一个爱斯基摩人的部落，在这里，皮尔里与爱斯基摩人结下了深厚的友谊，渐渐成为他们中的一员。后来，这些爱斯基摩人在皮尔里顺利踏上北极点的征途中发挥了非常重要的作用。

当然，光有正确的提法和坚强的决心还是远远不够的，还必须要有强大的财政支持，于是他专门选了一艘“罗斯福”号船。这艘特别设计的船可以通过史密斯海峡的冰层一直航行到埃尔斯米尔岛的最北端。他在这里的哥伦比亚角建起了一个大本营，离北极点只有664.6公里。一切都准备就绪之后，便从这里派出几支先遣队，将必需的物资和食品运送到指定地点，这样就可以减轻主力部队的负担，以便保存他们的体力。这样，他们就可以从最后一个补给地点向北极点冲击。皮尔里不仅在居住方法、行进方式和衣服帽袜等方面都采用爱斯基摩人的办法，而且还直接雇佣爱斯基摩人为他驾驶狗拉雪橇，并沿途建造冰房子。

1902年，皮尔里第一次下海，向北极进发，但行进4个多月，只到达了北纬80°17的地方。第一次北极之行虽然失败了，但皮尔里积累了许多经验，他认识到生活在北部爱斯基摩人的生活方式是在北极生存的最好方式，同时，他在北纬 80°附近建了几座仓库，为未来的北极探险积累物资。

在第一次试探失败之后，1905 年他又发起了第二次冲击。这次他作了周密的计划，从装备到物资安排都很详细，一共带了 200 多条狗和几个爱斯基摩家庭，包括男人、女人和小孩子。这次努力虽然也失败了，但到达了北纬 87°6′的地方，离北极点只差 273.58 公里，刷新了人类北进的纪录，征服北极点已是指日可待了。

把星条旗插上北极点

1908 年 6 月 6 日，皮尔里斗志不减，又一次率领一支探险队乘着“罗斯福”号船向北航行。皮尔里计划得很周密，因为他知道，自己已经 54 岁，年龄、精力和财力都不允许他有下次探险，所以此次行动，他只能成功，不能失败。

这一次的远行的确与以前有些不同。这时，由所有的赞助人组成了一个“皮尔里北极俱乐部”，专门协助他解决所需的资金问题。这次共有 22 个人，包括船长、医生、秘书和一直追随他的黑人助手亨森等。另外还有 59 个爱斯基摩人，还带了 246 条狗。9 月初，“罗斯福”号到达了北极海域，并把所有东西都运到了哥伦比亚角的陆上基地。

1909 年 2 月 22 日，巴特利特率领先遣队出发，3 月 1 日，皮尔里率领突击队驾雪橇离开营地，沿着先遣队的足迹向北进军。在距离北极点还有 246 公里时，皮尔里赶上了巴特利特的先遣队，皮尔里让巴特利特带领大部分人马撤回基地。

胜利的曙光就在前头。皮尔里带上追随自己多年的忠实仆人亨森和 4 名爱斯基摩人，以极快的速度前进。4 月 5 日，皮尔里一行已到达北纬 89 度 25 分。皮尔里兴奋地说：“北极点已经触手可及，我们就要成功了！”他随即宣布就地休息，恢复体力。因为连续几天的突飞猛进，已使他们疲惫不堪了。

4 月 6 日，皮尔里一行终于到达北纬 90 度，人类的足迹第一次骄傲地出现在北极点上，终于征服了这片凶险莫测的冰雪世界。

爱斯基摩人在北极探险中的贡献

在北极探险的早期，人们并没有把爱斯基摩人看在眼里，以为他们只是一些有待开化的民族。直到富兰克林的悲剧发生之后，北极探险者们才渐渐认识到要征服北极，必须得向爱斯基摩人学习。自豪尔开始，爱斯基摩人不仅给予历次的探险者以无私的援助，而且还加入了一系列的重要的北极考察，甚至献出了宝贵的生命，他们同样是功不可没的。无论是阿蒙森打通西北航线，还是皮尔里征服北极点，都得到了爱斯基摩人决定性的帮助。因此，在人类进军北极的历史过程中，爱斯基摩人做出了极大贡献。

美国的北极探险

虽然由富兰克林爵士率领的探险队的北极科考以惨败而告终，但在其他探险家持续十多年的搜寻其下落的过程中，人们也得到了有关北极和阿拉斯加海岸丰富的地理知识，人们对北极探索的兴趣更加浓厚了。就是在这样的背景下，一个新兴的大国——美国也开始登上北极探险的舞台。

“珍妮特”号被困浮冰

1879 年 7 月 8 日，美国人乔治·德朗在《纽约先驱论坛报》老板戈登·贝内特的赞助下，率“珍妮特”号从太平洋西岸的旧金山启程，前往北极探险。

经过一个多月的航行，“珍妮特”号穿越了白令海峡，进入了北极圈，这里自然条件的恶劣远远超出了德朗的想象。船在楚科奇海向符兰格尔岛航行的途中，连连遭到流冰的袭击。眼看冬季将到，德朗想找块陆地越冬，但已由不得他了，流冰把“珍妮特”号团团围住，只能随流冰向西北漂去，无法自主。

到了 10 月，太阳已很少露面了，暴风雪越刮越猛。10 月的 26 日，挟持“珍妮特”号的巨大冰块发生剧烈的震动，船的前方出现一条条裂缝——这是冰层重新聚合的象征。德朗吩咐船员从船上拖出雪橇，并装上生活必需品，以备不测时所用。11 月 11 日夜，接连几天的冰裂，使眼前的景观发生了巨大的变化。几米高的“冰波”慢慢向“珍妮特”号挤来，船体咯吱乱响。在最危险的时候，德朗要船员都和衣而卧，他却独自在甲板上瞭望，稍有险情，便叫醒船员准备弃船逃生。大家被恐惧搅得心神不宁，精疲力尽。他们都明白，“珍妮特”号和全船人的生命都可能在一瞬间消失。不过幸运的是，在险境和惊悸之中苦熬了 4 个月，德朗探险队度过了黑暗的极夜，迎来了 1880 年的第一抹阳光。但船依旧被冰群挟持着漂流，到 3 月底，德朗用罗经测定方位，不禁大吃一惊，原来船又回到半年前所处的位置。他们历尽艰辛作出的所有努力，都已付之东流！

改装而成的“珍妮特”号

《纽约先驱论坛报》老板贝内特认为通过专利刊登探险记肯定可以增加报纸的发行量并提高其声望，便花了 10 万美元将一艘游艇改装加固，用 3 米多厚的实心橡木加以支撑，以为这样就可以承受住来自冰层的任何压力，他将这艘船改名为“珍妮特”号，然后交给海军去加以装备。

极地的夏天来了，“珍妮特”号附近开始有白熊出没。原来一片白皑皑的冰原融化出一洼洼碧净的海水“湖泊”。此情此景使德朗重新燃起了希望，他想借助夏天的风使“珍妮特”号冲出冰的重围。但是北极的夏也是软弱的，阳光稍微减弱，寒冷又使水结成冰，“珍妮特”号始终逃不出冰的怀抱。至此，船已在冰海中飘荡了一年，德朗向西北方向仅移动了250千米。

“珍妮特”号被冰层挤碎

随着这一年冬季的来临，“珍妮特”号又被浮冰推向南方。德朗虽然忧心如焚，却也无可奈何。进入11月，极地之夜又开始了，冰墙再次戏弄着“珍妮特”号。探险队员对冰层尖利的挤压声早已习以为常，不再惊恐。他们生活索然，只有天幕上的孤月与寒星和他们作伴，他们似乎也不再迫切希望看到陆地，花草树木都成为一个个抽象的词语出现在他们的脑子里。“珍妮特”号忽东忽西，忽南忽北，全都由不得探险队员。又是漫长的等待之后，1881年的春天终于来了，德朗的信心再次被激发。他举办了隆重的辞旧迎新晚会。探险队员中的印第安人跳起了粗犷的土风舞，德朗则对大家作了热情洋溢的新年致辞。他说，在这一年半里，“珍妮特”号一共漂流了2500千米，这事实本身就是一个奇迹般的记录，“如果上帝愿意让我们漂流，那我们就继续漂流下去好了，总有一天我们会漂到我们要去的地方”。

▲北极白熊

3月份，“珍妮特”号向北漂流的速度加快了。5月16日晨，领航员琴巴尔像往常一样踏上甲板，意外地发现了远处的一个小岛，这是他们在冰海中漂泊了二十多个月第一次看到的陆地。船员们在胸口画着十字，祈祷海面上刮起顺风，把他们吹向那个岛屿。德朗测出岛屿位于北纬74°47′，东经159°20′。随后，德朗又把它命名为“珍妮特”岛。但由于风向突然改变，船又转向西南。一个星期后，他们又看到了一个不大的岛屿。德朗把那个岛屿命名为“根里耶特”岛。恰好，这个时候一向飘忽不定的流冰停住了，工程师曼维尔迅速放下一只小艇，奋力向岛屿划去。他们随身带着猎枪，希望能找到补充的食物。他们努力寻找了7天，但仅带回一些岩石和苔藓标本，其他并无所获。

船上的生活早已使许多人病倒了，而此时又有几个队员因食用过期的罐头食品，中毒躺倒了。德朗一直在寻思改造风力发动机，却不慎被桨片击伤，留下了长达10厘米的创口，伤情严重。此时的“珍妮特”号与其说是探险船，不如称其为一所战地医院，到处都是面容憔悴的病号。

即使遭受如此大的挫折，德朗仍然坚持每天记日记。那天晚上，当他正写日记的时候，船发出一阵似喘息的震动声，他冲上甲板，看到他那一直被牢牢禁锢的船周围出现一道久违的波纹，接着波纹荡漾出一片开阔的水面，向南刮的风也开始缓缓吹来。他兴奋万分，庆幸船终于脱离冰封。他满怀希望地想，这次他一定能使他的探险队走上返回家园之程。但是，水道两边的冰带像被魔手操纵似的，很快合拢，把不幸之极的“珍妮特”号更紧地夹住。这突然的变化，使船头变形，船板纷纷裂开。冰层继续挤来，船被高高抬起，倾斜了。德朗知道“珍妮特”号的最后时刻到来了。8月11日晚8时，它终于被冰层挤碎，沉没了。

珍贵的北极地区探险记录

在“珍妮特”号沉没之前，德朗指挥队员将大部分食品和用品搬到流冰上。现在探险队有足够32人应用的装备：3艘小艇、6架雪橇、23条狗以及供两个月吃的粮食。

他们告别了船体残骸，在冰原上休整了一个星期，接着便向正南的西伯利亚方向进发。6月18日，即他们行走的第一天，就有两架雪橇折断了。那时正是夏季，是乘雪橇最不利的季节，到处都是裂隙，不时有人落入融雪坑中，而坚冰常常变成冰凌、冰障挡住他们的去路。

经过10多天的跋涉，德朗发现了一个可怕的事实，尽管他们每日以6.4千米的速度在冰上行进，但洋流、海流却把这个大冰块带到更远的地方去。结果，他们虽然向南走了十几天，而离西伯利亚的距离比当初还远45千米。

当他们向北极挺进时，冰块总把他们送到南方或原地不动；而当他们向西伯利亚奔去之时，冰块却偏偏向北漂去。德朗感到命运已经抛弃了“珍妮特”号。但是，执意行动总要比坐以待毙好。德朗认为只要到这块大冰的边缘他们便能划舟南行。于是他下令继续向南前进。

北风意外地吹起来了，它似乎抵消了洋流，劳顿不堪的队员们愈来愈靠近南方。7月12日，他们又看到了一座不知名的小岛，这是他们出航两年来第三次看到陆地。

7月26日，他们终于到达这块大冰的边缘。但灾难依旧羁绊着他们，其中一艘小艇不久在海中倾覆，艇上的队员全部遇难。另一艘小艇在拉普帖夫海转悠了近一个月，最终平安到达西伯利亚的一个小村庄。而德朗乘坐的第三艘小艇在9月17日才在勒拿河口登陆，这些人都有严重的冻伤，而且，只剩下4天的口粮了。但德朗还是保持着令人吃惊的纪律，他命令队伍继续向南前进。到10月8日，他们只剩下13个人，德朗也衰弱得迈不开脚步了。他集中了所有能吃的东西，让两名队员带着，尽可能向南寻求救援，余下的人留下等待。

那两名队员果然活着到达一家狩猎人的住屋。他们在神志不清，说话无条理的情况下被送到俄国人的一个村落。当地人立即派出搜索队伍，但未能找到困在冰雪中的那些人。直到第二年春天，人们才找到德朗的尸体，旁边摆着他精心保存的航海日志，上面完整记录着离开旧金山后的每一个事件，其中包括他们弃船后140天的苦难遭遇。

德朗探险队虽然没有什么惊人的发现，只是找到3个无足轻重的小岛，但他成功地作了无与伦比的北极区探险的优秀记录，这记录持续到他生命的最后一刻——他以潦草得几乎难以辨认的笔迹写着：“10月30日，星期天，离船第140天。博伊德和戈兹晚上死去，柯林斯正在死去，我也差不多了……”

为了荣誉向北进发

正当德朗及其他的探险队员于相继死去的时候（1881 年），奥地利却召集了不少科学家制订雄心勃勃的极地研究计划——“第一次国际地球极地年”。1882～1883 年实施的该计划，一共派出了 15 支科学研究队伍，目的并不在于试图创纪录或到达极点，而是广泛收集远在极地的前哨基地的科学数据，在 12 个月期间对天气、气候变化以及其他具有地球物理意义的现象作详细记录。计划中特地强调了对洋流、海流现象的观察。世界各国 34 个固定的观测所也参加该项国际科学合作活动。

美国自然不甘落后，它派出了两支探险队，其中一支是由陆军领导的，它的队长是少校阿道弗斯·格里利。

格里利精明能干，在短时间里以罕见的效率把探险的准备工作做得几近完美，因此获得众人的好评。1881 年夏，格里利带着“格里利探险队”出发了。他们由一艘小船“海神”号运送到埃尔斯米尔岛北部的迪斯弗里港，这是“国际地球极地年”预定的观测站，它在 15 个科学站中处于最远最北的位置。探险队里有两名中尉、1 名医生、10 名中士、1 名下士和 9 名士兵。为了更好地适应极地的生活，“海神”号在途经格陵兰时招聘到两个爱斯基摩猎手。

▲传统的爱斯基摩猎手

营地一建立起来，“海神”号就急促返航，26 名探险队员便与世隔绝了。

起初，他们在迪斯弗里港上生活得非常顺利。厚厚的板墙足以抵挡白熊的侵袭，屋子虽然不大，但温暖而舒适，为了消遣难熬的日子，营地建有小型的阅览室，里面有上千册图书。而且在夏季的那几个月，融冻的原野上还有奇花异草，附近的猎物也很丰富，不愁没有与众不同的野趣。美国政府为了保障他们的安全，制定了一个周密而详尽的计划：1882 年夏会派一艘船去把他们接回来，即使该船因冰阻而不能如期到达，也无须恐慌，因为格里利探险队的粮食足够用两年，可等待 1883 年夏季的救助船，如果这第二艘船又未能达到基地，就会派出急救队从冰上去营救他们。

但是 1881 年的夏天没过去几天，基地就开始闹翻了天。格里利自以为了不起，动辄训人骂人，他甚至订了 112 条规定，处处维护他至高无上的权威。所以不久便有 3 个脾气暴躁的人与他分庭抗礼。这 3 个人一个是中尉，一个是中士，另一个就是队医。其他的队员有的袖手旁观，有的幸灾乐祸，有的则趁乱起哄，整个基地成了个到处嗡嗡响的马蜂窝。

基地勉强执行原计划中的观察任务，但这种状态使格里利感到十分气愤。1881 年初冬的一天，他把全体队员召集到了一起，一改往日粗暴的语气，和颜悦色地说：

“1783 年，我们美国争取到了独立，难道我们不应该在 100 年后的今天，替美国献上一份厚礼吗?”接着，他说出了他的目标：“到达北极点，在那里插上美国的国旗。如果达不到这一点，要打破以往的北极探险的纪录。现在的纪录就是我们 100 年前的敌人英国人马卡姆创造的。弟兄们，为了美国的荣誉，你们有没有勇气?”

格里利精心选择的这席话，说得队员们热血沸腾。虽然大家明白，他们的行动与“国际地球极地年”的精神完全背离，但他们中间没有一个人表示异议，包括那个队医奥克塔夫·佩维，也放下表示蔑视的交叉的手，与队员们一起热烈鼓掌。

在探险队重新团结起来后不久，格里利决定向北进发了。经过苦难不堪的 4 个月的努力，他们到达北纬 83°24 的位置，比 1875 年英国马卡姆的纪录向北超越了 6.4 千米。

悲壮的南撤之路

当他们返回到基地的时候已是 1882 年的夏天了，但计划中的船只并未抵达。第二个冬天又过去了，仍然没有救助队伍的消息。这时，沮丧气氛开始出现在基地上。

一向独断专行的格里利没与任何人商量就心血来潮决定南撤。也许他当初向北创纪录的余威还在，队员们无一异议地听从了。

1883 年 8 月 9 日，这支 26 人的队伍乘坐着一艘汽艇和一艘捕鲸船式的救生艇拔营撤退。撤退时，全体队员的健康情况良好。很快，队伍又出现了分裂。以队医佩维为首的一群人开始指责格里利关于南撤的仓促决定，他们坚决要求进行一次自由论坛式的大辩论。格里利被迫同意了。于是，在冰凉的甲板上激烈地争吵了两整天。格里利看出辩论的形势对他不利，便拔出手枪，宣布：以战地指挥官的身份，根据《战时法》中的“蛊惑人心罪”，逮捕佩维。虽然引起了大家的议论，但格里利的权威取得了胜利，佩维被捆绑起来，不过他受到了人道主义的待遇：双脚依旧可以随意走动。不久，他完全取得了自由，因为探险队里出现了坏血症。

格里利带着队伍往 322 千米外的萨拜因角，那里设有补给品的储存处。

暴风雪不断袭击着他们的小艇，他们的口粮越来越少了，但萨拜因角已经触手可及。这时他确信，探险队已逢凶化吉，不会再存在过多的麻烦和内部骚扰。但他对陆军部的期望过高，他没估计到行政官员所常有的漠不关心的秉性。虽然陆军部在两个夏天都派船只营救，并且向储存处运去了 5 万份口粮，但实际存放的不足 1000 份，其他的不是在“海神”号被冰块挤撞时失落，便是又带回美国了。

在难以忍受的 8 个月间，格里利探险队的全体队员拥挤在一艘倒置的救生艇下。他们在萨拜因角外的贝德福德皮姆岛上，每天像土拨鼠似的到处挖掘，希望找出粮食的储存地，但这只有更多地消耗了他们的体力。

格里利严格实行食品分配制度，在这方面他做到了身体力行，于是又获得了队员们的信赖。为了开辟能充饥的食物源，他派出两名爱斯基摩人出去打猎，但当天他们没有归来，几天后才发现他们冻僵的尸体。人们已经饥不择食了，到处寻找海藻、地衣、沙蚕来充饥。

在第三个冬天里，队医佩维也死了。到了1884年6月的第一个星期，活着的军官只剩下格里利1人了，其他的7人是1名军士及6名士兵。

一天早晨，格里利起来清点所剩无几的食品，突然发现少了好些，同时看到一名士兵的嘴边沾着些面包的碎屑。格里利勃然大怒，立即下令枪毙了那名士兵。而此时，最后的一个皮制品也被他们分来吃掉了。

就在格里利彻底绝望的时候，营救队总算来了。找到格里利探险队残存7人的是施莱船长，当时那7个人像刺猬般地蜷缩在那只倒置的救生艇下。

虽然，格里利一行的行为与“国际地球极地年”的目标完全无关，但是当格里利一行返回美国之后依旧得到了社会各界的高度肯定和极高的礼遇。

人类首次乘气球探险北极

在北极探险史上，瑞典人安德莱和他的伙伴的业绩是极其重要的一页，因为他们是从空中前往北极的第一批探险家。

“飞鹰”号罹难北极圈

1897年7月11日，瑞典人苏罗门·安德莱和他的两个同伴乘坐气球“飞鹰”号，从斯匹次卑尔根群岛升空，飞往北极探险。五天后，一艘挪威渔船的船长在巴伦支海打下一只信鸽，发现拴在信鸽脚上的皮囊中有一封信，信的署名是安德莱，发信的日期是7月14日。信上说，他们的气球已被迫降落。瑞典政府获悉后，多次从地面派出雪橇救护队前去寻找，但一直也没找到他们的踪迹。

1899年和1900年，人们在挪威沿海拾到的漂流瓶中，发现了安德莱发出的求救信，除此之外，人们再也没有听到他们的消息，似乎“飞鹰”号消失在北极的茫茫冰海之中了。

▲冰天雪地的北极圈

33年后，一艘挪威捕海豹的渔船在北极圈内的白岛靠岸，在离岸不远处发现了安德莱最后的营地。现场除了三具人体骨架外，还发现了安德莱记载详尽的日记以及气球降落后拍的照相底板。当这些底板在斯德哥尔摩被冲印出来后，三位探险家在冰天雪地中历经磨难的镜头历历在目，成了轰动一时的新闻。此外，人们也从安德莱的日记中知道了他们的不幸遭遇。现在，安德莱被瑞典人民视为民族英雄，他和他的同伴是迄今为止唯一乘气球飞往北极的探险家。

热衷航空探险北极

安德莱于1854年生于瑞典的格拉那。早在中学时代他就对航空发生了浓厚的兴趣，后来他在美国留学期间，又认真学习了气球飞行的知识。回国后，他在皇家专利局工作，很快就被提升为工程师。不过，安德莱却认为，专利局的工作不过是为了生计，并非他的事业，他的事业是去北极探险。北极，这个荒凉神秘的地方，与地理学、气象学、海洋学、生物学、天文学的许多问题紧密相连。可当时人们对北极了解甚少，甚至还不清楚它到底是陆地还是海洋。

在20世纪，西方列强都希望北极是海洋，因为这样一来他们就能找到一条连接太平洋和大西洋的航线，从而大大缩短绕经好望角的航线。为此，西方各国就不断地派出探险队前往北极，但都被冰雪阻挡或围困。1893年，挪威探险家南森率领探险队乘坐“前进”号考察船，在北极圈内漂流了三年多，结果没有到达北极点。北极的奥秘深深地吸引了安德莱，他立志要成为到达北极点的第一个人。

从以往各探险队失败的教训中，安德莱认为去北极用船或车都不合适，那么能不能从空中去呢？他决定从空中乘气球飞往北极。

为了制定一个切实可行的精密计划，安德莱从法国买了一只小型气球，单人试飞了九次。试飞中他发现，单独一个人去北极是不现实的，至少得2人，最好是3人。于是，他邀请好友斯特林伯克一同前往。斯特林伯克是个物理学家，也是个摄影爱好者，他欣然接受了安德莱的邀请。

现在最急需的是经费。瑞典化学家诺贝尔了解到安德莱的想法后，慷慨解囊，瑞典国王奥斯卡二世也赐给他1660英镑，安德莱很快就有了足够的资金。

他专程到巴黎订做了一只直径为20.5米的气球，气囊采用最好的中国丝织品制成，涂上橡胶，以防雪和雾的袭击。1896年6月7日，安德莱和斯特林伯克带着气球和一切必用品，乘船从瑞典哥德堡出发，前往斯匹次卑尔根群岛西北的一个名叫丹尼斯的小岛，然后从那里起飞前往北极。不料到了丹尼斯岛后，风向一直不顺。而等到风顺，斯匹次卑尔根群岛一带已是雪花飞舞的冬天，无法前往北极了。安德莱只好把充了气的气球留在丹尼斯岛，自己回到瑞典，等到来年春再起飞。

第二年5月18日，安德莱和斯特林伯克再次出发到丹尼斯岛。这次他们增加了一个旅伴：富林格。他是个工程师，也是个气球迷。瑞典国王奥斯卡二世也派了一艘军用破冰船“斯文恩诺特”号把他们送到丹尼斯岛。出航前，不少人劝安德莱打消乘气球去北极的念头，还有人直言不讳地说，他们这次探险成功与否的标志并不是能否到达北极点，而是能否活着回来。

面对这些冷嘲热讽，安德莱的决心没有动摇，他到了丹尼斯岛后，气候和风向还是一直不利于飞行。直到7月11日，安德莱才作出起飞的决定，他们与“斯文恩诺特”号上的水手一一告别，安德莱从拥抱中挣脱出来，转身问他的两个同伴：“准备好了吗?”他的同伴坚定地点点头，三人就一同走向气球的吊篮，把沙袋扔出，然后割断缆绳，气球猛地动了一下，很快升向空中。就这样，他们的北极探险开始了。

他们飞行的第二天，气球就出了故障。为了使气球保持在500~660英尺的高度上飞行，他们在吊篮下面系了一根长长的绳索，以测量气球距地面的高度。谁知这根绳索没有系牢。从中间断开了。气球由于失去了一定的重量，就越升越高，他们无法知道气球的高度。前方是一片茫茫大雾，天气越来越冷，气球上的每件东西都是湿漉漉的，水珠很快就结成了冰。

7月14日，在他们飞行了65个小时之后，由于气球内氢气温度降低，气球飞得越来越低。在这种情况下继续飞行是不可能了，安德莱就打开气球的阀门，让气球慢慢地降落到一片空旷的冰块上。

这时，安德莱估计他们离开出发地约 300 英里。现在他们唯一能做的，就是在冰上朝东南步行 200 多英里，到约瑟夫岛去，那里他们能得到紧急物资供应。他们把吊篮内的东西全部卸下，装到带来的雪橇上。一周后，他们开始了令人望而生畏的冰上旅行。北极气候严寒，狂风怒吼，风雪交加，冰块不时碎裂，他们还得拖着沉重的雪橇。有时，他们就在浮冰上安营，然后随冰漂流，直到浮冰碎裂。富林格得了胃病，还严重腹泻，安德莱就用吗啡给他止痛。他们唯一的乐趣是射死了北极熊后，饱餐一顿新鲜的肉食。他们还在射死的北极熊旁拍照留念。

两个多月后，他们在斯匹次卑尔根以东 50 英里的白岛登岸，并搭起帐篷，准备等严冬过后再继续艰苦的旅程。

安德莱的日记记到 10 月 17 日就突然停止了。他们究竟是怎样捐躯北极的呢?

得疾病捐躯北极

1930 年，几个挪威猎人在白岛打死了两只海象，他们把海象拖到岸上剥皮，其中的两个年轻人到岛上去找水，偶然发现了一个半埋在雪中的帐篷。帐篷内有两具人的骨架，还有各种物品，其中包括安德莱的日记和他们的照相底板。在离帐篷不远处，他们又发现了另一具人的骨架。他们把这些东西全部装上船运回挪威。

消息传到瑞典后，瑞典全国沸腾了。瑞典国王立即派当初送安德莱出发的“斯文恩诺特”号破冰船，由一艘大型军舰护航，到挪威去把安德莱等人的遗骨和遗物运回瑞典。当这两艘船完成任务，驶抵哥德堡时，全城的教堂钟声齐鸣，码头上十几万人摇动着旗帜和火把，迎接安德莱等人的遗骨，真可谓盛况空前。

关于 3 人的死因，当时曾有种种猜测。很明显，斯特林柏克先去世，因为他的骨架是在两块岩石间发现的，上面还堆着一些乱石。这说明他是被同伴们埋葬在那里的。

安德莱和富林格的骨架在帐篷内并排躺着，没有被埋葬过的任何迹象。看来，他们几乎是同时去世的。

是饿死的吗？这不大可能，因为帐篷里还有不少没开过盖的食品罐头。此外，他们还有枪支和弹药，即使食品吃光了，他们还可以猎取极地动物来充饥。

从他们临死时裹着用破碎气球缝制的衣服来看，冻死的可能性是很大的。也有人提出他们是在绝望中服用过量的吗啡致死，但这找不到证据。

在安德莱以后，由于航空技术突飞猛进，再也没有人打算乘气球去北极探险了。

丹麦医生的新发现

1952 年，一位丹麦牙科医生在仔细地阅读安德莱的日记时，注意到他们在步行路上都有不同程度的胃痛、腹泻和肌肉痉挛症状。这些症状说明他们得了旋毛虫病。旋毛虫常潜伏在北极熊体内，人吃了没有煮熟的北极熊肉，就容易得这种疾病。据安德莱的日记记载，他们都吃了没有煮熟的北极熊肉。

首位只身到达北极点的人

1978 年，日本探险家植村直己只身探险北极是近年北极探险史上有代表性的事件。尽管有现代化的技术装备的协助，但这次探险仍是极其艰难惊险的，10 多米高的冰山，出没无常的北极熊，零下 40 度的严寒和暴风雪，还有漂浮的冰山都曾给他带来极度的危险，但是他依然成功到达了北极点。

开始了北极远征

植村直己是一名在世界探险界赫赫有名的日本探险家，他是第一个站上世界最高峰圣母峰的日本人，也是世界第一个成功攀登五大陆最高峰者。

植村直己挑战完高山后，把目标转向极地。为了横越北极这终极目标，他先后完成了徒步纵走日本列岛 3000 千米、格陵兰 3000 千米的单独雪橇之旅、北极圈 12000 千米的单独雪橇之旅、世界最初的北极点雪橇单独行，以及雪橇纵走格陵兰、攀登严冬期的阿空加瓜山等。

1978 年 1 月 30 日，植村直己从日本羽田机场飞往加拿大的温哥华。于 2 月下旬到达前进基地——加拿大埃尔明米尔岛最北端的阿累尔特“极光基地”。在这里，他进行出发前最后准备工作。

3 月 15 日，天空晴朗如洗，也没有风，只是奇冷，气温达到摄氏零下 51℃。植村直己怀着兴奋的心情，早晨四点半就起了床，六点半飞离基地，一小时后就到达了哥伦比亚角。这里是北纬 83°6′，西经 71°8′，距北极 766 千米。

下午 3 点，植村直己乘坐雪橇，和 17 条北极犬一起，踏上乱冰块，开始了向北极的远征。

▲植村直己和他的北极犬

最初的几天，严寒的气候，怒吼的西风，再加上到处都是乱冰块，使植村直己进展异常缓慢，整个探险比原计划往后推迟了两星期。3 月 9 日凌晨，劳累了一天的植村直己刚躺下休息，就被一阵狗叫声吵醒了。这是危险的信号，因为在北极，很少有什么东西能使北极犬害怕。如果有，那一定是北极熊。植村直己正要拉睡袋的拉链，就听到了沉重而拖拉的脚步声。紧接着，粗大的喘气声也传到耳中，果然是北极熊。想跑已经是来不及了，因为他的睡袋是两层的，躺进去身子就无法动弹了，北极熊近在咫尺，连拉拉链的时间都没有了，更别说用枪来打，虽然来福枪伸手可及。此时北极熊已经开始撕咬雪橇上的狗食箱子和鲸油桶了！浑身冒汗的植村直己急中生智，索性躺在睡袋里装死，一动也不动，期盼北极熊不会发现他。他心中默默希望但愿半只海豹肉，一桶鲸油，还有十天的干粮能填饱北极熊的肚子。

但是，吃饱喝足的北极熊并没有离去，而是转向帐篷。它那巨大的熊爪撕扯着薄薄的尼龙篷布，又用鼻子抵住帐篷，拼命摇晃起来。北极熊拱了一阵，转身离去了。

第二天，当植村直己正在帐篷中取暖时，狗又叫了起来。植村直己一跃而起，拿枪冲出帐篷，不远处乱冰堆中，北极熊正在蹒跚地走来。显然，这家伙昨天尝到了甜头，今天又来了，植村直己瞄准它开了一枪，这个比小牛犊还要大的家伙站起来摇晃了几下，嚎叫着倒下了。植村直己追过去又打了几枪，把它打死了。

艰难的冰面前行

北冰洋是个令人望而生畏的地区，这里似乎没有一块冰面是平坦的。植村直己不得不用铁棒凿冰前进，有时干上几个小时，只能前进几百米。狂风和严寒无情地袭来，他的下巴和鼻子都冻伤了，手也冻得失去知觉，不听使唤了。

狗的情况也不妙，它们的爪子有的被冰弄断了，有的是在争夺食物或雌狗时弄伤了。疼痛使它们睡觉时不是蜷缩一团，而是伸开四肢，所以，暴露在外的伤口又被冻坏了。有四条狗冻得特别厉害，不能再拉雪橇了。

到3月16日，又出现了一个新问题。在一段平坦的冰面上，出现了一条冰道，足有50米宽。植村直己只好停下来，等候水道结冰合拢。渐渐地，冰缝终于缩小到一米多宽了，他用力赶着狗队，终于跨过了这个水道。可是有5条狗落水了，它们奋力爬上冰面，湿漉漉的皮毛立刻就结成了冰条。

直到3月26日，前进才顺利些。但又出现了新情况：乱冰堆没有了，积雪却很厚，狗跪在软绵绵的雪地里，就像游泳一样，平伸着前爪，高昂着头，一蹶一蹭的，很费力气。狗的定量每天一磅多的干肉和狗食，但是它们总是吃不饱。植村直己不得不留心看着它们，否则它们就会把牛皮挽具、海豹皮鞭、皮手套等皮制品统统吃光。而且，处在发情期的雌狗又引起群狗争夺配偶，战斗往往打得不可开交。他不得不留心照料它们，并把它们分隔开。在这种情况下前进，不用说是很艰难的。植村直己每天只能睡5~6小时，一天下来，累得他两条腿都摇摇晃晃的，仿佛不是他的了。有时他一钻进帐篷，就倒头大睡起来。

4月1日，飞机进行了第二次补给，给他运来了一个小巧轻便的雪橇，替换了两条冻伤的狗，还送来了食物——干肉饼、冻海豹肉和驯鹿肉、饼干、糖、鲸油、盐、咖啡和果酱。植村直己每天都是同狗同时吃饭，即一天下来才吃一次，而且总是吃生的，抹上的油的驯鹿肉营养丰富，味道很好，再加上一杯雪水，就是他的饭食了。

险象环生的冰岛突围

4 月 12 日，植村直己出发不久，就遇到了一个宽约 5 米的冰裂。他折向别处寻找通道，终于找到了一段较窄的水道。但由于他给那些狗和大得出奇的冰障拍了几张照片耽误了时间，等他再来到选好的地点时，裂缝已经加大了一倍，过不去了！

植村直己十分失望、懊悔，但并没有灰心。他借助漂浮在水道中的浮冰块，渡过了这条 5 米宽的水道。然后又冒险渡过了另一条 10 米宽的水道。在刚跨过最后一块浮冰块时，狗突然停下来；冰块向后倾斜，雪橇尾部滑入水中。植村直己猛地跃向前去，用力击打着挽绳，大吼“驾！驾！”狗队突然猛力冲向前方，雪橇这才避免被淹，拖上了岸。如果动作再慢一点儿，连人带狗就都浸在水中了。

4 日 14 日，他离极点还有 360 千米。如果路途和天气好些，再有 10 天就能达到目的地了。谁知老天不作美，第二天就刮起了狂风，再加上雪暴，把植村直己死死钉在原地，一动弹不得。狗也一动不动，蜷缩成一团躲在帐篷里。显然，在这样情况下上路是异常危险的。直到 17 日中午，天气才稍有好转，但雪却覆盖了一切，掩盖着刚结的薄冰。狗队不止一次从冰雪中突围出来，植村直己也几次陷入没膝深的冰雪中。这还不算，冰裂声彻夜不停，到处都有冰裂，周围全是大块大块的浮冰。它们互不相连，随波逐流，相互摩擦碰撞。植村直己所在的浮冰就在这流冰中穿行，变得越来越小。到 18 日傍晚，这个小冰岛只有二、三百米宽了。劳累一天的植村直己刚刚搭好帐篷，就听见一声巨响，一条巨大的裂缝出现在距帐篷一二十米的地方。于是，这个小小的冰岛就只有原来的三分之一大小了。留在原地只能是等死。植村直己开始寻找更大的浮冰。这时，一块高达 7 米的浮冰漂来，在他身旁发生雷鸣般的响声，翻倒在水中。过了一会儿，它的另一头又露出了水面。没有太多的时间留给植村直己思考了。另一条大裂缝又出现在比上一条更近的地方，冰岛刹时就变成了一个狭窄的长条。植村直己站在这十方圆不到一百米的小冰块上，急得浑身冒汗。马上跟基地联系，发出 SOS 呼救信号已来不及了！这里离基地有 400 多千米，即使飞机立即飞来，恐怕也赶不上了，那时他们很可能已经葬身在海水之中了。正当他紧张地思考的时候，一个漩涡把冰块卷走，推向另一块冰块。看来这个冰块很大，好像是通往坚固的冰陆似的。植村直己认为这是唯一的逃生机会，不能错过。植村直己操起铁棒，高举过头，狠命地砸向挽绳，嘴里狂呼乱叫着。受惊的狗队拖着雪橇，猛地向那块浮冰跑去。最后终于又躲过了一劫。

站在地球的顶端

4 月 26 日，飞机进行了最后一次空投补给。这里离极点，只有 100 千米左右了，向极点的最后冲刺开始了。

一个多星期以来，极地的太阳总是昼夜 24 小时地照耀着他们，北极的夏天到了。他们就在这阳光下赶路和休息。昼夜的概念在极地是不存在的，植村直己把自己的身体作为时钟：累了就停下来，休息好了就再上路。

到4月29日晚上，兴奋的植村直己难以入睡。帐篷在极地午夜阳光的照耀下，熠熠发光。他凝视着睡袋，却没有钻进去。他感到有一股冲力，驱使他不是睡觉，而是继续前进，冲向极地。

第二天，植村直己怀着必胜的信心，坚定地踏上了征途。狗似乎理解主人的心情，使出了惊人的力量，雪橇飞速向前。经过12个小时的奋斗，在格林威治时间下午6时30分，植村直己停了下来。他估计已经到达了北极点，于是便进行仔细观测。他知道，方向上的错误曾经困扰过那些到过极地的旅行者，所以他用了一整天的时间来进行观测，每隔几小时，他就观测一次，而多次观测的结果，他确信这里就是北极点，这就是说，他已站在了地球的顶端了。

到达北极，这是他多年来的梦想，而今天终于实现了！胜利的喜悦使得他激动不已，他和他的狗拥抱在一起，陶醉在兴奋之中。他不顾凛冽的寒风，把日本国旗悬挂在北极上。

由于这里是北极圈磁场干扰带，因此他无法同基地进行无线电通信联系，无法报告他到达极点的消息。但接他返回的飞机机组人员重新进行的测量，美国第6号气象卫星的观测，都确认无疑地证明了，他是人类第一个只身到达北极点的人。

植村直己之死

1984年2月12日植村直己在北美麦金利山度过了他的43岁生日，这是他的最后一个生日。植村直己创造了冬季攀登麦金利山的新纪录后，在下山途中突遇恶劣天气，不慎跌入冰缝，搜救队多次搜救但毫无结果，世界著名探险家——植村直己，永远地沉睡在了麦金利山中……

中国的北极探险活动

相对于南极，虽然北极要离我们近些，但对北极的探险考察却很晚，这其中有多方面的原因。北极科考队经过长距离的艰苦跋涉，终于胜利地到达了北极点，五星红旗终于在北极点上空迎风飘扬，有力地向全世界展示了我们中国人有能力征服北极点并进行北极地区的科学考察。

进行封闭式模拟训练

我们居住在北半球，北极离我们更近一些，与我们的关系也非常密切，但是，直到 1995 年 4 月之前，我国还未组织过考察队深入到北极地区探险考察，更未到达北极点。这比美国人皮尔里率领的探险队 1909 年征服北极晚了近 90 年，比前苏联在北极建立“北极工号”浮冰漂流站也晚了半个多世纪。

> **北极浮冰漂流站**
>
> 北极浮冰漂流站也叫北冰洋浮冰漂流考察站，是建在坚实的、其面积达数十或数百平方千米的并多年漂浮在海冰上的考察站。建立一个北冰洋浮冰漂流考察站一般可工作 2 ~3 年，个别冰基厚度特别坚实的考察站，可连续工作 5 ~6 年或更长。浮冰漂流站对北极的科学考察起到了不可替代的重要作用。

北极地区有大片的森林、草原、苔原和永久冻土带，有广阔的海洋。这里是探测宇宙最好的场所，是监测环境最理想的基地；这里对气候变化最为敏感，是观测温度效应最好的实验室；在这里可探索生命之源，这里的大气对流控制着北半球的气候变迁，据最近的研究，由于人类活动的强烈影响，北极地区的环境正在发生变化，如北极苔原带大幅度向北收缩，永久冻土消融。平均气温在逐渐升高，大气受到严重污染，等等。北极地区的气候与环境变化，对整个北半球有深刻的影响，甚至是控制作用，而我国是首当其冲，因为我国的气候直接受到北极的控制，我国的大气质量和环境因子直接受到北极制约。所以，我国也迫切需要去考察和研究北极。

1993 年 3 月 10 日，由中国地理学会、中国地质学会、中国地球物理学会等 10 家单位联合发起，经中国科协批准，成立了“中国北极科学考察筹备组”，中国北极科考进入了实质性的筹备阶段。

1994 年，中国北极科学考察筹备组得到企业的赞助，由此，中国北极科考正式启动。

为了为中国首次远征北极点科学考察队选拔队员及为 1996 年开始的中国北极科考 5 年规划储备人员，中国北极科学考察筹备组组织了北极科考集训队，于 1995 年 1 月

18日至26日到黑龙江省的松花江冰面上进行了封闭式的模拟训练。集训队共29名队员，其中包括13名科考人员和16名新闻记者。当时，松花江冰面最低气温为零下25°～零下34°，所有集训队员必须负重25～30千克，并拖拉100～150千克重的物资，在松花江冰面上徒步行走130余千米，且食、宿、行都在冰面上，集训队与外界完全隔离。

▲北极地区的浮冰

集训队经过6天5夜艰苦的模拟训练，基本完成了进军北极前的4大训练任务。这4大训练任务是：第一，个人体能训练。要对付北极恶劣的环境并完成科考任务，首先，考察队员必须具有强健的体魄。第二，冰上技能训练。此项训练包括冰上的食、宿、行、自救与互救，御寒防冻常识与技能，发现冰裂和正确判断冰震等。第三、团队精神训练。禁止单独行动、盲目冒进、疲劳作战，提倡团队协作精神，因为北极科考队是一个整体，必须统一行动，而任何个人的不科学操作将会给自身带来毁灭性的危险，甚至会造成全队覆没。第四，装备操作训练。队员们学会了熟练地操作衣、食、宿、行设施，通讯急救工具和伤害处置设备等。

封闭式模拟训练的圆满完成，为中国首次北极科学考察准备了前提条件。

飘扬在北极点上的红旗

经过短暂准备，中国首次远征北极点科学考察队25名队员，面对科学的召唤，肩负祖国的重托，于3月31日从北京启程，踏上了进军北极的艰难历程。

25名考察队员由科考人员、新闻记者和后勤保障人员所组成。

考察队从北京出发，先后到达加拿大哈德逊湾冰面和美国明尼苏达州伊利市，又进行了10多天的滑雪滑冰和狗拉雪橇的强化训练。

1995年4月23日凌晨，中国首支北极科学考察队乘坐飞机进入北极圈，当地时间1时整，飞机在晨曦中徐徐降落在加拿大北极群岛孔沃利斯岛的留索柳特，据考察队员用卫星导航定位仪测定，留索柳特位于北纬74°4258″，西经94°58 33″。进入北极圈大约1000千米。科考队将远征北极点的大本营设在留索柳特。

4月23日当地时间上午8时，7名将从冰上向北极点冲刺的队员从留索柳特乘坐雪上小飞机继续向北飞行，于北京时间4月24日到达北冰洋冰盖上，考察队从这里开始靠徒步行军和滑雪向北极点进军。

▲我国首次北极科学考察队员合影

7 名冰上队员包括来自国家地震局、中国科学院地理研究所、中国科学院海洋研究所、中国科学院冰川冻土研究所和武汉测绘科技大学的 5 名科考人员以及中央电视台两名记者。

科考队员从踏上北冰洋冰面的那一刻起，就每时每刻都伴随着危险与艰辛。科考队面临的最大危险便是北冰洋上的冰缝，与南极冰盖不同，北冰洋上的冰盖并不是一个整块，而是分离成无数的冰块，大小不等，冰裂块之间便是冰缝，即使到北极点附近也是如此，尤其是遇到剪切带时，冰块破碎，冰缝众多，宽窄不一，有的 1 米左右，有的宽达十几米。裂缝中露出蓝蓝的海水，海面下海水深达数千米。如果单独行动，盲目冒进，一旦掉进冰缝，就十分危险。即使是考察队整体行动，遇到风雪或大雾天气，也不敢冒进，遇到冰缝，队员们就要砍一块冰来，几个人用力将冰块推到冰缝中，搭起一座不太稳当的“浮桥”，浮桥上下浮动，当人踩过时，如果重心掌握不好，就会使浮冰块翻过来，人也会掉进冰裂缝。遇到十几米宽的冰缝，那就像过一条小河了，队员们要砍来许多冰块，用绳子拴成串后在冰缝两岸拉住。过这种冰缝不仅工作量大，十分辛苦，而且也非常危险，一不小心，就会掉进冰缝。不仅考察队员要过去，狗拉雪橇也必须安全地冲过去，因为其上载着考察队的“粮草”和装备。稍有闪失，雪撬掉进冰缝，“粮草”尽失，整个考察就会归于失败，甚至危及考察队员的生命。

此外，考察队还受到冰震、冰裂、暴风雪甚至北极熊的威胁。说起考察队员的艰辛，那就只有亲自参加考察的队员才能体会深刻了。北极地区多年平均气温为零下 18℃，冬季为零下 40℃，即使夏季（7 月），平均气温也在 0℃左右，长时间在冰面上跋涉，寒冷是最大的敌人。白天在风中行军时，脸上像刀刮一样，从口中哈出的气，马上会在胡子上结成冰霜，白天行军汗湿了脚，晚上无处去烤，脚只好放进睡袋里“烘”干，而早晨起来，鞋和袜子则冻成了冰块，要费很大的劲才能把它们分开，当然，要把脚再穿进去就是更痛苦的事情了。

在北极冰面上长途跋涉本身就非常辛苦，冰面上高低不平，沟、坎、雪坑很多，甚至一会儿上坡一会儿下坡，一天跋涉下来，每个人都累得像一摊泥。

除此之外，科考队员们每天还必须完成包括物理海洋学、海洋化学、北极冰动学、雪冰化学、北极生态、北极环境变化等一系列项目的考察与采样任务。

▲我国第四次北极科学考察队建立的“长期冰站”

科考队在北极冰盖上度过了 12 个夜晚，13 个白天，经过长距离的艰苦跋涉，终于在北京时间 1995 年 5 月 6 日上午 10 时 55 分胜利地到达了北极点，这也是中国科考队首次到达北极点。五星红旗在北极点上空迎风飘扬，向全世界展示了中国人有能力征服北极点并进行北极地区的科学考察。

第八章　人类探险踏上极峰之巅

极峰是地球上一道奇异的风景线，正所谓“无限风光在险峰”，从珠穆朗玛峰到勃朗峰，从艾格北壁到卡格博峰，这些具有传奇色彩的雄伟高峰总是能够吸引人类探索的目光。面对这些高山仰止的极峰，人类发起了一轮又一轮的冲击，一步一步攀登，虽然屡受挫折，但征服的雄心一直未曾停歇，最终，人类将高高的雄峰踩在脚下，实现了“海到无边天作岸，山登绝顶我为峰”的豪迈。

征服世界之巅

登山是一项极具冒险精神而且危险性很高的运动。作为世界之巅的珠穆朗玛峰以其8844.43的超高海拔吸引着众多探险家前去一试高低。从尝试到征服，人类在珠穆朗玛峰俯瞰下，前仆后继，经历了众多的艰难考验，付出了极高的代价，终于把世界之巅踩在脚下。

英国探险队的登山探险之旅

珠穆朗玛峰被誉为世界之巅，是地球上最高的地方。珠穆朗玛峰耸立在我国和尼泊尔的交界处，海拔8844.43米。“珠穆朗玛”在藏语中的意思是“第三女神”；尼泊尔人称其为萨加玛塔，意为“高达天庭的山峰”。它令无数登山家心驰神往，跃跃欲试，在世界登山探险史上都要争一争这个风头。

▲世界之巅——珠穆朗玛峰

首先试图攀登珠穆朗玛峰的是英国人。当时他们拥有得天独厚的条件：邻近喜马拉雅山的印度是英国的殖民地，而且英国拥有一批具有丰富经验的探险队。对英国人来说还有一个更有利的条件，那就是从19世纪中叶开始，出于军事目的，他们已经掌握了有关喜马拉雅山脉和珠穆朗玛峰的基本数据和资料。那时候，出于对这个世界之巅的垂涎，英国人开始对喜马拉雅山和喀喇昆仑山脉进行实地考察和研究。

为了研究的需要，英国人组织了由军事人员所领导的喜马拉雅探险队，队里包括一些经验丰富的地形测量学家和地理学家。经过数十次攀登尝试和测算，初步的测量结果出来了。英国人在报告中得出结论：喜马拉雅山脉是由一系列高达七八千米的高峰组成的，其中位于北纬28°的第15峰是世界最高峰。对于实际高度，当时英国人的测算结果是8840米，后来的进一步研究推翻了英国人的测量结果，珠穆朗玛峰的海拔是8 848米。当时，英国人还为这座高峰取了一个名字，用印度测量局前局长乔治·埃佛勒斯的名字命名。这是当时西方殖民者常用的标记，至今许多亚非和拉美国家还保留着许多这样的以殖民者命名的地名。

1919年3月，当时担任英国登山俱乐部理事会会长的帕希·法拉在伦敦正式宣布，英国登山俱乐部从当年起，将开始组织和筹备征服珠峰的活动。

1921年，豪伍德·布里率领第一支英国登山队首次从北坡及东坡对珠峰进行侦察，发现了由中国境内东绒布冰川经北坳沿东北山脊向上登顶的可行路线。一年之后，布鲁斯将军率领第二支英国登山队沿上述路线向顶峰突击。

有两人在没有使用氧气装备的情况下到达 8 225 米的高度；第二次突击又有两人靠氧气装备前进了 60 多米；然而在发起第三次突击时，惨遭雪崩的重击，七名尼泊尔搬运夫和向导遇难身亡，攀登计划不得不宣告失败。接着，1924 年 5 月，弗·诺顿带着第三支英国登山队，仍从珠峰北坡登山。当诺顿等人到达约 8570 米高度时，因天气变坏、氧气不足而被迫下山。6 月初天气好转，38 岁的著名登山家乔治·玛洛里和年轻的来自牛津大学莫顿学院的安德鲁·艾尔文被选为突击队员向顶峰再次发起冲击。当他俩越过 8600 米的“第二台阶”（珠峰北坡天险之一）之后，就再也没有回来。他们的死，在英国引起很大震动。人们为玛洛里举行了隆重的具有国葬规模的葬礼，这在英国和国际登山探险史上还是第一次，它再次证明英国对开展亚洲高山探险活动的重视。1933 年，由 16 人组成的第四支英国登山队，在沿着 1924 年的路线上攀时，虽然登顶仍没有取得成功，但却意外地发现了九年之前玛洛里二人遗留下的一支冰镐和一节登山绳。他俩是还没有登顶就遇难的，还是在征服顶峰后才遭不测的，他们是怎样失踪的，便成了珠峰探险史上至今没有解开的一件大悬案。

1934 年，英国陆军米·威尔逊大尉试图使用轻型飞机进行单独登山，结果飞机损坏，他受了轻伤。后来他又雇用一些当地人协助登山，但在一场风暴之后，他被冻死在 6400 米高度处。此后在 1935、1936、1938 三年中，又有三支英国登山队攀登珠峰没有成功。

征服世界第十高峰安那普鲁峰

在英国探险家竭尽全力想要征服珠峰的同时，美国、德国的登山队也开始向海拔 8125 米的南迦帕尔巴特峰宣战。可是 1934 年、1937 年两次都是全军覆没，共牺牲了 25 人。1938 年，又一支美国登山队在经过三年的准备之后，计划攀登位于喀喇昆仑山的世界第二高峰——海拔 8611 米的乔戈里峰。但他们力不从心，登上东北山脊 7925 米高度之后，就再也无法前进，而且天气变坏，只好撤退。他们不甘心失败，第二年原班人马卷土重来。开始时他们前进得挺顺利，越过 8000 米高度。可是在离顶峰仅 230 米的位置上，又遇天气突变，无法继续攀登。四名突击队员去向不明，造成登山探险史上又一次重大事故。

▲乔戈里峰

第二次世界大战以后，迎来了一个新的登山探险高潮。首先是 1950 年 6 月，由法国著名登山家莫利斯·埃尔佐格带领的一支六人喜马拉雅登山队，在尼泊尔雇用了 150 名搬运工。由于他们兵强马壮，准备充分，并使用了各种坚固耐用新式的登山工具和装备，终于由埃尔佐格和拉什耐尔两人登上了海拔 8091 米的世界第十高峰安那普鲁峰，在人类登山史上率先创造了第一次登上 8000 米以上高峰的成功纪录，打开了通向地球 14 座 8000 米以上高峰的大门，从而为喜马拉雅迎来了它的“黄金时代”。可是这两位凯旋者的手脚冻得发紫，手指的第一、二节和全部脚趾都一个不剩地被切除掉了。

站在世界最高峰的山顶

法国登山队的成功，使欧洲许多国家的探险界大为震动。1950～1952 年，英国、美国、丹麦、瑞士等几支探险队加紧从南坡、北坡试登珠峰，急欲夺取登上世界最高峰的桂冠。瑞士队探明从尼泊尔境内即南坡攀登珠峰比北坡容易得多。“每个探险队都是踏着先行者的肩膀前进的。”1953 年 5 月，第九支英国珠峰登山队在队长约翰・汉特率领下，使用瑞士队探明的路线即南坡攀登珠峰。5 月 26 日，汉特等组成的六人突击组终于吃力地来到海拔 8350 米的高度，设置了第九号营地。但这时人员都已相当疲惫，随着高度的不断上升，突击组人数越减越少，到 28 日夜晚只剩下新西兰籍的队员埃德蒙特・希拉里和印度籍的向导丹增・诺尔盖两人了。离珠峰顶部越近，浮雪越深，行走起来就越感吃力。希拉里由于过度疲劳，行动已很困难，他每走一段路就要躺在雪地上大口地吸氧气。他和丹增轮流在前边开路，两人之间相距六七米，你走我停，我走你停地持续前进。29 日上午 11 时 30 分，走在前边的希拉里，眼前再也看不到比他更高的地方了，原来他们已经胜利到达地球的最高点啦！此时，两个人热烈拥抱，相互纵情拍打，以表达他们在人类探险史上第一次征服地球之巅的喜悦心情。丹增的冰镐上分别悬挂着联合国、英国、尼泊尔和印度的四面小旗，希拉里给丹增拍了照，又将珠峰的东南西北面都收进镜头。由于氧气瓶内的氧气即将耗尽，他们只得赶紧下山。丹增后来回忆说：“在世界最高峰的顶上，我向南看到了山下尼泊尔一侧的丹勃齐寺，向北看到了西藏境内的绒布寺，我是世界上第一个同时能看到这山南和山北两座寺庙的人。然而短短的 15 分钟对我们两个幸运儿来说，实在是太短促了……”英国《泰晤士报》以头版重要位置和很长篇幅报道了这个国际登山史上的重大胜利。希拉里和丹增被人们誉为“喜马拉雅雪虎”，获得了极大的荣誉。后来英国女王给希拉里和队长汉特都赐了一个爵士的封号。美中不足的是，登上顶峰的两人中没有一个是英国人。

▲南迦帕尔巴特峰

喜马拉雅的黄金时代

英国队的胜利极大地鼓舞了世界各国的探险家们，人们纷纷向剩下的其他 13 座高峰吹响了进军的号角，征服之战势如破竹。

1953 年 7 月 3 日，联邦德国和奥地利联队中的海尔曼·布尔于夜间 2 点钟只身首次登上曾被称为“吃人的魔鬼山峰”的世界第九高峰南迦帕尔巴特峰，

这在当时的个人登山史上是件了不起的大事。1954 年 7 月 31 日，意大利队两名队员成功登上世界第二高峰乔戈里峰。同年 10 月 19 日，奥地利登山队也登上了海拔 8 135 米的世界第八高峰卓奥友峰。1955 年 6 月 15 日，法国队踏上海拔 8 481 米的世界第五高峰马卡鲁峰。同年 5 月 25 日，英国登山队又征服了海拔 8 598 米的世界第三高峰千城章嘉峰，这次登顶者全是英国人。1956 年 5 月 9 日，日本登山队成功地登上了海拔 8156 米的世界第七高峰玛纳斯鲁峰。同年 5 月 18 日，瑞士登山队在随英国队之后成为世界第二支登上珠峰的登山队的同时，又征服了珠峰的姊妹峰，海拔 8511 米的世界第四高峰洛子峰，创造了一个队在同一个时期里成功攀登两座 8 000 米高峰的惊人纪录。1957 年 6 月 9 日，奥地利登山队登上喀喇昆仑山上的世界第 12 高峰，海拔 8 047 米的布若洛阿特峰。7 月 7 日，另一支奥地利队又成功地征服了海拔 8 035 米的加舒尔布鲁木Ⅱ峰，这是世界第 13 高峰。1958 年 7 月 5 日，美国登山队紧跟着踏上加舒尔布鲁木Ⅰ峰，它是世界第 11 高峰，海拔 8 068 米。1960 年 5 月 13 日，瑞士登山队首次领略了世界第六高峰道拉吉里峰（海拔 8 172 米）的迷人风光。1964 年 5 月 2 日，由十人组成的中国登山队集体征服了海拔 8012 米的世界第 14 高峰希夏邦马峰。至此，地球上 14 座 8000 米以上高峰，已全部被人类所征服。在世界登山史上，1950～1964 年的这 14 年被称为“喜马拉雅的黄金时代”。

▲中国登山队征服了海拔 8012 米的世界第 14 高峰希夏邦马峰

站在勃朗峰的山顶

勃朗峰有着截然相反的两面性，它有着柔和的线条和纯洁的色彩，看似温柔平和，但它更具有山峰的神秘、冷峻，甚至反复无常的特性，在雪线以上到处是厚厚的冰壁，在巨大的冻结的冰面上，布满了噬人的裂缝。人类在企图征服它时，多半选择了后退，但总有勇敢的人毅然迈步向前，并最终征服了它。

重金悬赏登山者

勃朗峰又叫白朗峰，高度为海拔 4810.90 米（2007 年测定），是阿尔卑斯山的最高峰，也是西欧的最高峰，位于法国的上萨瓦省和意大利的瓦莱达奥斯塔的交界处。

勃朗峰雄踞于群山之上，对于当时的欧洲人来说，那是一个可望而不可即的高度。

勃朗峰雪线以上到处是厚厚的冰壁，在巨大的锯齿形冰川那冻结的冰面上，布满了噬人的裂缝。许多裂缝还被以薄雪作为伪装，人们若想通过冰川，每行一步都有跌入裂缝的危险。那不知将发生在哪个瞬间的雪崩，会让几吨重的雪块与冰块以雷霆万钧之势倾泻下来，瀑布般地掩埋掉整个一侧山腰。最厉害的恐怕还要数断崖的那一刻，大块的如一面极高极大墙壁的冰雪四散崩裂，似乎要震倒整座山峰，用险恶来形容勃朗峰毫不为过。

瑞士人索修尔对阿尔卑斯山、对勃朗峰情有独钟。从还是一个孩子时起，索修尔就表现出了对大自然的无限向往和对科学事业的非凡热忱。1760 年，刚刚 20 岁的索修尔为了研究冰川来到观光胜地夏摩尼一带。通过考察，他获得了许多宝贵的资料。他又对这些资料进行了整理和分类，写成了对后来地理学发展有重大影响的专著——《阿尔卑斯之旅》。他最初的设想是在峰顶上建一座科学研究所，然而不管他怎样费尽口舌说服当地人帮助他登上峰顶，还是寻求不到一个支持者。

▲云山雾绕的勃朗峰

1760 年 5 月，索修尔在夏摩尼村口贴了一张告示："谁要是能登上勃朗峰，或找到登顶的道路，将以重金奖赏。"赏金自然是起作用的，在以后的整整 15 年中，许多敢于豁出命来换取富裕生活的人汇聚到索修尔的身旁。他们当中，有毫无登山经验的生手，也有一些经验堪称丰富的登山家。但是，不管是生手或者行家，在登勃朗峰的冒险中，全都无一例外地遭到了失败，而且，谁也没有找到失败的原因。

登山勇士无畏启程

1786年，索修尔的赏金终于为勃朗峰招来了两位真正的挑战者，他们是密舍尔·加布利耶·巴卡罗和加库·巴尔马特。这一次挑战，为以后200多年的登山运动提供了第一个成功的先例。

密舍尔·加布利耶·巴卡罗是名法国医生，巴卡罗深情地将勃朗峰称为“我的山”，他相信已经有了几千年文明史的人类，一定能有战胜勃朗峰的伟大力量，他发誓一定要登上勃朗峰顶。尽管在攀登中已经历了无数次失败，但他的信心从未因失败而动摇过。

“长高”的勃朗峰

根据2007年9月15日和16日的测量数据，发现勃朗峰的最新高度变为海拔4810.90米，长高了将近4米。这是由于在夏天，频繁的西风从大西洋上空带来大量降水，形成黏稠的雪附着在勃朗峰高山冰层上。而在冬天，阿尔卑斯山地区的降水则有所减少，冰层的高度降低，因此，在夏天，勃朗峰会“长高”。

巴卡罗攀登勃朗峰的目的并不仅仅为了索修尔的奖金，他看得最重的是国家的荣誉和自己的事业。他认为第一个征服勃朗峰的人应该是他——法国人巴卡罗。

巴卡罗毅然揭下索修尔的告示，于1786年8月6日向“我的山”进发。与巴卡罗同行的，是一位在阿尔卑斯山区采掘水晶石的年轻匠人，他的名字叫加库·巴尔马特。巴尔马特热情、开朗，尽管有爱吹牛的毛病，但谈吐仍不乏幽默、诙谐。更为重要的是，他体格健壮得像头公牛，动作灵活得如同猴子一般。巴尔马特还是个不畏艰难喜欢冒险的人，在勃朗峰斜面的这一带，他的登山技术堪称一流。这一次，巴尔马特因索修尔所出的重赏的刺激，自愿为巴卡罗充当向导。

巴尔马特的加入使巴卡罗高兴万分，他觉得自己因此增加了几分成功的把握。

巴卡罗与巴尔马特离开营地踏上了艰难旅程。穿过树林与灌木丛，他们看到了山腰处那些大大小小的裸露的岩石。此处虽然不能让他俩觉得如履平地，但也并不能使他们感到有多么困难。黄昏时分，他们到达蒙他纽·多·拉·寇多长岩棱的顶上。他们明白，再往上去，就会尝到勃朗峰的厉害了，因为过了长长的山脊，就将进入有无数吃人裂缝的冰原。

第二天清晨，巴卡罗与巴尔马特匆匆整理行装之后，立即开始新的攀登。沿途的冰原寒气逼人。他们用登山杖敲打着前面的冰层，等到确定了没有暗沟时才小心地跨过脚去。纵然如此，他们还是常常跌倒，有时还差点落进冰窟窿里去。巴卡罗与巴尔马特经常被无数条纵横交错的大裂缝挡住了去路，以前那些为赏钱而来的人们，有许多就是在这里知难而退的。然而，巴卡罗和巴尔马特早已作了准备。他们将两根登山杖横架在大裂缝上，搭成一座“桥”。然后，一人先用劲抓住这座“桥”，另一人卧在“桥”上慢慢地爬过去。

冰原冷得刺骨，他们的双手早被冻麻木了。冰原滑得胜过玻璃，要固定“桥”实在不容易，而“桥”下面则是深不见底的坑洞。巴卡罗和巴尔马特尽管具有超人的胆量，但卧在这样时时晃动的“桥”上，仍不免有些战战兢兢。他们明白，如果稍有闪失，或者正巧刮来一阵大风，他们就有可能葬身于无底的深渊。然而，巨大的信念在支持着他们，使他们克服胆怯，让他们刚刚脱了险又立即去冒第二次险。他们一次次爬行在这样的“桥”上，居然穿越了冰原。

▲险峻的勃朗峰

把勃朗峰踩在脚下

穿越冰原的成功使他们信心倍增。他俩不顾疲劳，一鼓作气突破了一个叫做古朗米的山脊，来到两个被积雪覆盖的台地跟前。

在进入台地的时候，巴卡罗与巴尔马特万万没有想到会遇到如此大的麻烦：积雪一直深埋到他们的腰部，整个下半身的血液似乎凝结住了，两条腿麻木得不听指挥。过了一会儿，他们感到一股要命的寒气从脚下袭来。这样下去不行，巴卡罗与巴尔马特凭着惊人的毅力，指挥着半僵的身体一寸一寸地向前移动……终于，他们挣脱了积雪的控制。

摆脱险境后，他们拼命活动身体，慢慢地感觉到下半身又有了知觉。可是事情并没有完，他们又遇到了勃朗峰的最后屏障——两块名叫罗西艾·鲁久的巨岩。两块巨岩互相交叉，形成斜角很陡的冰面，挡住了通往山顶的路。

他们攀上滑下，再攀上又滑下，足足折腾了 3 个小时。傍晚 6 时 30 分，精疲力竭的巴卡罗与巴尔马特终于征服了巨岩，把整个勃朗峰踏在了脚底下。勃朗峰第一次成为有人的世界。

索修尔的勃朗峰之行

在密舍尔·加布利耶·巴卡罗和加库·巴尔马特的精神激励下，索修尔带领他的18名队员开始了勃朗峰的攀登之旅，在攀登探险过程中，恐惧、担忧经常伴随着他们，但是信心和坚强的毅力战胜了恐惧和困难，这19名勇敢的人终于将勃朗峰踩在了脚下。

规模空前的探险队伍

巴卡与巴尔马特成功登临勃朗峰给索修尔带来了极大的信心，他感到由衷的快乐，同时，他也决定亲自去征服勃朗峰。

索修尔开始了登山的积极准备，虽然这时候索修尔已有47岁，不那么年轻了，但青年时代萌发的站立于勃朗峰顶俯视整个阿尔卑斯、整个欧洲的梦想，并没有因时光的流逝而放弃或改变过。如今巴卡罗和巴尔马特的成功，更加坚定了他的信念，他发誓，这一次一定要登上顶峰。

▲俯瞰勃朗峰

另外，有一个令索修尔感到格外高兴的事情是，巴卡罗与巴尔马特不但为他提供许多登山经验，而且，还使大量的本地人改变了对登山的看法，当索修尔再次招募登山随从的时候，竟有18名阿尔卑斯山民跑来报名，愿意充当向导。另外，还有更多的人表示愿意做他的随行人员。在这些人当中，有一个经验丰富的向导名叫卡曼。卡曼个子高大，被人们称作“巨人”，这位“巨人”是个为人诚实、性格坚强的人。

索修尔大喜过望，于是成立了一支规模空前的登山探险队伍。他还准备了一大批器材和物资，打算利用人数众多的优势，对勃朗峰顶进行尽可能细致的观测和研究。

登山之前，索修尔亲自设计、特制了一种鞋，这种鞋的鞋底上密密地安上了三排尖利的鞋钉，可以防止人在雪地和冰面上滑倒。

克服险阻成功登顶

1787年8月1日，索修尔率领他那庞大的探险队，踏上了通往勃朗峰峰顶的征途。探险队的每个人都扛着沉重的物资，其中还包括不少的葡萄酒，那是准备登上峰顶庆祝时用的。根据巴卡罗和巴尔马特的经验，索修尔吩咐大家一定要携带一根一人多长的登山杖。

这是勃朗峰有史以来最为热闹的一天，人们坚定有力的脚步声，打破了往日的寂静。然而，勃朗峰依旧充满凶险，探险队所搬运的大批物资，更加大了冰面塌陷的可能。索修尔吩咐人们一定要小心，因为他知道，有的冰面甚至连承受一个人的重量都很困难。最难的是跨越裂缝，单单人过去就有些勉强，更何况还要运送许多物资了。

探险队小心翼翼地一点一点地向顶峰靠近，有许多次，面前的险阻几乎让人绝望。有人提议要扔掉肩上的重负，但是在索修尔的坚持下，物质还是被保留了下来。一步步向胜利迈进，最终，探险队凭着顽强的意志创造了令人惊叹的业绩，他们成功登临了勃朗峰，而且是一个不落地登上峰顶。

无畏的勇士们“砰!”“砰!”地拔掉了葡萄酒瓶塞子，用这种特殊的方式庆祝他们的胜利。

在随后的 4 个小时里，索修尔指挥同伴们架起仪器，进行冰河、风速等各项测量和试验。要试验的项目实在太多了，大家干着干着，时间久了都感到呼吸有些困难，因为峰顶上空气太稀薄了。最后，他们不得不带着一些遗憾走下山去。同年年底，索修尔又组织了一支更大的登山队伍，登上了阿尔卑斯山的另一座山峰——海拔 3340 米的冠鲁·提·杰昂峰。他们在峰顶上待了两个星期，完成了在勃朗峰上未能完成的几项实验。

索修尔的勃朗峰行惊动了整个欧洲，许多国家的书籍中都对他的登山活动有详细的记载。由于索修尔的成功，他对冰川与山的描绘也成为日后山岳调查的依据。从此，全欧洲许多喜爱冒险的人纷纷向阿尔卑斯山进发，开始了攀登阿尔卑斯山的黄金时代。

阿尔卑斯山

阿尔卑斯山是欧洲中南部山脉，西起法国东南部的尼斯附近地中海海岸，呈弧形向北、东延伸，经意大利北部、瑞士南部、列支敦士登、德国西南部，东止奥地利的维也纳盆地。总面积约 22 万平方千米，长约 1200 千米，宽 120 ~ 200 千米，东宽西窄。平均海拔 3000 米左右。欧洲许多大河都发源于此，水力资源丰富。

攀登“欧洲第一险峰”

北壁攀登是包含更多技术含量的攀登，也更具有高难度性和危险性，这从其攀登历史上就可以看出。艾格北壁是阿尔卑斯山三大北壁最后被人类征服的险峰，可见其险峻和难以攀登。无论其如何险峻和难以攀登，都挡不住人类奋勇向前和努力向前的脚步。

险峻的艾格北壁

艾格北壁与马特洪峰、大乔拉斯峰并称为阿尔卑斯山三大北壁，而艾格峰也因山势险峻而被视为“欧洲第一险峰”。

马特洪峰北壁绝对高度为1200米。它不光是一座直上直下的大岩塔，而且岩壁的质地也异常疏松。从1865年开始，它就成为“新路线派”登山者们向往的目标。然而，在整整的65年岁月里，它那桀骜不驯的本性，粉碎了所有人想通过它的企图。1935年夏天，马特洪峰北壁终于被征服。3年以后，著名的意大利登山家卡尔特·卡辛和同伴一起沿着北壁路线到达了最高的一个山峰——大乔拉斯峰。这样，在整个阿尔卑斯山域，只剩下被称为“欧洲第一险峰”的艾格北壁没有被征服了。

艾格北壁位于培鲁尼兹阿尔卑斯山艾格峰北侧，海拔高度为3975米，如果从其他的登山路线登顶，对大多数登山者来说并没有多少困难。然而，要从它的北壁攀登，许多人认为是绝不可能的。人们称那些敢于在艾格北壁攀登的登山者为“志愿自杀的狂人”。

艾格北壁犹如一把钢刀直插山间。不管在哪个季节，它的上面都布满了坚硬光滑的冰，因而看上去又像一面映照天地的大玻璃镜。1938年以前，艾格北壁曾满不在乎地吞噬过8位登山者的生命，所以，它以残暴闻名于世。

不畏险恶立意攀登

1936年的时候，曾经有一支由4人组成的登山队来到了艾格北壁，他们是安德鲁斯·因达舒都撒、威利·安克拉、艾迪·莱纳和戴尼·库尔兹。他们都是“新路线派”经验丰富的攀岩者，这一回，他们决意要征服艾格北壁。

攀登的头两天，天气很好，登山队进展得非常顺利。他们使用岩钉、环扣等工具来配合手脚的动作，小心地踩着每一个落脚点，慢慢地向上移动。他们的动作准确无误，完全达到

> **北　壁**
>
> 北壁是攀登圈子里一个流行的说法。由于一般山峰的北壁都相对陡峭和险峻，所以北壁的攀登一般都代表着更具技术含量的攀登。在欧洲，瑞士、法国的阿尔卑斯山区的三座险峰的北壁登山路线被称做“三大北壁”。

原计划的要求。峰顶上不时地落下石头，但都被他们灵巧地躲过去了。为了保持体力，他们还把身体悬在空中稍作休息。

第三天早上，队员们已经完成了大部分的攀登，离顶点只剩300米左右了。大家并没有因两天两夜的攀登而感到疲倦，相反，他们个个精神抖擞。艾迪·莱纳与戴尼·库尔兹甚至还用叮当当的锤声来表示庆贺。

功败垂成功亏一篑

山麓下聚集了许多热情的人们，他们用望远镜观看着队员们整个攀登过程。人们时而惊叹，时而欢呼，到了关键时刻，大家几乎止住了呼吸，这时观众的心已与攀登者的心连在了一起……胜利就在眼前，所有的人都这么想。

恰恰就在这时，天气发生了突变，风雪狂吹，雪水成冰。不一会儿，每个队员的身上与整个岩壁一样，都被裹上了一层光滑的冰壳。他们感到自己的身体已像岩石一样僵硬，再待上一会儿，他们肯定会成为艾格北壁的一部分了。

实在不可能再向上攀登了，于是，他们4个人商量一番，决定慢慢地往下退。但是，已经晚了，这时的岩壁变得更加晶莹光滑，刚刚落过脚的岩钉也让冰给冻住，有的成为稍稍突出的冰坨，有的则不见了踪影。他们的脚已无法向下伸展，因为再也找不到一个可以支撑的地方。大家待在原地，上下不得。

山麓下观望的人们，看到雨雪肆虐，又发觉他们4人停止一切动作，一动也不动，断定他们是陷入了困境。人们立刻组织起救援队，然而，大家心里都明白，在这种恶劣气候下，要到达4个遇难者的附近是很困难的。

这时，有人提议救援队去一个叫作勇固弗洛铁道的山洞。勇固弗洛铁道山洞穿过艾格峰，通过它可以到达艾格峰的中途。救援队中有很多是登山的行家，他们很快通过山洞，来到4人所处岩壁下约100米处。

他们听到了一声类似呻吟的呼救声。

"快，快来救救我！他们都死了，都死啦！只剩下我一个……"

那是23岁的戴尼·库尔兹。

莱纳已经冻死，他的身体成了艾格北壁的一部分。因达舒都撒曾想动弹一下，结果手脚一滑坠入了万丈深渊。安克拉则被因达舒都撒坠下时所牵引的绳子结结实实地捆住了胸部，无法呼吸，活活窒息而死。仅剩下来的幸存者库尔兹也已经被严重冻伤。他的身子在半空中晃荡着，以剩余下来的一点体力和求生的意志，作微弱的挣扎。

救护队人员冒着冰雪狂风试图接近库尔兹。不料，当到达距离库尔兹30米远的地方时，碰到了结着厚冰的岩面，不论他们怎么努力都无法前进了。

现在，唯一的办法是让库尔兹自己设法利用登山索荡下来。在救护队人员的指挥下，库尔兹艰难地掏出刀子，割断了登山索与同伴联系的部分，然后，又用绳子把岩钉和环扣结牢，做成一个绳套，套在自己的身上。就这一点事，被冻得半死的库尔兹竟然花了好几个小时才完成。当他终于能够向救援队所处的地方下降的时候，他那已变了形的脸上，满是痛苦不堪的表情。

风雪一直到下午才渐渐停止。这时已近傍晚，天色渐渐暗淡下来。岩壁四周鸦雀无声，笼罩着死一般的寂静。人们只能听到，库尔兹被冰雪厚厚包裹着的登山鞋在“噗！噗！”地磕碰着岩壁，这声音在此时听来是那样地让人揪心。不好，登山索上的绳结在晃动中缠住了环扣。库尔兹使出生命最后的力量，还是无法将它解开。

救援队队员们在下面大喊大叫，他们想用叫声使库尔兹振作起来……然而，库尔兹在死神的手掌心里整整搏斗、挣扎了十几个小时，体力的消耗已经超出极限。他又苦撑着想最后动一下，但身体已不再受意念控制。他头一垂，从此进入了永恒的宁静。这位勇敢的年轻登山家，就这样把自己的生命献给了艾格北壁，献给了人类的登山事业。

▲向艾格北壁进发

两年后，艾格北壁被一支由奥地利与德国联合组成的登山队用了整整4天时间征服。虽然艾格北壁第一次被人类征服了，但是，它依旧以它的凶险和狂暴著称于世，依旧吸引众多的登山探险的人来此一决高下。

我国探险队勇攀世界第一峰

珠穆朗玛峰是各国登山探险队的终极目标，作为珠穆朗玛峰所在国之一的我国，征服珠峰也注定是要付诸实施的。在做了翔实的准备之后，我国珠峰探险队整装待发，开始向世界第一峰发起了挑战，在经历了一次失败后，奋勇再行的探险队终于站在了世界之巅，并谱写了新的世界纪录。

首次突击失败

珠穆朗玛峰很早就是各国登山探险队的终极目标，特别是在20世纪60年代以后，随着登山运动水平的提高，越来越多的登山探险队把珠穆朗玛峰当作最大的目标。

> **中国人的首次攀登珠峰**
>
> 1960年，距离人类第一次登顶珠峰7年后，中国首次攀登珠峰取得成功，这向世界昭示了中国人敢于克服任何困难的勇气。但是由于是夜间登顶，并没有留下任何影像资料，因此没有得到世界的认可。

为了向世界最高峰进军，我国登山队经过了一年的准备，包括侦查路线、队员的选拔与训练，以及一系列食品与装备的制作。这一天终于来到了。1975年2月底，我国珠穆朗玛登山队的队员带着各种装备、食品分批离开首都北京，开向珠穆朗玛峰的北坡脚下。

出于谨慎，中国登山队总部决定，先派出由十几个教练员和年轻队员组成的侦察修路队，作第一次适应性行军，前往北坳侦察与修路。3月21日中午，侦察修路队在北坳脚下6600米高度的茫茫冰雪中扎营。第2天，队员们穿好高山靴，绑上冰爪，背起修路器材，手持冰镐继续出发。他们在零下20摄氏度的严寒中，一步步地在冰坡上凿出台阶。等到这项工程进行到一大半时，大家发觉这里不适合大队行军，于是果断放弃已基本开好的道路，另找突破口。

由于在高山缺氧的状况下连续高强度作业，队员们的体力消耗极大。几个小时后，当他们终于把一条“之”字形的道路修到6800米高处时，一位名叫巴桑次仁的藏族队员掉进了深不见底的冰裂缝。机警沉着的巴桑次仁没有惊慌，他十分冷静地用背和双脚紧紧地抵住裂缝的两壁，并且牢牢地拉住结组绳，使得同伴们有时间赶来营救，避免了一场恶性事故。

侦察修路队架起金属梯，插上路标，接着又在零下30多摄氏度的寒风大雪中攀越直立的冰墙。他们终于登上了北坳。

4月下旬，登山队总部决定，利用4月底出现的好天气，进行第四次行军，并突击顶峰。这一回，中国登山队派出了两支突击队，分别于24日与26日从大本营出发。

4月28日，第一突击队在攀登到北坳7400米风口时，突然遇到了漫天大雪与十级以上的大风。为了避免伤亡，大本营命令两支突击队立即停止突击，下撤到6500米的营地待命。

3天以后，天气好转，两支突击队又开始向上挺进了。5月4日和5日，33名男队员和7名女队员先后到达了海拔8200米营地。5月5日，登山队的副政委、著名登山家邬宗岳在队伍后面给队伍摄影，不慎落入万丈深谷，牺牲了。5月6日，珠穆朗玛峰8000米以上地区刮起十级以上大风。突击队员们无法行动，只能待在营地里。高山旋风愈刮愈烈，队员们在突击营地整整生活了13天，体力消耗极大，氧气与食品也快用完了。在无可奈何的情况下，大本营发出了撤回到山下的命令。第一次突击就这样失败了。

准备就绪再次进军

中国登山家们并没有因为失败而丧失信心，他们准备在5月下旬雨季到来之前再次冲击顶峰。为了争取时间，总部决定把8200米的高山营地和8600米的突击营地分别提高到8300米和8680米。

5月17日和18日，撤回大本营还不到一星期的15名男队员和3名女队员再次出发，向顶峰冲击。

正在这时，传来了日本女子登山队副队长田部井淳子首次经南坡创造女子登上珠穆朗玛峰的消息。这消息对于正处在北坡的中国登山家们来说，既是鼓励也是挑战。

5月25日，突击队分别到达8680米的突击营地和8300米的高山营地。由于体力的原因，有两名女队员和一名男队员在行军途中下撤了。大本营随即决定，将原属于三个梯队的9名男女运动员分为两个组，轮流突击顶峰。由索南罗布带领第一组，于26日完成“第2台阶”的侦察、修路任务后先行登顶。突击队中唯一的女性潘多率领第二组，在26日到达海拔8680米的高处后，又于27日登顶。

26日，十级大风使得两个突击组的行动再次受阻。下午3时，大本营召开紧急会议决定，两个组必须克服一切困难，在当晚完成既定的修路及行军任务，在27日登顶。

两个突击组准时于下午3时半出发。队员们顶着十级大风奋勇前进，经过5个半小时的艰苦搏斗，他们完成了侦察、修路和强行军的任务。21时，两个组在8680米突击营地会师。23时，索南罗布在突击营地召集会议，商讨登顶步骤。突击队全体队员一致表示：能前进，决不后退；不能前进，创造条件前进！

次日早晨8时，9名登山家从突击营地出发，开始了最后的战斗。中午12时30分，中国登山家们来到距离峰顶仅五六十米的地方，这时，前方出现了一个几乎垂直的冰坡。队员们只好向北横切了30多米，再通过一片陡峭的岩石坡向西而行。由于极度的缺氧，藏族队员贡嘎巴桑昏迷倒下了。走在前面的索南罗布赶紧给贡嘎巴桑戴上氧气罩。贡嘎巴桑吸氧后清醒了过来，又跟着队伍继续前进。走了一小段路后，贡嘎巴桑又晕倒了，索南罗布一边再次给他吸氧，一边鼓励说：“胜利就在眼前了，我们9

个人一定能够一起登上顶峰，一起凯旋。”贡嘎巴桑被同伴的深切情谊感动得泪流满面，他站起身来，以坚定的步伐向前迈去。

▲1975 年拍摄的珠峰北壁上半部分

书写新的世界纪录

北京时间 14 时 30 分，索南罗布、潘多、罗则、桑珠、大平措、次亿多吉、贡嘎巴桑、侯福生、阿布钦 9 名男女登山家终于登上了那一米见宽、十几米长的珠穆朗玛顶峰。

在极度的喜悦之后，9 位中国登山家们感到极度的疲劳，但是，他们仍然坚强地站立起来，打冰锥，拉绳索，将一座高达 3 米的金属觇标牢牢地树立了起来，然后，又珍重地展开鲜艳的五星红旗，拍了照片。他们还打取岩石标本、冰雪样品，测量冰雪的深度，最后，女登山家潘多静静地躺在顶峰的冰雪上，用无线电遥测仪向 20 多千米以外的大本营发射电信号。他们在这被称为“死亡地带”的地球第三极上整整待了 90 分钟，完成了大量宝贵的科学实验和重要的历史考证。

1975 年我国探险队攀登珠穆朗玛峰的成功，在人类登山史上写了两项新的世界纪录，即女子第一次从北坡登顶成功的记录和在世界最高峰上停留时间最长的纪录。

冲击卡格博峰

有人说，如果把卡格博峰的地形、气候以及奇、险、难的因素加起来一块考虑，可以断定卡格博峰是一座比珠穆朗玛峰更加难对付的山峰。事实也佐证了这一说法，到目前为止，卡格博峰还没有被人类征服。多个探险队在它狰狞的面孔前都止住了脚步，奋勇向前的则付出了极高的，甚至生命的代价。

极难征服的世界险峰

20 世纪 80 年代以后，登山家们发现，一些海拔六七千米的高峰，其攀登难度，丝毫不逊于那些高出它们的 8000 米巨峰，因此，这些难攀登的次世界登峰开始吸引世界登山探险队的目光。中国和日本等国在新的探险上作出了巨大的努力，而且还付出了惨重的代价。他们把征服的目标放在我国境内的处女峰上，主要是南迦巴瓦和梅里雪山。

梅里雪山位于云南省西北部迪庆藏族自治州德钦县境内，是西藏与云南的界山。梅里雪山纵长 30 千米，横阔 36 千米，平均海拔为 4000 米。它属于南北走向的横断山系，是著名的四大雪山（玉龙、白茫、哈巴、梅里）中的佼佼者。“梅里”在藏语中的意思是“神圣”，梅里雪山也是藏区著名的八大圣山之一。

梅里雪山的主峰是卡格博峰，此峰海拔为 6740 米，为云南境内最高峰。至今为止，它还是一个无人征服过的处女峰。西藏藏南地区的居民对卡格博峰情有独钟，把它奉为神山，而且，卡格博峰为江河切断，形成高山纵谷地段，其险峻的地势，为世界所罕见，因而也成为登山者极想涉足的地方。

早在 1902 年英国一支军事登山队曾试图登上卡格博峰，但是，卡格博峰的惊险与难度使他们望而生畏，不得不放弃了攀登计划。

从 1987 年到 1990 年，先后有五支中外登山队，在春夏秋冬不同的季节里冲击卡格博峰，这些登山队大都具有征服世界上最高几座巨峰的辉煌战绩，但在卡格博峰面前却一无例外地遭遇了惨败。海拔高度不足 7000 米的卡格博峰，竟然比傲视世界的珠穆朗玛峰还难征服，这一点更激起登山家们的好奇心，也使得更多的人迷惑不解。

▲卡格博峰

卡格博峰整个坡面的直线距离仅为 12 千米，但平均每千米地势升高却有 397 米。卡格博峰山上山下分属寒带和温带季风气候，垂直分带十分明显，正所谓“一山有四季”、“十里不同天”。另外，印度洋的西南季风也时常伸入谷地，因而降水频繁，土质、雪质十分松软。山上天气几乎每天都要变化几次，变化又多又快，极难预测。此外，冰川和冰崩之险也是对探险者的主要威胁。

> **云南第一峰——卡格博峰**
>
> 卡格博峰是藏传佛教的朝拜圣地，位居藏区八大神山之首，有“云南第一峰”之称。卡格博峰由于山体陡峭，终年冰雪覆盖，时有雪崩、浓雾、大雨、乌云、狂风，迄今仍是无人登顶的“处女峰”。

卡格博峰常年悬挂的海洋性冰川十分壮观，东西两侧的三条大冰川各长约 10 千米，从 6000 米处一直下泻到 2700 米处的森林之中。冰川上布满明暗裂缝，纵横交错，深不可测。海洋性冰川的特点是冰质松散和冰川流动快，加上气候变化大，最易发生冰塌、冰崩、雪崩。据 1990 年 2 月间的侦察结果表明，这里的大面积冰崩、雪崩气势异常凶猛，巨大的冰块连同较大的岩块，会呈扇形倾泻几到十几千米以外，严重时会把整片森林淹没。

别看卡格博峰只有海拔 6700 多米，但是，攀登此峰时，汽车只能开到海拔 2200 米高处，以上的 4500 米则全靠步行。而攀登珠穆朗玛峰，汽车可开到海拔 5100 米处，向上的攀登路程只有 3700 多米。显然，卡格博峰的实际攀登高度比珠穆朗玛峰更高。这段距离被登山界称为高差，高差越大难度也越大。卡格博峰不但高差极大，而且山脊狭小，坡度大，积雪深，攀援中时常要使用金属梯，才能越过大的陡坡。而一般高峰，是很少在海拔 5000 米以下使用金属梯的。

如果把卡格博峰的地形、气候以及奇、险、难的因素加起来一块考虑，可以断定卡格博峰是一座比珠穆朗玛峰更加难对付的山峰。到 1990 年之前，所有的来自各个登山王国的挑战者，甚至还极少有能在它身上突破 4500 米高度的。这反而激起了探险者们更大的热情，因为，探险的真谛正是在于征服自然的同时也不断地征服自己，并把考验自身毅力和意志的水平提高到一个新的高度，使人类的精神得到充分发展。当然，在探险者勇气增强的同时，其生命的保险系数却在相对地缩小。

罹难的中日 17 勇士

1991 年 1 月 3 日夜至 4 日晨，中日友好联合攀登梅里雪山队的 17 名登山家，由于遭受到突发性的灾害，不幸全部殉难于卡格博峰海拔 5100 米的第三号营地上，酿成了中、日两国登山史上最大的“山难”。这在世界登山史上，也是罕见的惨重事件。

1990 年的最后一天，中国登山协会的负责人曾对前去采访的记者说，中日联合登山队在 12 月 28 日因大雪弥漫，第一次突击顶峰的努力宣告失败。目前，他们正在三号营地待命，准备进行第二次突击。

当天晚上，中国中央电视台“体育新闻”向全国亿万电视观众报告了这样一条信息：在新年钟声即将敲响的时候，中日梅里雪山联合登山队正顶风冒雪，向卡格博峰进行着第二次突击。

从那天开始，陌生的梅里雪山和卡格博峰一时间成了许多中国人的谈论热点。不少观众纷纷向中央电视台体育部打电话，询问攀登的情况。自1988年中、日、尼三国联合跨越珠穆朗玛峰成功，为世界登山史创造了一连串的辉煌纪录后，大大地激起中国人特别是广大体育迷对登山运动的关心。所以，一听说中日登山家正在向一座尚无人能征服的处女峰挑战，而且这座处女峰比珠穆朗玛还难登时，具有自信心的中国人便开始等待一个好消息，一份由登山英雄献给他们的新年厚礼。然而，梅里雪山，即使是对于专业的登山家也是个未知的谜。人们并不知道那所谓“顶风冒雪”四个字的具体含义，更不清楚除了冰川和裂缝外，中日登山家脚踩着的是厚达1.60米的积雪，几乎每个人都是在移动着完全埋在雪里的身子前进的。

梅里雪山像一只桀骜不驯的猛虎，变化莫测的冰川地貌和随时可能发生的巨大冰崩、雪崩时刻在威胁着他们的生命。几乎能把他们整个竖着埋进去的深厚积雪使得他们步履艰难。但是，中日登山家却认为只有这样，他们的征服雄心才能得到最大的满足。

1990年10月28日，突击队的17名勇士接近了卡格博峰的顶峰，他们准备再接再厉，进行最后的攀登。然而，像一尊大佛一样屹立的卡格博峰震怒了，连风带雪地一阵阵猛击，将突击队赶回了四号营地。

▲梅里雪山

中日联合登山队没有被这个挫折打垮，他们在三号营地休整后，又重新高高地竖起了他们的金属梯。他们在几乎垂直的冰壁上，在厚厚的积雪间继续攀登，表现了人类坚强不屈的气概。但是一场没有预料到的更大的灾祸发生了，卡格博峰雪峰突然发生雪崩了。17勇士全部被埋在下面。

中日联合登山队突击队17勇士全部遇难了，但是，他们的行为为后来者带来了巨大的借鉴意义和精神鼓舞，在这种无畏的精神鼓舞之下，相信，总有一日，梅里雪山会被人类踩在脚下。

第九章　人类深海的探险

航海探险只是人类海洋探险的一部分，而不是全部，当大航海时代结束后，人类对海洋的探险只是告一段落，却远远没有结束，如果说，大航海时代的探险家主要是通过海上航行去了解海洋的面貌，那么，现代海洋探险家却是向海洋的广度和深度进军，用更加先进的科学方法，去揭示大海的秘密。如果说，狂风、恶浪、寒冷和冰雪，是过去进行海洋探险的主要障碍，那么，深海中巨大的压力，则是现代深海探险家向深海探险需要战胜的最大难关。但是无论多么艰难，勇敢的人类还是坚定不移地向着深海进军了。

毕比用深海潜水球创造了深海探险纪录

20 世纪 30 年代以前，关于深海的研究的确不多，这在那个自然科学大发展的时代是很少见的，不过终于还是有人开始了现代意义上的深海探索。为了进行深海探险，人类发明了载人到水下作业的潜水钟，后来又发明了能在海中遨游的潜水艇，可是由于受制于深海的高压，人们依然无法进入更深的海底。深海底下到底是怎样的一个世界呢？什么样的深水潜水器适合海底的探险呢？美国人查尔斯·威廉·毕比在 1934 年用深海潜水球创造了深海探险纪录。

博物学家毕比

毕比是美国博物学家。1877 年 7 月 29 日生于纽约州布鲁克林；1962 年 6 月 4 日卒于特立尼达的阿里马附近。毕比 1898 年毕业于哥伦比亚大学，1899 年在布朗克斯纽约动物园参加工作。他对鸟类特别感兴趣，并建立了一个世界第一流的鸟类标本室。他从小就迷恋于儒勒·凡尔纳的书中所描述的种种神奇的旅行（早期从科学幻想小说中受到启发的鼓舞的科学家绝不止他一个），而后来，他又把毕业的精力投入到他自己的各种神奇的旅行中去。

毕比在第一次世界大战期间是一个作战飞行员。他曾周游世界各地，并根据自己的经历写了许多有趣的书。大凡现代的博物学家，从林奈到安德鲁斯，都是由于在地球表面四处奔走而扬名的，而毕比的主要名望却来自一次行程不到一英里的旅行，不过这是一次垂直纵深于地表之下的旅行。他之所以要深入海洋进行探索，是因为他对珊瑚怀有兴趣，一心想到珊瑚的家乡对它进行实地考察。

▲毕　比

创造深海探险纪录

任何潜水员，不管防护得多好，只能够潜到海平面以下几百英尺的深度。潜水艇也强不了多少。而毕比则决定要建造一个用厚金属板制成的壳体，以强力来抗御深水的压力。为此，他不得不牺牲掉这个壳体的机动性，而让它悬吊在一艘浮在水面上的船舶底下（假如万一系在壳体上的缆绳断开，则一切都要全部完蛋），这样一个装有石英玻璃窗的钢壳开始建造了。在设计时，毕比的朋友罗斯福总统助了一臂之力。他针对毕比原先打算把外形搞成一个圆柱体的想法，建议把它改成了球形。

1930年，毕比和一位工程师奥迪斯·巴顿设计并建造了一个"探海球"。那其实就是一个空心的大铁球，带着两个小小的石英板观察窗，可以容纳两个人很"亲密"地待在里面。即使按照那个时代的标准，这个探海球的技术也是不复杂的。球体拴在一根长长的缆绳上，从船上放到海里去。球里面有最原始的呼吸系统——若球内二氧化碳浓度太高，他们就打开石灰罐子吸收一下，若水汽太重，就打开氯化钙罐子，有时为了加强效果，还要再用棕榈扇子扇扇。尽管粗陋，这个小小的探海球还真管用，1930年在巴哈马群岛的第一次下潜中，他们下沉到了183米深处，1934年，他们把这个纪录提高到了900米以下。

在深海中，他们拿着一个250瓦的大灯泡兴趣盎然地从石英窗中向外面张望，也许外面的东西也兴趣盎然地张望着这个奇怪的大家伙和它明亮的眼睛中两个奇怪的影子。他们看到了漂亮的水母，散发着闪烁不定的光芒，还有些外形惊人的鱼和难以描述的东西。然而漆黑的海底能见度实在有限，毕比和巴顿也并非训练有素的科学家，结果他们回来后的报告只能说下面有很多奇怪的生物。由于他们的描述实在很模糊，因此没有引起学术界的多少重视。毕比最终把他的下潜写出了一本更多是海底探险纪事色彩的《向下半哩》。

▲1930年，毕比和一位工程师奥迪斯·巴顿设计并建造了一个"探海球"

毕比和他的伙伴创造了深海下沉的最深纪录，远远超过了半英里。经过30多次潜水以后，毕比认为这样的旅行科学价值不大，于是便终止了这种努力。但是，他却为皮卡尔发明深海潜水器开辟了道路，35年以后，这种深海潜水器潜入到更加惊人的深度。

皮卡尔与“深海气球”探险

在毕比的深海潜水球的启示下，瑞士人奥古斯特·皮卡尔开始了深海潜水球的研究工作，终于他的深海潜水球诞生了，虽然在第一次深海探险时，就遭受了大王乌贼的侵扰，凶险万分，但终于安全脱离了死神，回到了海上。

深潜器——“海下气球”诞生

1933年，在芝加哥举行了一次世界商品交易会，毕比的“深海潜水球”在“进步世纪博览”厅展出，当场吸引了许多人。正在兴致勃勃讲解的毕比，这时是不会注意到一双专注的眼睛的。这双眼睛时而盯着潜水球，时而看着神采飞扬的毕比。毕比终于发现了这个与众不同的人。但当他知道这个人一直从事气球探险时，便耸耸肩，作了个遗憾的手势。

▲奥古斯特·皮卡尔教授

这个观众名叫奥古斯特·皮卡尔，他是瑞士人，1884年诞生于巴塞尔城，20岁那年便成了布鲁塞尔大学的物理学教授。

皮卡尔的那个时代，是个创造发明层出不穷的时代，年轻人热衷的是创造和冒险。在这个时代氛围中成长的皮卡尔也有类似的性格，他的座右铭是：“生活等于挑战和探险。”

当时的欧洲，最时髦的探险是飞向同温层。皮卡尔设计出一种铝制密封舱来代替敞开的吊篮，这样人不会因为高空的空气稀薄而昏厥。1913年，他乘坐自己设计的气球到达16千米的高处，在那里考察了16个小时后，气球又水平运动穿过了法国和德国的上空。

此时，他正被毕比所讲述的深海奇景所吸引，他的头脑里闪过一个念头：能否造一只逆向运动，也就是不向上升而是向下降的“海底气球”？这只气球不需要船的缆绳系挂，能在海底左右上下自由行动，就像他的高空气球那样。

于是，皮卡尔转向了深海潜水球的研究。当时，潜水球的设计面临两大难题：一是材料质量问题。随着潜水深度的增加，铁铸的球壳越来越厚，重量也越来越大，沉下去后无法自浮，只得靠船缆吊起。二是动力问题。以往的所有潜水球都是被动的，一旦潜水球到深海，再加上入水钢缆的重量，稍一震动，就会有缆断球沉的危险。动力系统是解除这一危险的关键，可是密封又十分不易，因此当时的深潜球一直在海下

1000 米左右徘徊。

以往的高空气球探索既奠定了皮卡尔坚实的理论基础，又启发了他活跃的发明灵感。他把气球加密封舱的原理应用到潜水之中，设计出一种独特的深潜器——“海下气球”。

海下气球由两部分组成，其一是钢质密封舱，采用最合理的耐压外形；其二是浮体，浮体呈圆筒状，里面装有弹丸式的铁质压舱物，被强电磁力固定在筒内。密封舱连接在浮体的下方，下沉时将水放入浮筒排出空气，上浮时则切断电源抛掉压舱物而取得浮力。

处女航海底涉险

海下气球是第一代自航深潜器，但因第二次世界大战的爆发推迟了试验。到了1948 年，皮卡尔才实现了他的愿望。他把潜水球取名为“FNRS”2 号，以纪念一家资助他的公司。当初的“FNRS”1 号也是这家公司资助的，不过它是在大战前用来高空探险的气球。“FNRS”2 号的直径 2 米，壁厚 9 厘米，设计深度为 4000 米，安全系数为 4，重量为 10 吨。

接着皮卡尔驾着它进行了第一次处女航，深度只有 25 米，但各种数据显然都符合要求。以后他逐步加深“FNRS”2 号的潜水深度：100 米，200 米，500 米……

1948 年 7 月，“FNRS”2 号被送到法国布列塔尼半岛的西海岸。23 日皮卡尔钻入了潜水球，由母船“宙斯”号把它放到海面。“FNRS”2 号在离岸约 70 米处开始斜线下潜，一会儿来到了一个全黑的世界。皮卡尔打开前方的聚光灯，海水变得明亮起来。这时他似乎有一种不祥的预感，想停止下潜，向上浮起，但来不及了。他看到在潜水球前面的 20 米处，有两个巨大的黑影纠缠在一起。好奇心驱使皮卡尔向它们接近，把聚光灯照到它们身上。他看清了，原来是一头抹香鲸与一条大王乌贼正作着殊死的搏斗。由于它们的剧烈运动，海水发生了暗流，使“FNRS”2 号上下晃动。

皮卡尔关掉推进器，但依旧亮着灯光。这时，那头抹香鲸巨大的尾鳍一拍动，挣脱了大王乌贼的“拥抱”，逃遁不见了，而那条长约 9 米的大王乌贼却一步步地向潜水球逼近。

皮卡尔有些惊慌失措，他想启动推进器，但四周已布满了浓浓的墨汁，聚光灯也难以射穿。既然如此，皮卡尔干脆听天由命，关上了聚光灯。这是皮卡尔的一个错误决定，大王乌贼对失去光照的潜水球更加有恃无恐了。它对潜水球肆意发威，那粗如电线杆的腕足拍打着球体发出恐怖的声音，使皮卡尔不寒而栗。

大王乌贼抱住潜水球东拉西拽，使它忽上忽下。皮卡尔不时地首足倒置，不知所措。但他很快明白这是生死存亡的关键时刻，必须保持镇静。他迅速打开排水器和推进器，双腿紧紧夹住驾驶座。左手操纵聚光灯开关，让灯一明一暗，右手拿了一截钢管，敲打着“FNRS”2 号的内壁，试图用光和声音来驱赶这条孽障。

皮卡尔不知这样持续了多少时间，突然，从舷窗里射进灿烂的阳光。皮卡尔知道自己已经回到了海面，他获救了。可是海面上根本没有“宙斯”号的影子，他不知道自己到底到了什么地方。

推进器已不起作用，因为电已经用完，无线电也发不出去，天线早被大王乌贼折断了。皮卡尔第二次采取了听天由命的态度。在这水天相接的世界中，他任凭风浪随意摆布。

“FNRS”2 号是不带食物的，只有一小桶淡水。他在难挨的饥饿中度过了几个小时，然后坐起来写他的笔记：“恐惧和绝望是生命的蛀虫，生命的伟大之处就在于任何时候都该有战胜险恶的决心。”

黑夜来临了，他为了延长生存时间，尽量减少活动，就坐在驾驶座上打瞌睡。他居然睡着了，醒来的时候他看到了从舷窗射进的满眼霞光，听到了外面起网的呐喊……

皮尔卡父子为人类征服海洋揭开了最壮丽的一幕

在人类直接进入深海探险的历史中，最重要、最精彩的事件发生在1960年1月23日。“的里雅斯特”号深潜器从太平洋关岛海域下潜到马里亚纳海沟的深渊10916米处，从而为人类征服海洋揭开了最壮丽的一幕。

潜入深渊

那年，皮卡尔已经76岁了。他对自己设计的“的里雅斯特”号深潜器充满信心。自1953年与小皮卡尔一起探险以来，他对儿子的深海探险精神与技术也十分信赖。这一次，他决定由小皮卡尔和一位勇于探险的美国海军上尉沃尔什一起去实现这前无古人的深海探险伟业。实际上，皮卡尔心里很明白，这一次探险也是后无来者的，如果这一次探险成功，他的深海探险生涯将画上句号。也完全可能，人类直接深海探险画上句号也就是这一天。

那天，正巧天公不作美，也许是苍天也在考验这艘已经被施放到太平洋马里亚纳海沟上方宽阔的洋面上的深潜器，洋面上已掀起5米高的大浪，让人进退维谷。面对着这严峻的场面，38岁的小皮卡尔此时深切地理解父亲常提起的“忍耐”的意义，更懂得今天深海探险的历史性意义。今天是他实现深海探险壮志的时候，也是圆他父亲毕生的追求，让父亲在有生之年看到他的梦想成真。小皮卡尔和沃尔什没有任何畏惧，他俩下了最大的决心，鼓着最大的勇气，抱着必胜的信念，一定要深潜到马里亚纳海沟的深渊去探个究竟！

▲1953年，皮卡尔父子在“的里雅斯特”号深潜器上

上午7时许开始缓缓下潜。由于阳光在海水中很快衰减，不久深潜器就被黑暗笼罩。这两位勇士通过舷窗看到，在那没有阳光的世界里，呈现出众多的水下“繁星”。这种不时闪烁着的色彩缤纷的奇妙的光芒，让人百看不厌。这对小皮卡尔来说，已经不是新鲜事物，而是老相识了。也许这是一群会发光的微生物前来作向导，给“的里雅斯特”号导航指方向呢！

之后，一路下潜都很顺利。但下潜到9000米时，突然出现意外，舷窗外的玻璃“咔嚓”响了一下。也就是说，压力达到91兆帕斯卡时，玻璃出现了裂缝。

小皮卡尔何尝不清楚，一旦玻璃碎裂，这脆弱的身体必然会被压得粉碎。然而，他又十分自信，对父亲的设计十分信赖。小皮卡尔和沃尔什态度十分坚决，绝不因听到舷窗玻璃的“咔嚓”声而退缩，他们继续下潜。经过6个多小时的下潜，这艘重150吨的“的里雅斯特”号深潜器终于第一次把人类带到了世界大洋的最深点——马里亚纳海沟挑战者深渊。

深潜器离大洋洋底只有5米，深度指示为11530米，该深度指示经订正后为10916米。读者们千万别小看这个数据，这是个什么概念呢？我们通俗地打个比方，即在人的大拇指指甲大小的面积上要承受1000公斤以上的重量。按此计算，在该深潜器的总面积上所承受的重量超过15万吨！难怪当这金属制成的深潜器浮出水面后，它的直径竟被压缩了1.5毫米。

深海考察

在这没有太阳的洋底世界里，海水温度才2.4摄氏度。这两位探险家在这里进行了20分钟的科学考察。他们亲眼看到了呈黄褐色的洋底土壤，这是硅藻软泥。他们原以为在如此巨大的高压环境下，任何生物已无法生存。然而在探照灯的照耀下，却发现了类似比目鱼的鱼在游动，这种鱼长约30厘米，宽约15厘米，身体扁扁的，眼睛微微突出。他们还看到了一些小生命在活动，其中有一只大约长2.5厘米的红色的虾，正在绕过舷窗自由地遨游。

这两位探险家证实了，在大洋深处，即使在世界大洋中最深的深渊处也绝不是寂静的世界，依然存在着生命。当然，这里的海洋生物已适应了深海的环境条件——黑暗、低温、高压。这些恶劣的条件，柔软的小生命竟能扛得住。这些海洋小生命的生态已具有特殊的适应性，无论是体色、视觉器官、肢体、骨骼、摄食器官、发光器及繁殖方式都有其独特之处。

小皮卡尔和沃尔什怀着胜利的喜悦，乘坐“的里雅斯特”号于16时56分浮出水面。返回到关岛后，美国海军派专机把这两位深海探险功臣接到美国。为了庆祝这一重大成就，华盛顿向全世界发表了正式文告，艾森豪威尔总统亲自给两位深海探险者授勋。

皮卡尔的深海探险，改变了人们对海洋，特别是对深海的认识，并使这种认识进一步升华，这是皮卡尔远远没有想到的。

皮卡尔的“的里雅斯特”号

1951年，皮卡尔带领儿子杰昆斯·皮卡尔来到意大利港口城市的里雅斯特，在瑞典有关部门的支持下设计他的第二艘深海潜水器。这艘深潜器长15.1米，宽3.5米，艇上可载两三名科学家。皮卡尔父子将它命名为“的里雅斯特”号。1953年的一天，皮卡尔父子驾驶着“的里雅斯特”号潜入1088米深的海底。第二次在第勒尼安海，皮卡尔父子乘坐深潜器达到3048米深的海中，又一次创下了人类深海潜水的新纪录。同年9月，“的里雅斯特”号第三次载着皮卡尔父子在地中海下潜到3150米的深处。1955年，美国海洋科学家乘坐“的里雅斯特”号遨游海底。

“海底居住”大挑战

人类生活在陆地，对水下的世界了解甚少，随着人类视野的拓展和探险能力的增强，人们希望了解更多。海底远比陆地大得多，因此，它更能激起了人们探险的欲望。人类海底探险始于蛙人。随着蛙人的一次次深入海底，海底这块奇异“陆地”的神秘面纱正一点点被掀开。

潜往更深的海底

法国人库迪·贾奎斯·伊伟思是个潜水专家。早在第二次世界大战前，他就与几位潜水爱好者组成了蛙人小组。他们发明了水中眼镜、水中鳍和水肺。最早的水肺使用的是纯氧，因此潜到较深的地方非常危险，库迪有两次差一点溺死。他们就想到研究水中呼吸器，以适当的压力，自动送出空气。

就在这时，第二次世界大战爆发，库迪应征入伍。不久，法国战败，库迪被遣散出军队，于是他重筹他的蛙人小组。1942 年，他认识了瓦斯专家卡克尼·爱米尔，他们决定要研究一种水下呼吸的新方法。他们从古希腊哲学家亚里士多德那里得到启发。亚里士多德曾发明用瓦瓮装空气的方式潜到水底，但是由于瓦瓮的体积太小，携带的空气不多，所以潜水的时间不长。库迪和卡克尼绞尽脑汁，终于制造出了人类第一部水下呼吸器。虽然在塞纳河里的试验中，呼吸器中的大部分气体变成气泡白白逸失，但库迪却感到呼吸舒畅。然而当他试图倒立时，呼吸器却断了气，他差一点被闷死。

最早的蛙人

关于蛙人的最早记录大约是在公元前 5 世纪中叶，当时的波斯国王埃里克斯为了打捞几艘沉船中的珍宝，雇用了希腊蛙人斯凯里斯和他的女儿赛安。斯凯里斯的职业是在海底采集海绵。那时在蛙人下水的时候，装备只是一把刀、一只网兜和系在腰上的一根救生绳。当蛙人在海底采集到海绵之后，拉一下救生绳，船上的人就把他拉上来。蛙人有时因为肺里的氧气消耗尽而窒息死去，有时则会被藏在礁石里的大章鱼的腕足拖住，这时任何救生绳也救不了他的命。

1943 年的 6 月，库迪和妻子与他的旧日蛙人小组的伙伴菲力普·迪马出发了，他们到达了法国南部的地中海沿岸，在里昂湾里找到一个僻静的地方。他们背着圆柱形的压缩空气筒，上面有两根管子连接空气调节器，而空气调节器上也有两根管子连通面罩。他们穿上橡皮做的模拟蛙脚的泳蹼。库迪最先下水，迪马则在海边待命。库迪的妻子莫茹也是个女蛙人，她戴着水中眼镜，在库迪的上方游，随时监视他的行动，若有不测可以及时救他。

库迪安静而缓慢地潜入水中，轻松地呼吸着来自压缩空气筒里的新鲜空气。当他吸气时，可以听到嘶嘶的声音，呼气时，细细的气泡叶叶作响，并在他身后拖出一条白色的“飘带”。他站在海底的砂砾上，看到深绿色的海草，还有星状的艳丽的海胆布满脚下。他向更深处游去，到了一个海底峡谷的边上。他用双手在腹部拍水，脚蹼使劲蹬水，下沉到达峡谷底部。他仰望水面，水面蓝晶晶的，像一面倾斜的镜子。在这面镜子里，他看到了他的妻子莫茹，于是他向她招招手，她也向他招招手。他开始打滚，翻跟头，以优美的姿态快速地旋转。他又用一只手指支撑而倒立起来，这次背上的呼吸器没出任何故障，他成功了。以往的任何潜水，都需要母船从水面上供气，而现在用自携式呼吸器便能在海底自由活动。

成为世界第一蛙人

这一个夏天，库迪和迪马在这里完成了 500 次自携式呼吸器下潜，深度从 15 米到 30 米。这成功使他们产生了一个错觉：使用水中呼吸器不会受潜水病的影响，也不会对机体有其他的伤害。为此，库迪准备潜往更深的海底。

1943 年 10 月 17 日，他们来到一片较深的海区。先垂下一根刻有长度的绳子到海底，然后迪马潜入海中，担任救护的库迪尾随其后。不久库迪感到有些头昏眼花，他看到迪马不断地向看起来是褐色的海底潜进。这时迪马的情况也不妙，他想看看周围的情景，大概是太阳光线太弱，他的眼睛不适应的缘故，什么也看不清。他摸着绳子，知道自己到了约 30 米深的地方。他的自我感觉突然好了起来，内心充满了一种奇特的幸福感。这种甜蜜感催他昏昏欲睡……最终，他到达了 64 米的深度。

▲现代蛙人

1947 年，库迪决心打破迪马的纪录。为了更快速下潜，他手中握有很重的铁块，果真达到了目的。他发现愈接近海底，日光照到绿色的海里愈像一个七彩的晕圈。库迪快速地蹬水，到达 90.5 米时，他在那里的传言板上签下自己的名字，然后把身上的铁块全部抛掉，身体就像子弹一样快速上升。此时他成了自携空气呼吸器到达最深处的世界第一蛙人。

“海底居民”的海底活动

由于自携空气呼吸器无法使人达到更深的海底，库迪决定研制潜水器。在潜水器里，人们不仅能长期逗留，而且还能往更深处潜进。库迪把潜水器称之为“海底房屋”。经过多年的努力，库迪在 1962 年 9 月，建造了人类第一座海底房屋——“大陆架据点”1 号，它位于法国南海岸边的 10 米深的海底。库迪与其他两个伙伴在那里生活了一个星期。在这一星期中，他们的“海底居民点”试验受到了各方面的支援和关怀。

1965年，爱德温·林克马不停蹄地设立了海中住屋——“大陆架据点”3号。在这之前，他建造的“大陆架据点”2号，使5个男子在海底12米的地方生活了一个月。接着“大陆架据点”2号外移，直到50米的深处，有2名男子在里面生活了一周。

按计划，“大陆架据点”3号是海底殖民的大试验。库迪认为：住在海中人们的一个最大的危险，就是依赖陆地的支援，这使海中居民会产生一种无所事事，不敢自奋自强的情绪。他强调“海洋居民”在没有遇到紧急的变故时，尽量避免陆上居民的帮助，以求自给自足。

“大陆架据点”3号置放在水深100.5米的海底。“海底居民”是6个有着丰富潜水经验的潜水员，他们在暗无天日的海底生活了3个星期。6个海底居民一边劳动，做缝纫，加工机械，一边则大胆远离基地，潜至113米深的地方观察地貌和生物。这说明“海底居民”今后完全能胜任打捞沉船、开采石油，或者开垦海底牧场的工作。3周时间到了，他们转动特殊的机械，卸了负载的“大陆架据点”3号摇摇晃晃地摆脱了海底的“挽留”，慢慢地浮上海面。在岸上，经过84个小时减压，6位“海底居民”再次成为陆地居民。

海底漫游的“深海女王”

作为一位科学家，她不畏艰险、勤于追寻，无数次潜入深海，几十次远洋科考，只为真实客观地认识与揭示海洋的未知奥秘；作为一位探险家。她胆识过人、无畏无惧，进行了无数次的深海探险，创造了世界单人潜水深度纪录，目睹了几乎所有潜水员和海洋生物学家都无法企及的深海景象。

随“星”2号下潜

海底探险并非是男子的专利，女人也是海底探险的一支生力军，女蛙人厄尔用事实证明了这一点。

西尔维亚·厄尔是一个科学家，对海洋生物学颇有造诣，同时她还是一个充满自信的女蛙人。

1979年9月，在所谓的“太平洋十字路口”的夏威夷，一只名叫“星”2号的深潜器来到离瓦胡岛11千米的海面上。“星”2号由母船下放抵达18米的深度，然后慢慢下潜。在它的下面，悬挂着女蛙人厄尔。

厄尔穿着一件酷似宇宙服的潜水衣，这件称为“吉姆式”的潜水衣，实际上是一种密封容器，耐压，里面保持着正常的气压。这样，蛙人上水后不必经过漫长的减压过程就能恢复正常的地面生活。“吉姆式”潜水服里面有特殊的装置，可以提供新鲜空气，清除二氧化碳。看起来潜水衣样子很笨重，但实际上只有60磅，穿着它在水中行动相当方便，蛙人在里面不仅可以使用照相机、录音机，而且可以借助两只机械手采掘海底样品。

在厄尔随“星”2号下潜的过程中，身边流过一串串橙色的气泡，这些气泡就像蓝天中的彩色飘带，弯曲飘摇地上升。坐在“星”2号里的技术顾问菲尔·纽伊顿用电缆跟厄尔联系，经常问她感觉如何，同时提醒她不必紧张。

“星”2号顺利地下潜，在深度225.7米处时，电缆通讯发生了小故障，不过很快就得到了解决。“星”2号只稍稍停顿了一下，又继续降到305米。这时，水面上透下来的光线变淡了，原先那种晶莹的蓝色成了蓝灰色，后来又变成蓝黑色，最后，厄尔被一片黑暗所包围，不过她的眼睛还能看到东西。通过面罩，她看见前方有许多细小的发光体在游动和旋转，就像无数有生命的星星在向她招手。

她继续随“星”2号下潜，突然看到身下

深潜器

深潜器是一种能在深海进行水下作业的潜水设备，分民用和军用两类，具有军民通用性质，一般不携载武器，吨位在20~80吨左右，个别达300~400吨，潜水深度一般为2000~5000米左右，个别达11000米。

有一大片黑乎乎的东西，她知道这是海底。厄尔突然紧张起来了，生怕不知道情况的“星”2号下降会把她压扁在海底。她立刻报告了“星”2号里的技术顾问菲尔。菲尔用非常镇静的声音对她说：再坚持一下。因为他在寻找更深的海域，以创造一个新记录——不仅是女子潜水的新记录，也是男子深潜的新记录。

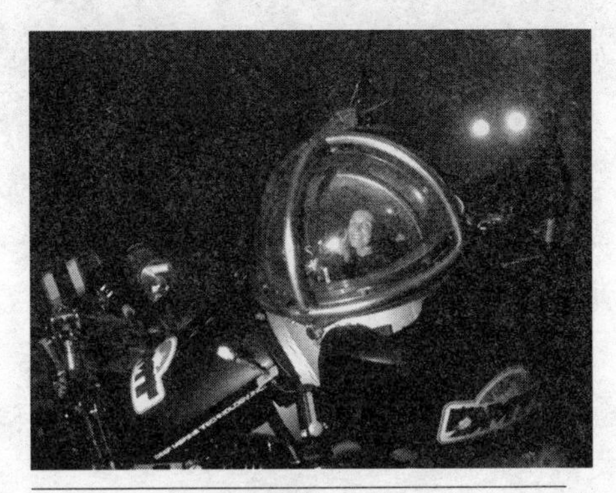

▲准备入潜的“深海女王”

坚定地踏上海底

菲尔事先已告诉厄尔，她潜到457.5米没任何问题。但是“星”2号在寻找更深的海域时花了太长的时间，以致消耗了大量的能量和空气，所以最后不得不停留在381.25米的深处。这时菲尔告诉厄尔，现在她可以自由去漫步了。但厄尔明白，一旦她解开和“星”2号联系的绳子，再也找不到它的时候，那么她就无法再挂在“星”2号下面，里面的菲尔也不可能从“星”2号里走出来救她了。

探险就意味着把生死置之度外，厄尔毅然解开安全带，镇定地踏上了海底。她惊异地感到，自己的脚好像踏在月球的表面上，但是两者有一个明显的不同，那就是月球上毫无生机，而海底却有丰富的生物。一条鲨鱼从她的身边游过，眼睛里闪着绿光。它的游泳姿态极为优美，而且一点也不怕她。厄尔用机械手测量出鲨鱼的长度：45.7厘米。一条体侧发光的灯笼鱼也从她的身边滑过去了，模样很像一架小型客机。十几只红脚螃蟹伏在一块海扇上，随着潮流而来回晃动。一条皮肤柔软的蛇状鱼类，在“星”2号下照的灯光里时隐时现。

畅快的海底漫游

当厄尔在海底漫步时，菲尔一直坐在“星”2号里小心翼翼地伴随着她，他给她照明、摄影，随时与她保持联络。

“吉姆式”潜水服对厄尔来说十分宽大，以至她能从金属套臂里抽出手来，把观察到的东西记在本子上。

厄尔兴致极高，不时因为新发现而笑出声来。正当她用机械手捕捉一只小蟹时，菲尔通知她准备返回水面，因为她在海底已经待了两个半小时了。她吃了一惊，以为菲尔在开玩笑，在她的感觉中，时间似乎只过了20分钟。

她找到了安全绳并再次把自己缚在“星”2号下面。半个小时后，她回到了阳光灿烂的海面。

厄尔获得了“深海女王”的称号。但她的心里没有多少自豪，还觉得有些遗憾，因为她创造了女蛙人潜水的最深纪录，却没有突破男子的纪录。从此之后，她更热衷于海底遨游。在 51 岁那年，她创下了累计在水下 6000 小时的女蛙人纪录。

厄尔在潜水时经常会遇到一些危险。她曾与座头鲸一起潜水，也曾被一群鲨鱼包围过。1984 年，她潜到密克罗尼西亚群岛海域 76 米深的海底，那里有一条沉没的军舰。当她正试图从发锈的炮筒中捕一条毒脊蓑鱼时，手臂被这条鱼狠咬了一口，顿时感到手臂奇疼无比，她知道那是毒液进入她体内的症状。她返身潜离那条鱼，但为了防止潜水病，她又逐层在水下待了一个多小时，才浮出水面。

“阿基米德”号万米深潜

“阿基米德”号深潜器的这次万米深潜，对它来说仅仅是开始。此后，世界各大洋都能见到它从容不迫的身姿。它一共深潜了57次，为深海科学探险作出了不可磨灭的贡献。

世界十大深渊

人类对于大洋深度的探测始于麦哲伦。当年他进入太平洋，试图用一条200～300米长的系锤测线来了解它的深度，没探到海底，就认为是太平洋的最深处。后来，人们测得那儿的深度是3000米，虽然很深，但距太平洋的真正深渊差了许多。

20世纪中叶，由于回声测深仪的发明，人们才可能找到海洋的深渊。至今为止，世界十大深渊全都在太平洋：“勇士1号深渊”深度为11034米，“勇士2号深渊”深度为10882米，“勇士3号深渊”深度为10047米，地点分别在马里亚纳海沟南端、汤加海沟中段和克马德克海沟中间。它们是苏联的海洋调查船“勇士”号在1957年的环球考察中相继发现的。此外，“勇士”号在堪察加海沟里又测到一个10542米的深渊。另外，“挑战者深渊”为10863米，“的里雅斯特号深渊”为10918米，这两个深渊均在马里亚纳海沟内。

在菲律宾海沟内一共发现三大深渊：“活雕深渊”、“约翰逊角深渊”、“埃姆登深渊”，深度分别为10540米，10497米、10400米，它们的命名都取自发现它们的船只名字。

“拉马波深渊”在日本伊豆的小笠原海沟内，深度为10680米。

“阿基米德”号入水

法国一向是海洋深潜方面最先进的国家。1961年，也就是美国的“的里雅斯特”号征服万米深度的一年之后，法国建成了“阿基米德”号深潜器。它的身长21.3米，宽4米，高7 8米，排水量是196吨，是当时世界最大的深潜器，具有特别优异的性能。它的浮体耐压球不是突出压座舱壳的外面，从而使整个形状更像颗“深海气球”。它的底部装有钻探装置，可采集海底样品。它还有一台潜水泵，能吸取沉积物或生物。

海洋调查船“勇士”号

“勇士”号是苏联海洋研究所自1949年以后从事太平洋深海调查的最大的研究船，1959年以后，也在印度洋从事考察。“勇士”号调查船设有14个研究室，另有图书室、标本样品库，备存12台卷扬机，可抛锚至1万米深。航海周期一般是7个月左右，观测100～300个点。世界最深的查林杰海渊（11034米）就是它发现的。

“阿基米德”号经过试航后，被运到日本。1962年7月23日，由日本东京水产大学的教学船拖带着，从钏路港出发去太平洋的千岛海沟探险。

7月25日上午7点，千岛群岛特有的浓雾开始消散，明媚的阳光照耀着“阿基米德”号。7点40分，法国海军上尉奥朋、地质学家特洛伊斯博士和日本生物学家佐佐木忠义相继进入深潜器。20分钟后，“阿基米德”号下潜到2000米的深度，9点，下潜到3200米。这时周围的水温为1.75℃，一大群发光微生物在海水中出现，深潜器仿佛置身于万家灯火之中。

“阿基米德”号继续稳稳地下潜，深度计的指针在慢慢移动，深潜器内外格外宁静。当它到达4650米时，窗外有一股鱼群游过，他们刚想摄影，鱼群便无影无踪了。

当“阿基米德”号下潜到8000米时，声纳测深仪开始启动工作。此时的外界水温为2.3℃，器内温度为15℃，深潜器内的人都略感寒冷。

11点16分，“阿基米德”号来到9600米的深处，海底已经伸手可及。三位探险者不敢有半点疏忽，各就各位细心地观察仪器。他们放慢深潜器的下潜速度，因为深渊的海底的状况有不可预知性，如果是凸出的岩石，深潜器撞上去就会损坏。那样的话他们便创造了一个悲惨的新记录：第一批葬身深渊的人。但情况比预计的要好得多，11点47分，“阿基米德”号轻轻地在海底着陆，沉积物荡起高高的黄色“尘云”。他们一边向上面报告：“一万米，一万米!”一边开动取样器收集样品。后来经显微镜观测，这些粉尘的粒径只有万分之一毫米左右，难怪稍一动荡便会“尘土飞扬。”

万米海底探险

“阿基米德”号不敢快速行驶，只是在海底上面几米处轻缓地移动。几十条3~4厘米长的小鱼一直为观察窗里的灯光所吸引，不断地来回游动，好奇地瞧着这些陌生的人类，它们一点也不害怕上千个大气压的高压，与藏在厚厚的钢壳里的探险家们形成鲜明的对照。这里，阳光根本不可能到达，水温是那样寒冷，氧气和营养盐类极其稀少。可是，生命的顽强却在这里得到了有力的佐证：这里不仅有鱼类、虾类，还有其他藻类和软体动物，它们都在这块“死地”上繁衍生息。

“阿基米德”号在深海逗留了3个小时，时间超过“的里雅斯特”号的6倍。14点10分，探险的科学家们依依不舍地向海底”告别，两个半小时后回到了海面。

“阿尔文”号屡建奇功

“阿尔文”号的下潜，真可以说充满了传奇色彩，它建成后不久就执行了一次很特别的任务——打捞氢弹。1977年，重建后的“阿尔文”号在加拉帕戈群岛断裂带首次发现了海底热液和其中的生物群落。两年后，又在东太平洋隆的北部发现了第一个高温黑烟囱。20世纪80年代，阿尔文又再次建立业绩，成功地参与了对泰坦尼克号沉船的搜寻和考察，也因此登上了美国《时代》周刊的封面。

打捞氢弹

1964年，“的里雅斯特”号从美国海军退役了，替代它的是被人们誉为“深海工作艇先驱”的“阿尔文”号。“阿尔文”号建成伊始，就下海100多次，把海洋学家送到黑暗而寒冷的海底世界，进行各种广泛而有趣的研究工作。

“阿尔文”号名声大振是1966年那次打捞氢弹的著名下潜。1966年1月7日，一架携带有4枚氢弹的美国B-52轰炸机，在西班牙帕洛马雷斯上空演习时，与担任加油任务的运输机发生碰撞，其中一枚氢弹落入了西班牙南岸浩瀚的地中海中，成为世界瞩目的事件。

氢弹沉没的海区水深达900米，潜水员根本无法长时间滞留在这样深的海底，更何况下潜搜寻氢弹。万般无奈之下，美国海军只好请“阿尔文”号出马。

“阿尔文”号达到指定海域后，随即开始下潜。当下潜到水下600米时，深潜器上的探照灯亮了，搜索开始进行。可是整整10天过去了，一无所获。

两个月后，“阿尔文”号再次下潜搜索，这次发现了蛰伏在海底的那枚氢弹。“阿尔文”号的机械手开始大显神通，把钢丝绳索绑在3米长的氢弹上，在水面打捞船的协助下，将那枚令人心悸的氢弹摇摇晃晃地拖出了水面。

“阿尔文”号历险

有一天，“阿尔文”号正在600米深海作业，也不知什么原因激怒了一条箭鱼，这条2米多长的箭鱼以不可思议的速度向“阿尔文”号冲来，只听见“咔嚓”一声，“阿尔文”号猛地震动了一下，接着供电中断了。

船员们被这突然的袭击惊呆了。原来箭鱼穿透了观察窗下部的玻璃钢轻外壳，连头一起插入艇内，总电缆恰好被切断。“阿尔文”号受到重创，不得不紧急上浮。

“阿尔文”号再次历险是在两年后。1968年10月16日，“阿尔文”号停泊在离海岸220公里的海面上，那天风流很大，由于一位粗心的管理员没有及时关闭上部的出入口，汹涌的海水进入艇内，“阿尔文”号立即沉入海底。直到1969年8月28日，美国海军另一艘著名的深潜器“阿鲁明纳”号出马，才使“阿尔文”号重见天日。

海底奇遇

1974年7月17日，“阿尔文”号在大西洋底潜航时，看到了一堵高墙，接着又看到了一堵岩墙，几堵岩墙乍看之下就像是一座海底古城的遗址。科学家立刻想起了“大西国”的传说：9000多年前，大西洋中有个文明发达的国家，但在某一天突然消失了。这会不会就是那个沉入海底的“大西国”呢？

▲准备下潜的阿尔文号

于是“阿尔文”号在这个不足4米宽的“古城街道”探索，发现这些岩墙与海底裂谷大致平行。显而易见，它们不可能是人造的城墙，而只是坚固的海底岩脉。因为它较强的抗侵蚀能力，明显有别于四周易遭剥蚀的岩石。

接着，“阿尔文”号看到了海底形状奇怪的各种生物，最为奇怪的是一种叫作“沙著”的动物，它们就像一堆堆铁丝乱七八糟地扔在海底，能发出冷光，与别的东西相撞后就自行发热。可就在“阿尔文”号向一处2800米深的裂谷下潜时，差点陷入一场前所未有的厄运中。

原来，“阿尔文”号只顾前进，不知不觉中潜入了一条几乎和艇身一样宽的狭窄裂缝里，裂缝两边是锯齿状的峭壁，使它进退维谷。驾驶员只好时进时退，努力寻找能够脱身的大裂缝。就在它缓缓前进时，崩塌下来的沙石泥土迅速把它埋起来，深潜器几乎不能动弹。幸亏驾驶员临危不乱，想尽各种办法，转危为安，驶出了可怕的裂缝。

1977年，当“阿尔文”号在加拉帕戈群岛附近下降到3000米深处时，身不由己地被一股力量向上拱起，同时感到深潜器发热。当探险队向下看时，惊呆了。只见从海底裂谷中冒出了一股灼热的喷泉，在喷泉口还浮游着各种奇异的生物，有血红色的管状蠕虫，大得出奇的蛤和螃蟹，以及一些类似蒲公英的生物。这一惊人的消息传开后，各国海洋学家纷纷来到此地进行深海考察。

探查地热丘

自1974年以来，不少国家对太平洋的加拉帕戈斯海岭及其附近海底进行调查，先后发现了不少地热丘。这些地热丘大小不一，一般高10米，直径25米左右。每个地热丘都有一个地下热水的喷出点。有些科学家认为，地热丘就是这些海底喷泉的凝析物形成的。海底热喷泉的温度可能达到300℃。

1978年春天，“格洛玛·挑战者”号在马里亚纳海沟西侧的海底进行钻探，从采集到的海底沉积物岩芯中所发现的矿物分析，是由 200～300℃的高温热水形成的，这结果与加拉帕戈斯海岭上的地热丘形成情况相符。

1979 年 4 月，“阿尔文”号来到东太平洋海岭。它按照常规下潜，也按照常规在海下调查。在水下探照灯的光柱下，海水晶莹碧透，各种趋光性的生物围聚在“阿尔文”号的四周。突然，“阿尔文”号里的科学家罗伯特·巴拉德听到一阵海水搅动的声音，他往观察窗外一看，大吃一惊，一股炽热混浊的黑色流体从洋底的岩石间喷涌而出。

“阿尔文”号立即对这“黑烟囱”进行考察。发现涌出的流体其实是滚烫的富含矿物质的水，四周的海水异常温暖。尤其使人惊异的是，在高温热水喷出口的附近，生活着一个由多种奇特生物组成的生物群，最引人注目的是一大丛密集在一起的管状蠕虫，有的长达 4～5 米，在水中不停地摆动。此外，还可以看到红色的蛤，没有眼睛的蟹和状似蒲公英的水母。显然，这个生物种群所依赖的不是太阳热，而是地热。

在以后的一个月里，“阿尔文”号不断地下潜到这一片深达 2700 米的海底进行考察。科学家们终于清楚地看到：海底耸立着几个大“烟囱”，一股股“黑烟”或“白烟”不断从“烟囱”里冒出来。这里超临界状态的高温热水由于水深的压力达 270 个大气压，所以并没有“沸腾”。这些“烟囱”有规律地排成一线在长达几公里的海底。在它们的周围，堆积着各种金属如铁、锌、铅、金、银、铜、铂等的硫化物。

▲海底黑烟囱

海底“烟囱”与海底火山爆发不同，后者是来源于地球深处的地幔物质硅酸盐熔浆的喷发，而前者却是过热含矿水溶液的溢流。

“阿尔文”号这一年采集到的大量标本和样品，使海洋地质学家了解到许多海底的新现象。而“阿尔文”号建立这个新功付出的代价是微乎其微的：只是观察窗的有机玻璃被高温的海底“烟囱”水烘软变形而已。

奇妙的海底勘探

海底不是一览无遗的平地，也不是耸立如柱的高山，它是有着比陆地更为复杂的地形地貌，人类对海底勘探的结果全面揭示了这一点。人类对海底进行科学勘探得益于现代仪器的特别是深潜器的帮助，在这些现代仪器的帮助下，人类更多地了解了海底奥妙，目前，这种探险考察工作正在进行中。

早期的海底探查

早期的地质学家认为，海底是由厚层泥质沉积物覆盖的贫瘠、荒芜之地，这些泥质沉积物是由陆地冲刷而来和从海底之上死亡的海洋生物碎屑下沉所形成的。经过数十亿年，这些沉积物聚集了数英里厚，大洋深处成为一个巨大的宽广平原，这些平原没有被洋脊或裂谷分开，而是散布了许多火山岛屿。

海底地貌

海底地貌多种多样，形形色色，有高耸的海山，起伏的海丘，绵延的海岭，深邃的海沟，也有坦荡的深海平原，还有世界上最长的山系。一句话，陆地上有的地形地貌，海底大体都具备。

随着遥感技术的进步，对海底的观察越来越精确和全面，它揭示了大洋中脊比陆地山脉更重要，海沟比陆地的山谷更深。具有强烈火山活动的大洋中脊产生了新洋壳，具有频繁地震活动的深海沟在深海底被发现，海底比我们过去想象的要更加复杂。

在 19 世纪中叶，人们在海底回声测深仪的帮助下铺设了连接美国与欧洲大陆的第一条电报电缆。深海记录表明，在海底存在海山、海底峡谷和中大西洋海隆（命名为“电报高原”），这些地方的海水过去曾经被认为是最深的。有时，部分电报电缆被海底滑坡掩埋，必须将其抬升到海面才能修理。

1874 年，在北大西洋的英国铺缆船“H·M·S 法拉第”号计划维修一条截断了的电报电缆，该电缆位于海底 2.5 英里深处，经过了一个巨大的海隆。在抓电缆时，抓钩钩住了一块岩石。当抓钩最终回到海面时，其中的一个钩内竟是一大块黑色的玄武岩，这是一种常见的岩浆岩。这是一次令人惊奇的发现，因为过去认为在大西洋海底不存在岩浆岩。

发现丰富的矿产资源

1872 年，英国第一艘装备齐全的海洋调查船“H·M·s. 挑战者”号奉命勘探全球海洋。该船装备有一端系有铅坠的回声测深仪，他们也使用取水器和温度计。此外，他们挖掘海底沉积物以获得深海存在生物的证据。“挑战者”号用网捕捞了大量的深海底栖动物，这些动物包括科学家从未发现的最陌生的生物。从科学角度来看，许多生物种属是未知的，一些种属被认为很久以前就已灭绝。

在近四年的勘探中，“挑战者”号对140平方英里的海底进行了绘图，并且对除北极以外的所有海洋进行了测深，海洋最深处位于西太平洋的马里亚纳岛周围。在马里亚纳海沟深水处回收样品时，调查船遇到了一条深谷，称为“马里亚纳海沟”。这条海沟形成了从关岛向北延伸的一个长条形地槽，它是地球上的最低点。

▲深海锰结核

在太平洋深海底取样时，“挑战者”号获得了类似致密煤块一样的岩石。在被误认为是化石或陨石后，该岩石一直被陈列在大英博物馆中作为海底奇特的地质现象。约一个世纪后，进一步地分析揭示了这块黑色、土豆大小岩石的真正价值，该结核含有大量有价值的金属，包括锰、铜、镍、钴和锌。科学家认识到世界上锰结核的最大储量位于北太平洋海底，大约在水面之下16000英尺，估计数千英里长的矿藏含有100亿吨锰结核。此外，在深海底还发现了其他有价值的矿物。1978年，法国一艘潜水调查船在东太平洋海底发现了奇特的熔岩层和矿物沉积，深度超过了1.5英里，由孔隙性、灰棕色的物质组成的30英尺高的小山中，这些沉积物是硫化物矿石。大量的硫化物沉积含有丰富的铁、铜和锌。法国的另一艘调查船“桑尼”号在东太平洋海底发现了另外一处硫化物矿床，长度近2000英里。沉积物含有多达40%的锌以及其他金属，一些金属的含量比陆地的金属含量还要高。在苏丹和沙特阿拉伯之间的红海海底，调查船发现存在7 000英尺厚的有价值沉积物。最大的沉积带宽3.5英里，位于阿特兰岛Ⅱ深处，该岛是以发现其的调查船而命名的。据估计，富饶的海底渗出物中含有大约200万吨的锌、40万吨的铜、9000吨银和80吨金。毫无疑问，海洋提供了丰富的矿产资源。

发现大陆漂移的证据

海底发现了大量大陆漂移的证据。但是20世纪初期，许多地质学家怀疑大陆漂移理论，他们认为狭窄的陆桥跨越了两个大陆。地质学家们通过南美洲和非洲大陆化石的相似性，认为这两个大陆之间存在陆桥。其主要观点认为大陆是固定的，陆桥从海底上升使生物能够从一个大陆迁移到另外一个大陆，后来陆桥下沉到海面之下。然而，通过海底采样，未发现陆桥存在的证据，甚至也未找到下沉的陆地。德国的气象学家及北极探险者阿佛列·魏格纳提出陆桥不可能存在，因为大陆的位置比海底的位置高得多，大陆由较轻的花岗岩组成，它漂浮在较致密的上地幔玄武岩之上。1908年，美国地质学家富兰克·泰勒描述了位于南美洲和非洲大陆之间的海底山脉，被称为中大西洋中脊，他认为这是两个大陆之间的裂谷。中脊保持静止，而两个大陆则沿相反的方向缓慢移动。

最终，技术的进步使得海洋科学家开始直接勘探海洋。1930 年，美国的自然主义者和勘探家威廉姆·彼比发明了第一台供深海调查之用的球形潜水装置。它能够容纳一个人下降到海下 3000 英尺深处，这是当时人们未曾听说过的深度。这台原始的潜水装置能够使科学家观察新的、奇特的海洋生物。然而，因为它需要系在船上，所以其可操作性受到了限制。后来，美国海军研制了深潜器，它能够行动自如，大大增强了海洋勘探能力。在 20 世纪 60 年代，潜水器“阿尔文”号问世了，它被用于深海勘探。23 英尺长的深潜器可容纳 3 个人，潜入到大约 2 英里深处，停留 8 小时。

科学家在海底的新发现

即使到了 20 世纪 70 年代初期，有关海底的认识和勘探能力也并未得到发展，且缺乏用于绘制大洋中脊崎岖地形的船载声呐。当声呐设备装载在船上并施放到船下相当深度时，图像技术得到了充分改善，一种称为海波束的系统绘制了大洋中脊高精度的声呐图像，其声呐覆盖了宽阔的海底，以一艘船通过来回追踪一条条完整的射线来绘制整个海区图。

照相机也被安装在水下的架子上，在黑暗的深海里拖放并对目标进行照相，但是仪器很容易损坏或丢失。一个名为“爱神”的巨大照相机重达 1.5 吨，为了在航行中更好地控制它，几乎把它直接拖在船下。使用时间最长的仪器称为“深拖”，载有声呐、电视照相机和测量温度、压力以及导电性的传感器。在远离厄瓜多尔海岸的东太平洋中脊上作业时，照相机掉入了热液柱之中，经过进一步的勘探，由“爱神”拍摄的相片揭示了一片分布有巨大白蛤的熔岩原野。当“阿尔文”潜艇深入海底调查这种现象时，它发现了一大片热液出口以及位于海平面之下 1.5 英里深处奇怪的深海动物。在参差不齐的玄武岩崖壁上有流动的熔岩，包括枕状熔岩原野等。被称为“黑烟囱”的奇特烟囱喷涌出含硫化物矿物的黑色热水，被称为“白烟囱”的其他烟囱喷出了乳白色的热水。在热液出口处，许多科学家未知的生物种属生活在完全黑暗的深海中。岩浆地貌中矗立着 10 英尺高的管状蠕虫，巨大的螃蟹在岩浆岩层上到处乱跑。在出口周围长 1 英尺的巨蛤和簇状蚌形成了巨大的群落。

在其他海域，科学家们也有了一些重大发现。1983 年，在远离巴哈马的海区，科学家们使用深水潜艇得到了惊人的发现。一种全新的、前所未见的藻类生活在大约 900 英尺深处海图上未标明的海山中，深度超过了先前已知的海洋植物，它比微生物大，该种属由一种具有独特结构的紫藻组成。它由较重钙化的侧壁和非常薄的上壁和下壁组成。因为最大表面暴露在微弱的阳光中，所以细胞一层层生长，类似于食品店中的罐头，这个发现扩大了藻类在海洋生产力、海洋生物链、沉积过程和造礁过程中的作用。

发现海底“伤痕”

“费摩斯”行动计划的出炉对揭示海底“伤痕”的奥妙无疑是极为关键的。在“阿基米德”号、“赛纳”号以及“阿尔文”号深潜器的海底探险考察中，巨大的海底“伤痕”被发现，并且还伴随着一些重要的海底发现。

“费摩斯”行动计划出炉

20 世纪 60 年代初，地质学兴起了一场革命，以全新的理论解释地壳结构、地壳运动、大陆与海洋的起源，即海底扩张和板块构造学说。

为了替这理论寻找更多的证据，就必须到海底扩张的地方进行调查。20 世纪 60 年代末，海洋地质学家借助于声呐，探测到大西洋中部洋底有一条奇特的山脉，这条山脉非常古怪，两坡陡峭，山脉本该是山脊线的地方却是一道深深的裂谷。而且，这条山脉宽不过 300 ~400 千米，而长则达 4 万千米，纵贯大西洋南北，一直延伸到印度洋、南极洲附近，像一条海底巨大的拉链，也像一道被绵长岁月之手撕裂的伤痕。海洋地质学家把这条山脉称为洋中脊，而把山脉顶部的裂缝称为中央裂谷。

板块构造学说

板块构造学说是在大陆漂移学说和海底扩张学说的基础上提出的。根据这一学说，地球表面覆盖着不变形且坚固的板块，这些板块在以每年 1 厘米到 10 厘米的速度在移动。由于地球表面积是有限的，板块本身是不会变形的，地球表面活动便都在这三种状态下集中发生。

1971 年 3 月和 11 月，法国和美国的科学家两度会商准备合作探测洋中脊和中央裂谷，他们制订了“费摩斯”行动计划。“费摩斯”一词的英文意思是“著名”，它确实是著名的，不仅启用了世界上最先进的深潜器，还实现了轰动世界的海底新发现。

“阿基米德”号洋底勘察

“费摩斯”行动计划开始于 1973 年夏季，科学探险家们汇集在大西洋中部海域。这里的海底地形复杂，经常有海底火山爆发。深潜器“阿基米德”号率先孤军作战。虽然“阿基米德”号深潜过 160 多次，安全性能好，但年长日久不免老迈而显得有些笨拙。计划中的另两艘深潜器，一是“赛纳”号，它刚建好，尚未作过试航，二是“阿尔文”号，经过改造正在试航，来不及赶到。

1973 年 8 月 2 日上午 9 点 06 分，“阿基米德”号开始下潜。它以每秒 30 分米的速度沉落，再次进入一个寒冷、静寂、高压和漆黑一片的世界。下潜的三位乘员中，心情最激动的要数首席科学家勒皮雄，他将是世界上第一位看到洋中脊的人，也是降到中央裂谷底部的第一个人。勒皮雄是海底扩张学说的积极倡导者，这次海底探险是对理论与事实是否相符的一个检验。

3个小时之后，洋底已在“阿基米德”号的下面呈现，勒皮雄的眼睛紧贴着舷窗。他突然惊呼起来。“看，熔岩！”他感到极为振奋，因为在深潜器的前方，巨大的熔岩像瀑布似的从几乎是垂直的陡坡上倾泻而下。“阿基米德”号继续沿着中央裂谷的岩壁小心翼翼地降落。勒皮雄又看到了壁上许多“管道”，活像大管风琴的音管，参差不齐地排列在那里，直径大都为1米多。管道是黑色的，在深潜器的探照灯光下闪出黑珍珠般的光泽。勒皮雄一边拍着照，一边想象着熔岩瀑布形成时的壮观景象：炽热的岩浆从裂谷底部纵横交错的裂隙里涌出来，流向四方，然后被海水冷却凝结成红色的“瀑布”，而黑色的管道则可能是岩浆透气的“烟囱”……这里熔融的岩浆和陡峭的悬崖峭壁也许就是现存大陆的起源之处。

12点15分，“阿基米德”号轻轻着底。海底与刚才所见的景况大不一样，尽是些破碎的岩块，不过它们的大小却出奇地均匀，像铺铁路的道碴。远处还可以看到一些完整无损的枕头状熔岩块，岩块上蒙着一层“霜”，那是海洋浮游生物的钙质遗骸，使整个洋底看上去像一块白色的帘布。

“阿基米德”号向前慢慢挪动。勒皮雄看到一株柳珊瑚，看到一丛艳丽的大海绵。在海深3000米的地方竟有这般动人的生命现象，他不禁暗暗惊叹。深潜器到了一块枕状熔岩边，勒皮雄启动机械手采集标本。但“阿基米德”号“年老”而动作不便，居然为此忙碌了半小时，才把那块岩石放进采集器里。深潜器在拐弯的时候，不小心撞到了一块岩石，引起勒皮雄的一阵惊慌，但很快被一种愉快的心情代替了。他看到一只怒气冲冲的大螃蟹爬出洞来，张开双螯，摆出一副进攻的架势，两只小眼睛不停地转动，怒视着深潜器，好像在埋怨这个不速之客搅乱了它的安宁。

“阿基米德”号在到处是陡壁断崖的中央裂谷底部潜航了两个多小时，进行了全方位的科学调查。14点56分，电池的电快用完了，3位海底探险者决定上浮。一个多小时之后，他们回到了海面。在母船上焦急地等待着他们的其他科学家，一看到他们欢快的眼神便明白，他们已经找到了打开海底秘密大门的钥匙。

随后，“阿基米德”号又下潜了6次，在中央裂谷底部的一座小火山周围考察了9千米，采集了岩石90千克，拍摄照片2000多张。

9月6日，“费摩斯”行动计划的第一航次结束。母船载着遍体鳞伤的“阿基米德”号返回法国的土伦港，它要经过一段时间的休整，才能接受更为重要的探险任务。

“赛纳”号发现海底“伤痕”

1974年6月，“费摩斯”计划第二航次的准备工作已经就绪，这一航次是由3条深潜器并肩作战。由于上次“阿基米德”号对中央裂谷底部已有所了解，而对谷壁仍一无所知，所以三条深潜器的具体分工是：“阿基米德”号在谷壁活动，“阿尔文”号到中央裂谷的轴部探险，“赛纳”号则去北部的海底大断层学术上称“转换断层”的地带考察。

6月下旬，考察船队抵达预定海区。7月12日，“赛纳”号的身影在大西洋炎热的海面上消失，慢慢地向洋底降落。它“轻手轻脚”地接近大西洋洋中脊的顶部，然后无声无息地驶入深处。不久，深潜器里传出一声愉悦的呼声：“我看到海洋的‘伤痕’了。”这时，观察窗前的海洋“伤痕”是一幅令人眼花缭乱的景象：液态的熔融物从裂缝中流出，遇到寒冷的4℃的海水，骤然凝结，迅速形成千姿百态的海底奇观。有的像巨大的蘑菇，有的像丝光蛋卷，又有的像款款飘动的纱巾。更令人惊奇的是裂缝中还时常喷发出炽热的金属熔液，它的主要成分为锰，这是富有价值的海底“露天”矿床。

惊心动魄的海底涉险

在几千米深的洋中脊进行科学探险，就像与死神做伴同行，稍有不慎便会葬身海底。当“赛纳”号满载着科学资料缓缓上升到水深800米处时，突然发生了一阵猛烈的碰撞，紧接着是沉闷的响声和深潜器的可怖的抖动。深海探险家立刻采取应急措施，让“赛纳”号悬浮在海中，就像一只装死的海龟。这时观察窗前出现一阵浓浓的黑雾，后来，一道巨大的阴影盖在有机玻璃上。他们紧张得凝神屏息，等了好久，阴影终于“飞”开了。他们连忙重新启动上浮装置，回到了海面。但是他们一直不知道撞上了什么东西。

7月17日，“阿尔文”号在洋底潜航时，看到了一堵高10米的岩墙，接着又看到一堵岩墙，几堵岩墙看上去像一座海底古城的遗迹。科学家们立刻联想到关于“大西国”的传说：许久许久之前，有个高度发达的国家，几天之间就沉没在海底。这会不会就是人们争论不休的“大西国”呢？“阿尔文”号在不足4米宽的“古城街道”上踽踽而行，发现这些墙与中央裂谷大致平行，高4～10米，厚20～100厘米，两墙相距3～4米，因此它们不可能是人造的墙，而是坚固的岩脉。它的较强的抗蚀能力，使它有别于四周易剥蚀的岩石。接着“阿尔文”号看到了洋底各种形状奇特的生物，其中最为怪异的是一种叫“沙箸”的动物。它们像一堆堆扔在海底的乱七八糟的铁丝，能够放出冷光，与别的东西相撞就自行发热。“阿尔文”号向一处裂谷潜进。这里的深度为2800米，两旁危岩耸立，不知不觉“阿尔文”号驶进了一条几乎与深潜器一样宽的狭窄裂缝，裂缝两旁的峭壁犬牙交错，使它向前不得。正当它缓缓后退时，突然崩陷下来的砂石纷落，如果不尽快撤离，随时有被喷发的岩浆流永远地“铸”在洋底的危险。工作人员临危不惧，立刻使深潜器左右摇晃，

▲深潜器深海探测

慢慢抖落压在上面的砂砾。经过90分钟的挣扎，“阿尔文”号终于脱离险境，驶出了这条可怕的裂缝。

8月6日，“赛纳”号和“阿尔文”号完成了各自的考察任务，憩息在母船上，唯独“阿基米德”号还要执行最后一项任务。当它在一条大裂缝里行驶时，猛地发现自己被夹在一条狭窄而弯曲的岩缝中。岩缝的上头是一堵坚实的岩墙，天花板似地挡在上面使它无法上浮；前方是一块尖锐的岩石，又使它不能穿越，后面则是条曲折的通道，一倒车可能会撞坏螺旋桨。他们克服短暂的慌张之后，想出了一个极妙的办法：像渔夫撑篙那样，用机械手推挡着岩壁。这样“阿基米德”号终于安全地退出“死胡同”，回到了阳光灿烂的海面。

“费摩斯”行动计划的科学探险证明：大西洋洋中脊顶部的中央裂谷，深2800米，上口宽25～50千米，底宽不足3千米。这一条海底“伤痕”，曾经是大陆的一条裂缝，由于地球内部的驱动力，把裂缝两边的陆地向相反的方向推开，最后形成两块相隔万里的陆地——非洲和美洲。

后来，科学家们又在印度洋和太平洋发现了更为壮观的大洋中脊。于是，海底扩张说和板块构造理论终于站稳了脚跟。

第十章　人类敢上九天揽胜

虽然，人类很早就把目光投向深邃的天空，但由于受客观条件的限制，过去的探险活动一直都集中在地球表面上，随着人类科学技术水平和认知水平的增强，人类开始向太空进军了。太空探险有很多地方不同于在地球上探险，这主要是因为太空的特殊环境造成的。从太空探险活动开始到现在，人类取得的成就可谓不小，可称为成绩斐然，但就揭开太空的奥秘来讲还相距遥远，只是万里长征第一步，也许，探索永远也没有止步的一天，只能说无限接近，但永远无法到达。

人类首次遨游太空

1961 年 4 月 12 日，苏联成功地发射了第一艘载人宇宙飞船“东方”号，尤里·加加林成功地完成了划时代的宇宙飞行任务，从而实现了人类遨游太空的梦想，开创了世界载人航天的新纪元，揭开了人类进入太空的序幕。苏联航天员加加林乘飞船绕地飞行 108 分钟，安全返回地面，成为世界上进入太空飞行的第一人。

“东方”号第一次绕地球飞行

尤里·加加林生于 1934 年，16 岁加入萨拉托夫航空俱乐部，23 岁被选拔为宇航员。1961 年 4 月 8 日，加加林从 6 名候选者中脱颖而出，科罗廖夫向他宣布：“历史把光荣而伟大的任务交给你，你将成为世界上第一位遨游太空的宇航员”。

▲第一个进入太空的人——苏联空军少校尤里·加加林

1961 年 4 月 12 日，科罗廖夫在发射平台上，对加加林说：“你非常幸运，你将从太空往下看地球，我们的地球一定很美。”

世界上第一艘载人宇宙飞船“东方”号在苏联发射升空后，苏联莫斯科电台同时广播了一则消息：“尤里·加加林少校驾驶的飞船在离地球 169 和 314 千米之间的高度上绕地球运行，飞船的轨道与赤道的夹角是 64. 95 度，飞船飞经世界上大多数有人居住的地区上空。”

这是人类第一次绕地球飞行，具有划时代的意义，同时也需要极大的勇气。1960 年 5 月，“东方”号原型卫星的减速火箭发生点火错误，使卫星在空间烧毁。第二年 12 月，再入密封舱进入错误轨道，并在大气层中燃烧，装在密封舱里的两条狗化为灰烬。不过这次载人却很成功，只发生了通话短时不畅、飞船返回时短时旋转等小问题。

宇航员加加林这时躺在飞船的弹射座椅上，他正从报话机里描述人类从未见到过的情景：“我能够清楚地分辨出大陆、岛屿、河流、水库和大地的轮廓。我第一次亲眼见到了地球表面的形态。地平线呈现出一片异常美国的景色，淡蓝色的晕圈环抱着地球，与黑色的天空交融在一起。天空中，群星灿烂，轮廓分明。但是，当我离开地球黑夜一面时，地平线变成了一条鲜橙色的窄带。这条窄带接着变成了蓝色，复而又成了深黑色。”

加加林安全返回地面

加加林划时代的飞行是在当地时间9点07分开始的，正好108分钟后绕地球运行了一周，他回到了自己的国土上。降落地点是斯梅洛伐卡村，村民们看到加加林头戴一顶白色的飞行帽，身着一套笨重的增压服时，惊讶得目瞪口呆。“东方”号飞船重约4.73吨，由球形密封座答和圆柱形仪器舱组成。座舱直径2.3米，乘坐一名宇航员。舱外覆盖防热层，舱内有维持10昼夜的生命保障系统，还有弹射座椅和仪器设备。飞船再入大气层时，抛掉末级火箭和仪器舱。当座舱下降到离地7000米时，宇航员弹射出舱，由降落伞着陆。“东方”号飞船既可自控也可手控，它的轨道近地点为180千米，远地点约222至327千米，远行周期是108分钟。

加加林原为上尉军衔，飞船刚一升空，苏联国防部长就签署了为他晋升少校军衔的命令。他返回市区的时候，成千上万的群众夹道欢呼，首都莫斯科的专机前来迎接，7架歼击机护航，大红地毯从专机舷梯下一直铺到为欢迎他临时修建的主席台前，国家的所有领导人都来到机场。科罗廖夫是飞船的总设计师，他与加加林长时拥抱，热泪盈眶。在17辆摩托车护送下，加加林乘敞篷汽车进入莫斯科，整座城市鲜花如云，礼炮轰鸣，数十万人欢迎这位宇航员凯旋。

加加林之死

1968年，加加林投入第二次航天飞行的准备。3月27日，他与另一名飞行员兼设计师弗拉基米尔·谢廖金乘坐进一架双座位米格-15歼击教练机，10时19分升空；10时30分飞守区内练习后，加加林向飞行指挥报告，请求取320度航向返回，此后，无线电通信突然中断。人类第一个宇航员不幸和他的飞机坠毁于弗拉基米尔州的田野。

“东方”号宇宙飞船顺利返回地面后，苏联所有电台的播音员几乎在同一时刻激动地喊出加加林的名字。当时加加林母亲安娜的邻居恰巧在听广播，听到这则几乎不敢相信的新闻后立即冲到安娜的家里，但由于过于激动，这位邻居的嘴里只喊出“尤里、尤里”并示意让加加林母亲听广播。但安娜看到邻居的表现后却当场昏倒在地，家人和邻居立即将安娜送到医院抢救，安娜苏醒并知道尤里的壮举后才松了口气对周围人说，她当时看到邻居那样激动地喊加加林的名字，她脑子里只想到儿子驾驶的飞机可能失事了，因为她只知道儿子是飞行员，却怎么也没想到他会上太空。

人类首次登上月球

在20世纪60年代的美国载人航天活动中，最为辉煌的成就莫过于阿波罗载人登月飞行。早在20世纪60年代初，美国宇航局提出了“阿波罗登月计划”。经过8年的艰苦努力，连续发射10艘不载人的阿波罗飞船之后，终于在1969年7月16日发射成功载人登月的阿波罗11号飞船。

“阿波罗”计划

1961年5月美国宣布：“在60年代结束之前人类将登上月球，并且能平安返回地球。”于是便产生了登月的“阿波罗计划”。在10年时间里，美国耗资约250亿美元，先后参加这项工作的有400多万人，1200多名专家、工程师和两万多家工厂、120所大学，制造了推力强大的土星－5号火箭，先进的阿波罗飞船，6次将12名宇航员成功地送上了月球。

把人送上月球并安全返回，这是一件十分严肃的大事，尽管在阿波罗计划之前已经实施了徘徊者计划、勘测者计划，但仍需大量、细致的准备工作。因此在载人登月以前发射了自“阿波罗1号”至“阿波罗10号”10艘试验飞船。

在准备过程中出现过不少问题，甚至是巨大的牺牲。1967年1月27日在进行发射试验时，飞船内突然失火，仅几秒钟3名年轻的宇航员便被大火烧死，原来阿波罗的舱内不是普通空气，而是氧气，偏偏舱内又出现了电火花，于是酿成了这场悲剧。接受了这次教训，飞船装备又作了重大改进，整个计划推迟了一年。

“阿波罗11号”升空

1969年7月16日，在肯尼迪空间中心的发射场上，巨大的土星5号矗立在发射架上，阿波罗傲然挺立在火箭尖端。

▲“阿波罗1号”事故中丧生的三名宇航员

发射前8小时15分钟，为火箭灌注燃料，这项工作进行了5小时，3名宇航员告别了朋友，提前2小时进入飞船。准备工作紧张地进行着，现在开始以秒倒计时，10、9，点火，8、7，第一级火箭向下喷出红色火焰，6、5、4火焰变成橘黄色，3、2、1、0发射！随着震耳欲聋的巨响，土星5号离开地面，徐徐升空。喷向发射架的水遇到近3000摄氏度的高温，立刻变成水蒸气，升腾而上，似火山爆发，在惊雷般的轰鸣声中，土星 5 号直冲云霄。

发射后 2 分 40 秒第一级火箭脱落，第二级火箭开始工作，它一面升高，一面向水平方向转弯，3 分 17 秒甩掉紧急救生火箭，9 分 11 秒甩掉第二级火箭，11 分 40 秒第三级火箭熄火，阿波罗顺利进入被称为待机轨道的预定轨道。

飞船发射后并不是径直飞向月球、着陆，还要经过几次轨道变换。待机轨道，这是环绕地球的圆形的轨道，飞船发射后首先进入待机轨道，像卫星一样运行，“待机”的含义是：在这里对飞船进行各项检查，决定是否向月球进发，一切正常，在合适的时机进入“奔月轨道”，出现问题，便返回地球。“阿波罗 11 号”在待机轨道上运行一周半，地面控制中心指示：“一切正常，向月球进发！”三级火箭再次点火，飞船越飞越快，以近 11 千米/秒的速度进入奔月轨道。奔月轨道，是一个椭圆形的人造卫星轨道，椭圆扁而长，远地点达到了月球的背面，飞船适时地由奔月轨道进入绕月球轨道。

奔月旅行

奔月旅行开始了，行程 384000 千米，需要 73 小时，整整 3 天。要做的事情很多，宇航员忙碌起来了！

首先是调整各舱的位置，登月舱在第三级火箭末端的贮藏舱内，向前依次是服务舱、指令舱（合称母船）。母船与登月舱分离，调转 180 度，回过头来再与登月舱对接，对接后将登月舱从贮藏内拉出来，与第三级火箭分离，第三级火箭完成了最后的任务，远离奔月轨道。现在“阿波罗 11 号”再重新调整好方向，把登月舱顶在母船头上，直奔月球。

第一天，“阿波罗 11 号”在漆黑的空间飞奔，速度越来越慢，进入奔月轨道后，速度已降到 2.73 千米/秒。因为飞船是在地球和月球之间飞行，它受到地球和月球的引力，前者使飞船减速，要将飞船拉回地球，后者则使飞船加速奔向月球，开始时飞船离地球近，地球引力起主要作用，飞船速度越来越慢，而月球的引力微不足道。随着飞行，地球引力减小，月球引力增大，在某一位置上两者平衡，只要在这一位置上飞船的速度不降到零，以后月球引力将吸引飞船向自己靠近，飞船速度会逐渐增大。发射后 61 小时 40 分，飞船到达地、月引力相等的位置，这时的速度最小，为 0.458 千米/秒。飞船一面飞行一面自转，就像在火堆上烤羊肉串一样，如果不转，向着太阳的一面温度会高达 200 摄氏度，而背着太阳的一面会出现零下 150 摄氏度的低温。

▲“阿波罗 11 号”

第二天，电视直播开始了，在长达 34 分的时间里，电视详细地介绍了指令舱内的情况，人们清楚地看到了舱中的仪器、食品、咖啡、水果，看到了在失重状态下宇航员走动的样子，食品飘浮在舱中……这一切使地球上的人大饱眼福。风趣的柯林斯曾开了一个玩笑，他把电视摄影机镜头颠倒了180°，然后对着地球观众说："大家注意把帽子抓牢，我现在要把你们翻个个儿！"第二天的飞行结束了，宇航员的心脏、脉搏正常。

第三天，地面控制中心和飞船有一段有趣的对话。地面："过一会儿请把脏水倒到舱外去……自转飞行有些不均衡……如果有必要修正再进行联系。"飞船："明白。以后向宇航飞船两侧各倒一半脏水吧！"向舱外倒水会影响飞船飞行，甚至会发展到"有必要修正"的程度，这是怎么回事？很简单，在真空的宇宙，向舱外排放污物与火箭喷射气体的作用一样，会产生推力，改变飞船的运动状态，甚至会使飞船脱离轨道，造成严重后果。听起来令人发笑的事，却必须认真对待，所以提出来向两侧各倒一半污水的办法。今天宇航员要进入登月舱进行检查，并向地面进行实况转播。月球就在面前了！

进入绕月轨道

在月球引力作用下，"阿波罗11号"越飞越快，离月球越来越近。为了使飞船在预定的时间、位置由奔月轨道进入绕月轨道，飞船的减速是非常关键的。地面中心收集着世界各地追踪基地、追踪站、追踪飞机、通信卫星发来的数据，计算机不停地工作着，报告着飞船的准确位置、速度，指挥着飞船减速。指令舱驾驶员柯林斯双手紧握操纵杆，目不转睛地注视着仪表，如果计算机发生故障，要及时改成手操纵，登月舱驾驶员奥尔德林不停地大声报告着仪表上的数据……在发射后的75小时49分48秒，计算机发出命令，"服务舱火箭逆向喷火"，飞船开始减速，当速度降到预定值时，计算机发出停火指令。一切是那么得准确、顺利，"阿波罗11号"进入了椭圆形的绕月轨道，距月球最近只有114千米。

▲登上月球表面

绕月两周后，服务舱火箭再次逆向喷火，飞船速度进一步降低。在一整天的绕月飞行中，进行着登月的各项准备工作。在绕月第11圈时指令长阿姆斯特朗和奥尔德林进入了被称为"鹰"的登月舱。7月21日2时40分，鹰与母船分离，但只是稍稍分离，保持着随时可以对接的状态，等一切正常后，鹰开始进行独立飞行，母船将像月球的卫星一样，在绕月轨道上等待着鹰的归来。鹰启动下降火箭进入椭圆形的下降轨道。

在月球着陆

鹰和地面指挥中心的计算机紧张地工作着，使鹰保持着正确姿势和准确的速度，减速、下降，离月面越来越近。最严峻的时刻到了。下降发动机、小型制动发动机、着陆精密调节发动机（这些都是火箭）准确地工作着，速度过快会与月面发生撞击，若损坏了下降段的着陆支脚，鹰将无法返回地球。宇航员十分紧张，地面指挥中心的人也坐不住了，双方频频联络。清晨5时17分40秒，鹰在“静海”平衡着陆，成功了！

船长阿姆斯特朗首先走上舱门平台，面对陌生的月球凝视几分钟后，挪动右脚，一步三停地爬下扶梯。5米高的9级台阶，他整整花了3分钟！随后，他的左脚小心翼翼地触及月面，而右脚仍然停留在台阶上。当他发现左脚陷入月面很少时，才鼓起勇气将右脚踏上月面。这时的阿姆斯特朗感慨万千：“对一个人来说这是一小步，但对人类来说却是一个飞跃！”18分钟后，宇航员奥尔德林也踏上月面，他俩穿着宇航服在月面上幽灵似地“游动”、跳跃，拍摄月面景色、收集月岩和月壤、安装仪器、进行实验和向地面控制中心发回探测信息。

活动结束后，阿姆斯特朗和奥尔德林乘上登月舱飞离月面，升入月球轨道，与由科林斯驾驶的、在月球轨道上等候的指挥舱会合对接。3名宇航员共乘指挥舱返回地球，在太平洋溅落。整个飞行历时8天3小时18分钟，在月面停留21小时18分钟。时间虽然短暂，却是一次历史性的壮举。

探访最亮行星——金星

人类对太阳系行星空间探测是从金星开始的，苏联和美国从20世纪60年代起，就对揭开金星的秘密倾注了极大的热情和探测竞争。到目前为止，发往金星或路过金星的各种探测器已经超过40个，获得了大量的有关金星的科学资料，使我们对金星有了更多的了解。

金星是太阳系八大行星中距地球最近的一颗行星，所以人类对太阳系行星的探测首先是从金星开始的。截至2008年11月，人类已向金星发射了31个空间探测器，其中22个成功，9个失败。加上各种路过的探测器总数已超过40个。

苏联的“金星1号”是人类历史上发射的第一艘金星探测飞船，在1961年2月12日升空，但并不成功。

首度成功观测金星的是美国的“水手2号”，于1962年8月27日升空，同年12月14日，通过了距离金星34830千米的地方探测金星。

首次在金星大气中直接测量的是苏联的“金星4号”，于1967年10月18日，打开降落伞，降落于金星大气中。

首次软着陆成功的是苏联的“金星7号”，它于1970年12月15日，降落于金星表面，送回各种观测资料。

苏联从1961年开始，直至1983年，共发射飞船16艘，除少数几艘失败外，大多数都按原计划发回不少重要资料。

▲“金星4号”探测器

美国在1962年发射“水手2号”以后，又在1978年5月20日和8月8日先后发射“先驱者金星”1号和2号，其中“先驱者金星”2号的探测器软着陆成功。至此，美国也先后有6个探测金星的飞船上天。1978年，美国先驱者探测器在金星表面实现软着陆。1989年发射的伽利略探测器，于1990年2月飞越金星进行遥感观测。最新的金星探测器属于欧洲金星快车探测器，于2005年发射，2006年4月进入金星轨道进行遥感观测。

探测表明，金星的天空是橙黄色的。金星的高空有着巨大的圆顶状的云，它们离金星地面48千米以上，这些浓云悬挂在空中反射着太阳光。这些橙黄色的云是什么呢？原来竟是具有强烈腐蚀作用的浓硫酸雾，厚度有20～30千米。因此，金星上若也下雨的话，下的便全是硫酸雨，恐怕也没有几种动植物能经得住酸雨的“洗礼”。的确，金星也真是个不毛之地。

金星的大气不仅有可怕的硫酸，还有惊人的压力。我们地球的大气压只有一个大气压左右，在金星的固定表面，大气压是95个大气压，几乎是地球大气的100倍，相当于地球海洋深处1000米的水压。人的身体是承受不起这么大的压力的，肯定在一瞬间被压扁。

金星的大气中主要是二氧化碳。二氧化碳占了气体总量的96%，而氧气仅占0.4%，这与地球上大气的结构刚好相反，金星的二氧化碳比地球上的二氧化碳多出1万倍。人在金星上一准儿会被闷死。这里常常电闪雷鸣，几乎每时每刻都有雷电发生，让你掩耳抱头，避之不及。

金星是真正的“火炉”。地球上40℃的高温已经让人受不了，但金星表面的温度高得吓人，竟然高达460℃，足以把动植物烤焦，而且在黑夜并不冰冻，夜间的岩石也像通了电的电炉丝发出暗红色光。金星怎么会有这么恐怖的高温呢？这也是二氧化碳的“功劳”。白天，在强烈阳光照射下，金星地表很热，二氧化碳具有温室效应，就是说大气吸收的太阳能一旦变成了热能，便跑不出金星大气，而被大气挡了回来，二氧化碳活像厚厚的“被子”，把金星捂得严密不透风，酷热异常。再加上金星的一个白天相当于地球上58天半，吸收的热量更是越聚越多，热量只进不出，从而达到了460℃的高温，比最靠近太阳的水星白昼的温度还要高（水星约430℃）。

温室效应使金星昼夜几乎没有温差，没有季节变化，因而金星上无四季之分。

金星地表与地球有几分相似。金星因为有大气保护，环形山没有水星、月球那么多，地形相对比较平坦，但是有高山。山的高度最大落差与地球相似，也有高大的火山，延伸范围广达30万平方公里。大部分金星表面看起来像地球陆地。不过，地球陆地只有十分之三，其余十分之七为广大海面。金星有很少量的水，仅为地球上水的十万分之一。这些水分布在哪里呢？由“金星13号”和“金星14号”探测表明，在硫酸雾的低层，水汽含量比较大，为0.02%。金星表面找不到一滴水，整个金星表面就是一个特大的沙漠，在每日的大风中尘沙铺天盖地，到处昏昏沉沉。

金星上如此恶劣的环境，是以前的人们不曾想到过的，这位曾经是地球“孪生姐妹”的金星，一旦面纱撩开，即刻让人们对金星上存在生命的幻想破灭了。

金星自转是卫星中最独特的。自转与公转方向相反，是逆向自转。换句话说，从金星上看太阳，太阳是从西方升起，在东方落下。金星逆向自转，是科学家用雷达探测金星表面根据反射器回来的雷达波发现的，还知道金星自转非常缓慢，每243天自转一周，如果我们在金星上观看星星，每过243天，才能在天空看到同一幅恒星图景，如我们以太阳为基准测量金星自转周期，仅仅是116.8个地球日。因为，在这段时间，金星沿公转轨道前进了很大一段距离，在这243天中，可以看到两次日出和日落。所以，一个金星日是116.8个地球日，金星上的一天等于地球上116天多。

探访类地行星——火星

人类探索火星有 N 个理由：火星是人类可以探索的最近行星；火星上可能存在水；火星上可能存在过生命；从长期来看，火星是一个可供人们移居的星球……实际的探险考察有的验证了人们的想法是正确的，而更多的考察结果则颠覆了人们原先的想法，有的还需要作进一步的考察。

“水手 9”号的成绩

在太阳系的八大行星中，火星和地球在许多地方十分相似：火星自转一周是 24.66 小时，昼夜只比地球上的一天多 40 分钟；火星自转倾斜角也和地球相近，所以火星上也有春夏秋冬四季的气候变化，此外，火星上也有大气层。

▲火　星

1877 年，意大利天文学家斯基帕雷用望远镜发现火星上有许多细长的暗线和暗区，他把暗线称为“水道”。有人干脆把“水道”翻译成英语的“运河”，暗区译成“湖泊”。有运河就有智慧生命存在的可能性。于是，一个世纪以来，有关这颗红色星球上的火星人和火星生命的传说、猜测和探测不断涌现。眼见为实，只有对火星进行逼近观测，才能彻底解开这些谜。20 世纪 50 年代后，人类开始了火星探险。

1965 年 7 月 14 日，美国发射的“水手 4”号从离火星不到 1 万千米的地方掠过，第一次对它进行了近距离考察，并拍摄了 21 张照片。“水手 4”号的考察结果表明，火星的大气密度不足地球的 1%。火星生命如果存在的话，生存环境看来要比地球上的艰难许多。

1969 年 2、3 月间，“水手 6”号和“水手 7”号向火星进发，从距火星 3200 千米处传回了 200 帧照片。照片的清晰度大大增加，但运河仍然不见踪影。为了彻底弄清火星的全貌，1971 年 11 月，“水手 9”号驶入了环火星轨道，成为第一颗环绕另一颗行星的人造天体。然而就在“水手 9”号驶向火星的过程中，火星上发生了大规模的尘暴，这场持续了几个月的尘暴扼杀了随后赶到的两颗苏联火星探测器“火星 2”号和“火星 3”号。它们在 1971 年 11 月 27 日和 12 月 2 日投下的装置在工作了 20 秒之后就音信全无，仅仅传回了半张灰蒙蒙的照片。

“水手 9”号躲过了火星尘暴的灾难。1971 年 12 月，它传回来的第一幅火星照片就给持“运河说”的人以致命的一击：火星上根本不存在什么运河，人们看到的只是火星风形成的沙粒带状条纹，就如同我们在沙漠里看到的一样。令那些支持“火星生命说”的人松了一口气的是，“水手9”号在火星上发现了许多干涸的河床，其中有的长达1500千米，宽2130千米，这证明在火星上可能曾经存在过液态的水。只要有液态水，火星上的生命就有希望。

1976年7月和9月，“海盗1”号和“海盗2”号的探测器先后在火星着陆。在那里，它们确定了火星的大气成分，分析了火星土壤的样品，发布了火星上第一份气象报告，并探测到了火星的“地震”。

“火星探路者”成功登临

从“海盗”号登上火星之后，人类的火星探险已经不是去寻找“火星人”之类的高等生物了。1996年11月，美国发射“火星全球勘探者”飞船。“火星全球勘探者”在1997年9月进入火星轨道，这是人类成功地送入火星的第一个轨道器。

“火星全球勘探者”探测器将在环绕火星的轨道上飞行时勘探其地质特征，这也许能帮助人们找到ALH84001陨石的地理渊源。它需经过10个月的旅行抵达绕火星飞行的轨道，将绘制火星地形图、分析火星大气成分和记录火星大气变化的情况，完成1992年升空的“火星观察者”探测器未完成的任务。“火星观察者”探测器原定1993年8月24日到达火星轨道，但1993年8月21日突然与地面失去联系。

同年12月，美国发射“火星探路者”探测器。“探路者”号此行有4个主要目的：①了解地形特征；②选好人类登临的着陆点；③观测火星上的各种变迁；④仔细探寻生命的痕迹。

“水手”号探测器

水手号探测器是美国行星和行星际探测器系列。从1962年7月至1973年11月共发射10个，“水手”号探测器的任务主要是探测金星和火星及其周围空间。其中3个飞向金星，2个成功，6个飞向火星，4个成功；另一个是对金星和水星进行双星观测，成为第一个双星观测器。

1997年7月4日，“火星探路者”经过7个月的旅行，行程4.94亿千米，终于来到火星，并成功地在火星上的阿瑞斯平原着陆。这是自“海盗号”以后，人类再次把航天器送入火星表面，也是美国航天局跨世纪的一连串火星轨道和着陆探测计划的开始。

“火星探路者”探测器由轨道器和着陆器组成，重800千克，其中着陆器重264千克。当“火星探路者”进入火星轨道后，便绕火星运行。在运行到火星北纬19.5°、西经32.8°上空时，轨道器与着陆器分离，轨道器继续绕火星飞行进行考察，而着陆器则以15~20°角度和6.3千米/秒的速度从距火星表面8500千米落下，在穿过离火星表面125千米高的稀薄大气层后，速度降为250米/秒，这是火星大气阻力所致。打开一张直径7.3米的降落伞，使着陆器的速度降至35米/秒。着陆器上的雷达高度计在距表面1.5千米时（速度为60～75米/秒）开始工作，当测到着陆器距火星表面300米时，其所带的气囊充气，以便着陆器软着陆；当距火星表面50～70米时，着陆器上的反推固体火箭点火工作，进一步减速。最后，着陆器在气囊的保护下落到火星表面。

“探路者”号登陆的场面非常热闹，而且从那样高的地方投下去，探测器受到的冲击力仅为50克，的确令人叹服。“探路者”号携带有火星车。这个60厘米×45厘米×30厘米的小家伙里包括1台计算机、70个传感器、5个激光测距仪和由3套摄像机组成的立体视镜系统，带有自动导航和前后轮独立转向系统，同时还有发动机、X射线仪和其他分析仪器，其精巧程度可见一斑。它要迈上一定的坡度，跨过岩石和深沟，还要屏蔽火星土壤的强磁性干扰。在背向地球时，它必须有能力独立使用X光分析仪和测距仪。

此外，“火星探路者”还携带了一辆六轮小跑车，称为“漫游者”。“漫游者”在着陆器着陆后的第二天走下着陆器，开始对选定的目标进行研究。在以后的90天里，“火星探路者”共向人类发回了1.6万张照片。

“火星探路者”终于找到了一些支持“火星生命说”的证据，从它发回的1.6万张照片中科学家发现，几十亿年前，火星的阿瑞斯平原曾发生过大洪水，而现在的火星可能与地球一样有晨雾。有水就可能有生命。

俄罗斯的火星探测

1996年11月俄罗斯发射火星—96探测器，它被称为射向火星的“炸弹”，10个月以后进入火星轨道。此后分为三部分，一部分留在火星轨道上拍摄火星表面，考察火星大气层的成分和温度；另一部分是向火星表面释放两个着陆站，用以记录火星表面几米高度内的大气温度、湿度和风速等情况；第三部分是两个能刺入火星土壤的“炸弹”式锥形穿入器，用于分析火星土壤成分和探测火星地震情况。

“炸弹”式穿入器能扎入火星地下4～6米。它长有1米多，呈长形，头尖，头部用超硬度材料制成，装有高灵敏度和高精度仪器，能在80千米/小时速度下落时完好无损地穿入火星表面，发挥正常的探测作用。

火星—96探测器起飞重量为6580千克，轨道器重650千克，两着陆器各重50千克，能工作700天。着陆器和穿入器所获信息通过无线电把信息传到轨道站，然后转送到地球。这一“三级”探索系统将工作一年，对火星表面详细拍摄，在不同的光谱区考察，研究大气的结构和变化情况，分析火星土壤。它是对美国“火星全球勘探者”和“火星探路者”的研究加以补充。此后，俄罗斯1998年又发射火星—98探测器。俄罗斯的火星探险还将继续。

探访最大行星——木星

第一个探测木星的使者是美国宇航局于1972年3月发射的“先驱者”10号探测器，它穿越危险的小行星带和木星周围的强辐射区，经过一年零九个月，行程10亿公里，于1973年10月飞临木星，探测到木星规模宏大的磁层，研究了木星大气。伽利略号是直到目前为止唯一进入木星轨道的探测器。

肩负使命的“伽利略”号

木星是太阳系中最大的一颗行星，其质量相当于地球的317倍，其体积为地球的1300倍。木星自转一周仅需10小时，而环绕太阳公转一周大约需要12年，数百年来人类一直关注着木星，长期的观测使人们对木星有了一些初步的了解，例如知道木星是个椭球体，其表面有与赤道平行的或明或暗的条纹，没有高山和陆地，只是液态氢的“海洋”；

环绕木星有光环；在木星周围有4颗大的卫星等等。尽管如此，还是有许多疑点得不到解答，如云为什么是黄色的？木星大气层的成分是什么？木星雷电的成因是否与地球雷电的成因相同？作为行星的木星为什么会从其内部发出能量？著名的木星大红斑的本质是什么？为什么木卫1有那么活跃的火山爆发？

为了使人类进一步了解木星，近些年来人类已向木星发射了“先驱者10”号（1973年发射）、“先驱者11”号（1974年发射）、“旅行者1”号和“旅行者2”号（1979年发射）共4颗航天器。它们从木星周围飞过，考察了木星和它的卫星，发回了许多宝贵的图像和测量资料。但由于木星大气层的掩盖，有关它的许多问题仍是个谜。要想回答这些问题，必须进入木星大气层内作进一步的探测。

为了对木星有更深入的了解，获得更丰富的资料，美国国家航宇局（NASA）研制了更先进的“伽利略”探测器，它由轨道飞行器和木星大气探测器两大部分组成。“伽利略”轨道飞行器的主要任务是：①接收并储存木星大气探测器测定的木星大气的温度、压力、成分等物理量以及它们随高度变化的情况，然后将信息发送回地球的测控中心；②在今后两年内，环绕木星11圈，对木星大量卫星及其周围环境作近距离考察。在环绕木星运行的轨道飞行器上装有多种先进设备，固体摄像机、紫外分光仪等遥感设备可以获得木星及其卫星的详细图像，分析木星表面物质的化学成分、大气组成和来自木星表面的

“先驱者”号探测器

“先驱者”号探测器是美国发射的行星和行星际探测器系列之一，1958年10月到1978年8月发射，共13个。“先驱者”号探测器用来探测地球与月球之间，金星、木星、土星等行星及其行星际空间。

辐射能；磁力计和尘埃计数器则可监测木星周围环境，了解木星磁层和辐射带的结构及木星周围尘埃的分布情况。在木星大气探测器上装有许多观测仪，以测量和研究木星大气的化学成分、温度、压力、云的高度、能量的传递、由雷引起的发光放电现象。

“伽利略”号进入太空

1989 年 10 月“伽利略”号探测器由“亚特兰蒂斯”号航天飞机送入太空。“伽利略”号探测器在到达木星前对其他星球进行了大量的探测活动，包括对地球和月球的大量探测。按原计划，该探测器将直接飞往木星，行程只需两年，后来因故改变了计划。“伽利略”号探测器离开地球后，首先向太阳飞去，1990 年与金星相遇，被加速后沿更大的绕日轨道飞行，同年 12 月首次飞过地球，受地球重力影响，其飞行速度增加到 14 万千米/小时以上。在这期间，“伽利略”号探测器拍摄了金星、地球、月球的图像。在随后飞往木星的途中，于 1991 年 10 月和 1993 年 8 月分别从 95 号小行星“伽斯帕拉”和 243 号小行星“艾达”附近飞过，距离“伽斯帕拉”星是 1800 千米，距离“艾达”星是 2400 千米，首次取得小行星的特写图像，并发现小行星“艾达”也有自己的卫星。1994 年 7 月，“伽利略”号探测器直接观测了“苏梅克－列维”9 号彗星撞击木星的情况，并把它记录了下来。1995 年 1 月，“伽利略”号探测器发回了完整的“苏梅克—列维”9 号彗星的观测图像，其中包括 W 碎片冲击的部分时序图像，这一冲击持续了 26 秒。地面工作人员还收到了从光偏振辐射仪、红外测试仪、紫外测试仪得到的 R 碎片冲击数据，并对此加以了分析。

▲“伽利略”号探测器

木星大气层和木卫 1 的探测

“伽利略”号探测器在经过大约 36 亿千米和长达 6 年多的空间旅行后，于 1995 年 7 月到达木星轨道，随后释放的木星大气探测器以预定的角度进入木星大气层，顺利完成了飞向木星的艰难任务，同时，轨道飞行器开始了对木星为期两年的探测活动。

“伽利略”号探测器向木星发射的木星大气探测器重 339 千克，于 1995 年 12 月 7 日飞进环境恶劣、飞速旋转的木星大气层，执行一次有去无回的探测任务，首次实现了人类对外太阳系大行星的实地大气测量。木星大气探测器以高于每小时 170000 千米的速度冲入木星大气层，减速度力相当于地球重力强度的 230 倍。在减速过程中，一个热防护罩保护了探测器的科学仪器，其后，一个巨大的降落伞打开以保障探测器缓慢而受控下降。虽然大气探测器在木星云端下方 130 ~ 160 千米运行，但仅能探测到木星大气层上部很小一部分。该探测器的任务是探测稀薄而炽热的大气层的 1/5。在木星大气层更深处，温度和压力变化太大，影响仪器的正常工作。在130千米的深处，大气压力超过地球压力的20倍，尽管仪器设计得很先进，但不得不向恶劣环境屈服。美国国家航宇局证实，该探测器在向木星大气层内下降约640千米，在被20倍于地球大气压力的木星大气压力摧毁之前，向地球传送了大约57分钟的数据（比预计的时间缩短了18分钟）。首先它把获得的数据传送到位于其上方20多万千米的轨道飞行器上储存，然后传送回地球。与此同时，轨道飞行器已进入环绕木星的椭圆轨道。

12月7日，在木星大气探测器进入木星大气层的同时，轨道飞行器则掠过多火山的木卫1，并抓拍了被认为是最清晰的图像。和我们熟悉的月亮一样，一些木星的卫星被撞击坑所覆盖，陨石在那里撞入地面。而木卫1被数百个连续向外喷出火山喷射物的火山口所覆盖，据分析，每100年可将木卫1覆盖一遍。一部分火山喷发物被强有力的木星磁场所捕获。令人惊异的是，木卫1火山喷发产生的是充满等离子气体环的被电离的材料。等离子气体环是木星磁场的一个小的组成部分。轨道飞行器还花费了若干天时间深入到木星的辐射带。伽利略”号探测器的工程师们一直非常关注该辐射带对航天器的影响。该辐射带是由高速运行的带电粒子组成，并处于木卫1轨道附近，它的能量足以致人于死地。美国航宇局的科学家们在1995年12月10日收到“伽利略”号轨道飞行器从37亿千米以外的太空发回的第一批木星数据，使人类第一次有机会看到庞大的木星的特写照片。科学家们根据发回的数据首次测定这颗巨大星球的大气层特性，如大气构成、气候和大气形式等。伽利略号轨道飞行器第一次向地球发回总共57分钟的探测数据，这些数据的传输一直持续到1995年12月13日。57分钟的数据，地面接收站直到1996年2月才全部收回。

木星形成和演变的新发现

经过对“伽利略”号轨道飞行器发回的最初数据进行的初步分析表明，木星大气结构与过去科学家们预想的有很大不同，它已经提供了一系列新的发现，这些最初的发现正在促使科学家们重新考虑他们的木星形成理论和行星演变过程的特性。这些新发现包括：

（1）探测器经过的木星大气层区域比预想的要干燥，与1979年从木星飞过的“旅行者”号航天器发回的数据所作的推测相比，水含量要少得多。

▲木　星

（2）探测器的仪器发现，虽然个别雷电的能量比地球上类似的雷电能量大10倍，但总的来说，在木星上的雷电量是地球上同样大小区域发生雷电量的1/10。

（3）探测器对木星南端的大气层进行了探测，并未发现多数研究者一直认定的三层云结构，而仅仅是有一个特殊的云层（按地球的标准说就是稀薄的云层）被观察到。该云层可能是含氨和硫化氢的云层。过去曾推测它由三个云层组成，上层是氨晶体层、中层是氨和硫化氢层、下层是水和冰的晶体组成的薄层。

（4）最有意义的是，在木星大气层中氦和氢的含量比例已和太阳相当，这说明，自木星数十亿年前形成以来，基本成分没有改变。在行星演化理论中，氦与氢质量之比是一个关键要素。对太阳而言，氦值约为 25%。在对探测器氦含量监测仪得到的结果进行的更全面的分析后，认定木星的氦值为 24%。可以确定，木星的温度比土星的温度要高得多。

（5）木星大气探测器在穿过稠密的木星大气层时探测到极强的风和强烈的湍流，木星风的位置始终比探测到的云层要低得多。这就为科学家们提供了证据，说明驱动木星大量的有特色的环流现象的能源可能来自这颗行星内部释放的热流，而不是像过去预想的是照射木星上层大气的阳光，或者是位于木星大气层中部的水蒸气引起的化学反应产生的热能。据科学家分析，在木星上，天气的影响范围也许不只在木星表面，在热力驱动下，风从这颗行星的云端一直刮到它充满气体、翻滚搅动的表面下 16000 千米处。木星风即使在云层下 161 千米处（这是探测器所能探测的最深处）速度也超过每小时 644 千米。

（6）探测器发现了一个新的强辐射带，大约在木星云层上方 5 万多千米没有雷电的地方。在探测器高速进入木星大气层阶段，对大气层上部进行的测量结果显示，大气密度比期望的要大，相应的温度也比预先估计的要高。

“伽利略”号轨道飞行器于 1997 年 12 月 7 日向地球发回最后的信号，然后飞进木星大气层烧毁。

探访类木巨星——土星

1979 年上天的“先驱者 11 号”是第一个就近探测土星的探测器。随后，“旅行者”1 号、2 号也对土星进行了考察。但获得重大科学价值的则属于“卡西尼”号土星探测器。“卡西尼”探测器较为详细地考察了土星的大气、光环以及卫星等情况，获得了比较翔实的数据，丰富了人们对土星的认识。

“VVEJ 飞行”

土星的大气成分复杂，赤道附近的风速超过 500 米/秒。土星有 20 多颗天然卫星，其中很多卫星也有光环。土卫六是土星最大的一颗卫星，它有一个名字叫“泰坦”（希腊神话中的大力神）。“泰坦”的引人注意之处不仅因为它的个头大，更重要的是它是太阳系中除了地球之外唯一具有稠密氮气大气层的天体。

▲土　星

人类探测土星的使命，交给了“卡西尼号”土星探测器。

1997 年 10 月 15 日，美国成功发射了“卡西尼号”大型土星探测器。由于土星距离地球非常遥远，有 8.2～10.2 天文单位（1 个天文单位约合 1.5 亿千米），所以，即使使用当时推力最大的火箭，也无法把质量为 6.4 吨的“卡西尼号”加速到直飞土星的速度。于是，科学家巧妙地为“卡西尼号”设计了借助金星、地球和木星之间的引力，接力加速奔向土星的旅程。这样一来，“卡西尼号”的行程将增加到 32 亿千米，历时 7 年。1998 年 4 月，“卡西尼号”绕过金星，在金星引力的作用下，加速并改变方向；1999 年 6 月，它再次飞过金星，利用金星引力进一步加速，向地球奔来；1999 年 8 月，“卡西尼号”掠过地球，借助地球引力加速飞向木星；2001 年 1 月，“卡西尼号”从木星那里进行最后一次借力加速后，直奔土星。两次金星借力，一次地球借力，一次木星借力，这样的飞行轨道安排就是著名的“VVEJ 飞行”，这里的“V”、“E”、“J”分别是金星、地球、木星英文单词的首写字母。“VVEJ 飞行”可以使“卡西尼号”的土星之旅节省 77 吨燃料，这相当于“卡西尼号”总质量的 10 倍。

历时 7 年的土星之旅

1997 年 10 月 15 日，美国肯尼迪航天中心，探测器“卡西尼”号由“大力神－

4B”火箭托举，呼啸着向太空飞去，开始了历时7年、行程35亿千米的土星之旅。

在此之前，“先驱者11”号和“旅行者”1、2号曾于20世纪70和80年代在土星附近飞过，它们拍到了土星表面及土星环的情况。“哈勃”望远镜也提供过出色的土星图像。但它们都只是浮光掠影，对土星没有细致地进行考察，更未能揭示出人们最感兴趣的土卫6云层下的世界。因此，美国航宇局与欧洲太空局和意大利航天局联手，研制了这艘迄今最大、最先进的行星际探测器，并且将之命名为“卡西尼”号，以纪念发现了土星环之间最宽黑缝的意大利天文学家卡西尼。

▲“卡西尼”号探测器

“卡西尼”号有2层楼那么高，直径约2.7米，总重6吨，比“旅行者”号探测器重2~3倍。它由轨道器和“惠更斯”子探测器组成，上面共有18台科学仪器，其中轨道器上12台，子探测器上6台。这些仪器包括可提供50万张土星、土星环及土星卫星照片的照相设备，可透过土卫6大气层的扫描雷达，监视土星大气和土星风的监测器，以及磁场探测器和宇宙尘埃探测器等。

对土卫六“泰坦”的探测

2004年6月，在临近入轨之前，“卡西尼”号对土卫九进行了探测，拍摄了这颗卫星极其清晰的照片。土卫九是土星距离最远的一颗卫星，半径110千米，科学家猜想它是被土星俘获的一颗小行星。“卡西尼号”在离开它2000千米处经过，对它的质量和密度进行了测量。2004年7月，“卡西尼”号抵达土星轨道后，轨道器将环绕土星考察4年，总共将飞行74圈，并有45次飞近土卫6。而几个月后“惠更斯”探测器从轨道器分离出去，进入土卫6进行探测。“惠更斯”子探测器是一个直径2.7米的碟形物体，质量为343千克，它利用降落伞在“土卫6”表面着陆。在2.5小时的降落过程中，将用所带仪器分析“土卫6”大气成分，测量风速和探测大气层内的悬浮粒子，并在着陆后维持工作状态1小时。所搜集到的数据及拍摄的图片将通过“卡西尼”轨道器传送回地球。

由于路途迢迢，“卡西尼”探测器携带的主燃料罐装有3000千克的燃料，以满足两台二元推进主发动机的需要，另有142千克肼燃料供给16个小型反作用力推进器。这些小推进器用于控制航天器的飞行方向和微调飞行路线。另外，“卡西尼”号需考察土星4年，为了保证各种科学仪器的能量供给，“卡西尼”号上还载有32.7千克的钚-238核燃料，是迄今携带核燃料最多的航天器。因为钚-238具有高放射性，许多科学家曾担心一旦发射失败，它会对地面造成严重的核污染。而且，有的专家担心它1999年再飞回地球近旁时会发生泄漏，污染地球大气层。支持采用核动力的人认为泄漏的概率为百万分之一，即使泄漏，量也很少，所造成的核辐射微不足道。所以，“卡西尼”号的发射对支持者和反对者来说都是非常紧张的时刻。

“卡西尼”号土星探测器上实现了环绕土星运行轨道飞行的计划，并发回了一组关于土卫6“泰坦”号的最新、最清晰的照片。科学家们对此进行了研究。科学家们发现，除了一片特别炫目的云外，“泰坦”号的天空几乎没有一丝云的痕迹。这片特别炫目的云位于“泰坦”号的南极，在土星的夏季，这里一天都可以得到光线的照射。这块罕见的云需要四五个小时才能形成，类似于地球上夏季出现的堆积云。但“泰坦”号上的云层主要由甲烷组成，而不是主要由水组成。

▲土卫六“泰坦”号表面湖泊效果图

“卡西尼”号探测器还通过分光计拍到了“泰坦”号的一些照片，分光计的波长从可见光到红外线光不等。照片显示，土卫6表面到处分布着冰块和碳氢化合物。科学家们还发现，位于土星光环之间的“卡西尼缝”充满了灰尘，这是迄今所发现的土星的最外层光环。就是这层光环，每秒可引发680次土星物质间的碰撞，也就是说，每秒可给土星留下10万个左右的大小土坑。

对土星大家族的探测

2005年2月17日，“卡西尼号”在距离土卫二1179千米处经过，同年3月9日，距离土卫二499千米。土卫二半径250千米，表面非常明亮。科学家怀疑它的表面是光滑的冰层，2005年4~9月，“卡西尼号”的轨道从土星赤道面改变到与这一平面呈22度夹角，居高临下对土星光环和大气进行测量，进一步探测光环结构、组成光环的物质粒子和土星大气物理特性。2005年9~11月，“卡西尼号”逐个接近土卫四、土卫五、土卫七和土卫三，分别对它们进行观测。土卫四半径560千米，土卫五半径870千米，它们的外表很像月亮，密布环形山。土卫七位于土卫六与土卫八之间，形状不规则，最长处直径175千米，很像一颗小行星。土卫三半径530千米，密度和水一样，很可能是一个冰球。2006年7月到2007年7月，2007年7~9月，“卡西尼号”将再次拍摄土星及其卫星，并在9月10日到离开土卫八约1000千米处对土卫八进行观测。土卫八半径为720千米，其表面一面颜色很暗，另一面却接近白色，很是奇特。2007年10月到2008年7月，“卡西尼号”逐步地进一步增大轨道与土星赤道平面的夹角，这样，“卡西尼号”能更好地观测土星的光环，测量远离土星赤道平面处的磁场和粒子、探测土星的两极地区和观测土星极光现象。其间，在2007年12月3日和2008年3月12日，它两次接近土卫十一，分别在距离土卫十一6190千米和995千米处对这颗卫星进行观测。